矿物材料系列丛书

杨华明　总主编

矿物材料结构与表征

洪汉烈　主编

殷　科　王欢文　廖光福　副主编

科 学 出 版 社

北 京

内 容 简 介

本书重点介绍了矿物材料包括元素、晶体结构、颗粒形貌、孔结构、热性能、表面与界面在内的不同微观层次的结构特征，及其相关的基本概念、物理本质、测试方法、矿物材料性能与结构关系的表征应用内容。全书共 9 章，主要内容包括矿物材料元素成分组成、离子交换容量的测试技术与应用；矿物材料晶体结构 X 射线衍射、中子技术、同步辐射、核磁共振、穆斯堡尔谱的表征测量技术与应用；矿物材料的光学显微镜、扫描电子显微镜、透射电子显微镜、冷冻电子显微镜分析技术的方法与应用；矿物材料颗粒特性的表征技术与应用；矿物材料的孔结构表征技术方法与应用；矿物材料热分析技术与应用；矿物材料表面特性的表征技术与应用；矿物材料界面的原子力显微镜、扫描隧道显微镜、共聚焦激光扫描显微镜分析技术与应用。

本书可作为材料科学与工程、矿物材料工程、绿色矿业、矿物加工工程、无机非金属材料工程等学科和专业的教材或主要教学参考书，同时亦可供相关专业科研人员及矿物材料领域有关工程技术人员、企事业管理人员参考。

图书在版编目（CIP）数据

矿物材料结构与表征/ 洪汉烈主编. —北京：科学出版社，2024.2
（矿物材料系列丛书/杨华明总主编）
ISBN 978-7-03-077397-5

Ⅰ. ①矿⋯　Ⅱ. ①洪⋯　Ⅲ. ①矿物-材料　Ⅳ. ①P57

中国国家版本馆 CIP 数据核字(2024)第 004459 号

责任编辑：杨新改 / 责任校对：杜子昂
责任印制：徐晓晨 / 封面设计：东方人华

科 学 出 版 社 出版
北京东黄城根北街 16 号
邮政编码：100717
http://www.sciencep.com
北京中科印刷有限公司 印刷
科学出版社发行　各地新华书店经销
*
2024 年 2 月第 一 版　开本：720×1000　1/16
2024 年 2 月第一次印刷　印张：22 3/4
字数：450 000

定价：118.00 元
（如有印装质量问题，我社负责调换）

"矿物材料系列丛书"编委会

丛 书 序

矿物材料是人类社会赖以生存和发展的重要物质基础，也是支撑社会经济和高新技术产业发展的关键材料。结合《国家中长期科学和技术发展规划纲要》《国家战略性新兴产业发展规划》等要求，为加快推进战略性新兴产业的发展，亟需将新型矿物功能材料放在更加突出的位置。通过深入挖掘天然矿物的表/界面结构特性，解析矿物材料加工及制备过程的物理化学原理，开发矿物材料结构、性能的表征与测试手段，研发矿物材料精细化加工及制备的新方法，推进其在生物医药、新能源、生态环境等领域的应用，实现矿物材料产业的绿色、安全和高质量发展。

"矿物材料系列丛书"基于矿物材料制备及应用中涉及的多学科知识，重点阐述矿物材料科学基础、加工及制备方法、结构及性能分析等主要内容。丛书之一《矿物材料科学基础》基于矿物学、矿物加工、材料、生物、环境等多学科交叉，全面介绍矿物学特性、矿物材料构效关系及其应用的基础理论；丛书之二《矿物材料制备技术》从典型天然矿物功能材料的制备技术出发，重点介绍天然矿物表面改性、结构改型、功能组装等精细化功能化制备功能矿物材料的方法；丛书之三《矿物材料结构与表征》阐述矿物材料表/界面及结构特性在其制备及应用中的重要作用，介绍天然矿物、矿物材料表/界面及结构特性的相关表征技术；丛书之四《矿物材料性能与测试》介绍天然矿物、矿物材料及其在各领域应用中涉及的主要性能评价指标，总结矿物材料应用性能的相关测试方法；丛书之五《矿物材料计算与设计》主要介绍矿物材料计算与模拟的基本原理与方法，阐述计算模拟在各类矿物材料中的应用。丛书其他分册将重点介绍面向战略性新兴产业的生物医药、新能源、环境催化、生态修复、复合功能等系列矿物材料。

本丛书总结和融合了矿物材料的基础理论及应用知识，汇集了国内外同行在矿物材料领域的研究成果，整体科学性和系统性强，特色鲜明，可供从事矿物材料、矿物加工、矿物学、材料科学与工程及相关学科专业的师生以及相关领域的工程技术人员参考。

杨华明

2023 年 6 月

前　言

材料的应用和发展与人类发展的进程紧密相连，当今的金属与合金的冶炼和制造，以及无机非金属材料、生物技术材料、纳米技术材料、光电子材料的研制等，已成为当代文明的重要标志之一。矿物材料以其绿色环保的特色成为当今材料科学研究领域的前沿方向，其在环境污染治理、绿色建材、储能、医药、农业应用等领域，均具有广泛的应用价值，在国民经济发展和科学技术领域中发挥着越来越重要的作用。

矿物材料的宏观性能取决于材料的化学组成和显微结构。因此，研究材料的显微结构特征及其与性能之间的关系，是矿物材料科学研究的关键内容之一。显然，掌握矿物材料不同微观尺度的结构特征与测试技术，了解材料中晶体形态与组织结构、原子的排列、原子种类等微观结构与材料宏观表现出来的性能之间的联系，有助于通过优化设计和改变加工制备的条件等措施，提高材料的使用性能，对于从事矿物材料研究的科研工作者来说至关重要。

本书以矿物材料微观结构的测试技术方法为主线，系统介绍了矿物材料的元素化学组成、晶体结构、精细结构、颗粒形貌分析、孔结构、热性能、表面与界面等方面的测试技术与表征方法。同时，在内容上注重矿物材料在不同微观尺度上的系统结构表征与测试技术方法，以及新表征技术与新材料的有机结合。以矿物材料微观结构和表征技术为基础，深入剖析矿物材料宏观性能与微观结构的内在关系，突出新技术、新方法、新应用，反映相关领域研究的最新成果。本书按照矿物材料的元素组成、晶体结构、颗粒形貌与颗粒特性、孔结构、热性能、表面与界面特性的表征技术顺序编写，先介绍与材料宏观性能密切相关的矿物材料组成与晶体结构表征，后介绍矿物材料晶体的颗粒、组装以及表界面特性的表征，有利于对矿物材料不同尺度结构特征、测试技术方法、宏观性能的理解，便于学习掌握。

本书由洪汉烈、殷科、王欢文、廖光福共同编写。全书共9章，其中，第1、7、9章由洪汉烈教授执笔；第2、3章由殷科执笔；第6、8章由王欢文执笔；第4、5章由廖光福执笔。本书由洪汉烈教授统稿，殷科负责全书的整理工作。

本书出版得到了中国地质大学(武汉)研究生精品课程与教材建设项目的资助，感谢纳米矿物材料及应用教育部工程研究中心、中国地质大学(武汉)各位领导与老师的大力支持与帮助！本书内容引用了一些前人的文献和观点，并列出了相应参考文献，在此对前人的贡献致以最诚挚的感谢；如有遗漏，表示最诚恳的歉意。由于作者水平有限，书中难免存在疏漏及不足之处，恳请读者批评指正。

作　者

2023 年 6 月

目　　录

第1章 绪 论

1.1 矿物材料结构与性能关系

人们通常将可为人类社会接受而又能经济地制造有用器件的物质称之为材料。从人类历史的发展进程看，材料的应用和发展与人类的发展进程紧密相连。从史前人类的石器时代，到人类早期的青铜器时代、铁器时代、陶器时代，社会的发展和进步均依赖于特定性能材料的制造和使用。当今的金属与合金的冶炼和制造，无机非金属材料、生物技术材料、纳米技术材料、光电子材料的研制等，已成为当代文明的重要标志之一。

材料的性能主要包括物理性能(密度、热、电、光、磁等)、化学性能(化学组成、晶体结构、微观结构、结晶度等)、力学性能(弹性、塑性、韧性、强度、硬度等)、工艺性能等，是用于表征材料在给定外界条件下的行为的一种参量，如用于表征材料在外力作用下拉伸行为的应力-应变曲线，屈服强度、抗拉强度、断裂强度等。材料性能取决于材料的化学组成和显微结构。因此，研究材料的显微结构特征以及它们与性能之间的关系，是现代材料科学研究的中心内容之一。

一般来说，光学显微镜的最大分辨率可达 0.2 μm，而显微镜下可以观察到的结构即称之为显微结构；电子显微镜的分辨率可达 0.01 μm，利用电子显微镜观察到的结构为超微结构；高分辨透射电子显微镜、原子力显微镜可观察到晶体点阵，甚至可达到分子、原子的尺度，利用其观察到的结构称为微观结构。矿物材料的结构包括其晶体结构、晶粒大小、晶体之间的相互作用力三个主要方面。晶体是内部质点(原子、离子、分子等)在三维空间上周期性重复排列而构成的固体物质。质点在三维空间周期性的重复排列即为格子构造。相同的化学物质在不同的环境条件下，可以形成晶体结构不同的晶体，导致其性能的明显差别。比如，化学元素碳(C)，在高压的条件下，以强共价键相连，形成典型的金刚石立方晶体结构，即金刚石结构中的每个碳原子与相邻的 4 个碳原子形成正四面体，由于 4 个共价键之间的角度都相等，键能大、化学稳定性好，所以金刚石是绝缘体，不导电，且具有极高的硬度、良好的导热性和优良的红外线穿透性，可用于耐磨材料、仪表轴承，以及高功率激光器的红外窗口等。而在高温还原的条件下，碳原子形成六方晶体结构的石墨，结构中 C 原子呈层状排列，C 原子与相邻的 3 个 C 原子等距相连形成六方环状，层内 C—C 键主要为共价键，同时由于有多余未成对电子而形成大 π 键（金属键）；层与层之间则为分子键，从而导致石墨晶体具有良好的导电性，广泛用于电极材料以及机械工业的润滑剂等。除了传统观念上的石墨和金刚石两种同质多象变体之外，H. W. Kroto 于 1985 年用激光轰击石墨时，发现碳还可以呈现 C_{60} 的结构形式[1]，即碳原子排列于一个截角二十面体的六十个角顶的位置，形成一个中空的笼状大分子，而 C_{60} 分子以范德瓦耳斯力结合形成最紧密堆积，形成 C_{60} 晶体物质。C_{60} 分子的 C—C 键呈现出介于金刚石 C—C 键和石墨层内 C—C 键之间的 π 键性质，表现出烯烃电子性质，使其具有很高的催化性能，可作为高效催化剂的原料；此外，C_{60} 特有的结构使之具有快速的非线性光学效应、较大的非共振的非线性系数、较低光能量下的反饱和吸收，以及近共轭双光子吸收特性等，可用于各种光电子器件的制造。可见，晶体的化学键决定了晶体中各化学组分之间的相互作用形式，也决定了晶体结构特征以及与之相关的材料的性能。

矿物材料的显微组织主要包括多晶材料中的晶界特征及多晶中晶粒的大小、形状、取向。材料中多晶是由随机取向的晶粒构成，尽管有时晶体出现明显的择优取向（织构），但晶粒之间由晶界隔开。理论上，晶体结构中质点在三维空间呈周期性的重复排列形式，但在实际晶体的结构中，常常发育各种形式的缺陷，如点缺陷、线缺陷和间隙原子等。点缺陷是一种存在于三维空间方向上、尺度范围多为一个或数个原子间距大小的缺陷，常常由于正常晶格结点未被原子占有、置换原子与正常晶格原子半径差异或者晶格间隙中出现多余的原子而引起。点缺陷的存在往往造成原子间作用力平衡被破坏从而导致晶格畸变。线缺陷往往由于晶体局部有一列或若干列原子出现某种有规律的错排而引起。面缺陷是形成于三维空间中一维方向上尺度极小而另外二维方向上尺度较大的一种缺陷形式，主要形成于晶粒的交界处（晶界和亚晶界），由原子排列不一致所致。这些缺陷对于材料的性能尤其是材料的强度而言，具有十分重要的影响[2]。此外，晶粒的形态及大小对材料的性能影响很大，如在一些陶瓷材料中，初始裂纹尺寸大小与晶粒大小相当，因此材料中晶粒越小，初始裂纹尺寸就越小，材料的强度就越高。因此，了解材料中晶体形态与组织结构、原子排列、原子种类等微观结构与材料宏观表现出来的性能之间的联系，有助于通过优化设计和改变加工制备的条件等措施，提高材料的使用性能。

1.2　矿物材料结构表征的基本方法

近年来，各种各样矿物材料结构表征的新方法层出不穷，但无论是新的表征方法，还是传统的研究手段，终究离不开三项研究任务：化学组成与晶体结构分析、颗粒形貌分析、表界面分析。

1.2.1 化学组成与晶体结构分析

矿物材料的化学组成主要指的是原子种类和数量。传统方法主要是通过化学分析技术来进行成分分析，除此之外，红外光谱、电子探针、离子交换容量、电感耦合等离子质谱、X 射线荧光光谱、原子吸收光谱、激光探针等，也是表征矿物材料化学组成的常规方法[3]。

在传统的化学成分分析技术中，比较经典的便是重量分析法和滴定分析法，并且至今仍是常用的常量元素定量分析方法。其中，重量分析法主要是通过称量经过特定化学反应后的待测组分产生的沉淀物的质量，以此来确定待测组分的含量，这种方法大大减小了测量结果的误差，准确性也有了明显的提高。而滴定分析法则是借助标准溶液的消耗量，掌握待测物质的具体浓度，经过完全的化学反应后得到检测结果[4]。该方法也适用于常量组分的测定，并且准确度较高、仪器简单、操作便捷。

生产和科学的快速发展对分析仪器提出了高灵敏度、高准确度和高速度的需求。离子交换容量法、X 射线荧光光谱、电感耦合等离子质谱以及原子吸收光谱等分析方法对矿物材料的成分就极为敏感。其中，离子交换容量是研究土壤的阳离子和阴离子交换量常用的分析方法，具有简便、准确、快速的特点。而阳离子交换量（CEC）是衡量土壤胶体吸附的各种阳离子的重要指标，阴离子交换量（AEC）则是反映土壤保持交换性阴离子的数量。上述指标与土壤中的矿物成分和酸碱度等密切相关，是评价土壤肥力的重要依据。X 射线荧光光谱法之所以在常用的物质成分分析手段中具有不可代替的地位，是因为该项技术可以通过分析受到激发后的待测元素产生的荧光 X 射线来确定物质中的元素种类及其含量，适用于多元素同时分析，具有检测速度快、无损的优点[5]。而电感耦合等离子质谱法在众多的分析测试方法中能够脱颖而出，就是因为它除了具有高灵敏度和重复性好的优势外，还具有分析快捷、检出限低、受干扰少等优点[6]，作为灵敏度非常高的元素分析仪，可以准确检测出稀溶液中含量在 ppt（10^{-12}）量级的微量元素，是目前检测微量元素的重要手段。不同于传统的测试方法，逐渐发展成熟的原子吸收光谱法优势非常明显，其重要价值就体现在检测过程中试验用样剂量小、适用性广、测量结果精准、检出限较低等方面，其主要根据光源辐射待测原子使得电子从基态跃迁到激发态，通过测量被吸收的光的强度确定样品中原子的浓度。

矿物材料的物理化学性质往往取决于晶体的结构特征。因此，矿物材料的晶体结构研究往往是该领域的重要研究课题。到目前为止，矿物材料的结构检测主要以衍射手段为主。常用的衍射方法有 X 射线衍射、核磁共振波谱、穆斯堡尔谱、中子衍射、同步辐射以及单晶衍射等。其中，X 射线衍射方法已被广泛应用于矿物材料等领域的研究，其重要贡献在于矿物材料晶体结构分析(纳米单元的结构参数等)、物相鉴定、半定量分析和颗粒大小等方面，具有无损无污染、分析迅速、测量精度高的优点。而穆斯堡尔谱作为一种无损研究方法，主要应用于表征固体微观性质的研究中，以同质异能位移、四极分裂和塞曼效应三个参量，来分析矿物材料的电子自旋结构、氧化态、分子对称性、晶格振动等诸多微观信息。该项技术现已经被广泛应用于矿物、材料、生物等各科学领域。新一代的微观结构表征技术——中子衍射也凭借着其较强的物质穿透力、不带电、可以直接鉴定核素等特点活跃于矿物材料等研究领域[7]，尤其适宜对块体材料的结构与性能进行表征，如材料的缺陷、空穴、位错以及沉淀相等结构特征，已经成为一种从原子和分子尺度上表征矿物材料结构和微观运动的高新技术。不同于矿物材料研究使用的 X 射线源等常规光源，同步辐射技术依托于同步辐射光源表征技术，已经成为现代科学技术不可或缺的研究手段，如同步辐射 X 射线衍射可以进行原位实时研究矿物材料的结构及其随着外加条件的变化，对于评估和改善矿物材料的性能具有重要的意义。单晶衍射技术可以观察到在固态下分子的堆积排列方式和分子间的相互作用力[8]。此外，晶体的空间群、晶胞参数等都可以进行测定，常被用来探索和设计具有预期物理化性质的材料。如果研究对象分析太过于微小而不便于使用上述方法对矿物材料进行观察和研究时，核磁共振波谱就可以获得其他方法难以获取的信息。核磁共振主要用于测定分子的化学结构，尤其是一些天然存在的复杂有机分子结构，借助于原子核跃迁过程来提取分子的结构、运动以及化学反应等方面的信息，液体环境中的核磁共振波谱还可得到多方面的结构信息。

　　除了常规的衍射方法，热分析技术也是研究矿物材料结构的一种重要测定方法。物质的理化性质变化常常与物质组成和微观结构相联系。在升温和冷却的过程中，物质的理化性质会随着热力学性质(热焓、比热容、导热系数等)的改变而改变(升华、氧化、聚合、固化、脱水、结晶、降解、晶格改变、化学反应等)。基于这一原理，可以通过监测分析该物质的热力学性质来了解其物理化学变化过程，并可对该物质进行定性定量分析，这不仅有助于对该物质的物相鉴定，还可为新型材料的研发提供结构信息和物理性能。这是一个探索物质的能量和质量变化的过程，也是追溯结构与性能关系的过程。目前热分析技术已经发展为系统的分析方法，对于矿物材料学领域，是一种极为有用的工具。目前比较常用的热分析方法有：差热分析法、热重法、差示扫描量热法、微量热法等。其中，差热分析法就是指在程序控温下，试样与参比物的温度差与温度或时间建立关系的一种技术，通过吸热和放热的峰判断物质的内在变化。而热重法则是在程序控温下，试样质量与温度或时间建立关系的一种分析测试方法，大部分物质在加热过程中都会出现一定的失重或者增重，分析二者间的相互关系可以讨论该物质的热稳定性。差示扫描量热法则是在程序控温下，测量输给试样与参比物的热流速率和解热功率与温度或时间建立关系的一种技术，作为一种新兴方法，该技术可以测量随着相态变化而变化的热力学参数，与其他技术相比，在加热和冷却速率方面具有更为广泛的动态范围。而微量热法则是在微瓦或纳瓦级范围内进行等温测量的方法，根据变化过程的放热或吸热速率的检测来记录热力学、动力学信息，并且与其他的方法相比，具有连续、原位实时监测、灵敏准确、操作简单的优势。

1.2.2　颗粒形貌分析

不同的矿物材料具有不同的形貌特征，不同形貌特征的矿物材料往往也表现出不同的性能。所以，表征矿物材料的形貌特征，对研究矿物材料形貌与结构性能间的关系以及矿物材料的设计具有重要意义。显微镜是观察矿物材料形貌特征的主要仪器。光学显微镜和电子显微镜则是常用的表征手段。如今的光学显微镜发展已经较为成熟，从发展之初的 200 nm 左右的分辨率逐渐突破至几十 nm。然而，电子波的波长比可见光的波长短很多，想要进一步提高显微镜的分辨率本领，就可以采用电子束作为照明源制成电子显微镜[9]。作为一种微区的分析方法，利用聚焦电子束与待测样品间的相互作用产生的物理信号，可以在极高的放大倍率下观察待测样品的形貌和结构特征，并且随着多功能化和综合性的发展，电子显微镜还可以进行纳米尺度上的晶体结构和化学成分上的分析，如透射电子显微镜、扫描电子显微镜、冷冻电子显微镜等。透射电子显微镜分辨率已经可达 0.1 nm，一般在使用扫描电镜对待测样品进行初步分析后，可以通过透射电镜对其进行进一步的分析，如高分辨率的形貌分析、成分分析、晶格条纹衍射分析等，并且随着该项技术的快速发展，与其他仪器进行联用大大拓展了该项技术的应用范围。如果说透射电子显微镜对光学显微镜来说是一个飞跃，扫描电子显微镜和冷冻电子显微镜则是对透射电子显微镜的一个补充和发展。试样的断口形貌、横截面形貌、内部结构、拉伸变形以及加热冷却过程中的动态观察等都可以借助扫描电子显微镜来实现，放大倍数囊括了光学显微镜到透射电镜的倍率范围，分辨率也介于二者之间。与透射电镜相比较，该方法试样制备简单、损伤小、保真度高、得到信息多。但这并不意味着扫描电子显微镜可以完全取代光学显微镜和透射电子显微镜，三者相互补充，可以了解试样更多更全面的形貌结构信息。冷冻电子显微镜，这一划时代的技术从基本确立到原子分辨率三维重构的实现经过将近 90 年的发展。后来，随着图像分析技术逐步完善、样品辐射损伤问题逐步得到解决，与常规电镜相比，冷冻电子显微镜的优越性最终使该项技术成为具有巨大潜力的革命性技术。

形貌分析是矿物材料分析的组成部分,除了矿物材料的几何形貌外,材料的颗粒度以及颗粒度的分布特征也是形貌分析的重要内容。常见的检测手段有:沉降法、显微图像法、激光粒度仪以及电阻粒度仪等,一般情况下均能测定颗粒的尺寸大小。沉降法主要是基于不同粒径颗粒在液体中因在重力或离心作用力下沉降的速度不同来测量颗粒粒度分布特征的一种方法,而显微图像法则既可以观察颗粒的形貌又可以对颗粒的大小进行直观测量,如准确得到球形度、长径比等数据,可以作为其他测量方法的一种校验方法或者一种辅助手段与其他的方法联合对颗粒进行分析。作为当前粒度测量领域应用最广泛的测量方法,激光粒度仪主要是基于光的散射原理对颗粒进行表征,与显微图像法不同,激光粒度仪具有测试粒度范围更宽、测量速度快、操作方便、测量结果准确、测试性能优异、适用领域宽广的特征[10]。电阻法又称库尔特法,主要是依据电解液中存在的悬浮颗粒会随着电解液通过小孔管代替相同体积的电解液,导致在恒电流电路中的小孔管内外两电极间电阻瞬时变化,产生电位脉冲,再根据电位脉冲大小得出排开电解液的体积,由此得出颗粒的体积大小。该方法操作简单、重复性好、分辨率高,适用于粒度分布范围窄的颗粒检测。

1.2.3 表界面分析

表界面是相与相之间的过渡区域,在现实生活中,该现象无处不在。矿物材料的表界面对材料整体性能具有决定性的影响,随着材料科学的迅猛发展,材料表界面研究也日益受到了国内外科学家的重视,材料的腐蚀、老化、硬化、软化、润滑、黏接以及防水等都是表界面现象的充分体现。

固相与气相、液相与气相间的分界面通常称为表面。Zeta 电位分析、红外光谱、激光拉曼光谱、X 射线光电子能谱以及紫外光电子能谱等方法都是常用的表征矿物材料表面特性的基本手段。其中,Zeta 电位是与粒子表面紧密结合的液层和大量溶液相之间的电压,是研究矿物材料表面结构的重要手段之一,可以用来表征试样表面的电荷性能以及界面的电压分布,对研究试样分散体系的物理稳定性具有重要意义。红外光谱和拉曼光谱在矿物材料学领域中可以提供各类信息,占据着重要的地位,二者统称为分子振动光谱,鉴于对振动基团的偶极矩和极化率的高度敏感性,红外光谱可为基团鉴定提供最有效的信息。而拉曼光谱则在物质的结构研究领域中应用广泛,在一定条件下,二者还可相互结合,更好更完整地研究分子的振动和转动能级,更好地对分子结构进行表征。电子能谱分析作为一种表面分析技术,对研究物质表层元素组成和离子状态特别有效。测试过程中,试样中的原子或分子的电子经过单色射线照射后受到激发,根据电子的能量分布的不同就可以确定试样表层的原子或离子组成和状态，根据激发源和测量参数的不同，X 射线光电子能谱和紫外光电子能谱都是常见的电子能谱分析手段。原子内壳层电子结合能的变化可以为矿物材料的分子结构和原子价态等方面提供重要信息。20 世纪 60 年代，X 射线光电子能谱分析得到了国内外科学家的重视，在材料领域迅速得到应用，如表面元素全分析、元素窄区谱分析、离子价态分析、深度分析等。而紫外光电子能谱在化合物分子电子结构的研究中应用广泛，因为该项技术可以提供其他手段无法提供的信息，如分子轨道能量、能级次序、成键类型以及电离轨道特性等[11]。

固相与液相、液相与液相以及固相与固相间的分界面通常称为界面。在矿物材料的界面研究中，传统的方法手段不能给出界面作用机理的直接证据。近年来，原子力显微镜、扫描隧道显微镜、共聚焦激光扫描显微镜等，成为界面微区原位测试的重要研究工具。矿物的形貌特征、电性研究、表面力研究、湿润性研究、粗糙度研究以及纳米加工等基本上都可以通过上述方法进行表征，三种方法比较而言，都具有高分辨率的特征，而原子力显微镜弥补了扫描隧道显微镜对于绝缘体材料需要镀金的局限，共聚焦激光扫描显微镜则可以通过不同层面连续的光切图像对微观结构进行观察。

此外，矿物材料气孔也是表界面分析峰的重要组成部分，对材料的物理性能有着重要影响。气孔率、气孔径分布、气孔形状等在内的气孔特性很大程度上影响着材料的热力学性能，如强度和导热系数等。表征矿物材料气孔的方法有多种，常用的包括光谱法、电子显微镜、扫描隧道显微镜、气体吸附法、压汞法以及小角 X 射线衍射法等。鉴于大多数的多孔材料组成的复杂性，各种方法各有优势。气体吸附法是表征材料气孔极好的方法，常常可以提供比表面、气孔分布和孔隙度等重要的信息，孔径测量范围从几纳米到几百纳米，相对较小。而压汞法一般用于大中孔的测定，测量范围可以从几纳米到几百微米，与其他的测试方法相比具有完成时间短、结果准确、操作更为简单的特点。作为一种无损检测手段，小角 X 射线衍射在矿物材料的微晶结构研究领域中使用较为广泛、分析较为可靠，是目前研究最为深入的一种方法。材料的气孔、裂缝、微晶单元层及其空间排列方式等特征都是材料的结构特征，通过计算微晶结构参数（如层间距等），便可达到研究材料气孔特征的目的。

所以，矿物材料结构的研究一般从晶体结构与化学成分、矿物材料的形貌、表界面的微区测试三个方面着手进行表征。如作为无机材料的黏土矿物，在形貌特征方面，通过透射电镜可以观察出黏土矿物层状结构的晶层间距特征，而晶层厚度、晶体缺陷等信息则可以通过扫描电子显微镜来获得。在晶体结构分析中，X 射线衍射则是黏土矿物晶体结构表征的首选方法，通过面网间距与衍射峰及其衍射强度等来确定物相、含量以及结晶程度，除此之外，应力、畸变以及结构参数信息都可以由该手段提供。在化学成分测试中，红外光谱便成了主要成分为硅酸盐的黏土的首选方法。硅氧特征峰、有机分子特征峰以及极性分子与黏土层间离子相互作用产生的峰都可以通过该图谱观察出来。在表界面分析方面，原子力显微镜可以对黏土进行表界面的亲疏水性、表面电性以及粗糙度等特征进行表征，这在黏土和脉石矿物的浮选过程中尤为重要。

参 考 文 献

[1] Kroto H W, Heath J R, Obrien S C, et al. C_{60}: Buckminsterfullerene[J]. Nature, 1985, 318(6042): 162-163.

[2] 吴昱昆. 缺陷对若干纳米材料光学和电学性能的影响[D]. 合肥: 中国科学技术大学, 2016.

[3] 吴刚. 材料结构表征及应用[M]. 北京: 化学工业出版社, 2001.

[4] 杨雪. 滴定分析用标准溶液的探讨[J]. 中国石油和化工标准与质量, 2022, 42(2): 4-6.

[5] 吴世豪, 张云峰, 王继芬, 等. X射线荧光光谱在物证鉴定中的应用进展[J]. 中国无机分析化学, 2022, 12(4): 89-96.

[6] 第五春荣. 电感耦合等离子质谱仪在地质样品测试中的应用: 小秦岭太华群灰色片麻岩地球化学及锆石年代学[D]. 西安: 西北大学, 2005.

[7] 徐平光, 友田阳. 原位中子衍射材料表征技术的进展[J]. 金属学报, 2006, 42(7): 681-688.

[8] 赖寒健, 谭璞, 何凤. 单晶衍射技术在有机太阳能电池受体材料中的应用[J]. 科学通报, 2021, 66(25): 3286-3298.

[9] 杨南如. 无机非金属材料测试方法[M]. 武汉: 武汉工业大学出版社. 1990.

[10] 谭立新, 余志明, 蔡一湘. 激光粒度法测试结果与库尔特法、沉降法的比较[J]. 中国粉体技术, 2009, 15(3): 60-63.

[11] 李胜, 李颖, 王晓慧, 等. $B(OCH_3)_3$ 电子结构的 HeI 紫外光电子能谱研究[J]. 物理化学学报, 1996, 12(7): 641-643.

第 2 章　矿物材料元素及成分

2.1　概　　述

化学成分是组成矿物材料的物质基础，也会影响材料的加工性能。因此，对矿物材料化学成分的表征，是研究矿物材料的重要内容[1]。经典的化学分析方法，如重量分析法和滴定分析法可追溯到 19 世纪，直到目前也是分析试样中的常量元素或常量组分的主要方法。

2.2　化　学　分　析

2.2.1　测试样品的制备

按照样品形态分，样品前处理技术主要分为固体、液体、气体样品的前处理技术。固体样品的前处理技术，主要有沉淀分离、索氏提取、微波辅助萃取、超临界流体萃取和加速溶剂萃取等。液体样品的前处理技术，主要有液-液萃取、固相萃取、液膜萃取、吹扫捕集、液相微萃取等。气体样品的前处理技术，主要有固体吸附剂法、全量空气法等[2]。近年来，分析工作者改进并创新了一系列的样品前处理技术，包括各种前处理新方法与新技术的研究及这些技术与分析化学在线联用设备的研究两个方面。例如，超临界流体萃取、微波辅助萃取、固相萃取、固相微萃取、液相微萃取、吹扫捕集、液膜萃取等。这些新技术的共同特点是：所需时间短，消耗溶剂量少，操作简便，能自动在线处理样品，精密度高等。这些处理方法，各有各自不同的应用范围和发展前景。

2.2.2　滴定分析法

2.2.2.1　滴定分析的一般过程和特点

1. 滴定分析的一般过程

在滴定分析时，一般是将样品溶解后，取其全部或部分，加入少量指示剂，将一种已知准确浓度的溶液(标准溶液)通过滴定管滴加到待测试液中,直到所加的试剂与待测物质按化学计量关系定量反应为止,然后根据所加试剂的浓度和体积,通过定量关系计算待测物质的含量。

2. 滴定分析法的特点

滴定分析法是化学定量分析中很重要的一种方法,其特点是:①适用于常量组分(>1%)的测定;②准确度较高(相对误差为±0.2%);③仪器简单,操作简便,快速;④用途广泛。

2.2.2.2 滴定分析法的分类及对滴定反应的要求

1. 滴定分析法的分类

按化学反应类型,可以分为以下几类:

(1)酸碱滴定:以质子传递反应为基础的滴定分析法。

$$H^+ + OH^- \Longrightarrow H_2O \tag{2-1}$$

(2)络合滴定:以络合反应为基础的滴定分析法。

$$M + L \Longrightarrow ML \tag{2-2}$$

(3)氧化还原滴定:以氧化还原反应为基础的滴定分析法。

$$O_1 + R_2 \Longrightarrow R_1 + O_2 \tag{2-3}$$

(4)沉淀滴定:以沉淀反应为基础的滴定分析法。

$$Ag^+ + X^- \Longrightarrow AgX \downarrow \tag{2-4}$$

2. 对滴定反应的要求

化学反应很多,但可用于滴定分析的化学反应必须符合下述条件:①反应必须按一定方向定量完成,所谓"定量"即指反应的完全程度应达99.9%以上;②反应速度快,或有简便方法(如加热、加催化剂)使之加快;③有合适的确定终点的方法(如指示剂或电位滴定);④试液中的共存物质不干扰测定,或虽有干扰但有消除方法。

2.2.2.3 滴定方式

1. 直接滴定法

只要滴定剂(标准溶液)与被测物质的反应符合滴定反应的条件,就可采用直接滴定法。直接滴定法是最常用和最基本的滴定方式，不仅简便、快速，而且引入的误差也较小。

例如，用 HCl 标准溶液滴定 NaOH，或用 NaOH 标准溶液滴定 HCl。

2. 返滴定法

当滴定剂与待测物质反应速度慢或无合适的指示剂时，不能用直接滴定法，可采用返滴定法。返滴定法的过程：先加入过量的标准溶液，待其与被测物质反应完全后，再用另一种滴定剂(另一种标准溶液)滴定剩余的标准溶液，从而计算出被测物质的量。

例如，用 EDTA 滴定 Al^{3+}，Al^{3+} 与 EDTA 络合反应太慢，不能直接滴定，可先加入过量的 EDTA 标准溶液，并加热促进其与 Al^{3+} 络合反应完全，冷却后过量的 EDTA 在 pH 5~6 时，用二甲酚橙为指示剂，用 Zn^{2+} 标准溶液滴定。该反应速率很快，可以直接滴定。颜色变化：黄色~紫红色。

3. 置换滴定法

当滴定剂与被测物质的反应没有确定的计量关系或伴有副反应，不能直接滴定被测物质时，可采用置换滴定法。置换滴定法的过程：在被测试液中加入过量但不计量的试剂与被测组分反应，定量地置换出一种能被滴定的物质，然后用标准溶液滴定被置换出来的物质。

4. 间接滴定法

对于不能与滴定剂直接反应的物质，可通过另外的化学反应间接进行测定。

2.2.2.4　滴定方式

1. 基准物质(基准试剂)

可以用来直接配制标准溶液或标定标准溶液浓度的物质称作基准物质。作为基准物质必须符合下列条件：①纯度高，杂质含量低于 0.02%；②组成(包括结晶水在内)与化学式相符；③性质稳定，在空气中不易被氧化，不易吸收 H_2O 和 CO_2，不易失掉结晶水等；④最好具有较大的摩尔质量，以减小称量的相对误差。

2. 标准滴定溶液的制备

已知准确浓度、在滴定分析中常做滴定剂的溶液，称为标准滴定溶液(简称标准溶液)。

(1)标准的制备和标定一般规定(GB/T 601—2002)：①制备标准滴定溶液的浓

度值应在规定浓度值的±5%以内。②标定标准滴定溶液的浓度时，须两人进行试验，分别各做四平行，每人四平行标定结果的相对极差≤0.15%，两人共八平行标定结果的相对极差≤0.18%。取两人八平行标定结果的平均值为标定结果。在运算过程中保留五位有效小数，浓度值报出结果取四位有效数字，浓度平均值的扩展不确定度一般不大于0.2%。

(2)标准溶液的配制。

配制方法：

①直接配制法：当需要配制的标准溶液的溶质是基准物时，可用基准物直接配制，计算出准确浓度。配制过程如下：

$$基准物质 \to 分析天平 \to 准确称取 \to 适量水溶解 \to 定量转入容量瓶$$
$$\to 稀释至刻度 \to 计算出浓度$$

②间接配制法：当想配制的标准溶液的溶质不是基准物时，先粗配成一个近似浓度的溶液，然后用基准物或另一种标准溶液标定，如 HCl、NaOH、$Na_2S_2O_3$、$KMnO_4$ 等。配制流程如下：

$$粗配(台秤、量筒) \to 近似浓度 \to 用基准物或标准溶液标定 \to 计算出浓度$$

2.2.2.5 滴定结果的分析

滴定分析中涉及一系列的计算，如标准溶液浓度的计算、测定结果的计算等。如用直接滴定法分析结果：准确称取铁矿样品 0.3029 g，溶解后将其中的 Fe^{3+} 还原成 Fe^{2+}，用 $C(K_2Cr_2O_7)=0.01600$ mol/L 标准溶液滴定，终点时用去 35.14 mL，计算样品中以 Fe 和 Fe_2O_3 表示的含量。

2.2.3 重量分析法

2.2.3.1 重量分析法分类及特点

重量分析法是通过称量有关物质的质量，来确定被测组分含量的分析方法。通常是先将被测组分与样品的其他组分分离后，称其质量从而算出含量。根据分离方法的不同，重量分析方法可分为气化重量法、电解重量法和沉淀重量法[2]。

1. 气化重量法

气化重量法是利用直接(或经反应后)加热的方式，使被测组分气化逸出后，称其质量来确定含量的，此方法根据样品的不同情况有两种测量方式：

(1)根据气体逸出前后样品的质量之差求被测组分含量。例如，样品中水分的测定，只需在称量瓶中进行烘干至恒重，由样品所减少的质量即可求得水分的含量。又如，粗二氧化硅样品中 SiO_2 含量的测定，称样后用 HF 加热处理，按 $SiO_2+4HF \longrightarrow SiF_4\uparrow+2H_2O\uparrow$ 反应后再称质量，由两次称量之差求得含量。但是这种方法，只有当样品中无其他可挥发(或经反应后可挥发)组分，并且在加热时样品自身形式不变时才适用。

(2)将被测组分气化后，吸收于适当的吸收剂之中，根据吸收剂质量的增加值求得含量。例如，样品中湿存水或结晶水含量的测定，可将一定量的样品加热，使所含的水气化逸出，吸收于已知质量的干燥剂(如高氯酸镁)中，根据干燥剂质量的增加求得水的含量。如果样品中还有碳酸盐或酸式碳酸盐，可能分解出 CO_2，但不被干燥剂吸收，所以不干扰水的测定。

注意，这种方法所用吸收剂必须选择性地只吸收被测组分。

2. 电解重量法

电解重量法是利用电解的方法，使样品中的被测离子在某一电极上析出，再根据电解前后电极质量的变化，确定被测组分含量。

3. 沉淀重量法

沉淀重量法是将待测离子转化为难溶化合物，从溶液中沉淀出来，再将沉淀过滤、洗涤、烘干或灼烧后称量，根据样品和沉淀的质量确定含量。例如，若要测定样品中 SO_4^{2-} 的含量，先将样品干燥称量并溶解，再滴加 $BaCl_2$ 溶液使 SO_4^{2-} 全部转化为 $BaSO_4$ 沉淀(称为沉淀形式)，过滤并洗净，再经烘干，得到纯净的 $BaSO_4$ 固体(称为称量形式)，称量并计算含量。

重量分析法是经典的化学定量方法，适用于常量组分的测定，应用范围广泛。该方法的最大优点是准确度高，一般相对误差为±0.1%，最多不超过±0.2%。滴定分析法要通过与基准物、标准溶液的比较，通过滴定管、移液管、容量瓶及指示剂的变色来确定体积，这些步骤都会引入误差。

近些年来，由于沉淀方法的改进(如均匀沉淀法、小体积沉淀法、有机沉淀剂的应用)以及操作简便、准确度又高的电子天平的问世等，均使重量法的操作得到改善。因此，沉淀重量法逐渐成为应用最多的重量分析方法，习惯上常把沉淀重量法简称为重量法。下面重点论述沉淀重量法。

2.2.3.2　沉淀重量法对沉淀形式和称量形式的要求

(1)沉淀重量法对沉淀形式的要求：①溶解度要小，因溶解而引起的误差应小至可以忽略不计；②便于过滤和洗涤，因此希望得到大颗粒的沉淀；③纯净；④易于转化为适宜的称量形式。

(2)沉淀重量法对称量形式的要求：①有确定的化学组成，并与化学式相符；②性质稳定，没有明显吸附 H_2O、CO_2 及其他物质的性质；③具有较大的摩尔质量，以提高分析结果的准确度。

2.2.3.3 沉淀的类型

沉淀按其颗粒的大小可分为晶型沉淀、凝乳状沉淀和无定形沉淀。晶型沉淀的颗粒最大，直径在 0.1～1 μm 之间。在晶型沉淀内部，离子排列是有规则的，因此，结构紧密，体积小，沉淀形成后易于沉在底部，便于过滤和洗涤。并且，这类沉淀对杂质的吸附也较少。重量法最好能获得晶型沉淀，晶型沉淀还可细分为粗晶型沉淀(如 $MgNH_4PO_4 \cdot 6H_2O$)和细晶型沉淀(如 $BaSO_4$)两类[2]。

无定形沉淀的颗粒最小，直径小于 0.02 μm。其内部离子的排列是无序的，也称为非晶形沉淀或胶状沉淀。无定形沉淀结构疏松，体积庞大并含大量水分及其他杂质，过滤时易穿透滤纸或者堵塞滤纸孔隙，过滤速度很慢，且不易洗涤。重量分析法中，应尽可能避免形成这类沉淀。分析中常见 $Fe_2O_3 \cdot nH_2O$、$Al_2O_3 \cdot nH_2O$ 都属于无定形沉淀。

凝乳状沉淀的颗粒大小，介于晶型沉淀和无定形沉淀之间，其直径在 0.02～0.1 μm 之间，在性质上也介于前二者之间，属于过渡态，$AgCl$ 就属于凝乳状沉淀。

2.2.4 化学分析在矿物材料中的应用

2.2.4.1 NaOH 沉淀分离-EDTA 滴定法测定高炉渣、黏土及高铝质耐火材料中的 Al_2O_3

NaOH 沉淀分离法是一种经典的分离方法，较容易实现 Al^{3+} 与 Fe^{3+}、Mn^{2+}、Ti^{4+}、Ca^{2+}、Mg^{2+} 等离子的分离，在分析铁矿石中的 Al_2O_3 时，此法的应用较为常见。但在分析炼铁熔剂、高炉渣及耐火材料中的 Al_2O_3 时，由于试样基体为非铁基，加入强碱后生成氢氧化铁沉淀很少，不发生共沉淀，影响了分离效果，因而应用较少。NaOH 沉淀分离非铁基试样中铝时，加入一定量的纯铁打底，能取得较好的效果，并将该方法应用于高炉渣、黏土及高铝质耐火材料中的 Al_2O_3 分析。结果表明，该方法分析速度快、干扰元素分离效果好、分析范围广、结果准确，适合在炼铁快速分析实验室应用[3]。

称取适量样品，置于预先加入 2 g 混合熔剂的铂坩埚中混匀，于(1000±50)℃熔融 5～10 min，取出，稍冷。于 100 mL 沸水中加 20 mL 盐酸浸取，待熔融物全部溶解后，定量转移到 500 mL 容量瓶中定容。分取一定量的上述母液于 250 mL 烧杯中，加入 5 mL 纯铁溶液、20 mL NaOH 溶液，加热至沉淀完全，稍冷后用脱脂棉过滤,用洗液将烧杯及沉淀洗净,滤液收集于 500 mL 锥形瓶中。向滤液中滴加 2 滴酚酞指示剂,用盐酸滴至红色褪去,并过量 1 滴,加入过量 EDTA 溶液、20 mL 乙酸铵-乙酸缓冲溶液,于电炉上加热煮沸 3 min,取下冷却,补加 10 mL 乙酸铵-乙酸缓冲溶液、10 滴 PAN 指示剂,用铜标准溶液滴定至玫瑰红色,不计体积。加入过量氟化铵,于电炉上加热煮沸 1 min,取下冷却,用铜标准溶液滴定至玫瑰红色,记下消耗的体积,并计算分析结果[3]。

　　沉淀分离时,过滤一般采用滤纸,但分离速度较慢;实验表明,采用脱脂棉完全可以代替滤纸,从而可以提高分离速度,满足生产上快速分析的需要。沉淀分离前,纯铁加入量过少及过多,分离效果都不好。

2.2.4.2　沉淀重量法测定氯化钡中钡含量的微型化学实验

　　微型化学实验是用微小型的仪器,尽可能减少中间生成物的转移过程,以减少试剂在器皿上的附着量,用尽可能少的试剂来进行实验(试剂量一般为常规实验的 1/10～1/1000),从而极大地减少了实验中产生的“三废”,是可持续发展战略在化学实验中的具体体现[4]。

　　取一只长 40 cm、直径 0.8 cm 的玻璃管加工为三只等长带尖嘴的玻璃管,切口熔光。尖嘴玻璃管经洗净和烘干后从尾部塞入一小脱脂棉,至尖嘴处压紧,制成一个微型玻璃管过滤器。把微型过滤器置于 100℃烘箱中烘烤 15 min,取出放到干燥器中冷却至室温,在电子天平中称重。重复操作,直到两次称重相差在 1 mg 以内为止,此时可认为是恒重的微型过滤器,置于干燥器中备用。

　　在万分之一的电子天平上,准确称取 0.0400～0.0600 g 固体氯化钡试样三份,分别置于 10 mL 的离心试管中,各加蒸馏水 3 mL,搅拌溶解(注意:玻棒直至过滤、洗涤完毕才能取出)。溶解后,分别用滴管滴加 0.5 mol/L $(NH_4)_2CrO_4$ 试剂至试样溶液中,并不断搅拌,搅拌时,玻棒不要触及离心管壁和离心管底部,以免划伤离心管,使沉淀黏附在离心管壁划痕内难以洗下。沉淀作用完毕,待 $BaCrO_4$ 沉淀下沉后,于上层清液加入稀 $(NH_4)_2CrO_4$ 1～2 滴,观察是否有黄色沉淀以检验其沉淀是否完全。于热水浴中陈化 30 min,放置冷却后过滤。

　　离心沉淀时,用多用滴管小心吸取上部清液,操作时应避免沉淀损失。用 0.5% g/L HAc 溶液洗涤沉淀(因 $BaCrO_4$ 溶于稀 HCl 或稀 HNO_3 而不溶于 CH_3COOH 和 NaOH 溶液中,所以,最好用 CH_3COOH 和 CH_3COONH_4 组成的缓冲溶液来控制溶液的 pH 值在 4.0～5.0 之间)。离心后用多用滴管吸取清液,重复 2～3 次。从干燥器中取出准备好的微型过滤器,尖嘴竖直向下,至尾部滴加数滴蒸馏水以润湿棉团,用干净的细玻璃棒再次压紧棉团于尖嘴处,并经由尖嘴处连接抽滤装置抽气几分钟。之后,将沉淀全部转入其中,使 $BaCrO_4$ 附着在棉团上,并用洗瓶沿反应器内壁上部螺旋式向下吹洗,重复几次。

　　过滤器尖嘴向下，向其中脱脂棉加数滴丙酮，仍用抽滤机把丙酮抽吸去。把载有 $BaCrO_4$ 沉淀的微型过滤器于 100℃ 的烘箱中重复烘烤两次，第一次烘 30 min，取出置于干燥器中冷却至室温，称量；第二次烘 20 min，仍置于干燥器中，冷却至室温称至恒重。实验结果与常规法分析结果相近，且误差在允许范围内，分析结果重现性较好，并且大幅度地减少了实验经费开支，具有显著的经济效应。因此，采用微型法测量 $BaCl_2·2H_2O$ 中 Ba 的含量是可行的。

2.3　X 射线荧光光谱

2.3.1　X 射线荧光光谱分析原理

　　X 射线是一种电磁波，其波长介于紫外线和 γ 射线之间，处于 0.01～22.8 nm（Li $K_α$）的范围，能量在 124～0.054 keV 之间[5]。因此，X 射线也具有波粒二象性。它能以光速直线传播，能发生反射、折射、偏振、散射、干涉、衍射和吸收等现象，这是其波动性的体现。同时，X 射线也会发生光电吸收、非相干散射、气体电离等现象，这是其微粒性的表现。波长色散与能量色散 X 射线光谱，分别是以 X 射线的波长（波动性）和能量（微粒性）为基础的。量子理论将 X 射线看作是由一种量子或光子组成的粒子流，每个光子具有的能量为

$$E = h\nu = h\frac{c}{\lambda} \tag{2-5}$$

式中，E 为 X 射线的能量，单位为 keV，1 keV=$1.6022×10^{-19}$ J；h 为普朗克常数，其值为 $6.6262×10^{-34}$ J·s；ν 为振动频率；c 为光速，其值为 $2.99792×10^{10}$ cm/s；λ 为波长，以 nm 表示。将上述数值代入上式，可得

$$E(\text{keV}) = 1.23984 / \lambda \tag{2-6}$$

　　式（2-5）和式（2-6）将 X 射线的波粒二象性统一了起来，根据 X 射线的波长即可计算出其能量。用电磁波可以解释 X 射线的传播方式，而用量子理论可以解释 X 射线与物质作用时的能量交换方式，两种不同的理论能全面认识 X 射线的本质。

　　X 射线起源于高能粒子与原子的相互作用或起源于原子内层的电子跃迁，因此，X 射线分为连续 X 射线和特征 X 射线。在 X 射线管中，采用阴极射线（高速电子束）轰击阳极（靶）的表面，是产生 X 射线的常用方法[6]。当 X 射线管加速电压较低时，高速运动的电子束轰击到阳极（靶）上，由于骤停产生辐射，这部分辐射的波长范围从某一短波值向长波方向连续延伸，形成一系列连续的 X 射线光谱。当 X 射线管加速电压较高时，高速电子束轰击阳极（靶），不仅会产生连续的 X 射

线光谱，也可能导致靶材阳极发生电离而激发到较高的能级状态，当激发态的原子恢复到基态时，会产生波长确定的特征谱线。

连续 X 射线光谱是由 X 射线管阴极钨丝发射的高速电子流，在阳极靶材原子核库仑场的作用下，突然改变速度而形成的。经典的电动力学认为，任何做不等速运动的电荷会在其周围激起交变的电磁场，并向各个方向以光速直线传播。这种电磁辐射可以看作是一组彼此重叠的电磁波，由大量不同能量电子运动所形成的一系列电磁辐射构成，称为连续的 X 射线光谱，其强度随波长呈现一种马鞍状分布(图 2-1)。这种分布称为连续谱的光谱分布。

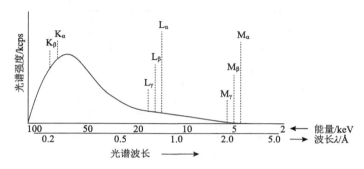

图 2-1　初级 X 射线的光谱分布[7]

连续光谱随阳极靶材原子序数的增大而增强，随 X 射线管电压的升高而迅速增强。同时，连续光谱短波极限 λ_0 随着电压升高向短波方向移动。连续光谱强度的表达式如下：

$$I = \int_{\lambda_0}^{\infty} I(\lambda)\,\mathrm{d}\lambda \qquad (2\text{-}7)$$

式中，λ_0 表示连续光谱的短波极限；$I(\lambda)$ 表示波长为 λ 的连续光谱强度。

X 射线管除了可以产生上述连续的 X 射线光谱外，还可以产生与靶材元素组成密切相关的特征 X 射线光谱。要想产生特征的 X 射线光谱，必须要求加速电压达到一定的数值。因此，为了获取不同元素不同谱系的特征 X 射线，对 X 射线管的加速电压要求是不同的[5]。特征 X 射线光谱具有如下特点：①元素周期表中各元素的谱线形成了有规律的排列，并以 K、L、M、N 等字母表示不同的谱系，对于一个给定的元素，各谱系的能量变化规律为 K>L>M>N…。②各种元素的同名谱系(如同为 K 谱系)激发电位和同名特征光谱的波长，与原子序数的大小有关，而与 X 射线管加速电压和电流大小无关。③对于不同元素的同名谱线，波长随着原子序数的增加而减小(图 2-2)。

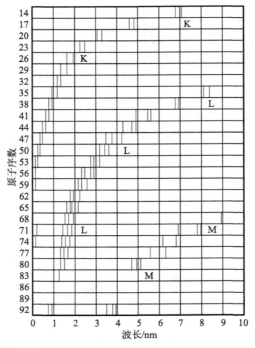

图 2-2　元素的原子序数与特征 X 射线波长的关系

特征 X 射线光谱的这些物理现象和特点，主要是由各种元素的原子结构决定的。原子是由原子核和核外电子组成的，原子核由 Z 个带正电荷的粒子组成，而每个原子有若干个核外电子轨道，有 Z 个电子在轨道上绕原子核运动(图 2-3)。核外电子在轨道上按一定的规则分布，这种核外轨道称为壳层[7]。每个壳层所具有的能量和分布的电子数，取决于量子理论规定的四个量子数，这四个量子数介绍分别如下所述。

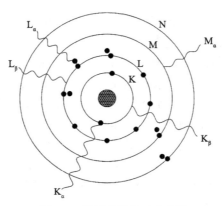

图 2-3　原子的结构示意图[7]

1）主量子数（n）

主量子数代表电子绕原子序数为 Z 的原子核运动的范围大小及轨道半径的大小。n 称为主量子数，它是给定电子的主要能级，具有相同主量子数的电子离原子核的距离大致相同，其能量也大致相等，可用以下公式表示：

$$E_n = -RhcZ^2\left(\frac{1}{n^2}\right) \tag{2-8}$$

式中，h、c、Z 的定义参考前文；R 为里德伯常量，$R_\infty=1.09737\times10^7\ \text{m}^{-1}$；$n$ 为正整数，其值为 1, 2, 3, 4, …，与之相对应的轨道分别为 K, L, M, N, …。

2）轨道角动量量子数（L）

在含有多个电子的原子中，电子除了做圆周运动外，还可能做径向运动，即向着或离开原子核的方向运动。它代表轨道的形态和轨道的角动量，径向运动使主量子数 n 相同的电子在能量上有少量的差异。轨道的角动量量子数以 L 表示，它的可能值为 0 到（$n-1$）间的所有整数。因此，核外第一层（$n=1$），电子的角动量 $L=0$；第二层（$n=2$），角动量 $L=0$ 或 1。以此类推，当 n 给定时，由角动量 L 决定的状态类型通常表示为

L=0, 1, 2, 3, 4, 5（对应类型：s, p, d, f, g, h）

当有两个电子处在 $n=1$ 和 $L=0$ 的状态时，一般用 $1s^2$ 表示，其他以此类推。

3）磁量子数（m）

电子绕原子核运动的角动量是一个矢量，即具有方向性。磁量子数 m 表示轨道在空间可能的取向，它不涉及轨道电子的能量，其值为$-L$ 到$+L$ 间的所有整数。在 s 子壳层中，$L=0$，$m=0$。在 p 子壳层中，$L=0$，$m=-1$ 或 0 或$+1$，即在 p 子壳层中有 3 个 p 轨道函数，通常用 p_x、p_y、p_z 等来表示。

4）自旋量子数（s）

自旋量子数用 s 表示，用来描述电子的自旋角动量，表示电子与轨道角同向或反向运动，取值为$+1/2$ 或$-1/2$。

根据泡利不相容原理，原子内不可能有两个或两个以上的电子具有完全相同的 4 个量子数（n、L、m、s）。每一轨道中只能容纳自旋相反的 2 个电子，每个电子层中可能容纳的轨道数是 n^2 个，每层最多容纳电子数是 $2n^2$ 个。核外电子的分布在不违背泡利不相容原理的前提下，必须服从能量最低原理，即电子总是尽先占据能量最低的轨道。当轨道角动量量子数相同时，随着主量子数的增大，轨道的能力相应升高，如 1s<2s<3s…、2p<3p<4p…等。在主量子数相同时，轨道的能级随轨道角动量量子数的增大而升高，ns<np<nd…。在主量子数和轨道角动

量量子数同时改变时，有时会出现"能级交错"的现象，即某些主量子数较大的原子轨道的能级低于主量子数较小的原子轨道，如 4s＜3d、5s＜4d、6s＜4f＜5d＜6p…。因此，原子中电子轨道的能级，不仅取决于主量子数，还取决于轨道角动量量子数。在主量子数和轨道角动量量子数都相同的轨道上，电子总是优先占据不同的轨道，而且自旋方向平行，这种轨道占据方式可使体系的能量最低[7]。

　　当一束高能粒子与原子相互作用时，如果其能量大于或等于原子某一轨道的结合能，则可将该轨道电子逐出，形成空穴。当原子发生电离时，电子的能量分布失去平衡，在极短的时间内外层电子向空穴跃迁，使原子恢复正常状态。在跃迁过程中，两电子壳层的能量差将以特征的 X 射线逸出原子(图 2-4)。这种跃迁必须符合量子力学理论。

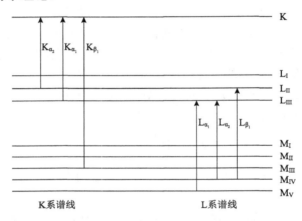

图 2-4　轨道电子的跃迁能级图[7]

　　由不同能级跃迁产生的特征 X 射线，构成特征的 X 射线光谱。当 K 层电子被逐出原子形成空位时，由高层电子填补 K 层空位，对应产生的 X 射线称为 K 系特征 X 射线。按照量子力学选择定则，由 L_{III} 和 L_{II} 层电子填补 K 层空位时，对应分别发射特征的 K_{α_1} 和 K_{α_2} 系 X 射线。由 M_{III}、M_{II}、M_I 层电子填补 K 层空位时，分别产生特征的 K_{β_1}、K_{β_2} 及 K_{β_3} 系 X 射线。当 L 层产生空位时，则由 M 壳层电子填补 L 层空位，产生特征的 L 系 X 射线[7]。

　　特征 X 射线光谱中，特征 X 射线的能量由跃迁的始态与终态能级间的能量差决定。同一元素不同线系的特征谱线，由于相应的壳层空位与原子核接近程度不同，相应的波长按 M—L—K 的顺序变短。由于内层轨道的能级差随原子序数的增加而增大，各元素同一特征谱线的波长将随之变短。特征 X 射线产生于原子内层的电子跃迁，基本上与化学状态无关，其波长仅与原子序数相关。

2.3.2　X 射线荧光光谱仪

X 射线荧光光谱仪可分为波长色散和能量色散两种类型。波长色散 X 射线荧光光谱仪由 X 射线管、滤光片、样品室、准直器、分光晶体、探测器、计数电路及计算机等部分组成(图 2-5)。

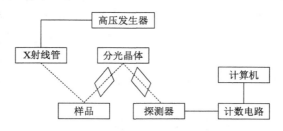

图 2-5　波长色散 X 射线荧光光谱仪结构示意图[7]

X 射线管参数的选择，主要取决于分析要求，一般采用 Rh 靶，其 K 系和 L 系特征辐射和连续谱共同参与样品激发。Rh 的 K 系特征谱线适用于激发元素 Cu 至 Mo 之间各元素的 K 系特征线及 Hf 至 U 之间各元素的 L 系特征谱线。Rh 的 L 系特征谱线适用于激发元素 B 至 Cl 之间轻元素的 K 系特征谱线[7]。应根据分析要求进行靶材的选择，选择原则是：为达到高效激发的目的，靶材特征 X 射线的波长必须稍短于待测元素的吸收限波长，所选靶材应具有较强的连续光谱强度。当射线管靶材的特征 X 射线不能满足相关元素的激发要求时，应选择连续谱中与待测元素吸收限短波侧相关的波长进行激发。精心选择合理的激发参数，对获得样品的最佳激发十分重要。所选激发的参数包括：靶材、管压(kV)、管流(mV)及初级辐射的光谱分布等。选择重元素高能辐射的激发条件时，由于重元素高能辐射的临界激发电位高，通常以临界激发电位的 2～4 倍作为工作电压；选择轻元素低能辐射的激发条件时，由于轻元素低能辐射的临界激发电位低，通常以临界激发电位的 4～10 倍作为工作电压。在确定射线管的工作电流时，应该根据射线管的额定功率及所选定的电压来确定。由于轻重元素特征辐射的荧光产额差异较大，选择轻元素低能辐射的激发条件时，通常选择低电压大电流；选择重元素高能辐射的激发条件时，应选择高电压低电流[7]。

能量色散 X 射线荧光光谱仪通常由 X 射线管、滤光片、样品室、探测器、放大器、多道分析器、脉冲堆积消减器及计算机等组成(图 2-6)。样品发射的所有谱线同时进入探测器，经历光电转换、整形放大、模拟-数字转换及能量甄别等过程，然后由多道分析器记录和测量，并通过解谱处理，实现定性和定量分析。能量色散 X 射线荧光光谱仪，根据其激发方式可分为直接激发和间接激发两类。以 X 射线管初级辐射直接激发样品的光谱仪称为二维(2D)光学能量色散光谱仪或称为通用型能量色散光谱仪。X 射线管初级辐射首先激发位于射线管和样品间的二次靶，然后用二次靶的特征辐射或散射的初级辐射激发样品，样品元素发射的特征谱线由探测器直接接收，这种光谱仪称为三维(3D)光学能量色散光谱仪或偏振激发能量色散光谱仪。这种光谱的特点是，X 射线管初级辐射的散射线经偏振，在进入探测器前自动消失，导致背景极低。用直接激发的通用型能谱仪测量时，对于同一组谱线，其背景强度明显高于偏振能谱仪[7,8]。能量色散光谱仪由于 X 射线管、探测器与样品的距离比较近，样品采集初级辐射的立体角大，并以积分强度表示特征线的光谱强度。因此，在计数率较低的情况下，仍具有较高的灵敏度和测量的统计精度。

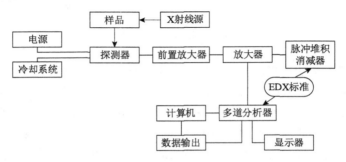

图 2-6　能量色散 X 射线荧光光谱仪的结构原理示意图[7]

此外，全反射 X 射线荧光光谱(TXRF)分析、同步辐射 X 射线荧光光谱(SRXRF)分析及微束 X 射线荧光光谱(μ-XRF)分析，是能量色散 X 射线荧光分析技术的拓展应用，这些方法适用于表面或近表层样品中痕量元素及微区分布等的高灵敏度分析。

2.3.3　定性和半定量分析

X 射线荧光光谱定性分析的目的是确定样品中存在哪些元素或化合物，并粗略估算其主量、次量及痕量的成分等级；定量分析的目的是确定样品中各化学成分精确的浓度。1913 年，莫塞莱在研究各种元素的特征 X 射线时发现，一组频率为 ν 或为 λ 的同名特征 X 射线，与样品中组成元素的原子序数 Z 之间，存在如下关系：

$$\lambda = \frac{1}{K(Z-\sigma)^2} \tag{2-9}$$

$$\nu = Q(Z - \sigma)^2 \qquad (2\text{-}10)$$

或

$$Z^2 \propto E \qquad (2\text{-}11)$$

式中，Q 为比例常数；σ 为屏蔽系数；Z 为元素的原子序数；E 为特征 X 射线的能量，keV；ν 为辐射频率；λ 为特征辐射的波长，nm。这种频率或波长与原子序数的关系称为莫塞莱定律，是 X 射线光谱定性分析的理论基础。无论是波长色散还是能量色散光谱分析，都是以莫塞莱定律为定性分析的理论依据。一组光谱，就相当于一个未知元素的指纹。如果样品中有多种元素共存，就可能发生光谱的相互重叠。因此，必须防止元素的定性指认错误。如果激发某元素的 K 系特征 X 射线，则必须关注其 K_α 和 K_β 两条主要谱线，以验证识别的真伪。如果发现谱线重叠，则可用同系谱线的高次衍射线或不同线系的谱线获得正确的识别。L 系光谱可用于原子序数 40 以上元素的定性识别，主要以查找 L_α 和 L_β 及 L_γ 线验证元素识别的正确性。M 系谱线也可以用于元素识别，但与 K 系或 L 系主线不同的是，M 系谱线起源于原子的外层轨道或分子轨道，谱线的分布及其强度稳定性差。因此，在定性分析时尽量不予使用。

在波长色散光谱分析中，样品组成元素发射的特征 X 射线光谱，须通过分光晶体与探测器($\theta/2\theta$)的联动扫描予以采集。各种波长的特征 X 射线经晶体后，按布拉格衍射规则分布在空间的不同方位($\lambda \propto 2\theta$)。如果将布拉格衍射定律与莫塞莱定律相结合，则可得出原子序数 Z 与特征谱线衍射角(2θ)间的对应关系：

$$Z = \sqrt{\dfrac{m}{k \times 2d \sin\theta}} + \sigma \qquad (2\text{-}12)$$

在能量色散 X 射线光谱中，由样品元素发射的特征 X 射线光子同时进入探测器，并转变成与其能量成正比的脉冲，经整形放大及模数转换后由多道分析器储存在相应的能道中并由计数电路测量，根据原子序数 Z 与各元素特征线能量的对应关系实现定性分析。与波长色散法相比，能量色散光谱的采谱方法简单快捷[9]。无论是波长色散或能量色散光谱，采谱后的定性过程基本相同，样品光谱的采集是定性分析的关键步骤(图 2-7)。波长色散光谱的定性分析过程中，首先根据全谱扫描的要求，选择合理的仪器参数及扫描测量参数，系统采集样品组成元素特征 X 射线的光谱数据，并记录成便于处理的谱图。然后，以莫塞莱定律为依据，按识别原则，用人工或自动方式执行定性分析步骤[10]。

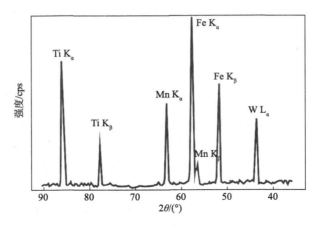

图 2-7　　能量色散光谱仪采集的光谱图

2.3.4　定量分析

定量分析是将样品元素分析线的测量强度转换成元素浓度的过程。对于无限厚的样品，分析线强度仅与分析元素的浓度有关。当样品组成比较简单时，这种关系基本呈现一种理想的线性关系：

$$R_{i,M} \propto f(W_i) \tag{2-13}$$

对于组成复杂的样品，由于基体效应的存在，样品元素发射的分析线强度与元素浓度的关系较为复杂，其数学表达式为

$$I_i = \frac{K_i I_0 W_A (\lambda_i - \lambda_0)}{\dfrac{\mu_m(\overline{\lambda})}{\sin\varphi_1} + \dfrac{\mu_m(\lambda)}{\sin\varphi_2}} = \frac{K W_A}{\mu_{\overline{i}}} \tag{2-14}$$

式中，I_i、I_0、W_A、λ_i、λ_0 分别为分析线及初级辐射入射强度、分析元素的质量分数、分析线及入射的初级辐射线波长；$\mu_{\overline{i}}$、$\mu_m(\overline{\lambda})$、$\mu_m(\lambda)$、$\sin\varphi_1$、$\sin\varphi_2$ 分别为分析元素的平均质量吸收系数、基体对有效波长及波长的质量吸收系数以及入射线和出射线的几何因子；K 为常数。分析线强度与浓度的定量关系受到多种因素的制约，必须用实验或数学方法处理。因此，定量分析方法可分为实验校正和数学校正方法，这里只讨论实验校正方法。常用的实验校正方法有标准校准法、加入内标校准法、散射内标法、二元比例法、基体-稀释法和薄膜法等。

2.3.4.1 标准校准法

标准校准法是一种以标准样品为参考的相对方法[7]。所用的标准样品与待测样品具有相似的化学成分及物理、化学状态，其相似性表现在：①样品的物理形态；②样品的化学组成及浓度范围；③样品的粒度、密度、均匀性及表面光洁度等物理特征。以化学组成及浓度范围与待测试样相似的一组参考样品，通过最小二乘法拟合，建立各组成元素分析线的测量强度与相应浓度的校准曲线完成定量分析，这种分析方法通常称为标准校准法或外标法(图2-8)。

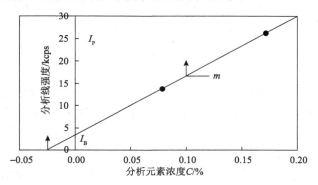

图 2-8　典型的外标法校准曲线[10]

当样品存在基体效应时，如果分析元素的浓度散布范围窄，标准样品与待测样品的组成及状态相似，则校准曲线仍然呈现近似的线性关系，其近似程度与样品基体的复杂程度相关。用这种方法进行定量分析时，通常可获得准确的分析结果。校准曲线与强度坐标交点处的光谱强度，称为残余背景 I_B。外标法的数学表达式为

$$I_P = mC + I_B \qquad (2\text{-}15)$$

式中，I_P 为分析线的峰位强度；I_B 为背景强度(残余背景)；m 为校准曲线的斜率，也称校正因子；C 为分析元素的浓度。因此，校正因子 m 的数学表达式为

$$m = \frac{I_P - I_B}{C} \qquad (2\text{-}16)$$

校正因子或曲线斜率，可用单位浓度分析线的计数率表示(kcps/%)。一般来说，当分析浓度很低、基体影响很小时，这种校准曲线通常为一条直线。然而，当样品主要成分的浓度散布范围很宽、基体效应十分复杂时，校准曲线可能会出现弯曲，呈现非线性的变化关系。浓度范围越宽，基体影响越严重，非线性弯曲

越严重，在绘制非线性校准曲线时，需要使用更多的标准样品，曲线越弯曲需要的标准样品就越多。因此，外标法是一种基本的定量分析方法，仅适用于浓度范围较窄、基体变化较小、样品组成比较简单的主要或次量元素分析。

2.3.4.2 加入内标校准法

内标法是一种以分析元素的特征 X 射线与另一种性能相似元素的特征线作为比较，补偿样品基体对分析线强度的吸收-增强效应、物理状态差异等影响的实验校正方法[8]。由于内标元素对基体的吸收、增强及激发特征与分析元素完全相似，分析线与内标线的强度比等于分析元素与内标元素的浓度比：

$$I_{\text{A}} / I_{\text{I,S}} = C_{\text{A}} / C_{\text{I,S}} \tag{2-17}$$

式中，I_{A} 和 $I_{\text{I,S}}$ 分别表示分析线及内标线的测量强度；C_{A} 和 $C_{\text{I,S}}$ 分别表示分析元素及内标元素的浓度。加入内标法用标准样品的分析线与内标线的静强度比 $(I_{\text{A}}/I_{\text{I,S}})$ 对分析元素的浓度 C_{A} 作图，建立校准曲线实现定量分析。这种校准曲线具有理想的线性关系，能有效补偿基体的吸收-增强效应、粒度、密度、表面缺陷等样品状态差异及样品制备产生的影响，从而获得准确的分析结果。内标的补偿作用，主要取决于分析元素与内标元素特征的相似程度。关于内标的使用及选择原则，大致归纳如下：①加入内标法适用于分析浓度低于 5%～10%的次量及痕量元素分析；②内标元素的加入量应与样品中分析元素的实际存在量等效；③以与分析元素原子序数相差±1 的邻近元素为最佳内标；④分析线和内标线与其吸收限的相关关系应保持一致，互不发生干扰；⑤原始样品中不能含有选定的内标元素。

2.3.4.3 散射内标法

散射内标法是用样品散射的初级辐射(散射背景或散射靶线)作为内标，以分析元素的谱线强度或净强度与散射靶或背景的强度或净强度比进行分析元素浓度拟合建立校准曲线，补偿基体的吸收效应、粒度、密度、样品表面状态等差异的影响[10]。以下辐射通常可作为散射内标使用：①分析线峰位附近的散射背景；②连续谱驼峰中特定波长的高强度散射线；③射线管靶线的非相干散射线；④靶的相干与非相干散射叠加谱等。鉴于分析峰邻近散射背景的计数率较低，可选择连续谱驼峰中特定波长的高强度散射背景作为内标，容易满足统计精度要求。驼峰特定波长如果选择得比较合适，可获得满意的补偿效果。总体而言，散射内标法仅适用于轻基体样品中原子序数大于 26 的痕量元素分析，这种方法对基体产生的增强效果应无补偿作用。散射内标法，主要有散射背景比例法和散射靶线比例法两种。

散射背景比例法，是以分析线与散射背景的强度比与分析元素浓度建立校准方程，实现定量分析的方法。假定 A 为痕量元素，相应的质量吸收系数随基体而变，但分析强度与散射背景的强度比基本保持不变。这表明散射背景比例法对于基体的吸收，具有良好的补偿作用。

分析线与散射背景的强度比与原子量的关系，远不如分析线或散射线强度灵敏。因此，分析线与散射背景的强度比与基体成分的变化基本无关，这充分体现了散射背景比例法的补偿作用。如果分析线主要由初级辐射的连续谱激发，则分析线和散射背景的强度受射线管电压的影响相似。同样，分析线与散射背景的强度受样品位置及射线管电流的影响也十分相似。因此，散射背景比例法对仪器激发参数的变动，也具有明显的补偿效果。分析线与散射背景的波长大致相同时，其强度比基本上与基体无关。

散射靶线比例法是散射背景比例法的一种特例，是以分析线与射线管靶康普顿散射线的强度比作为标准函数，建立标准曲线而实现定量分析。散射靶线比例法的使用条件是：①样品基体以吸收效应为主；②射线管靶线以非相关散射（康普顿散射）为主；③分析线波长位于样品主要基体元素吸收限的短波侧。

2.3.4.4 二元比例法

A 和 B 两种元素的浓度发生交互变化的二元系样品或主要基体保持恒定、其余两元素浓度发生交互变化的三元系样品，用标准样品建立校准曲线时，一种元素的分析线强度不仅与其自身浓度相关，且随另一元素的浓度而改变。二元比例法是以标准样品中两种元素 A 和 B 的分析线净强度为基础，建立两元素的分析线强度比与相应浓度比的双对数校准曲线 $[\lg(I_A/I_B)-\lg(C_A/C_B)]$[7]。其中，$I$ 及 C 分别代表分析线的净强度及浓度。与常规的 I-C 校准方法相比，二元比例法的优点是分析线强度对浓度变化的灵敏度高。此外，无论 I-C 曲线如何偏离线性，基体的吸收-增强效应严重性如何，这种对数曲线始终保持良好的线性关系。二元比例法对于样品表面状态，如缩孔、裂纹、磨痕等差异及样品的不规则状态灵敏度极低。在很多情况下，标准样品不需要与分析试样具有完全相同的物理形态。二元比例法的唯一缺点就是当 I_A/I_B、C_A/C_B 的比值趋于 0 或无穷大时，就不再适用。二元比例法对于如下三类样品最适用：①仅有两种元素组成的二元系样品，例如铅-锡合金、钨-铼合金、铋-锡合金、铌-锡合金等；②主要基体元素恒定不变，其余两种元素浓度发生交互变化的三元系样品，如铟和镓的砷化物；③极轻的基体与两种原子序数大于 19 的重元素组成的三元系样品，如铬和银的混合氧化物。图 2-9 为常规的 I-C 曲线与二元比例法校准曲线的对比图。

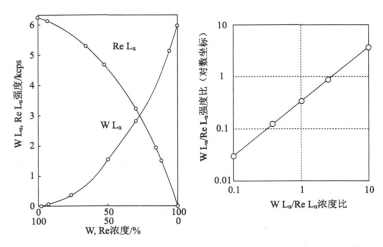

图 2-9　常规 *I-C* 曲线(a)与二元比例法对数校准曲线(b)的比较[10]

2.3.5　X 射线荧光光谱在矿物材料中的应用

　　玻璃类产品是可设计材料,通过调整其中的化学成分及含量可以改变其物理化学性能,使其具有特殊的性能以适应不同的用途,因此,玻璃陶瓷材料中各组分含量的分析测定对工艺配方的制定及材料性能的设计非常重要。玻璃材料的化学成分非常复杂,通常是由多种元素的氧化物组成。过去常用化学分析方法进行测定,主要包括重量法和容量法。化学分析法测定常量组分有其优势,但测定步骤烦琐、耗时、干扰严重,对微量及痕量组分很难测定。

　　仪器分析方面,在利用原子吸收光谱(AAS)、电感耦合等离子体原子发射光谱(ICP-AES)法测定玻璃成分方面已做了不少工作[11-14],有些已制定为国家标准,AAS、ICP-AES 法具有灵敏度高、测定下限低、标准溶液易得等特点,但需要将样品通过碱熔、酸化等过程制成溶液,费时耗力。X 射线荧光光谱无标定量分析有其独到的特点,属于无损分析,制样简单、分析速度快,可以同时对材料中的多种组分进行快速准确的测定,所以逐渐被人们所接受和重视。

　　玻璃样品的分析一般是将玻璃片制成合适大小的尺寸直接进行测定,若无合适的表面可测或者是粉末样品,则将其研磨,过 200 目筛子,取 4~5 g 样品,在 40 t 压样机上,用硼酸垫底压成 40 mm 直径(内部待测试样直径为 33 mm)片状样品后进行测定。用一玻璃样品在选定条件下进行了 10 次测定,对分析结果进行统计计算,观察方法的重现性,结果列于表 2-1 中[15]。

表 2-1　方法的精密度实验结果[15]

元素	Na₂O	MgO	Al₂O₃	CaO	Sb₂O₃	BaO	SiO₂
1	0.20	5.02	38.6	34.7	2.62	14.7	3.31
2	0.17	5.02	38.7	34.6	2.77	14.5	3.48
3	0.16	4.95	38.7	34.5	2.65	14.9	3.28
4	0.19	4.93	38.7	34.5	2.74	14.6	3.42
5	0.19	5.04	38.8	35.0	2.68	14.4	3.26
6	0.17	5.09	38.7	34.8	2.54	14.6	3.30
7	0.20	5.01	38.6	34.9	2.65	14.4	3.43
8	0.17	4.98	38.6	34.9	2.75	14.3	3.26
9	0.18	4.95	38.5	34.5	2.74	14.4	3.30
10	0.18	5.01	38.6	34.7	2.66	14.5	3.43
平均值	018	5.00	38.6	34.7	2.68	14.5	3.36
均方根	0.024	0.038	0.10	0.20	0.071	0.14	0.084

选取代表性样品，同时进行 X 射线荧光光谱和化学分析法或 ICP-AES 测定，三种方法的分析结果基本一致，说明 X 射线荧光光谱无标定量法测定玻璃样品化学成分的方法是可行的。相对于化学分析方法和原子吸收及发射光谱法，X 射线荧光光谱分析法简单、快速，准确度较好，对科研工作给予了很大的帮助并起到了一定指导作用[15]。

2.4　电感耦合等离子体光谱

2.4.1　电感耦合等离子体光谱分析原理

高频振荡器发生的高频电流，经过耦合系统连接在位于等离子体发生管上端、内部用水冷却的铜制管状线圈上。石英制成的等离子体发生管内有三个同轴氩气流经通道。冷却气(Ar)通过外部及中间的通道，环绕等离子体起稳定等离子体炬及冷却石英管壁、防止管壁受热熔化的作用。工作气体(Ar)则由中部的石英管道引入，开始工作时启动高压放电装置让工作气体发生电离，被电离的气体经过环绕石英管顶部的高频感应圈时，线圈产生的巨大热能和交变磁场，使电离气体的电子、离子和处于基态的氩原子发生反复猛烈的碰撞，各种粒子高速运动，导致气体完全电离形成一个类似线圈状的等离子体炬区面，此处温度高达 6000～10000℃。样品经处理制成溶液后，由超雾化装置变成全溶胶后再由底部导入管内，经轴心的石英管从喷嘴喷入等离子体炬内。样品气溶胶进入等离子体焰时，绝大部分立即分解成激发态的原子、离子状态。当这些激发态的粒子回收到稳定的基态时，要放出一定的能量(表现为一定波长的光谱)，测定每种元素特有的谱线和强度，与标准溶液相比，就可以得出样品中所含元素的种类和含量[16,17]。

2.4.2　电感耦合等离子体光谱仪及构造

自 1975 年第一台商品电感耦合等离子体(ICP)光谱仪诞生以来，经不断地改进和创新，目前已有三类 ICP 光谱仪在使用。第一类是由多色仪和光电倍增管构成的多通道 ICP 光谱仪，它可以同时进行多元素分析。第二类是由单色器和光电倍增管构成的顺序扫描型 ICP 光谱仪。第三类是 20 世纪 90 年代快速发展起来的由中阶梯光栅分光系统和固体检测器构成的全谱直读 ICP 光谱仪。还有少数介于这三种类型之间的仪器，如多色仪和固体检测器组合的 ICP 光谱仪或扫描单色器和固体检测器组合的 ICP 光谱仪[16]。上述 ICP 光谱仪主要由两大部分组成，即 ICP 发生器和光谱仪。ICP 发生器包括高频电源、进样装置及等离子体炬管。光谱仪包括分光器、检测器及相关的电子数据系统。ICP 光谱仪的组成如图 2-10 所示。

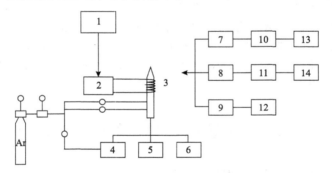

图 2-10　ICP 光谱仪的原理[16]

1. 高频电源；2. 耦合器；3. 炬管；4. 溶液样品；5. 粉末样品；6. 固体样品；7. 多色仪；8. 单色仪；9. 摄谱仪；
10、11. 积分；12. 测光；13、14. 计算

2.4.3　样品处理

ICP 光谱分析的样品处理，是分析全过程的一个重要环节，对分析测试质量有着重要的影响，某些分析质量问题就是产生在样品处理过程中。ICP 光谱分析对样品处理的要求，除了一般分析技术对样品处理的要求外，还有其特殊的要求。一般分析技术都要求样品处理需把待测物全部转化进入溶液，过程中不得损失待测物质，也不得带进非待测物质引起样品的污染，消解后的样品溶液应该在较长时间内是稳定的[18]。对于 ICP 光谱分析(ICP 质谱也是相同)，除了上述要求外还应满足下述要求。

（1）把样品转变成最佳分析状态，溶液清亮透明。

（2）不能存在粒径＞50 μm 的固形物，尽管这些固形物不含有待测元素，但微米级的固形物将堵塞进样系统的雾化器，造成谱线强度降低及精密度下降，甚至完全无法进样。因为，ICP 光谱仪器的通用同心雾化器的进样毛细管内径只有 0.001 mm 左右。

（3）样品溶液不允许有胶体形态物存在，微克级的胶体物质用肉眼观察不到，但进样时很容易积累在雾化器毛细管喷口内，降低进样量，影响谱线强度。

（4）要求样品溶液中的固形物（又称可溶性总固体）浓度≤10 mg/mL，也就是要限制称样量，或者增加稀释倍数，使进样溶液含可溶性盐类不能过高。较高的可溶性盐类会造成样品液黏度增加，影响进样，或者沉积在雾化器的喷口，造成喷雾不正常。

（5）不能含有腐蚀进样系统的物质存在，这里主要是指氢氟酸或氟离子，除非光谱仪配用的是耐氟进样系统及耐氟炬管。多数进样系统是玻璃或石英制品，不能抗氢氟酸腐蚀，石英炬管中心管也易被氢氟酸腐蚀。

（6）消解后的样品水溶液不宜含显著量的有机物，有机物在等离子体中会影响等离子体稳定性，影响温度，从而影响谱线强度及光谱背景。

常用的 ICP 光谱分析的样品处理方法如下：①湿法处理，如湿法开放式酸溶、湿法开放式碱溶、高压密闭酸溶、微波高压酸消解、微波高压碱溶；②高温熔融；③高温灰化。

2.4.3.1　湿法消解法

湿法开放式（常压）酸或碱消解是用酸或碱液在开口容器或密闭容器中分解固体样品，待消解液清亮后，低温蒸发近干，再用少量酸溶解，定容待测。容器可以用锥形烧瓶、高筒烧杯、氟塑料容器等，加热装置可用电热板、控温电热消解器或红外加热消解系统，控温电热消解器用铝合金或石墨加热体，加热温度范围为室温～200℃，控温精度 0.2℃，可一次性加热 30～50 个样品，是一种方便、高效的湿法消解装置[16]。

湿法消解样品的主要条件是消解液种类、加热温度及加热时间。常用的化学试剂是硝酸、盐酸、高氯酸、氢氟酸、过氧化氢等，有时也会用到硫酸等试剂。其中，开放式湿法消解是 ICP 光谱分析中应用最广的样品分解方法，大多数样品都可用这种方法分解，它的特点是设备简单，多为普通的手工化学操作，简单普通实验室就可胜任。但由于属于手工操作，实践经验和操作技巧对于溶样的质量有较大影响。另外，对微量元素的测定，实验室环境、器皿的洁净程度和清洗方法有时也会对测定有一定的影响。

开放式湿法分解处理样品是既简单又复杂的工作，所用化学试剂是不多的几种无机酸，操作也只是称量、加试剂、加热蒸发等过程，但应注意：①任何分解样品的方法都不是万能的，即使同一类样品，待测的元素不同，样品处理方法也不一样；②开放式化学消解样品的效果与操作者经验和细心程度有关，同一样品用同样试剂和方法，处理结果可能不同，初学者应重视化学操作的基本功；③用盐酸分解时，要注意 Ge(IV)、As(III)、Se(IV)、Sn(IV)、Hg(II)等氯化物的挥发损失；④用硝酸分解样品时，蒸发过程中 Si、Ti、Zr、Nb、Ta、W、Mo、Sn、Sb 等大部分或全部析出沉淀，有的元素则形成难溶的碱式硝酸盐；⑤用盐酸-高氯酸加热 200℃冒烟时，B、As、Ge、Sb、Mn、Cr、Se 等元素可能会不同程度地挥发；⑥在测定微量元素时，开放式湿法消解的空白值不仅与消解化学试剂的纯度有关，也与实验环境有关。

常压下的湿法消解受消解液的沸点和温度限制，对于某些难分解的样品消解能力不够。为了完全分解样品，需要延长加热时间，耗费更多化学试剂，导致试剂空白值增加，分析误差增大。为了解决这一问题，用密闭加热提高溶样体系温度，增强消解能力。具体的做法是，将试样与消解液放到有盖的氟塑料罐中，置于不锈钢外套内，拧紧盖，在烘箱中加热，保温数小时，冷却至室温后开盖取出氟塑料罐。加热的最高温度不超过 230℃。从常压湿法消解和增压湿法消解实验的结果对比可以得出，对于较难分解的样品，采用增压湿法消解更为有效（图 2-11）。同常压湿法消解比较，增压湿法消解的优点是，高温高压的消解环境明显提高了消解能力，同时降低了试剂消耗和试剂空白，改善了实验环境；缺点是加热和冷却时间较长，工作效率低。

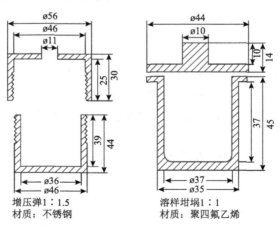

图 2-11　增压湿法消解罐（图中数据单位为 mm）[16]

影响增压消解各类样品效果的主要因素是加热温度、消解剂种类、样品与消解剂的比例等。增压罐消解要注意的是：①为避免化学反应过快而溢出，加试剂后，特别是加高浓度试剂或试样含有机物时，要开盖放置一段时间然后再加热升温；②尽管聚四氟乙烯可耐温 250℃，但加热温度一般应在 230℃以下，温度高时塑料罐的强度降低，塑料罐容易变形损坏。

2.4.3.2　干灰化消解法

植物、食品、生物化学类样品，含有大量有机质，样品处理首先要破坏有机质才能把微量的无机成分释放出来。为了破坏有机质，可用氧化性无机酸如硝酸、高氯酸及硫酸，也可用干灰化法，将试样置于马弗炉中，在有氧条件下加热到 450～600℃，使有机质氧化分解，生成气态物质(如一氧化碳、二氧化碳、水蒸气等)逸出，剩下无机灰分，用少量无机酸溶解灰分，把有机样品转变为无机样品进行测定。干灰化法可用于下述类型样品的处理，如树木、茶叶、植物、中草药、食品、海产品、保健品、饲料、饮料、涂料、石油产品等[16,17]。

干灰化消解样品的特点是可增大取样量，而湿法处理及微波处理取样量不超过 1 g，一般取数十至数百毫克；并且有机物可彻底除去，降低基体影响。干灰化的分析程序为：①干燥、脱水后称重，测出干湿比，对于液态样品，如口服液、蜂王浆等需先蒸发；②碳化，有机物快速加热会使体积膨胀，鼓泡溢出，损失样品并污染加热炉，因此应先以较低温度碳化，把有机物分解为黑色无机碳，再升温使碳氧化除去，植物、布料、滤纸等直接高温处理，可能燃烧样品部分随火焰或气流带走损失，故应逐渐升温，使试样先分解；③灰化，升温使碳氧化并被除去，颜色由黑色逐渐变浅，最后剩下白色或浅色无机干灰；④酸溶，用硝酸或盐酸分解干灰，得到清亮消解液后用于测定，某些灰分要用混酸分解，有时也需要碱熔分解。

2.4.3.3　微波消解法

各种灵敏、快速的分析仪器和分析技术发展得很快，传统的样品制备方法已不相适应，用于样品化学前处理的时间往往是分析仪器测定时间的数倍。近些年来，分析工作者一直在探索一种简单、安全、快速的样品制备方法，而微波消解正是在这种情况下产生的一种样品制备技术。微波加热是内加热过程，样品在高温高压与密闭容器消解，使样品溶解过程迅速可靠，易于控制。目前，微波溶样技术已发展成为比较完善的溶样系统而被原子光谱分析工作者重视，同时也有许多类型的专用微波消解仪器可供选用。与传统的加热消解样品相比，微波消解样品最突出的优点是分解样品能力强、消解速度快，不仅节省时间，而且可以大大减少待测元素的污染[17,18]。

2.4.3.4　熔融分解法

前面所述的湿法消解、干灰化消解以及微波消解等三种分解样品的方法，在处理硅酸盐样品时会遇到困难，因为硝酸、盐酸、硫酸等常用的无机酸，都无法有效分解高含量硅酸盐及氧化硅的样品，氢氟酸及硅氟酸虽然可有效分解这些物质，但 ICP 光谱仪及 ICP 质谱仪的进样系统和炬管多是玻璃或石英材料，不耐氢氟酸的腐蚀。为了消除氢氟酸的影响，通常需要转换溶液体系，用高沸点的无机酸(多用高氯酸)加热挥发除去氟化物，所生成的 SiF_4 也挥发逸出，然后再用硝酸或盐酸溶解残留物。在地质矿物类样的化学分析领域，长期以来采用碱熔法分解岩矿样品，为了测定硅酸盐类样品中氧化硅，高温碱熔是通用的样品分解法。通常将岩矿样品粉碎至 200 目，与熔剂混合于高温炉中加热到熔融，用酸浸出可溶成分，再用于 ICP 光谱或 ICP 质谱测定。熔样后的玻璃熔珠有一定的机械强度且不吸水，取出后一般采用超声波、机械搅拌方法使之溶解[16-18]。

2.4.4　定量分析

2.4.4.1　谱线强度

设等离子体光源中被测定的元素原子总数为 N_0，要产生某一波长的谱线，需经原子激发能 E，使原子外层电子由基态激发至 m 能级的激发态，则被激发到 m 能级(E_m)的原子数为

$$N_m = KN_0 \mathrm{e}^{-\frac{E_m}{kT}} \tag{2-18}$$

式中，K 为统计常数；k 为玻尔兹曼常数；T 为等离子体温度。

当电子由激发态返回基态时，发射频率为 v 的光波，辐射光的强度应为

$$I = N_m A_{mn} hv = KA_{mn} hv N_0 \mathrm{e}^{-\frac{E_m}{kT}} = K'N_0 \mathrm{e}^{-\frac{E_m}{kT}} \tag{2-19}$$

式中，hv 是一个光子的能量；A_{mn} 为跃迁概率。

又因等离子体中被激发的某元素的原子数 N_0 与试样中该元素的含量 c 成正比，即

$$N_0 = \beta c \tag{2-20}$$

式中，β 是与等离子体温度及元素性质有关的比例常数。所以有

$$I = K'\beta c \mathrm{e}^{-\frac{E_m}{kT}} \tag{2-21}$$

对具体谱线及具体分析条件，E_m、k、c、K'、β 均为定值，故谱线强度与试样含量成正比，即

$$I = ac \tag{2-22}$$

考虑到实际光谱光源中，某些情况下会有一定程度的谱线自吸，使谱线强度有不同程度的降低，因此必须对上式加以修正：

$$I = ac^b \tag{2-23}$$

式中，b 是自吸收系数，一般情况下 $b \leqslant 1$，b 值与光源特性、样品中待测元素含量、元素性质及谱线性质等因素有关。在 ICP 光源中，多数情况下 $b \approx 1$。这个公式是 Lomakin 等由实验得出的，通称 Lomakin-Scherbe 公式。

2.4.4.2　谱线强度和浓度的关系

当试液中元素含量不特别高时，Lomakin 公式中的自吸收系数接近于 1，此时谱线强度和浓度呈直线关系。可配制 3～5 个浓度的标准样品系列，在合适的分析条件下激发样品，在线性坐标中绘制标准曲线。一般情况下，应得到通过坐标原点的标准曲线。利用待测样品的谱线强度，在标准曲线上求出试样含量。目前，光谱仪器均为光电测量及计算机处理数据，可直接由计算机输出测定结果和打印分析报告。图 2-12 为低浓度(高纯水)样品分析所用的标准曲线(图 2-12)。

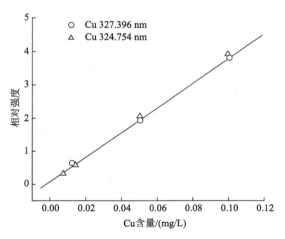

图 2-12　分析高纯水用的低浓度标准曲线[16]

由于 ICP 光源的自吸收比较低，并且仪器稳定性也在不断改进，一般情况下标准曲线的线性及稳定性均佳，在分析较低浓度样品时，有时可用两点法绘制标准曲线。即用一个标准溶液及一个空白溶液校准仪器，然后进行样品分析。

2.4.4.3　其他定量分析方法

1. 标准加入法

标准加入法可以抑制基体的影响，对难以制备有代表性样品时，这种方法比较适用。另外，对低含量的样品，标准加入法可测定准确度[16]。

标准加入法是先进行一次样品半定量测定，了解样品中待测元素的大致含量，然后加入已知量待测元素后，对溶液进行第二次测定。可通过作图或根据信号的增加计算出原样品中物质的含量。

标准加入法必须满足三个条件：待测物质浓度从零至最大加入标准量范围，必须与信号呈线性关系；溶液中干扰物质浓度必须恒定；加入的标准溶液所产生的分析响应必须与原样品中待测物质所产生的分析响应相同。

2. 在线标准加入法

标准加入法要求配制多个含不同浓度标准的试样溶液，在线标准加入法可利用双通道蠕动泵，分别将试样溶液和标准溶液泵入进样系统，而不含试样的标准溶液系列容易配制，且可用于多个试样分析。蠕动泵是光谱仪的基本配置，故在线标准加入法可节省制备溶液时间，有较好的实用性[16-18]。

3. 流动注射标准加入法

流动注射(FI)标准加入技术要配置流动注射分析仪(FIA)，至少要有一个采样阀。流动注射标准加入法有许多种方式，常用的有单通道 FI 流路(图 2-13)及双通道 FI 合并带流路(图 2-14)。

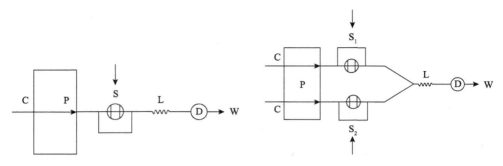

图 2-13　单通道 FI 流路[16] 　　　　　图 2-14　双通道 FI 合并带流路[16]

单流路体系由蠕动泵、采样阀及传输管组成。以样品溶液作为载流，由蠕动泵 P 将载流引入，标准溶液由采样阀 S 注入，采样环控制采样体积的大小，为使试样在传输过程中混合均匀又不致过度分散，传输管不宜过长。当采用双通道 FI

合并带装置时，以水为载流，分析试样溶液和不同浓度的标准溶液通过采样引入流路，经合并后在传输管内混合，最后进入雾化装置。

4. 内标法

1）内标法原理

内标法光谱分析是在试样和标准样品中加入同样浓度某一元素，利用分析元素和内标元素谱线强度比与待测元素浓度绘制标准曲线，并进行样品分析。加入内标元素及利用分析线与内标线强度比进行标准化的目的是抵消由于分析条件波动引起的谱线强度波动，提高测定的准确度。在电弧和电火花光源光谱分析中，广泛采用内标法来提高测定的准确度[16-18]。在 ICP 光谱分析中，因光谱光源稳定性好，基体效应比较低，一般情况下不采用内标法。但对于基体效应较大的样品分析，采用内标法有助于改善分析准确度。

若以 I_x、c_x 代表分析线强度和分析元素浓度，以 I_R、c_R 代表内标线强度和内标元素浓度，根据 Lomakin 公式可得分析线和内标线强度分别为

$$I_x = a_x c_x \qquad I_R = a_R c_R \tag{2-24}$$

当内标元素浓度 c_R 为固定值时，则 a_x、a_R、c_R 均为定值，则有

$$R = \frac{I_x}{I_R} = \frac{a_x c_x}{a_R c_R} = a_0 c_x \tag{2-25}$$

2）内标的作用

在电弧光源和火花光源的光谱分析中要求内标元素和分析元素的蒸发速度、电离能及原子量要接近；要求内标线和分析线的激发能和波长要接近；要求两谱线均无自吸现象。对于 ICP 发射光谱分析，由于光源具有高的温度及独特的环形结构，提供了很强的蒸发和激发能力。在选择内标时要求放低了。由于引起分析线强度值漂移的原因较多，对于应用于 ICP 光源的内标技术仍需要研究。

3）内标的选择

在 ICP 光源中，尽管对内标元素及内标线的选择要求不如电弧光源那样严格，但大量实验结果表明，要想获得最好的内标法效果，还应认真选择内标元素及内标线。

分析线和内标线均为原子线或离子线对，有较好的效果。

为了校正基体干扰，分析线的原子半径或离子半径应与内标元素的相匹配。

为了校正分析参数波动（高频功率、进样速度及载气流量）引起发射强度的变化，A 族元素（主族）以 A 族元素为内标，B 族元素以 B 族元素为内标，其信号随分析参数变化相对较小。

由于高浓度的基体会产生连续背景光谱，因而分析线的波长与内标线的波长应尽量接近，以减少背景变化的影响。

在稳健性(robust)条件下用内标法校正基体效应的效果好，而非稳健性条件下用内标法效果要逊色。所谓稳健性条件就是采用较高功率和较低的载气流量。

在轴向观测方式中采用内标法校正基体干扰的效果，不如径向观测方式，但在轴向观测时无法选择最佳观测区域。用固态阵列检测器光谱仪作内标法光谱分析，由于内标线和分析线同时测量，称为实时内标，具有较分时内标法更好的效果。某些样品可以用基体作内标，如铀浓缩物中少量 Fe、Mo、V 的测定，利用铀谱线作为内标线进行测定。碳钢中 Ni、Cr、Cu、Mn、Si、P 的测定可用铁作内标，因这几类样品中杂质量较少，主成分是单一元素且含量无明显变化。这种以基体元素作为内标的方法，又称为内参比法。

2.4.5 电感耦合等离子体光谱在矿物材料中的应用

2.4.5.1 内标法测定紫砂制品中的溶出元素

紫砂是紫砂陶器的简称，其溶出元素的种类及其含量直接与使用者的身体健康状况息息相关，用钇内标法改进电感耦合等离子体发射光谱(ICP-OES)仪的精密度和准确度。

(1)仪器和试剂。仪器：Optima 7000DV 型等离子体发射光谱仪(美国 PE 公司)。高频功率 1450 W；辅助器流量 0.5 L/min；雾化器流量 0.7 L/min；等离子体气流量 15 L/min；冷却水温度(18±1)℃；蠕动泵流速 1.5 L/min；观测方向为轴向。分析谱线：铅 220.353 nm、镉 228.802 nm、钡 223.527 nm、锰 257.610 nm、铬 267.716 nm、钴 228.616 nm、钇 371.03 nm。试剂：分析纯冰乙酸；优级纯硝酸；1000 μg/mL 的铅、镉、钡、锰、铬、钴、钇等 7 种元素标准溶液(中国计量科学研究院制)。

(2)样品制备依据 GB/T 5009.156—2003《食品用包装材料及其制品的浸泡试验方法通则》，先用 4%(体积分数)的乙酸溶液在 18℃±2℃温度下浸泡紫砂壶 24 h±2 min，然后用玻璃棒搅拌均匀后移入 100 mL 容量瓶中。用 4%的乙酸溶液稀释，配制成系列标准溶液，该系列标准溶液中铅、镉、钡、锰的浓度均分别为 0 μg/mL、0.05 μg/mL、0.1 μg/mL、0.2 μg/mL、0.3 μg/mL、0.4 μg/mL、0.5 μg/mL；钴、铬的浓度均分别为 0 μg/mL、0.005 μg/mL、0.01 μg/mL、0.02 μg/mL、0.03 μg/mL、0.04 μg/mL、0.05 μg/mL。所使用标准溶液中均含有 5 mg/L 的钇。

(3)方法的检出限、精密度和回收率。Pb、Cd、Ba、Mn、Cr、Co 的检出限(μg/L)分别为 1、0.1、0.03、0.1、0.2、0.2；RSD≤2.5%，回收率为 95%～108%。

(4)样品分析果。样品钡的浓度：有 79%的浓度在 0～0.12 μg/mL；有 16%的浓度在 0.12～0.20 mg/L；有 5%的浓度在 0.20～0.5 mg/L。样品锰的浓度：有 76%的浓度在 0～0.06 mg/L；有 20%的浓度在 0.05～0.12 mg/L；有 4%的浓度在 0.12～0.5 mg/L。样品钴的浓度：有 100%的浓度在 0～0.004 mg/L。

2.4.5.2　检测日用陶瓷器皿中金属元素的溶出量

陶瓷器皿中的铅、镉、汞、锰等元素的溶出，将对使用者的身体健康产生影响。

(1)仪器及工作条件。Prodigy 全谱直读电感耦合等离子体发射光谱仪(美国 Leeman 公司)，分辨能力为 0.005 nm，H-G 双铂网雾化器。光谱工作条件为：功率 1100 W，等离子体气流量 19 L/min，辅助气流量 0.5 L/min，雾化器气体压力 34 psi①，蠕动泵流量 1.4 mL/min。

(2)试剂。冰乙酸：分析纯(密度为 1.05 g/cm³)避光保存。标准溶液：铅、镉、汞和锰各元素标准溶液，均采用国家标准溶液，质量浓度均为 1000 μg/mL。

(3)试样处理。试样的清洗：用弱碱性洗涤剂将试样洗涤干净，再用蒸馏水或离子交换水漂洗干净，晾干备用。填充浸泡液至陶瓷制品的口沿(沿试样表面测量)5 mm 内有颜色或容积小于 20 mL 的位置，或用 4%乙酸溶液填充至溢出口沿；其余制品填充至离口沿 5 mm 处。必要时测定浸泡液的体积，准确到±3%。试样的萃取：在(22±2)℃的条件下，浸泡 24 h±20 min，用具有耐化学腐蚀且不含有铅、镉、汞和锰的硼硅质玻璃或聚乙烯等类器皿将试样遮盖，以防溶液蒸发，浸泡时应避免光照。萃取液的提取：将器皿中的溶液混匀，混匀后的萃取液移入容器中保存，并尽快进行测定，以免溶液中的待测离子被器壁所吸附。

(4)分析线、回收率和精密度。分析线波长(nm)：Pb 220.353、Cd 214.441、Hg 194.227、Mn 257.610。分别向样品萃取液中加入 0.2 μg/mL 的镉标液，测其回收率，测得回收率值均在 96.5%～99.6%之间，相对标准偏差(RSD)为 2.81%～3.39%。

2.4.5.3　测定硼硅酸盐玻璃中的常量及微量元素

样品前处理用三种方法：用硫酸-氢氟酸分解样品，测定其氧化钙、三氧化二铝、氧化镁、三氧化二铁、二氧化钛；用无水碳酸钠熔融处理样品，测定氧化硅；用氢氧化钠熔融分解样品，测定三氧化二硼。

(1)仪器与试剂。IRIS 型 ICP 光谱仪(美国 TJA 公司)；单元素标准储备液(100 μg/mL 和 1 mg/mL)，核工业北京化工冶金研究院；工作标准溶液，由标准储备液逐级稀释而成；盐酸、硫酸、氢氟酸、碳酸钠、氢氧化钠、碳酸钙为优级

---

① psi 非法定单位。1 psi=6.895 kPa。

纯试剂；硼硅酸盐玻璃样品：白色粉末，广西某硼硅酸盐玻璃企业生产。

(2) 仪器工作条件及分析线。高频功率 1150 W；辅助气流量 0.5 L/min；载气流量 0.9 L/min；冷却气流量 14 L/min；样品提升量 1.85 L/min；雾化器压力 199.9 kPa；泵速 100 r/min。元素的分析线波长(nm)：Si 251.612、Ca 393.366、Al 396.152、B 249.773、Mg 279.553、Fe 259.940、Ti 322.452。

(3) 样品处理。称取约 0.01 g 固体样品(精确至 0.0001 g)，置于铂皿中。用少量水润湿，加入 0.1 mL 硫酸(1+1)和 1.0 mL 氢氟酸(40%)，置电炉上低温加热蒸发至近干，升高温度直至白烟驱尽，冷却。然后，加入 0.2 mL 盐酸(1+1)和 10 mL 水，置于电炉上低温加热至残渣完全溶解，冷却后，将其移入 100 mL 容量瓶中，用水稀释至刻度，此溶液为试液 A，供氧化钙、三氧化二铝、氧化镁、三氧化二铁、二氧化钛的测定。

称取约 0.01 g 固体样品(精确至 0.0001 g)置于铂坩埚中。加入 0.1 g 无水碳酸钠，与样品混匀，再加入 0.1 g 无水碳酸钠铺在表面，盖上坩埚。先低温加热，逐渐升高温度至 1000℃，熔融至透明状，继续熔融 15 min，摇动坩埚，使熔融物均匀附着于坩埚底部，冷却。用热水浸取熔块于铂蒸发皿中，加入 2.0 mL 盐酸(1+1)溶解熔块，将蒸发皿置于沸水浴上蒸发至无盐酸味，取下，冷却。将试样转入 1000 mL 容量瓶中，定容，此溶液为试液 B，供二氧化硅的测定。

称取约 0.01 g 固体样品(精确至 0.00001 g)，置于镍坩埚中，加入氢氧化钠(粉末固体)0.05~0.1 g，盖上坩埚盖，置电炉上加热，待熔化后，摇动坩埚，再熔融约 20 min，使熔融物均匀附于坩埚底部，冷却。用 25 mL 热水浸取熔块于 100 mL 烧杯中，加入 1 滴甲基红指示剂(2 g/L 乙醇溶液)，加入盐酸(1+1)中和至溶液呈红色。缓慢加入碳酸钙(固体)至红色消失，盖上表面皿，置低温电炉上微沸 10 min。趁热用快速定性滤纸过滤，用 100 mL 容量瓶承接滤液，冷却，定容至刻度线，此溶液为试液 C，供三氧化二硼的测定。

(4) 检出限、精密度和回收率。方法检出限(μg/mL)：SiO_2 0.026、Ca 0.0002、Al 0.028、B 0.005、Mg 0.0002、Fe 0.006、Ti 0.005。样品测定结果的相对标准偏差($n=6$)在 0.02%~1.47% 之间，加入标准溶液的回收率为 93.0%~103.2%。采用该方法，对硼硅酸盐玻璃标准样品进行测定，测定值与标准值一致。

2.4.5.4 测定石英砂中的铁、铝、钙、钛、硼、磷

用 ICP-OES 法同时测定石英砂中的 Fe、Al、Ca、Ti、B、P，试样用 HF 和 H_2SO_4 加热分解，HCl 溶解盐类。

(1) 仪器与试剂。IRIS Intrepid Ⅱ XSP 型等离子体发射光谱仪(美国热电公司)。HF(分析纯)、H_2SO_4(分析纯)、HNO_3(分析纯)、HCl(分析纯)。Fe、Al、

Ca、Ti、B、P 元素标准液，单个元素的标准储备液用光谱纯金属或化合物配制。

（2）分析条件。功率 1150 W，频率 27.12 MHz，雾化器压力 0.168 MPa，泵速 120 r/min，辅助气流量 0.5 L/min。元素分析线波长（nm）：Fe 259.94、Al 396.15、Ca 317.93、Ti 323.65、B 249.77、P 178.28。

（3）样品处理。取约 50 g 试样于称量瓶中，置于 100℃烘箱中烘 2 h，取出，冷却。取约 50 g 烘干样品于马弗炉中，从低温升至 550～600℃保温 1 h，取出放于干燥器中冷却备用。称取 2 g 经灼烧样品（精确至 0～0002 g）置于铂坩埚中，在通风橱中，加 15 mL HF 酸和 0.5 mL 浓 H_2SO_4 至坩埚中，将坩埚放在已加热的电热板上缓慢加热，直至糨糊状，再加入 5 mL HF，直到稠密的白色烟雾不再产生。用 5 mL 10%的 HCl 加热溶解剩余物，并转移到 50 mL 容量瓶中，稀释至刻度摇匀。

（4）结果分析。用 HG/T 3062～3070—1999 中原子吸收法、容量法、光度法等检测 6 个待测样品，将 ICP 测定结果与行标方法进行比较，ICP 测定与行标方法测定结果相吻合，回收率为 95%～105%。

2.4.5.5　镁铬质耐火材料的光谱法测定

采用 ICP-OES 法同时测定镁铬质耐火材料中 Cr_2O_3、SiO_2、Fe_2O_3、TiO_2、CaO、Al_2O_3 等次量及微量成分。通过实验确定了熔样方法、工作参数、ICP 分析条件等，同时研究了基体效应。

（1）仪器及工作条件。iCAP 6000 Series 型电感耦合等离子体发射光谱仪（美国热电公司）。仪器工作功率 1150 W；雾化器压力 0.2 MPa；辅助气氮气流量 0.5 L/min；冲洗时间 30 s；冲洗泵速 100 r/min，分析泵速 50 r/min；积分时间，长波 5 s，短波 15 s。分析谱线（nm）：Si 212.412、Fe 238.204、Ti 334.41、Ca 393.366、Cr 267.716、Al 308.215。试剂与标准溶液 $Li_2B_4O_7$、Li_2CO_3、HNO_3、HCl 为优级纯，水为二级反渗透高纯水。

（2）样品分解。选用 $Li_2B_4O_7$ 和 Li_2CO_3 混合熔剂，其中加入 Li_2CO_3 易于样品的浸取。考虑要让样品充分熔解的同时，还要避免盐类过高给雾化器带来的不利影响。本实验选择熔剂与试样的比例为 10∶1，称取试样 0.2000 g 于铂坩埚中，加入 1.5000 g $Li_2B_4O_7$ 和 0.5000 g Li_2CO_3 混合熔剂，将其置于高温炉内，升温至 1000℃左右熔融，待试样完全分解（5～30 min）。将坩埚及盖置于盛有 20～30 mL 沸水及 10 mL 盐酸（1+1）的烧杯中，低温加热至熔融物全部溶解，取下冷却后，移至 200 mL 容量瓶中，用 5%盐酸定容。

（3）基体效应。由于分解样品时引入大量碱金属和 $Li_2B_4O_7$，它们影响待测元素谱线强度，需要用基体匹配法消除其影响。

（4）结果分析。分析镁铝质耐火材料标样 BCS369 和 BCS370 的相对标准偏差（RSD）均小于 1%，测定值与标准值一致，有较好的准确度。采用本法对同一样品连续进行了 6 次平行测定，方法的相对标准偏差（RSD）小于 1%，说明本法具有很好的精密度。

2.4.5.6　测定镧玻璃废粉中的稀土元素

稀土已成为战略物资，且为非再生资源，因此节约稀土资源和稀土再生循环利用是重要的发展方向。准确测定稀土含量，成为回收稀土工艺中关键的一环。样品经碱熔融后分离硅、铝等元素及钠盐，用硝酸和高氯酸破坏滤纸和溶解沉淀，用 ICP 光谱法测定稀土元素的总量和配分量。

（1）主要仪器参数及试剂。光谱仪：Optima 7300V 型 ICP-AES 仪（美国 PE 公司）。仪器的主要参数：射频功率 1.2 kW，冷却气流量 15 L/min，辅助气流量 0.5 L/min，雾化气流量 0.72 L/min，观测高度 10 mm。试剂：氢氧化钠（分析纯）；过氧化钠（分析纯）；盐酸（优级纯）；硝酸（优级纯）；高氯酸（优级纯）；氢氧化钠洗液（2%）；氧化镧标准储备溶液（1000 μg/mL，国家标准物质中心）；氧化镧标准使用液（50 μg/mL）：由氧化镧标准储备溶液稀释而成，介质为 HCl（5%）；二氧化铈标准储备溶液（1000 μg/mL，国家标准物质中心）；二氧化铈标准使用液（50 μg/mL）：由二氧化铈标准储备溶液稀释而成，介质为 HCl（5%）；实验用水均为二次去离子水。

（2）样品处理。准确称取试样 0.5 g（精确至 0.1 mg），放入盛有 3 g 预先加热除去水分的氢氧化钠镍坩埚中，覆盖 1.5 g 过氧化钠，盖好坩埚盖，置于 750℃ 高温炉中熔融 10 min，取下稍冷。将坩埚置于盛有 120 mL 热水的烧杯中浸取，用水冲洗坩埚及外壁，加入 2 mL 盐酸（1+1）洗涤坩埚，用水洗净取出坩埚及坩埚盖，控制体积约为 180 mL，将溶液煮沸 2 min，稍冷。用中速滤纸过滤，以氢氧化钠溶液洗涤烧杯及沉淀。将沉淀连同滤纸放入原烧杯中，加入 30 mL 硝酸、3～5 mL 高氯酸，盖上表面皿，破坏滤纸和溶解沉淀，待剧烈作用停止后，继续冒烟并蒸至体积约为 2～3 mL，冷却至室温，加入 5 mL 盐酸（1+1），加热至溶液澄清，取下，冷却至室温。转移至 200 mL 容量瓶中，以水稀释至刻度。移取 5 mL 试液于 200 mL 容量瓶中，加入盐酸稀释至刻度，混匀。对此溶液直接上 ICP 光谱仪测定 La 408.672 nm 和 Ce 413.765 nm 的浓度。

（3）干扰。共存元素的影响：在选定的波长下，共存元素 Nb_2O_5、TiO_2、ZrO_2、NiO、CaO、ThO_2、Fe_2O_3、Al_2O_3、MnO、MgO 总和对测定的影响小于 10%，可以视为无干扰。

（4）检出限和定量限。对流程空白溶液连续测定 11 次，计算标准偏差。3 倍的标准偏差作为检出限，10 倍的标准偏差作为定量限，各元素检出限和定量限统计结果为（μg/mL）：La_2O_3 检出限 0.039，定量限 0.13；CeO_2 检出限 0.0086，定量限 0.029。实际样品测定的 RSD 在 0.15%～1.1%，加标回收率为 97%～105%。

2.5　原子吸收光谱

2.5.1　原子吸收光谱分析基本原理

原子吸收光谱法（AAS）是依据气态原子可以吸收一定波长的光辐射，使原子外层的电子从基态跃迁到激发态的现象而建立的。由于各种原子中电子的能级不同，将有选择性地共振吸收一定波长的辐射光，这个共振吸收波长恰好等于该原子受激发后发射光谱的波长。当光源发射的某一特征波长的光通过原子蒸气时，即入射辐射的频率等于原子中的电子由基态跃迁到较高能态（一般情况下都是第一激发态）所需要的能量频率时，原子中的外层电子将选择性地吸收其同种元素所发射的特征谱线，使入射光减弱[19]。特征谱线因吸收而减弱的程度称吸光度 A，在线性范围内与被测元素的含量成正比：

$$A = KC \qquad (2\text{-}26)$$

式中，K 为常数，C 为试样浓度。公式（2-26）就是原子吸收光谱法进行定量分析的理论基础。由于原子能级是量子化的，因此，在所有的情况下，原子对辐射的吸收都是有选择性的。由于各元素的原子结构和外层电子的排布不同，元素从基态跃迁至第一激发态时吸收的能量不同，因而各元素的共振吸收线具有不同的特征。由此可作为元素定性的依据，而吸收辐射的强度可作为定量的依据。AAS 现已成为无机元素定量分析应用最广泛的一种分析方法。该法主要适用于样品中微量及痕量组分分析。

2.5.2　原子吸收分光光度计

原子吸收光谱仪由光源、原子化系统、分光系统、检测系统等几部分组成（图 2-15）。通常有单光束型和双光束型两类。这种仪器光路系统结构简单、有较高的灵敏度、价格较低、便于推广、能满足日常分析工作的要求，但其最大的缺点是，不能消除光源被动所引起的基线漂移、对测定的精密度和准确度有一定的影响[20]。

（1）光源。光源的功能是发射被测元素的特征共振辐射。对光源的基本要求是：发射的共振辐射的半宽度要明显小于吸收线的半宽度；辐射强度大、背景低，低于特征共振辐射强度的 1%；稳定性好，30 min 内漂移不超过 1%；噪声小于 0.1%；使用寿命长于 5 A·h。空心阴极放电灯是能满足上述各项要求的理想的锐线光源，应用最广。

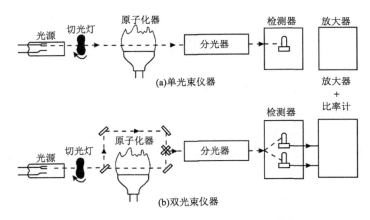

图 2-15　原子吸收光谱的结构示意图[21]

(2)原子化器。其功能是提供能量，使试样干燥、蒸发和原子化。在原子吸收光谱分析中，试样中被测元素的原子化是整个分析过程的关键环节。原子化器主要有四种类型：火焰原子化器、石墨炉原子化器、氢化物发生原子化器及冷蒸气发生原子化器。实现原子化的方法，最常用的有两种：①火焰原子化法，是原子光谱分析中最早使用的原子化方法，至今仍被广泛应用；②非火焰原子化法，其中应用最广的是石墨炉电热原子化法。

(3)分光器。它由入射和出射狭缝、反射镜和色散元件组成，其作用是将所需要的共振吸收线分离出来。分光器的关键部件是色散元件，商品仪器都是使用光栅。原子吸收光谱仪对分光器的分辨率要求不高，曾以能分辨开镍三线 Ni 230.003 nm、Ni 231.603 nm、Ni 231.096 nm 为标准，后采用 Mn 279.5 nm 和 279.8 nm 代替 Ni 三线来检定分辨率。光栅放置在原子化器之后，以阻止来自原子化器内的所有不需要的辐射进入检测器。

(4)检测系统。原子吸收光谱仪中广泛使用的检测器是光电倍增管，一些仪器也采用电荷耦合器(CCD)作为检测器。

2.5.3　干扰及消除方法

原子吸收光谱分析法与原子发射光谱分析法相比，尽管干扰较少并易于克服，但在实际工作中干扰效应仍然经常发生，而且有时表现得很严重。因此，了解干扰效应的类型、本质及其抑制方法很重要。原子吸收光谱中的干扰效应一般可分为四类：物理干扰、化学干扰、电离干扰和光谱干扰[21]。

物理干扰指试样在前处理、转移、蒸发和原子化的过程中，试样的物理性质、温度等变化而导致的吸光度的变化。物理干扰是非选择性的，对溶液中各元素的影响基本相似。

消除和抑制物理干扰常采用如下方法：

(1)配制与待测试样溶液相似组成的标准溶液，并在相同条件下进行测定。如果试样组成不详，采用标准加入法可以消除物理干扰。

(2)尽可能避免使用黏度大的硫酸、磷酸来处理试样；当试液浓度较高时，适当稀释试液也可以抑制物理干扰。

化学干扰是指待测元素在分析过程中与干扰元素发生化学反应，生成更稳定的化合物，从而降低了待测元素化合物的解离及原子化效果，使测定结果偏低。这种干扰具有选择性，它对试样中各种元素的影响各不相同。化学干扰的机理很复杂，消除或抑制其化学干扰应该根据具体情况采取以下具体措施：

(1)加入干扰抑制剂。①加入稀释剂。加入释放剂与干扰元素生成更稳定或更难挥发的化合物，从而使被测定元素从含有干扰元素的化合物中释放出来。②加入保护剂。保护剂多数是有机络合物，它与被测定元素或干扰元素形成稳定的络合物，避免待测定元素与干扰元素生成难挥发化合物。③加入缓冲剂。有的干扰，当干扰物质达到一定浓度时，干扰趋于稳定。这样，把被测溶液和标准溶液加入同样量的干扰物质时，干扰物质就不会对测定产生影响。

(2)选择合适的原子化条件。提高原子化温度，化学干扰一般会减小，使用高温火焰或提高石墨炉原子化温度，可使难解离的化合物分解。

(3)加入基体改进剂。用石墨炉原子化时，在试样中加入基体改进剂，使其在干燥或灰化阶段与试样发生化学变化，其结果可能增强基体的挥发性或改变被测元素的挥发性，使待测元素的信号区别于背景信号。

当以上方法都未能消除化学干扰时，可采用化学分离的方法，如溶剂萃取、离子交换、沉淀分离等方法。

电离干扰是指待测元素在高温原子化过程中，由于电离作用，使参与原子吸收的基态原子数目减少而产生的干扰。为了抑制这种电离干扰，可加入过量的消电离剂。由于消电离剂在高温原子化过程中电离作用强于待测元素，它们可产生大量自由电子，使待测元素的电离受到抑制，从而降低或消除了电离干扰。

光谱干扰是指在单色器的光谱通带内，除了待测元素的分析线之外，还存在与其相邻的其他谱线而引起的干扰，常见的有以下三种。

(1)吸收线重叠。一些元素谱线与其他元素谱线重叠，相互干扰。可另选灵敏度较高且干涉少的分析线，抑制干扰或采用化学分离方法除去干扰元素。

(2)光谱通带内的非吸收线。这是与光源有关的光谱干扰，即光源不仅发射被测元素的共振线，往往也发射与其邻近的非吸收线。对于这些多重发射，被测元素的原子若不吸收，它们将被检测器检测，产生一个不变的背景信号，使被测元素的测定敏感度降低；若被测元素的原子对这些发射线产生吸收，将使测定结果不正确，产生较大的正误差。消除方法：可以减小狭缝宽度，使光谱通带小到可以阻挡多重发射的谱线，若波长差很小，则应另选分析线，降低灯电流也可以减少多重发射。

（3）背景干扰和抑制。背景干扰包括分子吸收、光散射等。分子吸收是原子化过程中生成的碱金属和碱土金属的卤化物、氧化物、氢氧化物等的吸收和火焰气体的吸收，是一种带状光谱，会在一定波长范围内产生干扰。光散射是原子化过程中产生的微小固体颗粒使光产生散射，吸光度增加，造成假吸收。波长越短，散射影响越大。背景干扰都会使吸光度增大，产生误差。石墨炉原子化法背景吸收干扰比火焰原子化法来得严重，有时不扣除背景将会给测定结果带来较大误差。月于商品仪器的背景矫正方法主要是氘灯扣除背景、塞曼效应扣除背景。

2.5.4　定量分析

原子吸收光谱分析是一种相对分析方法，用校正曲线进行定量。常用的定量方法有标准曲线法、标准加入法和浓度直读法。此外，如为多通道仪器，可用内标法定量。在这些方法中，标准曲线法是最基本的定量方法。

2.5.4.1　标准曲线法

标准曲线法，又称校正曲线法，是用标准物质配制标准系列，在标准条件下，测定各标准样品的吸光度值 A_i，以吸光度值 $A_i (i=1, 2, 3, 4, 5, \cdots)$ 对被测元素的含量 $C_i (i=1, 2, 3, 4, 5, \cdots)$ 绘制校正曲线 $A=f(C)$，在同样条件下，测定样品的吸光度值 A_x，根据被测元素的吸光度值 A_x 可从校正曲线求得其含量 C_x。校正曲线如图 2-16 所示。标准曲线法成功应用的基础在于：标准系列与被分析样品的基体的精确匹配、标样浓度的准确确定与吸光度值的准确测量。

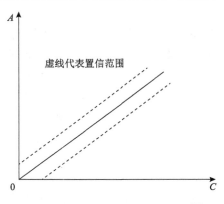

图 2-16　标准曲线法的校正曲线[19]

在原子吸收光谱分析中，吸光度测定是一种动态测量，实验条件的波动引起吸光度值的变化是不可避免的。这种变化的直接后果是：①实验点沿校正曲线的分布产生离散，实验点不是正好落在校正曲线上；②校正曲线产生平移或转动，或者既产生平移又产生转动。在实际工作中，如何避免校正曲线的变动是很值得注意的。

对于第一种情况，实验点沿校正曲线分布的离散性，引起测定结果的不确定性，也就是说，测定的结果不是一个确定值，而是一个以从校正曲线上求得的值为中心的范围值。实验点分布离散性越大，测定值的范围越大，表明测定结果的不确定性就越大。反之，实验点分布离散性越小，测定值的范围越窄，表明测定结果的不确定性就越小。因此，在制作校正曲线时，必须给出校正曲线的波动范围，这种波动范围称为校正曲线的置信区间。严格地说，给出测定值，不给出测定值的置信区间，就不能对测定结果做出合理的评价，这种测定结果也没有多大意义。

第二种情况是校正曲线的变动。对于这种情况，现在采取的做法是重新测定个别实验点的吸光度值，根据新的吸光度值，将原来的校正曲线平移，或者重置校正曲线斜率，即通过新测得的吸光度值和坐标原点重新制作校正曲线。

当今，分析仪器普遍配有计算机，最好采用线性回归法来建立校正曲线。如果需要绘制校正曲线图形，可用两点法绘制。第一个实验点是被测元素含量 X_0 为零与其相应吸光度值 Y_0 组成的实验点(X_0, Y_0)，决定了校正曲线的截距。另一个实验点是被测元素含量为校正曲线线性范围的中点值 $\overline{X}$ 与相应吸光度值 $\overline{Y}$ 组成的实验点$(\overline{X}, \overline{Y})$，根据线性回归的原理，$(\overline{X}, \overline{Y})$ 必定落在回归线上，(X_0, Y_0) 和 $(\overline{X}, \overline{Y})$ 的连线确定了直线的斜率。因此，通过这两点绘制的校正曲线一定是最佳的。

2.5.4.2　标准加入法

标准加入法是在几份等量的被分析试样中分别加入 0、C_1、C_2、C_3、C_4、C_5 等不同量的被测元素的标准溶液，依次在标准条件下测它们的吸光度值 A_0、A_1、A_2、A_3、A_4、A_5，来建立吸光度值 A_i 对加入量 C_i 的校正曲线(图 2-17)。因为基体组成是相同的，可以自动补偿样品基体的物理干扰和化学干扰，提高测定的准确度。校正曲线不通过原点，其截距的大小相当于被分析试样中所含被测元素所产生的响应，因此，将校正曲线外延与横坐标相交，原点至交点的距离即为试样中被测元素的含量 C_x。

标准加入法所依据的原理是吸光度的加合性。标准加入法不能补偿宽带分子吸收，因此，必须严格校正分子吸收。校正曲线必须是线性的，否则，无法正确地将校正曲线的外延与横坐标相交。以上两点是不难理解的，大多数分析人员都是这样做的。但还有两个问题：标准加入法的应用范围及标准加入量的大小，常常为某些分析人员所忽视。

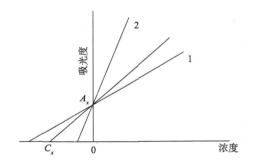

图 2-17　标准加入法的校正曲线[19]
1. 吸光度随 R 而减小（干扰增大）；2. 吸光度随 R 而增大（干扰减小）

在标准加入法中，试样组成虽然是固定的，但是，随着被测定元素标准溶液的不断加入，试样中被测元素与可能产生干扰的组分含量的比值 R 是不断变化的。在实际测定中，干扰效应的大小有时取决于干扰组分的绝对量，而有时取决于干扰组分与被测元素的相对含量，前一种情况产生的是固定系统误差，后一种情况产生的是相对系统误差，干扰效应随被测元素的加入量而改变。标准加入法只能应用于前一种场合，不能应用于后一种场合。

加入量的多少也是应该注意的。一般要求 C_1 接近于试样中被测元素含量 C_0 的 2 倍，C_2 是 C_0 的 3～4 倍，C_5 必须仍在校正曲线的线性范围内。

2.5.4.3　标准校正曲线的制作

校正曲线的制作方法是：用标准物质配制标准系列溶液，在标准条件下，测定各标准溶液的吸光度值 A_i，以吸光度值 A_i(i=1, 2, 3, ⋯)对被测元素含量 C_i(i=1, 2, 3, ⋯)绘制校准曲 $A=f(C)$。在同样条件下，测定样品的吸光度值 A_x，从校正曲线求得其含量 C_x，校正曲线如图 2-18 所示。

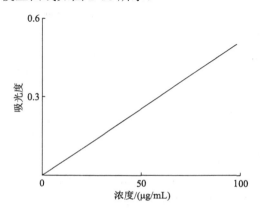

图 2-18　AAS 分析标准校正曲线[20]

　　校正曲线的质量直接影响校正效果和测定样品结果的准确度。正确地制作一条高质量的校正曲线是非常重要的,为此需要合理地设计校正曲线、分析信号的准确测定及正确地绘制校正曲线。

　　从数理统计的观点出发,用 4～6 个实验点绘制校正曲线是恰当的。在总测定次数相同的情况下,多设定实验点、减少每个实验点的重复测定次数,比减少实验点数目、增加每个实验点的重复测定次数更有利。因为增加每个实验点的重复次数只能改进每个点的精度,而增加实验点数目可以提高整个校正曲线的精度。

　　从测定误差考虑,校正曲线中央部分的精度优于两端的精度,因此,对高浓度点和低浓度点应多进行几次重复测定,以增加其测定精度;应让样品被测元素的含量位于校正曲线的中央部分。空白溶液的测定误差较大,用空白溶液校正仪器的零点,实际上是用一个测定误差较大的点作为基准点校正仪器,这是不可取的。正确的方法是用校正曲线的截距值来校正空白,或者对空白溶液进行多次测定,取其测定平均值来校正空白。

　　由于吸光度与浓度是相关关系,而不能保证每一个实验点都落在校正曲线上,实验点偏离校正曲线越小,测定结果的不确定性越小;反之,实验点偏离校正曲线越大,测定结果的不确定性就越大。实验点偏离校正曲线的程度可用校正曲线的标准偏差度量。

　　从测定误差观点考虑,引起实验点波动的是随机误差,引起实验点偏移的是系统误差。如果校正曲线各实验点的偏移大小是固定的,不随被测元素含量而改变,则引起校正曲线平移;如果各实验点的偏移大小随被测元素含量而改变,表明存在随含量而改变的相对系统误差,将使校正曲线斜率发生改变。因此,曲线平移法只能用来校正固定系统误差,斜率重置法只能用来校正相对系统误差。事实上,固定系统误差和相对系统误差常常是同时存在的,因此,不对具体情况进行分析,随意使用曲线平移或斜率重置法校正曲线的变动性是不合理的。

2.5.5　原子吸收光谱在矿物材料中的应用

　　铬矾和重铬酸盐可作为皮革的鞣料、织物染色的媒染剂、浸渍剂和氧化剂,因而可能导致大量的铬排放到环境中[22]。铬在水中以 $Cr(VI)$ 和 $Cr(III)$ 两种形态存在,$Cr(III)$ 对环境毒性较弱,易形成 $Cr(OH)_3$ 沉淀,而 $Cr(VI)$ 因其强氧化性,被人体吸收后,会干扰酶的功能,损害肝脏和肾脏,易致癌,毒性比 $Cr(III)$ 高 100 倍。据报道,我国每年排放铬渣约 60 万吨,历年累计 600 万吨,经解毒处理或综合利用的不足 17%[23]。2005 年,环保年鉴统计数据也显示仅皮革行业每年排放的含铬废水就高达 18 亿吨[24]。

　　磁性纳米颗粒(MNP)的一个显著优势是其具有超顺磁性,即可以利用外部磁场将 MNP 轻松地从样品溶液中分离出来,并且当外部磁场撤离后,不会保留剩余的磁性[25]。此外,MNP 具有很大的表面积,可迅速地达到吸附平衡,而吸附剂和样品之间较大的界面面积也有助于两者之间传质的进行[26]。复合油酸后的氧化铁磁性纳米材料,其表面带有大量的官能团(如—COOH、—C—O、—OH 等),具有良好的吸附重金属的作用,且易于进行磁分离回收,使得磁性固相萃取在检测中得以应用[27]。通过制备油酸包裹的 Fe_3O_4 磁性纳米粒子,可使 Fe_3O_4 表面带有大量的活性官能团,一方面改善 Fe_3O_4 磁性纳米粒子的团聚现象,另一方面使其表面的活性官能团与水中的铬离子反应,实现对水中铬离子的高效富集,经过洗脱,最后用火焰原子吸收光谱法对铬含量进行测定。

　　采用单因素优化实验,分别改变溶液 pH 值、吸附剂的用量、吸附时间等因素,确定最优吸附条件。从图 2-19 可以看出,随着 pH 值的升高,等量的吸附剂对铬离子的吸附率随之增大,在 pH 值为 6 时,材料的吸附效果最佳,可达到 90%以上。当 pH 值>6 时,材料的吸附能力骤减。在碱性环境中,材料的吸附能力很弱,因此本实验的最佳吸附 pH 值为 6[28]。

　　由图 2-20 可知,当铬液的浓度一定时,随着吸附剂用量的增加,对铬离子的吸附效果逐渐升高,使用 150 mg 吸附剂时,去除率达到最高。这是因为随着吸附剂用量的增加,吸附剂表面羧基官能团含量增多,活性位点增多,吸附面积增大,从而有利于吸附的进行。但当吸附剂用量高于 50 mg 时,去除率增加趋势逐渐变缓,故选择吸附剂用量为 50 mg[28]。

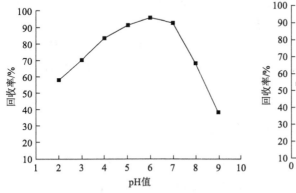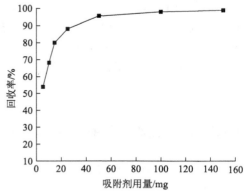

图 2-19　pH 值对铬吸附效果的影响[28]　　　图 2-20　吸附剂用量对铬吸附效果的影响[28]

　　由图 2-21 可以看出,随着吸附时间的增加,吸附剂对铬离子的吸附效果也明显增加,但当反应时间>15 min 后,吸附剂吸附效果几乎不变。所以选择最佳吸附时间为 15 min。使用油酸改性的 Fe_3O_4 磁性纳米粒子吸附纯水中的铬离子,对于 10 mL、浓度为 10 mg/L 的铬溶液, 当吸附剂用量为 50 mg、pH 值为 6、吸附时间为 15 min 时, 对 Cr 离子的吸附率达 92.10%[28]。

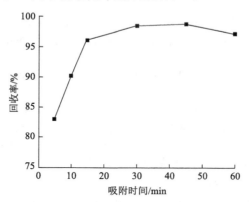

图 2-21　吸附时间对铬吸附效果的影响[28]

参 考 文 献

[1] 罗清威, 唐玲, 艾桃桃. 现代材料分析方法[M]. 重庆: 重庆大学出版社, 2020.

[2] 许晓文, 杨万龙, 李一峻, 等. 定量化学分析[M]. 天津: 南开大学出版社, 2016.

[3] 于青, 王德全. NaOH 沉淀分离-EDTA 滴定法测定高炉渣、粘土及高铝质耐火材料中 Al_2O_3[J]. 冶金分析, 2006, 26(5): 104-105.

[4] 彭钟山, 申德君, 余如龙. 沉淀重量法测定氯化钡中钡含量微型化学实验研究[J]. 贵阳学院学报: 自然科学版, 2006, 1(1): 45-48.

[5] 江超华. 多晶 X 射线衍射技术与应用[M]. 北京: 化学工业出版社, 2014.

[6] 张小辉. X 射线衍射在材料分析中的应用[J]. 沈阳工程学院学报(自然科学版), 2006(3): 281-282.

[7] 高新华, 宋武元, 邓赛文, 等. 实用 X 射线光谱分析[M]. 北京: 化学工业出版社, 2017.

[8] 高捷, 盛成, 卓尚军. X 射线荧光光谱分析磁光新晶体材料[J]. 分析试验室, 2016, 35(3): 349-352.

[9] 吉昂, 卓尚军, 李国会. 能量色散 X 射线荧光光谱[M]. 北京: 科学出版社, 2011.

[10] 罗立强, 詹秀春, 李国会. X 射线荧光光谱分析[M]. 2 版. 北京: 化学工业出版社, 2015.

[11] 胡志中, 李佩, 蒋璐蔓, 等. 古代玻璃材料 LA-ICP-MS 组分分析及产源研究[J]. 岩矿测试, 2020, 39(4): 505-514.

[12] 胡向平, 杨斌, 刘向东, 等. ICP-AES 法测定玻璃态偏磷酸铝中着色杂质元素研究[J]. 广东化工, 2017, 44(22): 142-143.

[13] 白晓华, 郝晓光, 李淑静. 火焰原子吸收光谱法测定金黄色玻璃中的铈[J]. 光谱实验室, 2011, 28(6): 2846-2848.

[14] 刘俊龙, 欧阳葆华. 石墨炉原子吸收光谱(GFAAS)法测定石英玻璃中硼的研究[J]. 玻璃与

搪瓷, 2003, 31(5): 41-44.

[15] 戴琳, 田英良, 万红. XRF 无标样定量法在玻璃材料测定中的应用[J]. 科学技术与工程, 2006, 6(18): 2958-2960.

[16] 辛仁轩. 等离子体发射光谱分析[M]. 北京: 化学工业出版社, 2017.

[17] 游小燕, 郑建明, 余正东. 电感耦合等离子体质谱原理与应用[M]. 北京: 化学工业出版社, 2014.

[18] 周西林, 李启华, 胡德声. 实用等离子体发射光谱分析技术[M]. 北京: 国防工业出版社, 2012.

[19] 邓勃. 原子吸收光谱分析的原理、技术和应用[M]. 北京: 清华大学出版社, 2004.

[20] 章诒学, 何华焜, 陈江韩. 原子吸收光谱仪[M]. 北京: 化学工业出版社, 2006.

[21] 降升平. 原子光谱分析技术及应用[M]. 北京: 化学工业出版社, 2021.

[22] 李云, 李刚, 雷克林, 等. 海藻酸钠-纳米金复合物荧光猝灭法测定纺织品中的铬(VI)[J]. 分析化学, 2016, 44(5): 773-778.

[23] 黄培婷, 凌琦媛, 宋云龙, 等. 磁性固相萃取结合火焰原子吸收光谱法测定河水中铬离子的含量[J]. 沈阳药科大学学报, 2016, 33(10): 826-832.

[24] 刘华良, 王晓蓉, 周徐海, 等. 铬污染土壤/沉积物的修复技术研究进展[J]. 环境污染与防治, 2005, 5(2): 1-5.

[25] 杨静, 蒋红梅, 练鸿振. 磁固相萃取用于环境污染物分离富集的新进展[J]. 分析科学学报, 2014, 30(5): 718-725.

[26] 殷勤红. Fe$_3$O$_4$基功能化材料磁固相萃取重金属和氮杂环类药物的研究及应用[D]. 昆明: 昆明理工大学, 2017.

[27] Román I P, Chisvert A, Canals A. Dispersive solid-phase extraction based on oleic acid-coated magnetic nanoparticles followed by gas chromatography-mass spectrometry for UV-filter determination in water samples[J]. Journal of Chromatography A, 2011, 1218(18): 2467-2475.

[28] 谈思维, 施燕鹏, 邵吉, 等. 四氧化三铁磁性纳米材料固相萃取-火焰原子吸收光谱法测定水中铬[J]. 中国卫生检验杂志, 2019, 29(20): 2444-2446.

第 3 章 矿物材料晶体结构

3.1 概   述

利用 X 射线衍射、核磁共振、中子技术、同步辐射及穆斯堡尔谱等分析技术，从不同尺度和角度，对材料的结构进行分析和研究。例如，单晶衍射法可以测定晶体的空间群、晶胞参数、各原子或离子在单位晶胞内的坐标、键长及键角等，而粉晶衍射可鉴定矿物或岩石样品的矿物种属，并半定量计算矿物的含量。核磁共振波谱能测定元素周围的化学环境，并针对特定原子核提取出材料局域结构的定量信息。穆斯堡尔谱主要用于研究 ^{57}Fe 和 ^{119}Sn 元素离子的价态、配位、自旋、键性、磁性状态、占位情况及物质结构的有序-无序和相变等，也可以用于物相鉴定和快速成分分析。中子技术是晶体结构和磁性信息的一个重要手段，可以分析磁性材料在相变过程中晶体磁结构的变化[1,2]。

3.2 X 射线衍射

3.2.1 X 射线基础知识及布拉格方程

晶体中存在由原子或离子构成的不同方向的面网，当 X 射线以一定的角度入射到晶体中特定方向的面网时，发生相干散射互相加强而产生衍射。图 3-1 中给出的横线代表 (hkl) 面网在纸面上的投影，直线 mm_0 为 (hkl) 面网的法线。X 射线沿 S_1 方向以 θ_{hkl} 角对面网 (hkl) 入射，并以同样的 θ_{hkl} 角从面网各平面沿 S_2 方向反射。只有当 X 射线从两个相邻面网入射和反射的光程差为波长的整数倍时，X 射线在相邻面网之间的干涉得以加强，衍射才能发生。X 射线在两相邻面网的入射和反射的光程差应为(图 3-1)

$$\Delta = AB + BC \tag{3-1}$$

由于 $AB=BC$，从直角三角形 $\triangle ABD$ 中可得

$$\Delta = 2d_{hkl}\sin\theta_{hkl} \tag{3-2}$$

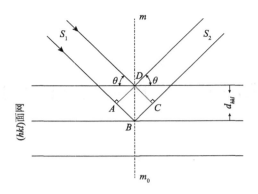

图 3-1　晶体结构对 X 射线的衍射[1]

式中，d_{hkl} 为 (hkl) 方向面网的间距。因为光程差 Δ 为波长的整数倍，是发生衍射的必要条件，根据前面两个等式可以直接导出布拉格方程：

$$2d_{hkl}\sin\theta_{hkl} = n\lambda \tag{3-3}$$

在布拉格方程中，整数 n 表示衍射的级数。对于面网间距为 d_{hkl} 的面网来说，当其满足布拉格方程的衍射条件时，光程差为 n 倍波长 λ 时的衍射为 (hkl) 面网的第 n 级衍射。对于面网 (hkl)，它可能产生的衍射级数 n 取决于面网间距 d_{hkl} 和波长 λ，因为必须满足 $n\lambda < 2d_{hkl}$。如果将第 n 级衍射视为与面网 (hkl) 平行但间距为 d_{hkl}/n 的面网的第 1 级衍射，那么这些假想面网的晶面指数分别应为 nh、nk 和 nl，在这些晶面中只有 $n=1$ 时的面网在晶体结构中真实存在。

3.2.2　X 射线衍射仪

传统的各种 X 射线衍射仪都是以单色 X 射线为光源设计的，所获得的衍射图谱是按衍射角 θ 展开的。X 射线衍射仪主要由 X 射线发生器、样品台、衍射线接收测量系统以及衍射图处理分析系统组成(图 3-2)。

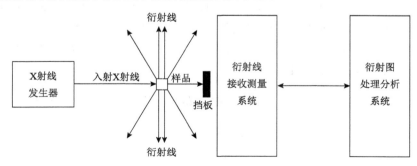

图 3-2　X 射线衍射仪的基本构成[3]

　　X 衍射分析的样品须为晶态物质，可以为单晶体或者多晶集合体。因此，根据样品性质的不同，X 射线衍射仪可分为单晶衍射仪和多晶衍射仪两大类，分别用于研究单晶体和多晶体的衍射。根据单晶衍射仪结构特点，可将其分为四圆单晶衍射仪和面积检测器单晶衍射仪等。X 射线多晶衍射仪又称为 X 射线粉末衍射仪，这种多晶衍射仪使用单点射线检测器测量每个角度位置的衍射强度，使用一台测角仪测量当前测试点的角度。近年来也出现各种新型多晶衍射仪，通常按其结构特点进行命名，如 IP 粉末衍射仪（imaging plate powder diffractometer）、PSPC 粉末衍射仪（position sensitive proportional counter powder diffractometer），或者直接使用该设备的商品名称，如 Tera（Innov-X Systems 公司制造的一款粉末衍射仪）[3]。X 射线衍射仪记录单晶样品的衍射图时，入射的 X 射线方向必须以晶体的晶轴系为参考坐标，因此，单晶衍射仪必须配备有一套精细的用来精确调整控制晶体取向的样品台。而 X 射线多晶衍射仪测试样品时，对样品的取向没有特殊的要求。

　　X 射线多晶衍射仪按照设计所采用的光路，可分为两种类型：平行光束型和聚焦光束型。平行光束型 X 射线多晶衍射仪的射线束很细，样品的受照射面积相对于测量距离可以看作一个几何点。聚焦光束型 X 射线多晶衍射仪，采用了晶体衍射的聚焦原理，不仅增加了样品的受照面积，而且大大增加了参与衍射的晶粒数量，有利于减小强度测量的统计误差。由于聚焦作用，可使某一满足衍射条件面网的多个晶粒的衍射线能够同时聚焦在同一个位置，获得强度较高的衍射线。

　　当前流行的 X 射线多晶衍射仪主要是采用聚焦光束，当样品表面转过 θ 角时，检测器对应转过 2θ 角，即检测器与样品表面位移之比为 2：1，这样能保证样品表面在任意的 θ 角位置时与样品表面的夹角也为 θ。其中，2θ 角可以通过检测器转过的角度直接获取。

3.2.3　X 射线多晶物相分析

　　首先，将晶质样品研磨成适合衍射分析的粉末。然后，将样品粉末制成具有平整平面的试片，试片中粉末状晶体颗粒的取向完全随机。样品一定要是颗粒细小的粉末样品，这样才能保证试片中有足够多的晶体颗粒，有效抑制晶癖带来的择优取向，保证粉末晶体颗粒在试片中的随机取向。不同矿物成分的样品，其吸收性质不同，因此，不同矿物成分的粉末样品，对粒度的要求也是不一样的。当晶粒尺寸小于 100 nm 时，衍射仪可以观察到衍射线的宽化。因此，要想获取良好的衍射线，晶粒不宜过细，对于 X 射线多晶衍射仪，适宜的晶粒尺寸应该在 0.1～10 μm[3]。

　　X 射线多晶物相分析是依据衍射图谱进行的，实质是依据物质的晶体结构及聚集状态进行晶体种属（物相）的鉴别，继而获取样品的大致元素组成。晶体种属

(物相)是由化学成分和晶体结构共同决定的，化学成分不同的晶体属于不同的物相，而化学成分相同但结构不同的晶体也属于不同的物相。比如，石英的化学成分为 SiO_2，而方解石的化学成分为 $CaCO_3$，两者结构也不相同，所以石英和方解石属于不同的物相；石墨和金刚石化学成分都是 C 元素，但晶体结构完全不同，也属于不同的物相；方铅矿(PbS)和氯化钠(NaCl)具有相同的晶体结构，但化学成分截然不同，也分别属于不同的物相。X 射线多晶物相分析，主要根据晶体内部的面网间距(d 值)及其对应的衍射强度，对物相的种属进行鉴定。通常，一种物相的 d 值不易受其共存的其他物相的影响，因此，X 射线多晶物相分析是鉴定物相的有效方法。

3.2.4　X 射线衍射在矿物材料中的应用

X 射线衍射分析在矿物材料晶体结构分析、矿物鉴定等方面用途非常广泛，是研究矿物材料不可缺少的测试手段。例如，确定试样的物相组成及其含量，判断颗粒尺寸大小；分析矿物纳米单元的结构参数，是否存在结构畸变；测定多晶试样中晶粒大小、应力等[4,5]。这些分析，需要依靠一些 X 射线衍射分析软件及附带的 PDF(powder diffraction file)卡片。下面以 X 射线衍射分析软件 MID Jade 为例，介绍 X 射线衍射分析的一些基本用途。

3.2.4.1　物相分析

首先，打开样品的衍射图谱，如果图谱的背景比较高，则需要选择合适的背景线扣除背景(图 3-3)，并同时选择剥离 K_{α_2} 峰，接着点击工具栏的[S/M]按钮，在 S/M(Search/Match)对话框中选择样品大概所属的类别，比如是矿物(mineral)还是金属(metal)(图 3-4)。

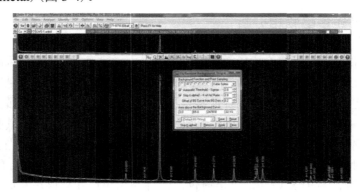

图 3-3　MID Jade 中 X 射线衍射数据的显示界面

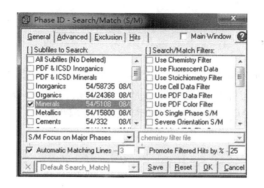

图 3-4 Search/Match(S/M)对话框

选择好类别后，点击确定会显示 S/M 的检索结果。该窗口的主要显示区可分为三个部分：最上部显示全谱，中部为放大的谱线，下部为检索结果列表(图 3-5)。结果显示，PDF 卡片中 05-0586 标准样品的谱线峰位与测试样品基本一致，说明测试样品为方解石($CaCO_3$)。FOM 为匹配率的倒数，FOM 数值越小，匹配程度越高，反之，匹配程度越低。RIR(参考比强度)为以刚玉为参考物时的 k_i 值，可以用来计算混合物相中各种矿物的相对含量。

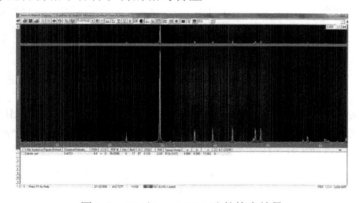

图 3-5 S/M(Search/Match)的检索结果

3.2.4.2 定量分析

衍射定量法主要有内标法和外标法，这两种方法都必须以比强度数据为基础。比强度是衍射分析中物质衍射的重要参数，需要用纯的标准样品进行实验测定。

当一个样品中含有 n 种物相，想计算其中某一物相 i 的含量时，样品中须先掺入已知含量的参考物 s 作为第($n+1$)个相，以 x_i 表示掺入 s 后样品中物相 i 的含量，I_s 表示掺入 s 后样品中参考物的衍射强度。那么，内标法计算混合物相中物相 i 含量的公式可表达为

$$\frac{I_i}{I_s} = k_i \frac{x_i}{x_s} \tag{3-4}$$

k_i 是一个常数,称为物质 i 对 s 的比强度,其值取决于物质 i 和参考物 s 本身的化学成分及晶体结构,与样品的总吸收性质及仪器条件无关。K_i 和 K_s 分别取决于物相 i 和 s 的晶体结构和引起该衍射峰的面网方向 (hkl)。

$$k_i = \frac{K_i}{K_s} \tag{3-5}$$

当将参考物 s 和物相 i 按质量 1:1 混合时,物相 i 的比强度 k_i 即为物相 i 某个衍射峰的强度除以参考物 s 某个衍射峰的强度:

$$k_i = \frac{I_i}{I_s} \tag{3-6}$$

因此,物相 i 的 k_i 值均可通过质量 1:1 混合物相 i 和参考物 s 计算获取。在上述混合物相中 I_i 和 I_s 均可通过 X 射线衍射分析获取,x_s 可以通过向混合物相中掺入一定质量的参考物 s 计算获得。因此,根据公式(3-4)可以获取物相 i 在掺入参考物 s 后混合物相中的含量,而物相 i 在未掺入参考物 s 时,混合物相中的含量应为

$$k_i = \frac{x_i}{1 - x_s} \tag{3-7}$$

比强度法 k_i 的引入,使内标法的应用比较便利,在测定混合物相中指定物相含量时十分实用。使用内标法时需要加入参考物,基体效应好像被"冲洗"掉了。因此,内标法也被称为基体冲洗法。

此外,在分析含有已知 n 个物相的样品时,如果各个物相的比强度已知,则物相 i 的含量可以采用公式(3-8)计算获得

$$x_i = \frac{\dfrac{I_i}{k_i}}{\displaystyle\sum_{j=1}^{n} \dfrac{I_j}{k_j}} \tag{3-8}$$

此计算方程称为比强度法的外标方程。应用外标方程进行物相的含量测定时,不需要在样品中掺入参考物,因为样品中的各种物相的比强度为已知的或是先测定的。因此,这种方法也称为外标法,也可称为自清洗法或绝热法。

3.2.4.3　晶胞参数的精修

能进行晶胞参数精修的软件较多，如 MDI Jade、Chekcell、WINCELL、Unitcell 等，其原理大致相同。下面以 MDI Jade 为例，介绍晶胞参数的精修。首先，打开一个方解石的数据文件，先做平滑处理，然后进行物相检索。接着扣除背景，同时扣除 K_{α_2}，然后点击常用工具栏中的"拟合"，软件可以自动进行全谱拟合[4]（图 3-6）。拟合是一个复杂的数学计算过程，需要一定的时间，在拟合过程中，窗口上部会出现一条红线，红线的光滑度指示拟合的好坏。如果红线出现很明显的波动，说明拟合效果不好，需要重新点击"拟合"。在菜单栏下方会显示拟合的进度，R 表示拟合的误差，R 值越小，表示拟合得越好。

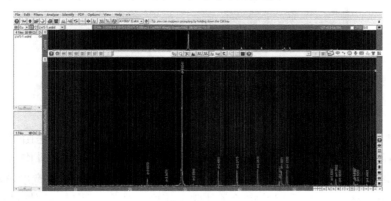

图 3-6　方解石的拟合界面

拟合完成后，点击进入 MDI Jade 的 Options＞Cell Refinement 菜单中，选择"Use PDF Line List"，接着点击"Refine"，便获得方解石的精修结果（图 3-7）。

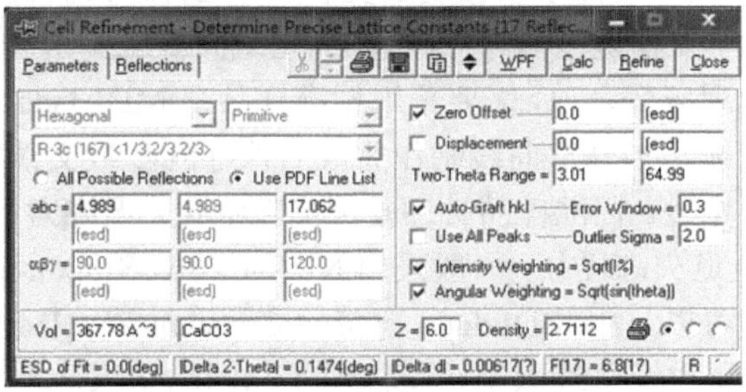

图 3-7　MDI Jade 的精修对话框

点击"Reflections"，可以显示精修后计算的衍射峰位及观测峰位。如果是含有多物相的样品，可以依次选择相应的 PDF 卡片，重复上面的步骤即可，可以计算得到样品中各个物相的晶胞参数(图 3-8)。晶胞参数的精修并不需要一个物相的全部衍射峰，晶体结构越简单，所需要的衍射峰数量越少，但精修复杂晶胞时需要较多的衍射峰数据。因此，对于结构简单的晶体，精修时选择一些强度大、形态好、角度高的衍射峰即可。

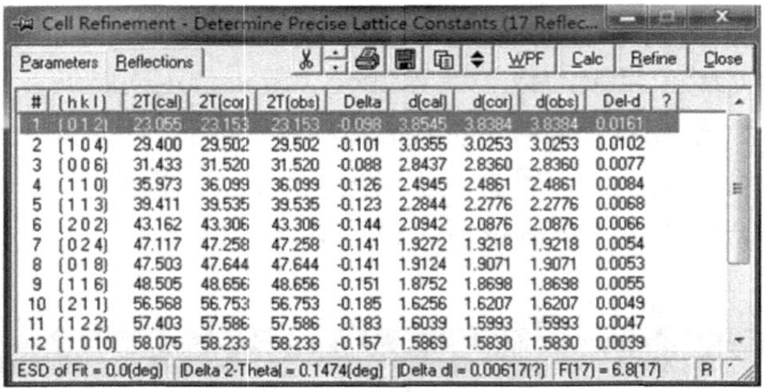

#	(h k l)	2T(cal)	2T(cor)	2T(obs)	Delta	d(cal)	d(cor)	d(obs)	Del-d	?
1	(0 1 2)	23.055	23.153	23.153	-0.098	3.8545	3.8384	3.8384	0.0161	
2	(1 0 4)	29.400	29.502	29.502	-0.101	3.0355	3.0253	3.0253	0.0102	
3	(0 0 6)	31.433	31.520	31.520	-0.088	2.8437	2.8360	2.8360	0.0077	
4	(1 1 0)	35.973	36.099	36.099	-0.126	2.4945	2.4861	2.4861	0.0084	
5	(1 1 3)	39.411	39.535	39.535	-0.123	2.2844	2.2776	2.2776	0.0068	
6	(2 0 2)	43.162	43.306	43.306	-0.144	2.0942	2.0876	2.0876	0.0066	
7	(0 2 4)	47.117	47.258	47.258	-0.141	1.9272	1.9218	1.9218	0.0054	
8	(0 1 8)	47.503	47.644	47.644	-0.141	1.9124	1.9071	1.9071	0.0053	
9	(1 1 6)	48.505	48.656	48.656	-0.151	1.8752	1.8698	1.8698	0.0055	
10	(2 1 1)	56.568	56.753	56.753	-0.185	1.6256	1.6207	1.6207	0.0049	
11	(1 2 2)	57.403	57.586	57.586	-0.183	1.6039	1.5993	1.5993	0.0047	
12	(1 0 10)	58.075	58.233	58.233	-0.157	1.5869	1.5830	1.5830	0.0039	

ESD of Fit = 0.0(deg) | |Delta 2-Theta| = 0.1474(deg) | |Delta d| = 0.00617(?) | F(17) = 6.8(17) | R

图 3-8　方解石的精修结果

3.2.4.4　晶粒大小及微观应变的计算

X 射线多晶衍射分析使用的是多晶体粉末样品，其衍射图谱是由具有一定宽度的衍射峰组成，每个衍射峰都具有一定的面积。如果把衍射峰看作是一个三角形，那么峰的面积等于峰高乘以一半高处的宽度，这个一半高处的宽度就称为“半高宽”(FWHM)。如果采用的实验条件完全相同，那么，测量不同样品在相同衍射角的衍射峰的 FWHM 应当是相同的。这种由实验条件决定的衍射峰宽度称为“仪器宽度”。然而，仪器宽度并不是一个常数，它随衍射角度不同会发生变化，一般随衍射角变化呈现抛物线的样式。有时衍射峰宽度明显大于正常的“仪器宽度”，这主要与样品晶粒的减小或微观应变有关。这样，我们就可以从实测样品的衍射峰宽度中扣除“仪器宽度”，得到晶粒细化或微观应变引起的衍射峰宽化。在计算晶粒细化或微观应变之前，需要采用标准样品在 MDI Jade 中制作一条随衍射角变化的半高宽曲线，半高宽曲线制作完成后保存到参数文件中，该标准样品的半高宽可作为仪器宽度。标准样品必须是无晶粒细化、无应力(宏观应力或微观应力)、无畸变的完全退火态样品，一般采用 NIST-LaB6、Silicon-640 作为标准样品。若没有标准样品，可以只用 MDI Jade 自带的 Constant FWHM 曲线作为衍射仪半高宽曲线[4]。因为晶粒细化或微观应变都产生相同的结果，且通常晶粒细化和微观应变是同时存在的，因此，我们必须分 3 种情况进行讨论。

(1)样品如果为退火的金属粉末样品，则无应变存在，衍射峰宽化主要与晶粒细化有关，则晶粒相应方向上的厚度 D_{hkl} 可由谢乐公式计算得出。

$$D_{hkl} = \frac{K\lambda}{\mathrm{FW}(S)\cos(\theta)} \tag{3-9}$$

式中，D_{hkl} 表示晶粒尺寸，K 称为平均晶粒的形状因子，与晶粒的实际形状有关，一般取 $K=1$；λ 为 X 射线的波长 (nm)，$\mathrm{FW}(S)$ 为衍射峰的真实宽化 (rad)，θ 为衍射角 (rad)。此方法适用于晶粒尺寸在 1～100 nm 范围的样品，晶粒尺寸在 30 nm 左右时，计算结果较为准确。

(2) 样品如果为合金块状样品，结晶完整，且加工过程中无细碎化，则衍射峰的宽化主要是由微观应变产生的。微观应变用 ε 表示，即 $\varepsilon=|\Delta d/d|$，可以采用以下公式进行微观应变的计算。

$$\varepsilon = \frac{\mathrm{FW}(S)}{4\tan\theta} \tag{3-10}$$

式中，ε 表示微观应变，是应变量对面网间距的比值，用百分数来表示；$\mathrm{FW}(S)$ 为衍射峰的真实宽化 (rad)，θ 为衍射角 (rad)。

(3) 如果样品中同时存在二者，则需要同时计算晶粒细化和微观应变。则有

$$\mathrm{FW}(S)\cos\theta = \frac{K\lambda}{D_{hkl}} = 4\varepsilon\sin\theta \tag{3-11}$$

这种情况，需要同时求出两个未知数，用近似函数法测量两个以上衍射峰的半高宽。由于晶粒尺寸与晶面指数有关，所以最好选择同一方向的衍射，如 (111) 和 (222) 或 (200) 和 (400)。以 $\sin\dfrac{\theta}{\lambda}$ 为横坐标，以 $\mathrm{FW}(S)\cos\dfrac{\theta}{\lambda}$ 为纵坐标，做 $\mathrm{FW}(S)\cos\dfrac{\theta}{\lambda}$-$\sin\dfrac{\theta}{\lambda}$ 关系图，以最小二乘法做直线拟合，直线的斜率为微观应变的两倍，直线在纵坐标上的截距为晶粒尺寸的倒数。

3.3 核磁共振波谱

3.3.1 核磁共振波谱分析基本原理

分子太微小以至于人们不能直接地对其进行观察和研究，所以需要一个"密探"，以提供分子结构、运动、化学反应等方面的信息并且不破坏分子本身的性质。能承担这个"密探"的就是原子核，而原子核之所以能成功地担当这一"密探"的角色，要归功于它们所具有的磁性。原子核固有的磁性和在外加磁场的作用下核外电子感生的磁性作用，都会产生一系列复杂、系统而又有规律的变化，这些磁相互

作用的本质是"磁与核"的协同而又精细的作用，这就是核磁共振(NMR)的深层原因[6,7]。

所有的原子核都带有电荷，核的旋转使核在沿键轴方向上产生一个磁偶极(图 3-9)，其大小可以用核磁矩 μ 表示。

自旋电荷的角动量可以用自旋量子数 I 表示。自旋量子数有 0、1/2、1、3/2 等值。一般有以下三种情况：①当质子数和中子数的总和为偶数时，I 是零或整数 (0, 1, 2, 3, …)；②当质子数和中子数的总和为奇数时，I 是半整数(1/2, 3/2, 5/2, 7/2, …)；③当质子数和中子数两者都是偶数时，I 是零(如 ^{12}C、^{16}O、^{32}S 等)，这一类核不给出 NMR 信号。

自旋量子数 I 为 1/2 的核(如 ^1H、^{13}C、^{15}N、^{19}F、^{31}P、^{77}Se、^{113}Cd、^{119}Sn、^{195}Pt、^{199}Hg 等)，呈现均匀的球形电荷分布(图 3-9)。

可以把质子看成一个在外加磁场下自旋着的核，用在重力场作用下自旋的陀螺的旋进来类比。如果质子受到一个强的均匀磁场 B_0 的作用，则这些质子顺磁场方向排列并且沿着外加磁场 B_0 的轴旋进(图 3-10)。

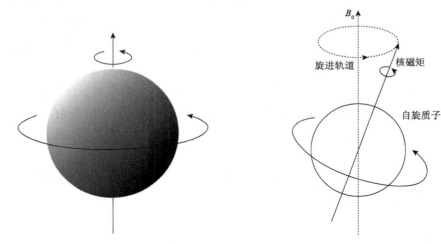

图 3-9　质子自旋电荷产生的磁偶极[6]　　　图 3-10　质子在外加磁场 B_0 作用下自旋[6]

但实际上，只有一小部分质子是顺磁场方向排列的。可以在与外加磁场 B_0(作为主磁场)相垂直的方向上加上一个射频电磁场，这个射频电磁场像旋进的质子一样，能发生旋转。这个射频电磁场的产生只是在与外加主磁场 B_0 轴垂直的方向上加了一个振荡线圈，此线圈在沿线圈轴方向产生一个振荡磁场 B_1。这个振荡磁场 B_1 可以分解为两个旋转方向相反的组分：一个是与质子旋进轨道相同方向旋转的，这是我们要考虑的；另一个是与质子旋进轨道相反方向旋转的。一般外加主磁场 B_0 是保持恒定的，而振荡线圈的频率可以改变，这就引起影响振荡旋转磁场 B_1 的主要因素即

角速度 ω_0 的变化。改变振荡旋转磁场的角速度 ω_0，使其等于质子旋进的角速度，则会发生共振，吸收的能量也达到最大。旋进质子从顺外加磁场 B_0 排列方向向水平面倾斜,在水平面产生的磁性组分可以被检测出来(图 3-11)。

　　一小部分核在吸收能量后会被激发到高能态，处于高能态的这一小部分核通过把能量传递给环境而回到低能态，这个过程叫自旋晶格弛豫或纵向弛豫，其效率可以用转移半衰期 T_1 来表示。一个快的弛豫有一个短的时间 T_1，固体的 T_1 较长，这在 ^{13}C NMR 季碳原子的测定中是一个很重要的概念。

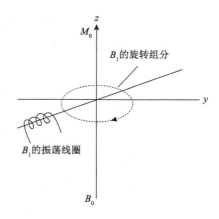

图 3-11　振荡线圈产生的磁场[6]

3.3.2　核磁共振波谱的主要参数

3.3.2.1　角动量和核磁矩

1)自旋角动量

原子核本身具有角动量，即用自旋角动量 $\hbar\left(\hbar = \dfrac{h}{2\pi}\right)$ 来衡量:

$$自旋角动量大小 = \left[I(I+1)\right]^{\frac{1}{2}}\hbar \tag{3-12}$$

一个核的自旋量子数 I 可以取下列数值:

$$I = 0, 1/2, 1, 3/2, \cdots \tag{3-13}$$

只有极少数核的自旋量子数会大于4。一些常见原子核的自旋量子数列于表 3-1。

表 3-1　一些常见原子核的自旋量子数[6]

I	原子核
0	$^{12}C, ^{16}O$
1/2	$^{1}H, ^{13}C, ^{15}N, ^{19}F, ^{29}Si, ^{31}P$
1	$^{2}H, ^{14}N$
3/2	$^{11}B, ^{23}Na, ^{35}Cl, ^{37}Cl$
5/2	$^{17}O, ^{27}Al$
3	^{10}B

由表 3-1 可知，相同元素的同位素可能具有不同的 I 值，而一些常见的原子

核，以 ^{12}C 和 ^{16}O 为例，它们的 $I=0$，没有角动量，没有磁矩，相应的也就不会出现 NMR 谱。质子、中子和电子的 I 值都为 1/2，它们统称为"自旋-1/2"粒子。

2）空间量子化

自旋角动量是一个矢量，它的方向和大小都是量子化的。原子核的自旋量子数为 I，在任意选定的一个轴（如 z 轴）方向上有 $2I+1$ 个投影。

需要注意的是，量子化方向的轴都是任取的，如果没有磁场，自旋角动量就没有特定的方向。

3）核磁矩

原子核的磁矩和它的自旋角动量紧密联系，更准确地说，核磁矩 μ 与 I 通过比例常数 γ 联系在一起，γ 定义为磁旋比：

$$\mu = \gamma I \tag{3-14}$$

由此可知，一个原子核的磁矩并不等于组成它的质子和中子的磁矩的简单加和。总之，核磁矩与其自旋角动量平行（在少数 γ 为负数的情况下，它们是反平行的），它们的大小和方向都是量子化的。

4）磁场效应

在没有磁场的作用下，自旋量子数为 I 的原子核在所有 $2I+1$ 个方向上都具有相同的能量；当加入磁场时，这种能量简并就消失了，磁矩为 μ、场强为 B 时，能量 E 等于两者相乘所得数的负值：

$$E = -\mu \cdot B \tag{3-15}$$

在强场中，z 轴不再是任意的，而是指向磁场方向。

$$E = -\mu_z \cdot B \tag{3-16}$$

式中，μ_z 为 μ 在 z 轴方向的分量；B 为磁场的大小。

原子核的能量与磁场强度大小成一定比例，也与磁旋比和角动量在 z 轴上的分量成正比。自旋量子数为 I 的原子核，其 $2I+1$ 个能级都是均匀分布的，能级差为 $\hbar\gamma B$（图 3-12）。

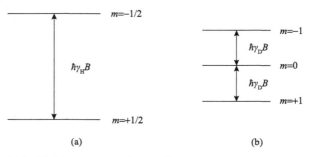

图 3-12 （a）氢原子（$I=1/2$）和（b）氘原子核（$I=1$）在磁场（大小为 B）中的能级[6]

允许的跃迁都是在相邻能级间进行的，共振条件为

$$\Delta E = h\nu = \hbar\gamma B \tag{3-17}$$

或

$$\nu = \frac{\gamma B}{2\pi} \tag{3-18}$$

式中，ν 为电磁辐射频率。自旋量子数为 I 的原子核有 $2I$ 个可能的跃迁，且都需相同的能量。处于分子中的原子核所感受到的磁场不同于外加磁场，所以原子核所处的化学环境的不同可以通过精细的共振频率反映出来，这就是化学位移。

3.3.2.2 核磁共振谱

1）共振频率

NMR 中最常用的磁场强度为 9.4 T，大概是地球磁场强度的 10^5 倍。以氢核为例，由式(3-18)可知它的共振频率为 $\nu = 4 \times 10^8$ Hz，即 400 MHz，正处于电磁谱的射频范围内，波长为 75 cm，因此把能引起 NMR 跃迁的辐射称为射频场。一般使用 1.4～14.1 T 之间的磁场，产生的质子共振频率为 60～600 MHz。因为质子是至今为止在 NMR 中应用最广泛的核子，核磁共振波谱通常以它们的共振频率而不是磁场强度来分类。

在无线电波($\nu \approx 10^6$ Hz)到微波、红外光、可见光、紫外光、X 射线和 γ 射线($\nu \approx 10^{22}$ Hz)的电磁谱中(图 3-13)，NMR 处于电磁谱中频率最低的位置，大部分其他的光谱法，如转动光谱、振动光谱、电子吸收光谱、穆斯堡尔谱，都涉及较大的能级分裂和较高的频率。电磁谱扩展的标尺上还显示了在 9.4 T 的磁场中，一

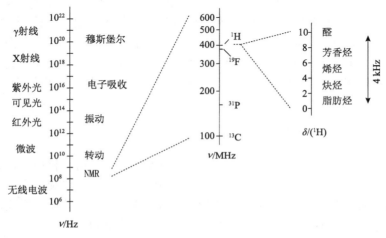

图 3-13　电磁谱及磁场(B=9.4 T)中一些原子核的核磁共振频率和 ^{1}H 的化学位移[6]

些原子核在 100～600 MHz 之间的共振频率。另外，从图中还可以看到在 400 MHz 附近一些有机官能团中典型 ^{1}H 的化学位移，而这一区域总的跨度只有 4 kHz。尽管除 ^{1}H 核外的其他原子核有相对较大的化学位移，但是它们原子核间共振频率的差别常超出了化学位移的范围。

2）能级分布

当处于磁场中时，原子核根据玻尔兹曼分布处于 $2I+1$ 个可能的能级上。假定在 30 K 温度下，质子处于 9.4 T 的磁场中，两能级间的分布比为

$$\frac{n_{高}}{n_{低}} = e^{-\frac{\Delta E}{KT}} \tag{3-19}$$

式中，ΔE 为能级差，等于 $\hbar \gamma B$；K 为玻尔兹曼常数。解此方程，可得 $\Delta E=2.65\times10^{-25}$ J，$KT=4.14\times10^{-21}$ J，$\Delta E/KT=6.4\times10^{-5}$。所以，自旋取向所需要的能量由于热能 KT 的存在而减小，因此，使原子核自旋排列于低能级上的趋势非常小，式（3-19）可以用 e-$x\approx$1-x 来简化，得到普遍的分布公式：

$$\frac{n_{低} - n_{高}}{n_{低} + n_{高}} = \frac{\Delta E}{2KT} \tag{3-20}$$

将前面的数据代入式（3-20），得到的数值为 3.2×10^{-5} 或 31000 的分布差别。这种情况与处于 6×10^{16} Hz 的电子光谱形成明显的对比，后者的 ΔE 远大于 KT，几乎所有的分子都处于基态，激发态实际上都是全空的。

磁场以光谱的形式在一定条件下能够将分子、原子、电子或原子核由低能级激发到高能级，相反，这些粒子也能进行相反的跃迁，由激发态回到基态。能量的净吸收和光谱跃迁强度都取决于粒子在两个能级上的布居差。在核磁共振波谱中，向高能级的跃迁比向低能级的跃迁只多出了 10^{-6}～10^{-4}，也就是说，在 10^4～10^6 个原子核中只能观察到一个。另外，因为高能量的光子更易被检测，所以频率高的波谱灵敏度更高。显而易见，NMR 信号是很弱的，所以选择信号强度就变得尤为重要，如可通过增强磁场强度来增大 ΔE。与此相似，具有较大磁旋比和较高自然丰度的原子核更符合条件，所以 ^{1}H 原子核在 NMR 中得到了广泛应用。

3.3.3　核磁共振波谱仪

核磁共振波谱仪是检测和记录核磁共振现象的仪器，用于材料结构分析的波谱仪，需要检测不同化学环境磁核的化学位移以及磁核之间自旋耦合产生的精细结构，所以必须具有高的分辨率，这类仪器称为高分辨核磁共振波谱仪。高分辨核磁共振谱仪的型号、种类很多，按产生磁场的来源不同，可分为永久磁铁、电磁铁和超导磁体三种；按外磁场强度不同而所需的照射频率不同，可分为 60 MHz、

100 MHz、200 MHz、300 MHz、500 MHz 等型号。但最重要的一种分类是根据射频的照射方式不同，将仪器分为连续波核磁共振谱仪（CW-NMR）和脉冲傅里叶变换核磁共振谱仪（PFT-NMR）两大类[8]。目前检测材料结构的，多为 300 MHz 以上的脉冲傅里叶变换核磁共振波谱仪，下面仅对此类仪器做详细介绍。脉冲傅里叶变换核磁共振波谱仪基本结构见图 3-14，主要由磁体、探头、射频发生器、射频接收器、前置放大器及场频连锁系统等部件组成。

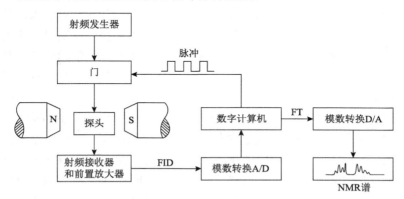

图 3-14　脉冲傅里叶变换核磁共振波谱仪的基本结构[8]

当样品被放在外磁场中，此时原子核群处于玻尔兹曼（Boltzmann）平衡状态，在外磁场保持不变的条件下，使用一个强而短的射频脉冲照射样品，这个射频脉冲中包括所有不同化学环境的同类磁核（比如 ^1H）的共振频率。在这样的射频脉冲照射下，所有这类磁核同时被激发，从低能级跃迁到高能级，然后通过弛豫逐步恢复玻尔兹曼平衡。在这个过程中，射频接收线圈中可以接收到一个随时间衰减的信号，称为自由感应衰减（FID）信号[9]。FID 信号中虽然包含所有激发核的信息，但是这种随时间改变而变化的信号（称作时间域信号）很难识别，所以要将 FID 信号通过傅里叶变换转化为我们熟悉的以频率为横坐标的谱图，即频率域谱图，以上即为 PFT-NMR 的工作原理（图 3-15）。

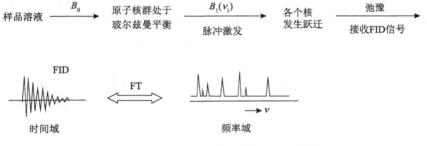

图 3-15　PFT-NMR 的工作原理示意图[8]

3.3.4　核磁共振波谱在矿物材料中的应用

水泥基材料是一种组成和结构十分复杂的物质，其内部不仅有晶体（未水化水泥矿物、钙矾石、集料中的晶体）、非晶体（calcium silicate hydrates gel，C-S-H 凝胶），而且物质形态包括了固、液（孔溶液）、气（气孔）三相，这使得其组成及微观结构研究十分困难[10]。大多现代测试分析方法所能得到的水泥基材料组成和微观结构的信息十分有限。如 X 射线衍射只能测定其中的晶体相，对于水泥基材料强度的主要来源 C-S-H 凝胶则基本无法进行表征。红外和拉曼光谱虽然可表征含有极性或非极性键的不同基团，但水泥基材料中元素众多，化学键的种类和数量纷繁复杂，因此这些方法所得谱图十分杂乱、分辨率低、分析困难，且很多有用信息被掩盖[11]。

固体核磁共振（NMR）技术是一种研究物质结构及其动力学的有力工具，它所测得的信号反映了物质中特定元素的化学环境，因此在物相分辨、结构测定方面有着广泛的应用[12-14]。在 NMR 可观测核中，^{29}Si、^{27}Al、^{1}H、^{43}Ca 的化学基团是水泥基材料主物相的结构单元。虽然 ^{29}Si 的自然丰度只有 4.7%，但也可以得到较为清晰的固体 NMR 谱图，能很好地表征水泥基材料中非晶相 C-S-H 凝胶，这是 NMR 技术应用于水泥基材料研究时相对于其他方法最大的优势。^{27}Al 自然丰度为 100%，NMR 信号强，即使一些铝元素含量较低的物相也能获得较为清晰的 NMR 谱图。虽然 ^{1}H 自然丰度为 99.985%，且旋磁比很高，NMR 信号十分强，但目前水泥基材料研究中主要用基于 ^{1}H 核的低场弛豫技术，而直接利用其化学位移的研究较少。^{43}Ca 的自然丰度只有 0.135%，旋磁比低，因此测定其化学位移需要在高场强的磁场中进行，同时增加扫描次数；且 ^{43}Ca NMR 谱图信噪比和分辨率均较低，因此在水泥基材料研究中应用很少[15]。一些特殊的原子核，如 ^{13}C、^{23}Na、^{33}S 等也被用于或尝试用于水泥基材料的研究[16-18]。此外，随着 NMR 技术的进步，二维 NMR 谱图也被用于水泥基材料的研究，这必将使 NMR 技术在水泥基材料研究中的应用越来越广泛。

^{29}Si 的化学位移在水化程度的定性和定量分析方面较其他方法具有优越性。在 ^{29}Si NMR 谱图上，未水化水泥和矿渣中 ^{29}Si 峰（Q^0）、其他矿物掺合料（如粉煤灰、硅灰、高岭土等）中 ^{29}Si 峰（Q^4）以及水化产物中不同化学状态 ^{29}Si 峰（Q^1、Q^2、Q^3）信号虽有重叠，但并不会完全被覆盖[19,20]。每种化学状态下 Si 元素的信号强度与其数量成正比，因而用软件对 ^{29}Si NMR 谱图进行分峰拟合后，各峰积分所得面积为其对应的化学状态下的 Si 元素的相对含量，可用来对水泥和矿物掺合料（矿渣、粉煤灰、硅灰、高岭土等）的水化程度进行定性或定量分析。

掺加和未掺加纳米 TiO_2 的水泥水化 28 天后的 ^{29}Si NMR 谱图分峰拟合之后的谱图(图 3-16)表明，掺加纳米 TiO_2 的水泥试样中 Q^1、$Q^{2(0Al)}$、$Q^{2(1Al)}$ 峰强于对比样，Q^0 峰弱于对比样，说明其对水泥水化有促进作用。水泥进行机械力化学改性后，其水化试样的 Q^0 峰较对比样低。高温和压力使油井水泥的 Q^0 峰远低于常温常压下的对比样，说明高温高压水化环境对水化有很强的促进作用。在研究铝酸钠对水泥水化影响时发现，无论是在 5℃还是 20℃下，掺加铝酸钠水泥水化 12 h 即有较强的 Q^1 峰，而对比样只有微弱的峰；即使 4 周后，其 Q^1、Q^2 峰强度仍高于对比样。酒石酸和柠檬酸掺入水泥后，硬化浆体中没有硅氧四面体的 Q^1、Q^2 和 Q^3 峰，说明其完全抑制了水泥的水化。在研究不同激发剂对矿渣激发效果时发现，Na_2CO_3 激发的矿渣水化产物中 Q^0 峰强度较低，表明其水化较快，而力学性能试验也表明其抗压强度较高[14]。

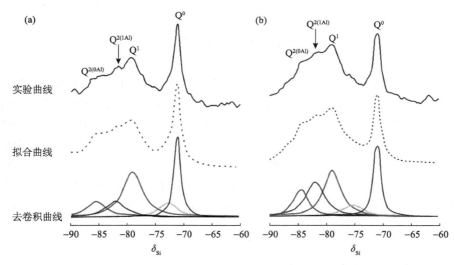

图 3-16　未掺加(a)和掺加(b)纳米 TiO_2 的水泥水化 28 天后的 ^{29}Si NMR 谱图及分峰拟合后的谱图[11]

化学侵蚀过程引起水泥水化产物中硅的物相变化或生成新的物相。低温下硫酸盐侵蚀形成的碳硫硅酸钙可以用 NMR 进行定量分析[21]。在顺磁离子(如 Fe^{3+})含量较低时，可检测到最低 0.5%(质量分数)的碳硫硅酸钙。酸侵蚀使 C-S-H 凝胶结构发生了很大的变化[22]。如图 3-17 所示，盐酸侵蚀 28 天后，Q^2 峰强上升，Q^1 下降，酸性增强会使其进一步向 Q^3、Q^4 转化。硝酸铵溶液的侵蚀和钙的溶出同样造成硅聚合度的上升[23,24]。无论是酸侵蚀还是钙溶出过程，都与钙的状态变化有关。因此，了解这一过程中钙的化学状态及数量的变化，对分析侵蚀过程及机理有较大的帮助[9]。

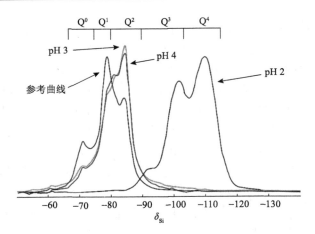

图 3-17　盐酸侵蚀 28 天后的水泥基材料的 ^{29}Si NMR 谱图[11]

3.4　穆斯堡尔谱

穆斯堡尔谱学是指用无反冲的 γ 射线的共振吸收和共振散射现象研究物质微观结构的科学。它起源于原子核物理领域中的穆斯堡尔效应，由于其能量分辨本领特别高，因而可以极灵敏地获得原子核周围物理和化学环境的信息，成为研究固体物理、化学、材料科学、生物学、表面科学、地质学、冶金学等很多学科的有力工具。不少学者认为，穆斯堡尔谱学是自 1912 年发现 X 射线衍射，1938 年建立第一架电子显微镜以来，在物质微观结构分析领域的又一重大事件。今天，几乎所有研究物质微观结构的自然科学领域中都可找到它的踪迹，并对这些领域的发展做出了一定的贡献[25]。

3.4.1　穆斯堡尔谱基本原理

3.4.1.1　穆斯堡尔效应

原子核从它的激发态 E_e 跃迁到基态 E_g 常伴随着发射出 γ 射线。原则上说来，这种 γ 射线在其所通过的路程上会被同种原子核共振吸收，从而使那个原子核从基态 E_g 跃迁到激发态 E_e。这个原子核到达激发态以后还会通过再发射 γ 射线，或者发射内转换电子和 X 射线的方式消激发（图 3-18）。

共振效应的大小正比于发射谱线和吸收谱线重叠部分的面积。德国物理学家穆斯堡尔（R. L. Mössbauer）于 1957 年研究 ^{191}Ir 核的 γ 射线共振吸收现象时，为了减小热运动引起的多普勒能量的影响，将源和吸收体都冷却到 78 K，对于有反冲的共振吸收来说，这将减小发射谱线和吸收谱线间的重叠，从而减小共振效应。

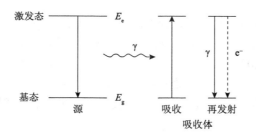

图 3-18　γ 射线的共振吸收[25]

但是，他意外地注意到，冷却后共振吸收效应反而增大了。他发现在实验中共振原子核都是置入晶格之中的，因此必须解释为由于晶格的束缚，部分原子在发射和吸收时实现了无反冲过程。γ 射线的共振吸收能够以无反冲的方式发生，而且共振谱线非常之窄，也就是具有极高的能量分辨本领。现在我们已经可以清楚地了解到，如果将发射和吸收 γ 射线的原子核置于晶格之中，使它们受到晶格的束缚，那么只要反冲能量小于晶格中原子间的束缚能，这个原子核在发射和吸收 γ 射线时就不会脱离晶格，因而反冲就要牵动整个晶格。由于晶格振动能量是量子化的，它不能吸收任意的能量。如果晶格振动的圆频率为 Ω，则

$$E_R < \hbar\Omega \tag{3-21}$$

式中，$\hbar = \dfrac{h}{2\pi}$，那么，激发一个声子的能量已高于 E_R，这时必然存在零声子过程（即无反冲过程）。这就使得一部分这样的发射和吸收没有反冲能量损失，因而观察到无反冲 γ 射线共振吸收和共振散射现象，这种效应就被称为穆斯堡尔效应。

1960 年，O. C. Kistner 和 A. W. Sunyar 对 $\alpha\text{-Fe}_2\text{O}_3$ 进行了研究，这一开创性的工作开辟了用穆斯堡尔效应研究原子核与周围环境(核外电子和晶体中其他原子)间超精细相互作用的宽广领域。原子核与核外环境是一个互相联系着的整体，原子核与核外环境间的超精细相互作用引起了核能级的移动和分裂，而这种移动和分裂的大小常常比穆斯堡尔共振谱线的宽度大得多，因此由穆斯堡尔谱线的移动和分裂可以极灵敏地探测到这种超精细相互作用，反映出原子核的周围环境。同时，无反冲分数和二次多普勒能移可以反映出原子在晶格中的运动情况。通过这些途径可以得到物质微观结构的信息。

实现上述无反冲过程的概率称为无反冲分数(也称为穆斯堡尔分数，或德拜-沃勒因子)。显然，它随该原子核所处晶格的不同而不同。

事实上，除了 ^{57}Fe、^{83}Kr、^{119}Sn、^{149}Sm、^{151}Eu、^{161}Dy、^{169}Tm 和 ^{181}Ta 等少数穆斯堡尔同位素外，一般都只有在低温下才能见到明显的穆斯堡尔效应，因而使得穆斯堡尔谱学研究具有一定的局限性。

为什么不是所有核素都能观察到穆斯堡尔效应呢？大体说来，主要有下列原因：

(1)穆斯堡尔跃迁只能是低能 γ 跃迁。由式(3-21)便可看出这一点。一般说来，γ 射线能量应小于 200 keV，而如果 γ 射线能量太高，即使原子核所在的晶格冷却到足够低的温度，也不能有效阻止晶格的声子激发。另一方面，从实用上来说，γ 射线能量也应大于 2 keV，否则由放射源所发出的辐射难以透过吸收体到达探测器。

(2)穆斯堡尔跃迁必须是放射源中那些直接到达基态的跃迁。这是因为，吸收体原来一般总是处在基态的，因而吸收体中的共振吸收跃迁必须是从基态出发的同样的跃迁(只是跃迁方向与源中相反)。一个不幸的特点是，没有轻元素是适合于观察穆斯堡尔效应的元素。这主要是因为轻元素的各同位素中核基态到第一激发态的能级差一般很大，而且第一激发态往往寿命很短。

(3)穆斯堡尔跃迁所涉及的激发态寿命一般在 $10^{-10} \sim 10^{-6}$ s 范围内(虽然有很少几个例外)。这是因为，如果寿命太短，Γ_n 很大，共振谱线将如此之宽，以致很难观测到这种效应；如果寿命太长，Γ_n 很小，共振谱线将如此之窄，以致瞬间的偶然振动、很小的温度差别以及谱仪系统的任何微小扰动都将影响对共振效应的观察。

除此之外，还有一些实用上的限制：例如，放射源必须是比较长寿命的母核，γ 跃迁的内转换系数应比较小，穆斯堡尔同位素应有一定的天然丰度等。

将穆斯堡尔核置入晶格束缚之中，这样的穆斯堡尔源和吸收体就能用于观察无反冲分数的 γ 射线的共振吸收效应。如图 3-19(a)所示，置入晶格束缚中的穆斯堡尔核发射的 γ 射线离开源后，穿过吸收体，在探测器中被探测到。在源-吸收体之间加上相对运动，由多普勒效应调制此 γ 射线的能量，所得到的 γ 透射计数-多普勒速度间的相对关系就是穆斯堡尔吸收谱线，如图 3-19(b)所示，当在吸收体中发生共振吸收时，透射计数减小。

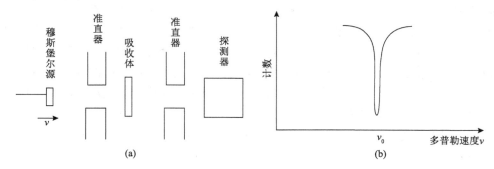

图 3-19　(a)穆斯堡尔吸收实验示意图；(b)典型的共振吸收曲线[26]

以多普勒效应来调制 γ 射线的能量，也就是说，当在源-吸收体之间存在多普

勒相对速度 v 时，经调制后的 γ 射线能量由 $h\nu$ 变为 $h\nu'$。因此，当采用多普勒调制扫过 ^{57}Fe 共振谱线的一个理想线宽（$\sim 2\Gamma_n = 9.2 \times 10^{-9}\,\mathrm{eV}$）时，所需相对速度为 $\dfrac{2\Gamma_n}{E} \times c = 0.192\,\mathrm{mm/s}$。为了观测 ^{57}Fe 的超精细相互作用，需要扫过几十倍这样的线宽，通常需要±15 mm/s 的多普勒速度扫描范围。在不同穆斯堡尔核的研究工作中，所需的速度扫描范围可以差好几个数量级。

穆斯堡尔谱通常是由一组或者多组共振线谱组成，谱线的位置、宽度、形状、面积都包含着待测样品微观结构的信息。反映这些信息的穆斯堡尔参量有：无反冲分数、同质异能移、二次多普勒能移、四极分裂、磁超精细分裂及谱线宽度等[26]。

3.4.1.2　无反冲分数

无反冲分数 f 与零声子过程的概率相同，其主要受温度 T 的影响，可以反映原子运动动力学的信息，通过其可以得出共振原子与周围环境间约束的强弱（图 3-20）。

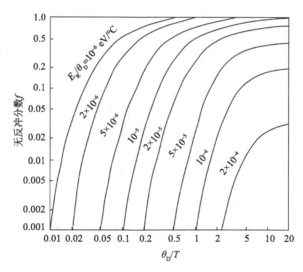

图 3-20　无反冲分数与反冲能量 E_R、德拜温度 θ_D 及环境温度 T 的关系[26]

3.4.1.3　同质异能移（化学能移）

同质异能移起源于核电荷与原子核所在处的电子电荷密度分布间的库仑相互作用，这些电子电荷密度来自 s 电子和 p 1/2 电子，由于这种相互作用，使核能级较之于"裸核"有细微的升高；除 s 电子和 p 1/2 电子外，外层的 p、d、f 电子对内层电子存在屏蔽效应，影响内层电子云分布，因此，同质异能移实际反映了整个核外电子分布情况的信息。故可以用同质异能移很方便地确定化合物的价态和自旋态，在实用上很有价值。在每种状态中，通常离子性较强的化合物的同质异能移一般为正。当遇到两种元素或化合物同质异能移相近时（如低自旋 Fe^{2+} 和 Fe^{3+}），可进一步结合其四极分裂大小的差别来进行鉴别。

当采用不同基体的穆斯堡尔源来测量同一吸收样品时，所得谱线的同质异能移显然是不同的。因此，为了对不同实验室中的工作加以对比，也为了使同一实验室中不同时期的工作可以对比，常常指出所用的是什么源基体，或者更方便的是指出同质异能移是相对于何种参照吸收体而言。

此外，需要注意的是，共振谱线中心位置虽然主要取决于同质异能移，但也取决于由热运动而引起的相对论性的二次多普勒效应，后者将引起二次多普勒能移（也称温度能移）。

3.4.1.4　四极分裂

原子核的电四极矩 Q 是表征核电荷分布偏离球对称程度的物理量，在原子核处的电场梯度（EFG）张量表征核外电荷的非对称程度。对于轴对称电场梯度下，能级位置随磁量子数 m 变化。换句话说，由于电四极相互作用，引起自旋为 I 的核能级分裂，部分消除了简并（图 3-21）。当然，如果核外电荷在原子核处产生的电场梯度等于零，或者原子核的电四极矩等于零（对核自旋的情形），那么电四极相互作用为零，能级不产生分裂。

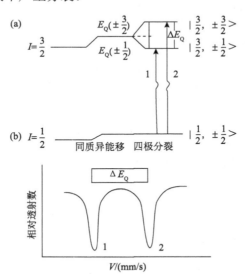

图3-21　(a)在原子核位置上存在电场梯度时，^{57}Fe 第一激发态 $\left(I=\dfrac{3}{2}\right)$ 能级的分裂，由图可见，$I=\dfrac{1}{2}$ 的基态不发生分裂；(b)由此得到的穆斯堡尔谱呈四极分裂的双线[26]

四极分裂的大小 ΔE_Q 取决于与原子核有关的因子(核电四极矩 Q)以及与核外电荷有关的因子(EFG 张量),因此,如果绝对测定电场梯度,其精度取决于前者,但对不少核态(如 ^{57}Fe 的 $I = \dfrac{3}{2}$ 激发态),核四极矩值测定误差很大,因而一般只能用于相对测定。

上述电场梯度主要来自两个方面:①核外电子云分布不对称,例如来自满壳层电子的极化及非满壳层电子的非球对称分布,称为价电子贡献。②周围离子或配位基电荷的贡献,称为配位基/点阵贡献。这对离子晶体来说特别重要。

如用单线穆斯堡尔源进行测量,对 ^{57}Fe 和 ^{119}Sn,可以得到如图 3-21(b)所示的四极分裂双线。其间距即为 ΔE_Q,称为四极分裂大小。除非存在无反冲分数 f 的各向异性,或者存在织构效应,或某些弛豫情况,否则这两个线等强度。但四极分裂图像得到的未必是双线,例如,^{129}I 的 27.77 keV 跃迁,激发态分裂为三个亚能级,基态分裂为四个亚能级,满足跃迁容许律的有八个跃迁,构成一个相当复杂的四极分裂图像。

此外,在以下情况下,四极分裂双线的强度不对称:

(1)单晶,各个超精细跃迁的相对强度取决于电场梯度的方向。

(2)对于多晶或粉末样品,由于取向随机分布,原则上应为等强度双线。然而,由于原子振动的各向异性,造成无反冲分数 f 的各向异性,仍会引起不等强度的双线(称为 Goldanskii-Karyagin 效应)。

(3)顺磁自旋弛豫也会引起四极分裂双线强度不相等,这是由于核磁矩的进动取决于磁量子数 m,因此在一个自旋弛豫时间间隔内,相应各个不同 m 值的谱线的 I 值将不同。

3.4.1.5　磁超精细分裂

原子核的磁矩 μ 与原子核所在处的磁场 B 间存在相互作用,而在磁相互作用下,核能级引起塞曼分裂,能级位置为

$$E_m = -g\mu_N B_m \tag{3-22}$$

式中,m 为磁量子数。由此可见,能级完全消除了简并,而分裂为 $2I+1$ 个亚能级(图 3-22)。但是,并不是所有可能的跃迁都能被观察到,因为必须遵守跃迁选择规则。^{57}Fe 的 14.4 keV 跃迁为磁偶极跃迁,容许的是 $\Delta m = 0, \pm 1$,因而被观察到的是 ^{57}Fe 的特征六线谱。在各种磁性环境中,^{57}Fe 原子核处的局部磁场正比于所观察到的最外两条谱线间距,于是很容易根据穆斯堡尔谱测得这一磁场的大小,据此得到关于核外电子自旋状态核磁性质方面的信息。

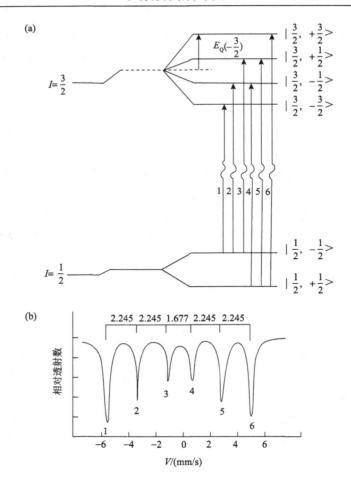

图 3-22   (a)在磁场中 ^{57}Fe 原子核的能级消除简并；(b)在室温下金属铁的穆斯堡尔谱[38]

3.4.1.6   二次多普勒能移(温度能移)

由原子热运动的二次多普勒效应引起的能移 δE_T 为

$$\delta E_T = -\frac{E}{2c^2}\langle v^2 \rangle \tag{3-23}$$

式中，$\langle v^2 \rangle$ 是原子在晶格中振动速度的平方平均值。由于 $\langle v^2 \rangle$ 随环境温度变化而变化，因此 δE_T 也随温度变化而变化。二次多普勒能移叠加在同质异能移上，一起决定谱线的中心位置。但是，同质异能移不随温度而变化，这是与二次多普勒能移不同的。

二次多普勒效应起源于原子的热运动。根据相对论性多普勒方程：

$$v = v_0 \sqrt{1 - \frac{v^2}{c^2}} + v \cdot k \qquad\qquad (3\text{-}24)$$

式中，v 为相对运动速度，$k = \dfrac{v}{c}$，方向为传播方向。那么，后一项即为经典多普勒效应。

一般情况下，二次多普勒能移要比同质异能移小得多。对于铁的化合物，每相差 100 K 约为 0.02～0.1 mm/s。对于相近的样品在同样温度下的测量，二次多普勒能移的贡献往往可以忽略。但是，对于温度变化范围很大的测量，有时二次多普勒能移可以很大，甚至占主要地位。

3.4.1.7　谱线宽度

共振谱线的理想宽度为自然线宽的 2 倍。但是实际上往往有各种原因造成谱线增宽，甚至使谱线形状偏离洛伦兹线形。

(1)由于放射源或吸收体存在一定的厚度，将使共振谱线加宽。

(2)在很多情况下，由于放射源或吸收体中所有共振原子所处的环境并不相同，由此产生的超精细场非均匀分布的影响以及未能很好分辨的超精细相互作用的影响，会造成谱线的表观加宽。这种加宽是谱线加宽的另一常见来源，并且往往大于上述厚度增宽效应。在这种情况下，谱形会偏离洛伦兹线形而更接近高斯线形。

(3)由于源-探测器间距过近，立体角过大而引起的所谓"余弦效应"，以及谱线驱动部分的工作不正常(例如附有高频振荡，或者电子线路失调等)也会引起谱线加宽。

(4)一些特殊的物理过程也会影响谱线的宽度。最常见的是原子扩散现象会引起谱线增宽。

3.4.2　穆斯堡尔谱仪器构成

穆斯堡尔谱仪的典型框图如图 3-23 所示。由振动装置控制穆斯堡尔源或吸收体作周期性运动，每秒往返几次至几十次。源发出的 γ 射线经过准直孔，穿过吸收体，透射后的 γ 射线经探测器探测，由多道分析器获取、积累数据和显示谱形。多道分析器的各道计数时间精确相等，"道数"就相当于多普勒相对速度，参考信号发生器用以控制振动的周期运动方式，最常用的运动方式是等加速式，最常用的速度范围为 0.1 mm/s 至 100 mm/s。这样记录得到的透射 γ 计数率随多普勒相对速度而变化的关系，就是透射穆斯堡尔谱。计数的统计误差要小，通常共振吸收效应相对大小若在百分之几的数量级，那么每个速度相应积累计数可在 $10^5 \sim 10^6$ 数量级，也就是说，统计误差为 0.3%～0.1%。速度点通常为 200～1000 个，典型测量时间为半小时至一天，因而必须注意电子线路的长时间稳定性。

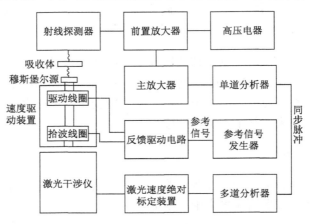

图 3-23　典型的穆斯堡尔谱仪框图[27]

3.4.3　穆斯堡尔谱分析方法

3.4.3.1　速度标定

多道分析器记录的是每道相应的计数，为了得到穆斯堡尔谱，必须得到 γ 射线计数与多普勒速度（也表示 γ 射线能量）的相应关系，为此必须进行速度标定。速度标定包括确定零速度点，以及确定道数-速度对应关系（道增量）。最简便的标定法是借助标准吸收体已知的谱线位置进行标定。常用的标准吸收体为 $Na_2\left[Fe(CN)_5\,NO\right]\cdot 2H_2O$（SNP）、α-Fe 和 α-Fe$_2O_3$。室温下，以金属铁为基体的 Co 源以及上述吸收体，所得谱线位置为

SNP：-1.111，$+0.592$（mm/s）

α-Fe：-5.328，-3.083，-0.838，$+0.838$，$+3.083$，$+5.328$（mm/s）

α-Fe$_2$O$_3$：-7.99，-4.47，-0.955，$+1.675$，$+5.19$，$+8.71$（mm/s）

显然，上述标定适用范围在±10 mm/s 内。但是，对于诸如 ^{161}Dy、^{129}I、^{121}Sb 等穆斯堡尔谱线，所需速度范围常需达 cm/s 数量级，显然这样的标定就不适用了。

3.4.3.2　样品制备

样品形式可以是箔状样品、单晶样品、多晶粉末样品等。对于粉末样品，必须克服可能存在的某种择优取向，因为它们会影响谱线形状。妥善的办法是将它

们分散于仅含轻元素的有机介质（例如蔗糖粉末、分子筛、淀粉等）中，然后夹在二层 Mylar 薄膜或二层有机玻璃之间，装上支架即可使用。

穆斯堡尔实验主要使用固体样品。但是，用冷冻方法来阻止溶液中分子的运动，从而进行穆斯堡尔研究，也是近年来用得越来越多的方法。为此，需要制造一个小的液体样品室，将它置入冷冻温度，对 $E_\gamma < 50$ keV 的穆斯堡尔跃迁，需要考虑样品的厚度和窗的厚度。图 3-24 所示为一个深度约 0.3～2 mm 的厚塑料样品室，γ 射线窗可用 Mylar 薄膜或高纯铝膜。

最后需要指出的是，当在吸收体中存在着某些"有害元素"时，将会大大增加对 γ 射线的非共振吸收，从而影响穆斯堡尔谱的观测，这是因为，穆斯堡尔 γ 射线的能量范围正是不

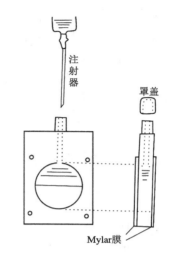

图 3-24 用于低温冷冻测量的液体样品室[27]

少元素 X 射线吸收边所在的区域，因此如果样品中存在这些元素，就会造成上述有害效果。当样品中存在上述"有害元素"时，要在制作样品时适当减少吸收体样品的厚度，但这样会使样品中穆斯堡尔核减少，共振谱线相应地变弱，因而需要长时间积累计数。当妨害十分严重时，可考虑采用同位素增丰的手段，以减小样品厚度，减弱这些有害的共存元素的影响。

3.4.3.3 数据处理

多道分析器收集到的每道计数，最后打印成数字纸带或穿孔卡、穿孔纸带。数字纸带适用于手工处理，而穿孔卡和穿孔带适用于计算机处理，并可由计算机再打出数字永久保存。因此，后者更方便。

如果谱图比较简单，可以将结果通过人工描绘或用 X-Y 记录仪描绘在方格图纸上，并由此计算相应的穆斯堡尔参数。在此以前，当然需要先进行速度标定。如果谱图比较复杂（例如谱图上出现不易分辨开的谱线），或者要得到精确的穆斯堡尔参数，一般需要用计算机处理数据。

对于薄源和薄吸收体，共振吸收谱线可以认为是洛伦兹曲线。因而，在计算机处理中，最常见的是用最小二乘法将谱线拟合成一系列洛伦兹曲线的叠加，最常用的是高斯-牛顿算法。

如果谱线的统计情况不太佳，或者峰的重叠不易分辨，在上述计算中还常需引入一定的约束条件（例如，约束谱线相对强度间的关系、宽度间的关系、位置间的关系等），这样就可减少待定参数的数目以便于计算。

作为高斯-牛顿算法的简化算法，AWMI 法不用逆矩阵运算，有独到特点。如果被测样品中含有 n 个可能组分，在相同实验条件下分别测量其穆斯堡尔谱，可以通过剥谱方法剥离这些参考谱，从而使谱图简化。

此外，源和吸收体的厚度还会对共振谱线形状有影响，因而在这种情况下不能将谱线简单地看作是洛伦兹线形的叠加，建议采用透射积分来进行曲线拟合，这在一些情况下是很重要的[27]。

3.4.4 穆斯堡尔谱在矿物材料中的应用

3.4.4.1 穆斯堡尔谱在矿物学中的应用

穆斯堡尔谱在地质和矿物学上的应用主要是：鉴定岩石的结构、组分、价态，探索矿床成因，以及分析矿物结构，进行相分析[28]。赵倩怡等[29]通过对中国山东昌乐方山矿区所产的暗蓝色刚玉进行研究，谱峰的同质异能移(IS)、四极分裂(QS)、线宽(LW)表明(表 3-2 和图 3-25)刚玉样品中的 Fe 在室温(298 K)下为 M1 型，即逆磁旋转。谱峰 1 的 IS 与谱峰 2 的 QS 指示了 Fe^{2+} 的存在，其中 IS 表明了 Fe 是处于高分裂状态的 Fe^{2+}。由此进一步表明昌乐暗蓝色刚玉样品中 Fe 的赋存形式为 Fe^{2+}，且其深蓝色的体色可能是由 Fe^{2+} 致色的。

表 3-2 昌乐暗蓝色刚玉的穆斯堡尔谱数据[29]

温度/K	谱峰	IS/(mm/s)	QS/(mm/s)	LW/(mm/s)	峰面积/%
298	1	0.56278	2.47967	0.58200	32.01
298	2	0.28808	0.51969	0.58200	67.99

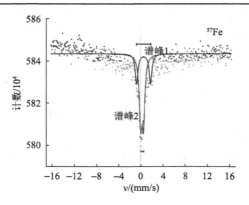

图 3-25 昌乐暗蓝色刚玉的穆斯堡尔谱(298 K)[29]

近十年来，穆斯堡尔谱还被广泛地用来研究陨石、月球岩石及其他由宇宙飞船带回的宇宙物质。高压穆斯堡尔谱被用来模拟探讨地球内部矿物的成因及其性质。有学者比较了层状硅酸盐中所观察到的热转变和含碳球状陨石中的热转变,由对穆斯堡尔的研究来解释球状陨石形成的地球化学条件。此外,穆斯堡尔谱还在海洋湖泊的沉积物研究、煤炭等化石能源的 Fe 形式研究等领域均有着广泛的应用。

3.4.4.2　穆斯堡尔谱在材料学中的应用

在固体物理材料学方面的应用有:研究晶体结构、对称性、位错和点缺陷;相分析和相变;研究传导电子对半导体超精细结构的影响;研究弛豫现象;研究杂质的影响;研究表面和界面;研究非晶态材料;确定转变温度;确定易磁化方向等。

穆斯堡尔谱学应用于磁学材料研究的传统工作是阐明各种磁性化合物的磁结构。但是,近来的一种趋势是,观察微磁性,观察具有一维和二维磁结构的磁性化合物、表面和界面磁性、表面相变,以及超薄层的磁性[30]。20 世纪 70 年代初,Lieberman 提出可能在某些 Fe、Ni、Co 等薄膜表面存在非磁性层,接着又有研究者注意到了界面磁性的特殊情况,并用增丰 ^{57}Fe 增加灵敏性,从而研究一维和二维的磁结构。这是近年来一个引人注意的课题,这些研究有可能导致一些新材料的出现。

对非晶材料的研究是近年来穆斯堡尔谱学的又一重大课题,尤其是对非晶金属材料和玻璃体系研究得最多。Franke[31]及 Gonser[32]等通过对工业生产的金属玻璃的穆斯堡尔谱的研究,得到了超精细场的分布,从而指出了场的分布类似于液结构。有学者还研究了结晶温度附近热处理的影响,解释了场分布关系[33,34]。Gonser 等对非晶态金属的研究做了相当仔细的评述[32],他指出,从日益增多的学术会议和论文报道即可看出非晶态金属研究的意义。估计这一领域的论文中约有3%~5%是用穆斯堡尔谱学作为工具的。用穆斯堡尔谱学可以探测原子性质受其近邻排列的影响,提供结构信息,检验理论模型,测量超精细场分布,观察多种不对称性以及测量外应力下的变化。

杨健等[35]通过对不同 Fe_xN/EG 样品的穆斯堡尔谱研究(图 3-26),发现 Fe_xN产物变化的趋势是随着氮化温度而变化,在不同温度下,均由一套或多套磁性谱和顺磁性谱组成。

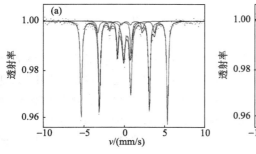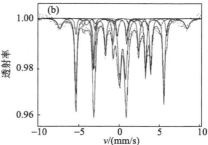

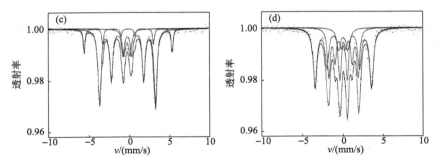

图 3-26　室温下 Fe$_x$N/EG 的穆斯堡尔谱[35]

(a) Fe$_x$N/EG-300；　(b) Fe$_x$N/EG-400；　(c) Fe$_x$N/EG-500；　(d) Fe$_x$N/EG-600

3.5　中　子　技　术

3.5.1　中子技术基本原理

3.5.1.1　中子与物质的相互作用

中子不带电荷，不受原子的电子和原子核库仑力场的作用。中子的贯穿能力很强，按能量可分为：慢中子（＜1 keV）、中能中子（1～100 keV）、快中子（0.1～10 MeV）、热中子（=0.0253 eV）、冷中子（＜0.005 eV）。中子与物质原子核常发生下列四种形式的作用：弹性散射、非弹性散射、辐射俘获和带电粒子发射。在实际应用中常常需要中子的能量为 eV 数量级。将能量高的快中子变成能量低的慢中子，称为中子的慢化或中子的减速，其机制为弹性散射 (n, n)、非弹性散射 (n, n′)[36]。

辐射俘获过程是靶核吸收一个中子后变成放射性核素，并放出一个或几个 γ 光子。这样生成的放射性就是常说的感生放射性。辐射俘获多发生在低能中子与重靶核物质作用过程中，而在与轻核作用中发生俘获的概率很小。从这一点看，用轻材料屏蔽中子也是正确的。原子核吸收中子而发射出带电粒子的核反应是中子与物质相互作用的又一种形式。例如，(n, α) 和 (n, p) 反应，都能吸收中子，放出 α 粒子，因此常用硼和锂作为中子测量、防护材料[36]。

3.5.1.2　中子散射技术

中子散射技术就是将具有一定准直度的中子束照射到样品上，一小部分中子被样品中的原子散射使得其运动方向或能量发生改变，通过样品周围的探测器测量散射后中子的动量（方向变化）或能量变化的技术，而这些变化与材料动静态结构密切相关，经过数据反演便可获知所测样品的微观结构或动力学信息。

之所以选择中子作为一种探针，是因为中子具有波粒二象性，根据德布罗意

公式可以获得中子能量(MeV)与波长(Å)的关系为

$$E = 81.81/\lambda^2 \qquad (3-25)$$

对于波长在 1～10 Å 的热中子和冷中子，其对应的能量约为 1～80 MeV，其波长或能量刚好与物质中的原子间距或动力学涉及的能量相当，非常适合作为研究物质的微观结构或微观动力学的探针。

中子有着其他射线不具备的优点，如：①中子呈电中性，穿透能力强，如钢中的穿透深度达到 8 cm，可以很方便地使用环境加载设备如温度、磁场以及原位反应装置；②中子可以分辨同位素，利用如 H 和 D 的散射能力的明显差异，就产生了广泛用于生物及聚合物样品测量中突出或隐藏特定结构的"氘代技术"；③中子属物质波，在均匀介质中的运动速度受传播介质的影响，也就是说中子的动量-能量关系与 X 射线的波长-频率关系不同，且可以与原子核反应，在确定矿物细节结构和元素位置上，具有 X 射线难以实现的优势[37]；④中子散射长度与原子序数之间不存在明确的函数关系，可以用来测量重元素中的轻元素，也可以分辨近邻元素；⑤中子自旋为 1/2，具有磁矩，可用于研究物质的磁结构；⑥中子能量较低，破坏性小，对样品状态的影响也较小，且与微观动力学过程能量相当，更有利于测量该过程。

根据不同测量对象的细分，发展出了对应的很多中子散射技术。总的来说，根据前面所述，中子散射主要可分为两大类，分别是利用中子干涉和中子光谱学效应的弹性散射和非弹性散射[38]。前者不考虑中子与材料作用的能量损失，利用中子与材料微观结构的衍射或干涉效应研究其静态结构；后者测定中子与材料作用前后的能量变化，研究其微观结构的动力学过程。弹性散射的中子散射谱仪包括中子衍射谱仪(包括单晶、粉末、液体及无定形态)、反射谱仪、小角散射谱仪等；而非弹性散射中子散射就包括三轴谱仪、中子准弹性散射和中子自旋回波谱仪等，各种谱仪均是在最初的两类谱仪基础上根据不同需要发展出来的，可以测量不同尺度的微观结构以及不同能量转移的动力学过程[39]。

3.5.1.3　中子反射技术

中子反射相对来说还是一个比较新的中子散射技术。因为中子的穿透性和无损性等优点[40]，结合氘代技术的发展，中子反射被广泛用于软物质问题如聚合物混合、液体表面结构研究等。

与可见光的反射一样，当中子从真空(折射系数 $n_1 = 1$)入射到介质(折射系数 $n_2 < 1$)过程中，在界面处也会全反射，大多数物质的中子全反射临界角 θ_c 通常很小，且全反射临界角 θ_c 为

$$\theta_c = \sqrt{\frac{\rho_b}{\pi}} \lambda \qquad (3\text{-}26)$$

临界散射矢量为

$$q_c = 4\sqrt{\pi \rho_b} \qquad (3\text{-}27)$$

当入射中子散射矢量 $q \leqslant q_c$（即入射角 $\theta \leqslant \theta_c$），发生全反射，反射率 $R_{(q)} = 1$；当 $q > q_c$（即 $\theta > \theta_c$），发生部分反射，$R_{(q)} < 1$，反射率 $R_{(q)}$ 随 q 的增大而迅速减小。在 $q > q_c$ 的范围内，对反射率曲线分析可获取材料表面和界面微观结构信息，并可利用临界散射矢量 q_c 值及式中确定介质的中子散射长度密度 ρ_b，确定材料的成分信息。

3.5.1.4　中子衍射技术

中子衍射与 X 射线（包括同步辐射）优势互补，所以两者并称为物质微观结构研究的两大工具[41]。目前中子衍射不仅可以测定长程有序的晶态物质，还可以测定液体、非晶态等凝聚态物质。中子衍射就是中子通过物质晶态结构产生的相干弹性散射。

中子散射必须满足熟知的布拉格方程：

$$2d_{hkl} \sin \theta_{hkl} = n\lambda \qquad (3\text{-}28)$$

式中，d_{hkl} 为晶面(hkl)的晶面间距，λ 为中子波长，简单的理解就是同一晶面的不同层原子反射的中子波之间的光程差为波长整数倍时即产生衍射。

衍射谱仪探测器记录到的中子强度为

$$I_{hkl} \approx \frac{V \lambda^3 l j_{hkl} |F(\tau)|^2}{8 v_0^2 \pi r \sin \theta \sin 2\theta} \cdot \frac{\rho'}{\rho} \cdot A_{hkl} \qquad (3\text{-}29)$$

式中，V 为被中子照射样品的体积，ρ'、ρ 分别是样品的装样密度和理论密度，A_{hkl} 为样品的传输因子，也称吸收系数，它随衍射角度变化。因此，准确测定样品的衍射谱（各衍射峰的积分强度及位置），就可获得其测到的各晶面的结构因子，进而获得各种原子在晶胞中的坐标和占位数信息[42]。

3.5.1.5　中子成像技术

随着数字技术的发展及探测器的技术进步，中子成像技术也在不断发展，按技术原理可以将中子成像技术概括为四大类。

第一类是传统的透射(衰减)成像技术,即利用不同材料中子衰减系数不同,解析材料内部结构。当中子穿过样品时,由于部分中子被散射,造成经过不同材料的中子通量降低。这种现象反映到中子探测器上就表现为明暗不同(图 3-27)。透射成像与 X 射线透射成像相似,但是中子对含氢元素比较敏感,因此适用于被金属包裹的含氢物质、植物根系、同位素表征等[43]。

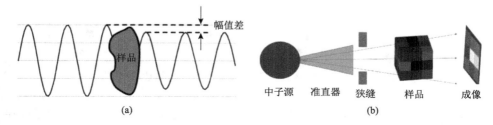

图 3-27 (a)中子通量经过样品降低[43];(b)中子衬度成像原理[43]

第二类相位衬度成像,其原理是通过探测相位引起的光强变化成像,当具有相同相位的中子入射到材料上时,由于材料的折射率不同会引起部分中子波相位移动(图 3-28)。基于相位变化引起的波面移动,可以通过测量相干光亮度进行相位衬度成像。相位衬度成像对图像边缘也就是相位变化最大的地方进行增强,从而提高图像的分辨率,适用于对中子衰减小的薄样品,弥补了传统透射式成像法对弱衰减样品成像困难的不足。

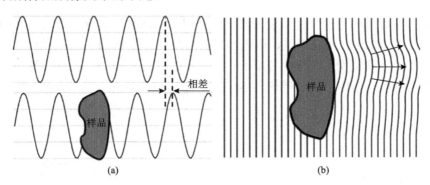

图 3-28 (a)相位衬度成像原理[43];(b)相位衬度成像示意图[43]

第三类能量选择成像,其基于布拉格边成像原理,当入射中子波长 λ 小于等于 2 倍晶面间距 d_{hkl} 时,中子被散射;当 λ 大于 2 倍晶面间距 d_{hkl} 时,中子透过材料,此时衰减率出现迅速降低(图 3-29)。由于材料中各个晶面的间距 d_{hkl} 不同,因此可以获得一组不同 d_{hkl} 的布拉格边成像曲线,随着中子波长的不断增加,在不同的晶面处会出现中子衰减率的陡降(中子通量陡增)[44]。利用探测器探测出不同能量的中子并分析中子到达样品的时间关系，可实现对样品内部的应变、相变分析。

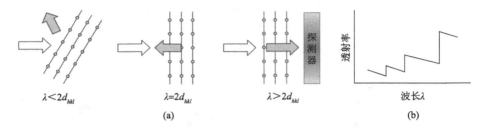

$\lambda < 2d_{hkl}$　　　　　　$\lambda = 2d_{hkl}$　　　　　　$\lambda > 2d_{hkl}$

(a)　　　　　　　　　　　　　　　　　　　　(b)

图 3-29　(a)布拉格边成像原理[43]；(b)布拉格边曲线[43]

　　第四类磁矩成像，目前来说通常采用极化中子成像技术，即将极化中子束穿过磁性材料，极化中子会偏转一定角度，通过测量偏转角分析材料中磁畴磁壁分布情况。目前中子束的单色性和发散度均较 X 射线有很大差距。同时中子成像用探测器的分辨率在几十个微米，相对于 X 射线亚微米级别成像差距很大，因此在测量精度和成像质量方面具有很大差距，限制了高分辨成像应用。

3.5.2　中子技术装置

3.5.2.1　中子反射谱仪

　　中子反射谱仪是研究材料表面和界面微观结构的实验装置，其基本结构包括以下几个主要部分：准直系统、单色器或斩波器、监视器、极化器、自旋倒相器、样品台及样品环境设备、极化分析器、探测器、数据采集和处理系统等。常波长模式水平散射几何中子反射谱仪基本结构如图 3-30 所示。

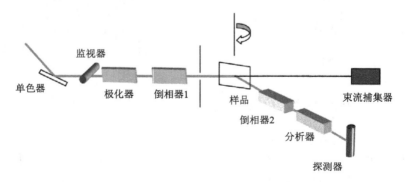

图 3-30　中子反射谱仪基本结构示意图[45]

单色器是常波长模式中子反射谱仪的重要部件之一，它的作用是使入射中子单色化，从而提供某一特定波长的中子束。在反射谱仪中，主要使用晶体单色器和超镜(mirror)材料单色器。晶体和超镜材料单色器都是利用布拉格衍射原理实现中子单色化的。常见的用作单色器晶体的材料有热解石墨(pyrogenation graphite，PG)和锗单晶等。超镜材料单色器是一种多层介质单色器，它是将不同的超镜材料交替地镀在基底上，形成周期性多层薄膜层结构。

监视器通常是单个 ^{3}He 型低效中子计数管，用于监视入射中子束流强度状况。

极化器是极化中子反射谱仪不可缺少的组成部分，它的主要作用是对中子束中不同自旋状态的中子进行选择，从而获得单一的相同自旋取向状态的中子束，将中子束"极化"。目前反射谱仪所用的极化器通常是由中子极化超镜材料(如 Co/Ti、CoFeV/TiZr 等)制成的。

自旋倒相器由环形或矩形线圈构成，主要作用是根据实验需要改变极化中子束的自旋状态取向以测量不同中子自旋取向的反射率曲线。自旋倒相器的主要技术指标是自旋倒相率 f。

样品台是放置实验样品材料的设备单元。由于中子光学实验对几何要求的严格性，通常中子反射谱仪的样品台单元都是放置在可自动控制的操作平台上，操作平台可精确地转动、平动和定位。对于垂直散射几何反射谱仪的样品台，还要求有非常好的防震装置，以保证反射谱仪具有相当高的实验精确度。此外，为便于研究磁性样品材料，样品台还要配备有能产生均匀磁场的电磁系统。根据所研究样品材料的实际需要，部分样品台还配备有高低温系统，用于研究一些对温度很敏感的样品材料或低温超导材料等。

极化分析器是放置在探测器前对反射中子束进行极化分析的设备，其基本结构与极化器相同。

探测器是用于测量和记录被样品反射的中子束流强度的部件。常用的探测器有 ^{3}He 计数管和二维位置灵敏探测器。单个的 ^{3}He 计数管探测器结构简单、造价低，但通常需要配备精密的自动转动装置，以便能达到相应的实验精确度。二维位置灵敏探测器是由多个探测单元组成的中子探测器，探测器的气体灵敏区含有 BF_3 或 ^{3}He 气体。常用的二维位置灵敏探测器探测单元大多数为 64×64 个、单个探测单元面积为 1.0 cm×1.0 cm，或者为 128×128 个探测单元、单个单元面积为 0.5 cm×0.5 cm，后者的探测分辨率更高。二维位置灵敏探测器具有分辨能力强、稳定性好等优点。

数据采集和处理系统包括与探测器相连的前置放大器、甄别器等电子学器件以及计算机等，其作用为自动控制相关仪器和部件、设置实验测量参数、监视数据采集过程、储存原始测量数据等。

3.5.2.2　中子衍射仪

中子衍射仪的基本工作原理如图3-31所示。中子源发出光束,照射到样品上,中子束与样品相互作用导致中子发生各向散射,弹性散射光束产生衍射,经过线束装置被探测器接收,探测器连接数据采集系统获取结果。

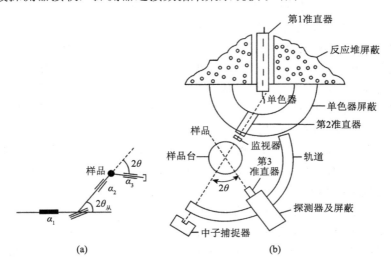

图 3-31　中子衍射仪工作原理示意图[44]

中子衍射可用于定量分析矿物或金属相组成,探查各组成相的晶体结构以及微观结构的纹理分析。与 X 射线衍射相比,中子衍射有几个突出特点。第一,无需取样或提前处理,即可直接进行原位无损分析;第二,由于中子具有较强的物质穿透能力,因此易于穿透表面厚涂层和腐蚀层,获取内部结构信息;第三,截面为若干平方厘米的中子束,能照射到相当大的体量,得到的结果是具有统计学意义的平均结构信息,避免了单点分析的弊端;第四,中子可以探测到赤铁矿和磁铁矿等磁性矿物的磁性顺序[46]。

3.5.2.3　中子成像设备

中子源的性质、准直器的设计和快速高效的探测系统决定了中子成像设备的性能。这些领域的研究和发展对提高产出至关重要。由于散裂中子源目前建成的仅有 4 座,因此大部分中子成像谱仪位于研究型反应堆中子源。作为中子散射技术应用的一个细小分支,中子源在规划各类谱仪时,成像谱仪未必会被布置在最优的中子束线上。从 21 世纪开始,具有较冷光谱的束线也被用于中子成像,如 ANTARES、CONRAD、ICON 等。热中子由于其穿透能力强,较多用于厚重样品成像，如叶片、化石等。冷中子虽然穿透能力差，但是由于其单色性好、成像分辨率高，多用于高精度成像[43]。散裂中子源由于其可提供连续的白光光束，在布拉格边成像效率方面具有很大优势。

3.5.3　中子技术样品制备及分析

3.5.3.1　中子反射实验技术

1. 样品及样品环境要求

中子反射实验对样品没有特别的限制，对于几乎所有类型的样品都可以采用中子反射进行测量，包括固态的晶体与非晶体材料、聚合物、液体、软物质等。但是对于液体样品材料，在实验散射几何及实验测量模式的选择上应有所考虑。中子反射实验是测量样品材料表面或界面的微观结构信息，对用作样品的材料表面有一个基本要求，即样品表面从宏观上来看是足够平整且无曲率的。为了研究样品材料在某些特殊环境下的结构与性能，需要提供相应的样品环境条件，如高低温环境、均匀磁场环境等[47]。中子反射实验样品的环境条件范围比较广，主要是根据所研究样品材料的具体需要来选择相应的实验环境。常用的实验样品环境设备有高低温装置、电磁场装置等。如果样品是易挥发或者是易氧化的样品表面，需要特制的样品容器，对这些特殊环境条件下的样品容器一般要求应具有一定的机械强度、良好的导热性和耐高低温、无磁屏蔽作用、中子吸收少和散射本底小等性能。

2. 实验散射几何的选择

实验散射几何的选择主要取决于所研究的样品材料的具体形态。由于气体/液体、液体/液体、液体/固体等样品表面和界面的特殊性，在进行实验测量时，样品表面需要保持水平，否则就会改变样品表面的细微结构。对于这类样品就需要选择垂直散射几何实验模式，因为垂直散射几何的样品表面是水平安置的，并且垂直散射几何谱仪配备有良好的防震设备，能够很好地保证样品表面的细微结构不被破坏。对于几乎不受重力和振动影响的样品表面和界面(如气体/固体、固体/固体界面)实验测量，一般情况下可选择水平散射几何实验模式，因为水平散射几何样品台及探测器系统更易于调节。

3. 实验测量模式的选择

实验测量模式有常波长模式和飞行时间模式两种[47]，这两种实验测量模式各有其特点。通常可根据具体的研究内容和目的选择不同的实验测量模式，但在下述情况下一般要选择飞行时间实验测量模式。

4. 中子束极化选择及测量

用于中子反射实验的中子束，可以是极化（即单一的相同中子自旋取向状态）的，也可以是非极化的。是否将入射中子束极化取决于是否想通过实验获得所研究的磁性样品材料的磁结构信息。要测量磁性样品材料的磁结构参数，无论是在实验设备还是在实验方法上，都要复杂得多。前述的样品环境要求、实验散射几何、实验测量模式以及中子束极化的选择是既相互独立又相互联系的，在进行实验之前应根据样品材料的具体情况以及所要研究的内容和目的进行复合选择。

为了获得磁性样品材料的磁结构参数，需要使用由极化器、自旋倒相器和极化分析器组成的中子极化和分析系统测量极化中子的反射率曲线。

5. 实验本底的测量与扣除

在中子反射实验中，探测器探测到的中子计数除包括由样品表面与界面本身反射出的中子外，还包括探测器周围环境的漫散射中子和探测器及其电子线路噪声，这些构成了实验测量本底计数。通常情况下，如果使用的探测器是单计数管，由于探测器窗口较小，本底环境较弱，可以忽略不计。

6. 实验数据采集参数的设置

在样品材料的中子反射实验测量开始前，需要设定相应的实验数据采集参数，主要包括测量控制程序软件参数的设定和样品实验环境参数的设置，其中数据采集步时间（step time）和数据采集步长（step size）参数的设置比较重要。通常采用对所需要的数据采集区间快速预扫描的方法选择确定数据采集参数的设置。作为惯例，在每一个测量点至少应当有 1000 个计数以保证较好的统计性，这样，如果在某一入射角束强度为每秒 200 个计数，那么对此入射角数据采集的步时间应当设置为 5 s。以这种方式对整个测量区间进行扫描并将它划分为有固定步时间的区间间隔。数据采集步长的大小应当根据在反射率曲线上观察到的细节而选择确定。如果反射率曲线上没有"穗边"（fringe），即是非振荡的，则数据采集步长可选得相当大：2θ 步长可以是 0.02°～0.03°。但是在全反射临界角附近，数据采集步长通常选择得相当小（譬如在 0.002°～0.006°），因为这里的反射强度迅速下降，就可以保证精确测定全反射临界角从而能够研究材料的平均散射长度密度。如果在反射率曲线上可以观察到"穗边"，那么数据采集步长的选择可根据"穗边"的振荡周期而定。为了较好地描述"穗边"，数据采集步长通常选为"穗边"振荡周期的十分之一。

3.5.3.2　中子衍射实验技术

1. 实验及数据处理技术

中子粉末衍射谱仪的主要测量对象是多晶或粉末材料，常规的中子线吸收系数较小的材料的样品实验通常采用量多的圆柱样品，一方面提高信号强度，另一方面增加晶粒取向的统计性，但样品宽度应小于中子束流宽度[48]。

中子粉末衍射谱仪虽然都使用计数管作为探测器，但是却为两种不同的测量模式，高压中子衍射谱仪采用的是完全测量模式，即每只计数管均测量一个衍射全谱，然后将所有计数管的衍射全谱进行叠加。该模式的优势是不用标定每支探测器的效率，在一次测量中，所有计数管的总测量效率认为是固定的，即使是有部分计数管不工作或数据异常，在原始数据处理时，可以不叠加这些计数管的数据，在每次测量时，每支计数管均经过中子直穿束，可根据探测器直穿束的中心点位置确定探测器零点。高分辨中子衍射谱仪则采用的是非完全测量模式，即每支计数管负责采集一个角度范围的衍射谱，然后利用探测器效率文件和零点位置文件对每支管的衍射谱进行修正后拼接出衍射全谱，而探测器效率标定文件需在一定时间周期内利用标准样品或直穿束对每支计数管进行效率标定得到，同时标定出每支管的零点位置。中子衍射数据的处理通常是在 X 射线衍射已经得到初始的结构模型和参数（晶胞参数、空间群等）的基础上进行的（完全未知的结构就需要利用单晶或电子衍射等方法进行求解），所以一般都采用利用最小二乘法的 Rietveld 方法[40]，常用的软件有 Fullprof、GSAS 等。

2. Rietveld 精修方法

Rietveld 精修是一种多晶衍射全谱线性拟合法。所谓全谱线性拟合即是在建设的晶体结构模型与结构参数的基础上，结合某种峰形函数来计算多晶衍射谱，调整这些结构参数与峰形参数使计算的多晶衍射谱与实验衍射谱相符合，从而获得结构参数和峰形参数的方法。这一逐渐逼近实验谱的过程称为拟合。由于拟合是对整个衍射谱进行的，所以称为全谱拟合。

在精修过程中，可变动的精修参数很多，概括起来可以分为两类：①结构参数，包括晶胞参数、各原子的分数坐标、各原子位置的占有率、原子的温度因子等；②峰形参数，包括峰宽参数、不对称参数、择优取向参数、背底参数、消光校正参数和零点校正参数等。当然，并不是每一次精修拟合中一定要同时改变所有的参数，应视解决的问题不同而变，如果其中有些参数已知，则不需改变。

精修通常总是分步进行的。先精修 1~2 个参数，将其他固定在初值。在最小二乘法极小后，再增加 1~2 个参数，这样逐步增加，直到全部参数都被修正。一般来讲，先精修的参数通常是"定标因子"和"零位校正"，接下来是"背底参数"和"晶胞参数”，其后是“原子坐标”、“占有率因子”和“相应的温度因子”。最后是各种的线性峰形参数，例如，高斯峰宽中的 U、V、W，洛伦兹峰宽中的 X、Y、Z、PV 等。

3.5.4　中子技术在矿物材料中的应用

中子衍射是分析晶体结构和磁性信息的一个重要手段。该项技术可以分析磁性材料在相变过程中晶体磁结构的变化。所以，采用中子衍射技术分析磁相变材料的相关信息是一种十分有效的方法。

常温常压下，具有立方结构的 FeO 一般被认为是顺磁性物质。在很低温度下，如 185 K 时，将转变为反铁磁性相[49]。在这个相变过程中，沿 FeO 的[111]方向出现小的形变，其晶体结构变为菱面体结构同时，原子的磁矩沿[111]方向排齐。FeO 的高压射线衍射表明，在约 17 GPa 压力下，也出现与上述类似的由立方体结构相转变为菱面体结构相的相变。有预测称 FeO 的高压菱面体结构相也是一个反铁磁性相，但是目前还缺乏任何磁学方面的直接证据。有学者利用高压原位中子衍射实验观察到了由立方体到菱面体的相变，但是并没有观察到高压相的磁性封，也没有观察到它特有的晶格图像。

中子衍射在确定磁性材料的晶体结构及磁结构的研究中发挥了不可替代的作用。如图 3-32 所示，通过中子衍射研究 La$_{1-x}$Ca$_x$MnO$_3$ 的结构及磁结构，当 $x=0$ 和

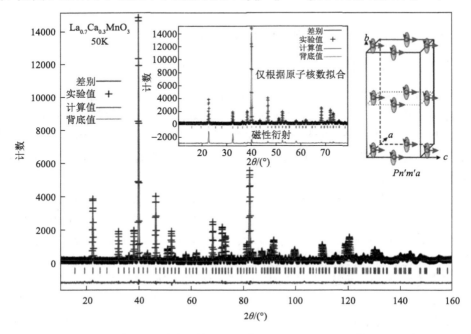

图 3-32　La$_{0.7}$Ca$_{0.3}$MnO$_3$ 在 50 K 的中子粉末衍射谱图和考虑晶体及磁结构的 Rietveld 拟合图[50]

0.3 时，$La_{1-x}Ca_xMnO_3$ 的晶体结构是斜方相，通过中子衍射可以确定未掺杂的 $LaMnO_3$ 是反铁磁性，而当 Ca 掺杂后，$La_{1-x}Ca_xMnO_3$ 则表现为铁磁性。$La_{1-x}Ca_xMnO_3$ 的磁电特性强烈依赖于 MnO_6 八面体的扭曲程度[50]。

3.6 同步辐射

3.6.1 同步辐射基本原理

发光的电子同步辐射就是高速电子在磁场中以曲线轨道运动时产生的一种电磁辐射。通常只有电子的运动速度接近真空中光速时才产生这种辐射。这种高速粒子叫作相对论性粒子。也就是说，高能的电子是相对论性粒子。如果电子在磁场中运动的方向垂直于磁场方向，它们就会做圆周运动。曲线运动总是加速运动。

从电磁理论可知，带电粒子在加速运动时会以电磁辐射形式发射能量。因此，电子在磁场中做圆周运动时，由于不断地向心加速而不断地辐射能量。当电子速度接近光速时，由于相对论性效应，辐射是沿电子圆周轨道的切线方向发射的(图 3-33)，这就是同步辐射。假设观察者看圆周上一段圆弧，图中画出的是电子在这个弧段上发出的同步辐射。

如果相对论性电子在磁场中以固定的半径做圆周运动，它在单位时间内发射同步辐射的能量是和电子总能量的四次方成正比的。因此，高能电子发射同步辐射的强度比低能电子大得多。做圆周运动的相对论性电子发射的同步辐射是偏振的，光欠量的振动方向垂直于磁场方向[51]。

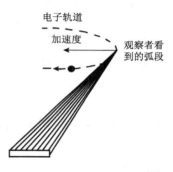

电子轨道
加速度
观察者看到的弧段

图 3-33 同步辐射示意图[51]

同步辐射作为光源，其主要特点可归结为：

(1)亮度高，譬如 X 射线强度可以是实验室最好的转靶 X 射线机的一万倍甚至一百万倍以上。

(2)光谱连续且范围宽，可从远红外到硬 X 射线。

(3)有时间结构，一般同步辐射光脉冲的脉宽为几十皮秒量级。

(4)具有偏振性，在储存环轨道(即电子运行轨道)平面上同步辐射是 100%线偏振的，而在储存环轨道平面的上方或下方取出的同步光则是左圆偏振或右圆偏振的。

(5)同步光集中在弯曲轨道的切线方向一个极小的立体角内，具有准直性。

(6)同步辐射的光谱可精确计算，故可用作标准去校正其他光源[51,52]。

3.6.2　同步辐射装置

同步辐射源是一庞大而复杂的设备，主要由两大部分构成：①注入器——由发生电子及给电子加速的加速器组成，其功能是将电子加速到同步辐射源要求的额定能量，然后将它们注入电子储存环。注入器一般又由直线加速器和增强器（同步加速器）两部分构成。②电子储存环——其作用为让具有一定能量的电子在其中作稳定回转运动并发出同步辐射。由于得到的同步辐射的特征与储存环的构造密切相关，因此，同步辐射发生装置中，储存环占重要的地位，往往也是各项设备中投资份额最高的设备。

直线加速器和增强器放在储存环之内，储存环的外围是安装各种实验装置的实验大厅，再外面则为辅助实验室和用户办公室，若电子能量在 2.5 GeV 左右，则储存环周长约为 300 m，呈圆形或椭圆形，直径在 100 m 左右。

储存环是同步辐射源的核心部分。它由许多磁聚焦结构（lattice）环状排列而成。对于现代的装置，磁聚焦结构不会少于 10 组。磁聚焦结构和磁聚焦结构之间留有孔隙，称直线段，其中一段用来引入束流，一段用来安装高频加速谐振腔，其余的用来安装各种插入件。磁铁的中部是真空管道，电子在其中运行[52-56]。附属设备包括真空系统、电源设备等。

3.6.3　同步辐射样品制备及分析

同步辐射实验过程中需严格按照线站的规定步骤操作。下面以典型的硅橡胶-聚二甲基硅氧烷（PDMS）的同步辐射原位低温拉伸实验为例，介绍同步辐射实验的具体流程和操作。

1. 明确样品材料性能

PDMS 具有极低的玻璃化转变温度（$T_g \approx -110℃$）和结晶温度（$T_c \approx -65℃$）。在拉伸和压缩等服役工况条件下，PDMS 发生应变诱导结晶（stain-induced crystallization，SIC），因此其服役温度区间及性能主要受 SIC 而非玻璃化转变控制[54]。显然，结晶温度 T_c 的降低将缩小橡胶态的温度窗口。已有研究表明，PDMS 的应变诱导结晶行为非常复杂，在 T_c 以上至近 T_g 的范围内，存在多晶型结构并发生不同晶型间的固-固相转变行为。在拉伸过程中，PDMS 出现了 α′、α、β′ 和 β 4 种晶型，PDMS 复杂多晶型晶体结构直接影响材料的物理性质和宏观力学行为。只有充分了解 PDMS 的晶体结构，掌握晶型间的转变规律，才能深入认识和理解材料的性能，实现根据服役条件和需求对材料进行改进和设计的目标[54]。

2. 样品环境控制

在明确所要解决的科学问题后，需要解决样品环境的控制问题，即能与同步辐射硬 X 射线联用的低温原位拉伸装置的低温环境的实现，可参考低温热台和示差扫描量热仪等仪器常用的降温模块，采用液氮降温的方法，使用自增压液氮罐将液氮注入低温腔体。考虑到 PDMS 样品不能直接与液氮接触，需要在样品腔外部设计液氮流道[57-59]。样品腔采用导热性较好的不锈钢，流道和样品腔采用一体式加工设计，避免焊接可能带来的缝隙，可以较好地满足实验环境温度要求。通过将样品腔内抽真空，外部采用吹氮气的方式，可以有效解决窗口结霜的问题，从而避免窗口结霜对 X 射线散射实验产生不利影响。

3. 数据处理

同步辐射硬 X 射线原位实验通常在空气、氮气、溶液等环境中进行，获得的原始 WAXS/SAXS 数据包含空气等背底的散射。因此，在原位实验的过程中，除了获得不同实验条件下的样品散射信号外，还需单独获得相应实验条件下的空气等背底散射信号，然后在后续的数据处理过程中扣除这些背底散射[55]。扣除背底散射通常是在 WAXS/SAXS 一维积分曲线上进行的，扣除操作恰当与否的判读标准是扣除背底后一维积分曲线的两端基线应保持水平。同时，也要考虑原位研究装置对散射信号的影响。为了进行数据的对比分析，通常需要对所获得的数据进行归一化处理。处理过后分别得到 PDMS 在低温下不同晶体结构 SIC 和固-固相转变的临界应变，根据临界应变在温度-应变二维空间中绘制 PDMS 低温拉伸过程的非平衡结构演化相图。图 3-34 是不同填料含量增强的 PDMS 在低温拉伸下的结构演化相图。从相图中可以看出，填料(纳米 SiO$_2$)的含量对 PDMS 在低温拉伸过程中 α′、α、β′和 β 晶型间结构转变的影响十分复杂。结合核磁、SAXS 等多尺度表征手段可以对中间态 α′和 β′到 α 和 β 的转变可能遵循的机理进行研究，如晶体滑移或旋转，分析得到晶体内部分子链螺旋结构、晶体间排列和晶体之间的结构转变机理。通过建立对微观结构转变规律的认识，并结合宏观力学性能数据，可以分析出 PDMS 材料低温失弹的微观结构原因[52,58]。

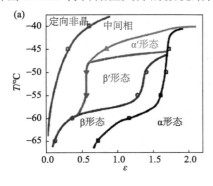
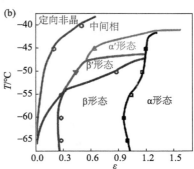

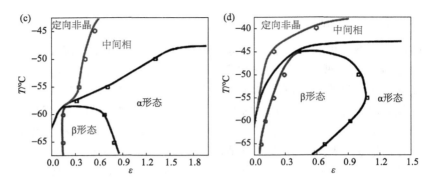

图 3-34　不同填料含量下[(a)10 份、(b)25 份、(c)40 份、(d)55 份]PDMS 碳化硅的非平衡
结晶相图[52,58]

3.6.4　同步辐射在矿物材料中的应用

利用基于同步辐射的高能 X 射线衍射(HE-XRD)技术可以原位研究应力、温度及其他载荷作用下,多尺度三维应力分布变化主导的材料微结构演化及形变损伤行为[57]。多尺度应力包括:部件内毫米尺度作用范围内的宏观(第Ⅰ类)应力,晶粒作用范围的(第Ⅱ类)应力(包括晶间应力与相间应力),晶粒内部点缺陷、线缺陷导致的小至原子作用范围波动的(第Ⅲ类)应力。材料的微观组织结构则主要包括相体积与分布、晶粒形状与取向等[58]。

Jia 等利用 HE-XRD 技术对具有复相组织的先进高强钢微观力学行为进行了原位研究[57]。对同时存在铁素体、贝氏体和马氏体的多相高强钢,利用 HE-XRD 倒易空间分辨率高的特点,对(200)晶面的重叠衍射峰进行分离,如图 3-35 所示,确定了不同相在形变过程当中晶格应变的变化。根据原位实验结果,建立了弹塑性自洽(EPSC)本构模型,模拟了具有相近结构复相材料的应力配分及弹塑性各向异性行为。

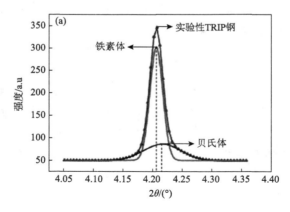

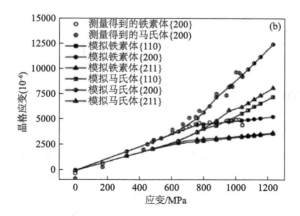

图 3-35　铁素体+贝氏体钢的(200)晶面重叠衍射峰(0 MPa)(a)；EPSC 与 HE-XRD 得到的晶格
应变(b)[58]

　　此外，基于 HE-XRD 数据对微观力学行为的描述与 TEM 观察到的微结构演化特征相符。Fu 等利用 HE-XRD 技术对相变诱发塑性变形(TRIP)不同含碳量的 C-Mn-Al-Si 多相钢，对在室温(RT)和低温(LT，−40℃)下的微观力学行为进行了原位研究。结果表明，在单轴拉伸条件下，残余奥氏体转变率不仅取决于宏观应变量(图 3-36)，还与相间应力密切相关。在塑性形变过程中，利用 HE-XRD 获得相间应力演化的信息，据此建立用于描述 TRIP 钢微观力学行为的修正本构模型，适用于同类的先进高强钢[57]。

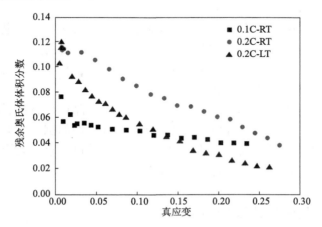

图 3-36　TRIP 钢中残余奥氏体含量随宏观应变的变化[57]

　　综上所述，同步辐射 HE-XRD 技术能够精确地表征宏观应力、晶间应力、相间应力和第Ⅲ类应力，实现多尺度微结构演化的高时空分辨，是研究材料微观力学行为不可或缺的方法。

3.7　单　晶　衍　射

3.7.1　单晶衍射基本原理

　　单晶衍射的研究对象是单晶体，因此，在设计实验方法时，一定要保证反射球面能有充分的机会与倒易阵点相交，方能产生衍射现象。解决这个问题的办法是使反射球面扫过某些倒易阵点，这样，反射球永远有机会与倒易阵点相交而产乇衍射。要做到这一点，就必须使反射球或晶体其中之一处于运动状态或者相当于运动状态[1,60]。符合这种条件的实验方案有以下几种。

　　1) 劳厄法

　　用多色 (连续) X 射线照射固定不动的单晶体。在衍射实验中，X 射线管是固定不动的，因此入射线方向也是不动的，即反射球是不动的。但是，由于连续 X 射线有一定的波长范围，因此就有一系列与之相对应的反射球连续分布在一定的区域，凡是落到这个区域内的倒易阵点都满足衍射条件。所以，这种情况也就相当于反射球在一定范围内运动，从而使反射球永远有机会与某些倒易阵点相交，这种实验方法称为劳厄法[60]。

　　2) 转动晶体法

　　用单色 (标识) X 射线照射转动的单晶体，使反射球永远有机会与某些倒易阵点相交，这种衍射方法称为转动晶体法[82]。

　　将单晶体的某根晶轴或某个重要晶向垂直于单色 X 射线束安装。然后，在单晶体的四周安装一张圈成圆柱形的底片。晶体可围绕选定的方向旋转；旋转轴则与底片相重合。当晶体旋转时，某族特殊的点阵面将会在某一瞬间和单色入射光束呈正确的布拉格角，产生一根反射线。

　　另一种方法是使晶体不动，入射方向旋转：固定晶体 (固定倒易晶格)，入射方向围绕 O 转动 (即转动 Ewald 球)，接触到 Ewald 球面的倒易点代表的晶面均产生衍射 (同转动晶体完全等效)。但与 O 间距 $>2/\lambda$ 的倒易点，无论如何转动都不能与球面接触，即 $d_{hkl}<\lambda/2$ 的晶面不可能发生衍射。

3.7.2　单晶衍射分析仪及构造

　　简单的转晶法不可能获得用于单晶结构解析和精修的晶体全部衍射斑点，因此，需要采用改变晶体方向和改变入射方向相结合的方法。图 3-37 为早期配备零维探测器的四圆单晶衍射仪的结构示意图。样品为单晶体颗粒，以单色 X 射线照射到单晶体上通过 φ 圆、χ 圆和 ω 圆转动晶体，以获得晶体各个方向的衍射[60]。图中 φ 圆：

围绕安置晶体的轴旋转的圆；χ 圆：安装测角头的垂直圆，测角头可在此圆上运动；ω 圆：使垂直圆绕垂直轴转动的圆，即晶体绕垂直轴转动的圆；2θ 圆：衍射角圆。

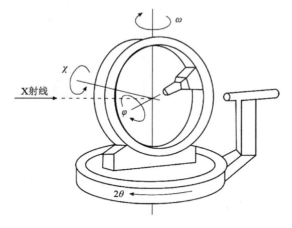

图 3-37　四圆单晶衍射仪结构示意图[60]

近年来，在原有的四圆单晶衍射仪中将 χ 圆改为 κ 圆，这样在不降低样品取向自由度的前提下，衍射仪平台有着更宽广的 X 射线衍射通过区域，从而更加适用于高效率的二维探测器法快速收集衍射数据，极大地缩短了单晶衍射测试时间。现代单晶衍射仪采用先进的二维探测器技术，并且有多种晶体结构解析软件与之相配套。

3.7.3　单晶衍射样品制备及分析

由于 X 射线单晶衍射仪测试的晶体样品只需要一粒，所以，这一粒晶体样品的选择非常重要。这一粒样品的质量不仅决定了测试能否正常进行，同时也影响测试完成后的数据解析质量，所以，样品的选择是至关重要的。要求晶体透明，没有裂痕，表面干净，有光泽，表面不应该有"包"或者"坑"等缺陷。

因为单晶体的电、磁、光等性质具有明显的各向异性，往往要研究其性质与特定的晶体学方向之间的关系。同时，某些工业器件中也往往需要特定晶体学方向或面呈特殊要求的单晶体材料。因此，往往需要沿特定晶体学方向或面切割单晶体，这就是单晶体的定向切割问题。然后，需要将挑选好的晶体样品与毛细玻璃粘在一起，并将粘在一起的晶体样品与毛细玻璃插入特制的小铜柱内，再放入样品架进行测试[61]。实验测试过程中常见的三种晶体样品安装方式如图 3-38 所示。

图 3-38（a）是直接将晶体样品（灰色方块）粘在细玻璃柱（黑色）上；（b）是将晶体样品包裹在胶（黑色圆圈）内，这种方法，不仅可以防止样品风化，也比较牢固；（c）是将晶体样品装在密封的毛细管（矩形部分）中，常用的毛细管有玻璃管和石英

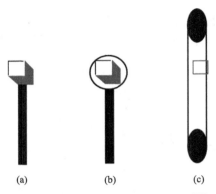

图 3-38　常见的三种晶体安装方式[61]

管两种，由于石英具有含杂质较少、更纯净的优点，封管时常选用石英管。粘晶体常用的胶是 AB 胶和凡士林。

3.7.4　单晶衍射在矿物材料中的应用

在材料的基础研究或应用过程中，往往要了解单晶体的取向。例如，在相变、形变及晶体各向异性的研究中，需要测定晶体的取向、析出相与基体的取向关系、形变过程中的取向变化以及晶体取向与物理性质之间的关系等。要测定单晶体的取向，就是要确定单晶体的外形坐标与内部晶体学坐标之间的关系。对于形状较为规则的单晶试样，可以利用其边或棱作为外形坐标，例如图 3-39(a)中的 O-xyz。单晶体的晶体学坐标按不同的晶系有所不同，一般是取能代表其晶系特征的晶体学方向组为坐标系[1]。例如，对于立方晶系，采用 〈001〉、<011>和〈111〉三个晶体学方向为其晶体学坐标系；对于正交晶系采用 〈001〉、<010>和〈100〉方向组；对于六方晶系则采用 〈0001〉、<10$\bar{1}$0>和<11$\bar{2}$0>方向组。通常将试样外形坐标表示到其晶体学坐标构成的标准三角形中，以给出单晶取向测定结果。所谓标准三角形就是在 001 标准投影中，上述方向组各自构成的三角形。图 3-39(b)中分别给出立方晶系、正交晶系和六方晶系的标准三角形。

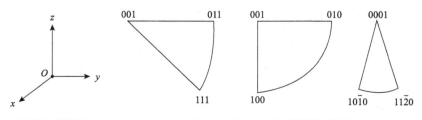

(a)单晶体的外形坐标O-xyz　　　　(b)立方、正交和六方晶系的晶体学坐标

图 3-39　单晶体的外形坐标(a)与晶体学坐标(b)[1]

由于劳厄斑是单晶内部晶体学坐标的信息,利用劳厄法可以测定单晶的取向。

参 考 文 献

[1] 潘峰, 王英华, 陈超. X 射线衍射技术[M]. 北京: 化学工业出版社, 2016.

[2] 赵珊茸, 王勤燕, 钟玉芳, 等. 结晶学及矿物学[M]. 3 版. 北京: 高等教育出版社, 2017.

[3] 江超华. 多晶 X 射线衍射技术与应用[M]. 北京: 化学工业出版社, 2014.

[4] 黄继武. MID Jade 使用手册[EB/OL]. 长沙: 中南大学, 2006.

[5] 徐勇, 范小红. X 射线衍射测试分析基础教程[M]. 北京: 化学工业出版社, 2013.

[6] 王乃兴. 核磁共振谱学——在有机化学中的应用[M]. 4 版. 北京: 化学工业出版社, 2021.

[7] 龚运淮, 丁立生. 天然产物核磁共振碳谱分析[M]. 昆明: 云南科技出版社, 2005.

[8] 潘铁英. 波谱解析法[M]. 3 版. 上海: 华东理工大学出版社, 2015.

[9] 王越. 核磁共振在固体材料物理研究中部分应用[D]. 北京: 中国科学院大学(中国科学院物理研究所), 2018.

[10] 李犇. 水化硅酸钙(C-S-H)凝胶的细观力学机理研究[D]. 哈尔滨: 哈尔滨工程大学, 2018.

[11] 王可, 张英华, 李雨晴, 等. 固体核磁共振技术在水泥基材料研究中的应用[J]. 波谱学杂志, 2020, 37(1): 40-51.

[12] Wu J Z, Xin J X, Fu X B, et al. A wide-line solid-state ^{1}H NMR study of phase structures of semi-crystalline polymers[J]. Chinese Journal of Magnetic Resonance, 2019, 36(1): 23-33.

[13] Sun Y, Chen Y K, Ping L J, et al. Efficiency of double cross polarization in magic-angle spinning solid-state NMR studies on membrane proteins[J]. Chinese Journal of Magnetic Resonance, 2017, 34(3): 257-265.

[14] 李建平. 利用魔角旋转固体核磁共振解析蛋白质结构的标记方法和应用研究[D]. 武汉: 中国科学院(武汉物理与数学研究所), 2015.

[15] Macdonald J L, Werner-Zwanziger U, Chen B, et al. A ^{43}Ca and ^{13}C NMR study of the chemical interaction between poly(ethylene-vinyl acetate) and white cement during hydration[J]. Solid State Nuclear Magnetic Resonance, 2011, 40(2): 78-83.

[16] Aurélie F, Guillaume H, Nicolas R, et al. A multinuclear static NMR study of geopolymerisation[J]. Cement & Concrete Research, 2015, 75: 104-109.

[17] Sevelsted T F, Herfort D, Skibsted J. ^{13}C chemical shift anisotropies for carbonate ions in cement minerals and the use of ^{13}C, ^{27}Al and ^{29}Si MAS NMR in studies of Portland cement including limestone additions[J]. Cement & Concrete Research, 2013, 52(13): 100-111.

[18] d'Espinose de Lacaillerie J-B, Barberon F, Bresson B. Applicability of natural abundance ^{33}S solid-state NMR to cement chemistry[J]. Cement & Concrete Research, 2006, 9(36): 1781-1783.

[19] Qu B, Martin A, Pastor J Y, et al. Characterisation of pre-industrial hybrid cement and effect of pre-curing temperature[J]. Cement & Concrete Composites, 2016, 73: 281-288.

[20] Johansson K, Larsson C, Antzutkin O N, et al. Kinetics of the hydration reactions in the cement paste with mechanochemically modified cement ^{29}Si magic-angle-spinning NMR study[J].

Cement and Concrete Research, 1999, 29 (10): 1575-1581.

[21] Skibsted J, Rasmussen S, Herfort D, et al. [29]Si cross-polarization magic-angle spinning NMR spectroscopy: An efficient tool for quantification of thaumasite in cement-based materials[J]. Cement and Concrete Composites, 2003, 25 (8): 823-829.

[22] Gutberlet T, Hilbig H, Beddoe R E. Acid attack on hydrated cement: Effect of mineral acids on the degradation process[J]. Cement and Concrete Research, 2015, 74: 35-43.

[23] Kurumisawa K, Nawa T, Owada H, et al. Deteriorated hardened cement paste structure analyzed by XPS and ^{29}Si NMR techniques[J]. Cement and Concrete Research, 2013, 52: 190-195.

[24] Trapote-Barreira A, Porcar L, Cama J, et al. Structural changes in C-S-H gel during dissolution: Small-angle neutron scattering and Si-NMR characterization[J]. Cement & Concrete Research, 2015, 72: 76-89.

[25] 郑裕芳. 穆斯堡尔谱学应用研究的新进展[J]. 原子核物理评论, 1985, 2 (1): 33-49.

[26] 张金升, 尹衍升, 张银燕, 等. 一种强有力的表征手段——穆斯堡尔谱学[J]. 现代仪器, 2003 (6): 33-36.

[27] 夏元复, 陈懿. 穆斯堡尔谱学基础和应用[M]. 北京: 科学出版社, 1987.

[28] 李哲, 应育浦. 矿物穆斯堡尔谱学[M]. 北京: 科学出版社, 1996.

[29] 赵倩怡, 徐畅, 刘衍宇. 中国山东方山与缅甸抹谷 Le-shuza-kone 矿区暗蓝色刚玉的谱学特征[J]. 光谱学与光谱分析, 2021, 41 (2): 629-635.

[30] Pekalski A, Przystawa J, Leggett A J. Modern Trends in the Theory of Condensed Matter[M]. Berlin: Springer-Verlag, 1980.

[31] Franke H, Rosenberg M. Mssbauer spectroscopy of amorphous alloys (Metglasses)[J]. Journal of Magnetism & Magnetic Materials, 1978, 7 (1-4): 168-174.

[32] Gonser U, Ghafari M, Wagner H G. Mössbauer spectroscopy of amorphous metglass $Fe_{80}B_{20}$[J]. Journal of Magnetism & Magnetic Materials, 1978, 8 (2): 175-177.

[33] Fleisch J, Grimm R, Grübler J, et al. Determination of the aluminum content of natural and synthetic alumogoethites using Mössbauer spectroscopy[J]. Le Journal de Physique Colloques, 1980, 41 (C1): C1-C169.

[34] Balogh J, Vincze I. Temperature dependence of the hyperfine field distribution in an amorphous ferromagnet[J]. Solid State Communications, 1978, 25 (9): 695-698.

[35] 刘伟, 杨健, 黄玉安, 等. 氮化铁/膨胀石墨的穆斯堡尔谱研究[J]. 核技术, 2013, 36 (1): 73-77.

[36] 蒙大桥, 杨明太, 吴伦强. 放射性测量及其应用[M]. 北京: 国防工业出版社, 2018.

[37] 陈卫昌, 李守定, 李晓, 等. 岩石内应力的 X 射线-中子散射测量方法[J]. 工程地质学报, 2022, 30 (1): 223-233.

[38] Willis B T M, Carlile C J. Experimental Neutron Scattering[M]. New York: Oxford University Press, 2013.

[39] Goupy J L. Methods for Experimental Design[M]. London: Elsevier, 1993.

[40] 包立夫. 浅谈晶体结构分析技术——中子衍射与 Rietveld 结构精修方法[J]. 甘肃科技, 2016, 32 (6): 11-13.

[41] 丁大钊, 叶春堂, 赵志祥, 等. 中子物理学: 原理、方法与应用[M]. 北京: 原子能出版社,

2005.

[42] 周公度, 段连运. 结构化学基础[M]. 北京: 北京大学出版社, 2002.

[43] 贡志锋, 张书彦, 马艳玲, 等. 中子成像技术应用[J]. 中国科技信息, 2021(8): 84-86.

[44] 赵凤燕, 孙满利, 铁付德. 中子衍射和成像技术在文物领域中的应用进展[J]. 文物保护与考古科学, 2020, 32(4): 117-124.

[45] 詹晓芝, 肖松文, 吴岩延, 等. 多功能中子反射谱仪[J]. 现代物理知识, 2016, 28(1): 23-27.

[46] 安万寿, 张焕乔, 杨继廉, 等. 中子衍射仪的构造与性能[J]. 物理学报, 1961(5): 222-228.

[47] 陈波, 黄朝强, 李新喜. 中子反射实验技术[J]. 中国核科技报告, 2006(2): 20-37.

[48] 师亚娟. 基于中子/同步辐射衍射技术的 CoCrNi 系中高熵合金形变行为研究[D]. 北京: 北京科技大学, 2021.

[49] 陈彦舟, 谢雷, 王燕, 等. 针对铁样品的中子衍射应力分析谱仪模拟实验[J]. 核电子学与探测技术, 2014, 34(4): 505-508.

[50] 郭尔佳, 朱涛. 中子散射在磁性材料研究中的应用[J]. 物理, 2019, 48(11): 708-714.

[51] 唐孝威. 同步辐射及其应用[M]. 北京: 人民教育出版社, 1986.

[52] 马礼敦, 杨福家. 同步辐射应用概论[M]. 上海: 复旦大学出版社, 2001.

[53] 吕丽军. 探索自然奥秘的 X-射线光源-同步辐射[J]. 自然杂志, 2000, 22(2): 5-20.

[54] 黄宇营, 钟信宇. 同步辐射 X 射线荧光光谱国内外研究进展[J]. 光谱学与光谱分析, 2022, 42(2): 333-340.

[55] 王同敏, 王琨, 朱晶, 等. 同步辐射成像技术在材料科学中的应用——金属合金晶体生长原位可视化[J]. 物理, 2012, 41(4): 244-248.

[56] 赵景云, 昱万程, 陈威, 等. 同步辐射硬 X 射线散射表征高分子材料: 原位装置的研制和应用[J]. 高分子学报, 2021, 52(12): 1632-1646.

[57] 王沿东, 张哲维, 李时磊, 等. 同步辐射高能 X 射线衍射在材料研究中的应用进展[J]. 中国材料进展, 2017, 36(3): 168-174.

[58] Saisho H, Gohshi Y. Applications of Synchrotron Radiation to Materials Analysis[M]. Volume 7. Amsterdam: Elsevier, 1996.

[59] Susini J. Design parameters for hard X-ray mirrors: The European Synchrotron Radiation Facility case[J]. Optical Engineering, 1995, 34(2): 361-376.

[60] 黄继武, 李周. X 射线衍射理论与实践[M]. 北京: 化学工业出版社, 2020.

[61] 张广宁. X 射线单晶衍射仪测试的样品准备方法研究[J]. 吉林省教育学院学报, 2014, 30(3): 153-154.

第4章 矿物材料形貌表征

4.1 概　　述

矿物材料是地球上储量最丰富的材料之一，它往往由多种不同的化合物组成，并且在材料中不可避免地存在一些杂质[1-4]。同时，矿物材料的形貌多种多样，具有颗粒状、层状、棒状、多孔状、球状等[5-11]。不同形貌的矿物材料往往表现出其独特的性能[12-14]。因此，对矿物材料的微观形貌进行表征，研究其形貌与结构和性能之间的联系，可以为设计理想的矿物材料提供理论基础和实际经验。

目前，对矿物材料的形貌表征通常采用光学显微镜（OM）和电子显微镜（EM）。光学显微镜发展之初，分辨率较低，只能达到 200 nm 左右[15]。但随着科学技术的发展，已经开发了许多分辨率很高的显微镜，如：扫描激光共聚焦显微镜（LSCM）、超分辨率荧光显微镜（SRFM）等。电子显微镜发展的速度较快，且相对于光学显微镜的种类较多。目前，扫描电子显微镜（SEM）、透射电子显微镜（TEM）、冷冻电子显微镜（Cryo-EM）等多种电子显微镜被广泛应用于材料的形貌特征。

4.2 光学显微镜

光学显微镜是利用光学原理，把人眼所不能分辨的微小物体放大成像，以供人们提取微细结构信息的光学仪器。早在公元前一世纪，人们就已发现通过球形透明物体去观察微小物体时，可以使其放大成像。后来逐渐对球形玻璃表面能使物体放大成像的规律有了认识。1590 年，荷兰和意大利的眼镜制造者已经制备出类似显微镜的放大仪器。1610 年前后，意大利的伽利略和德国的开普勒在研究望远镜的同时，改变了物镜和目镜之间的距离，得出了合理的显微镜光路结构，由此拉开了显微镜发展的序幕。随后，在英国的罗伯特·胡克、荷兰的列文·虎克和德国的阿贝等多位先驱的推动下，光学显微镜逐渐有了较为成熟的理论基础[16]。如今，光学显微镜已经发展得非常成熟，在实验室或者教室甚至普通家庭中都能见到，并与其他检测技术进行耦合，在生物、医疗检测、材料学、国防等领域得到了广泛的应用。

4.2.1　光学显微镜工作原理和仪器构造

4.2.1.1　光学显微镜的工作原理

光学显微镜通过光的反射和折射进行成像。光学显微镜上有两组镜片（目镜和物镜），每组镜片相当于一个凸透镜。物镜的焦距很短，目镜的焦距较长。物体先经过物镜成放大的实像，再经目镜成放大的虚像，二次放大，便能看清楚微小的物体，原理图如 4-1 所示。

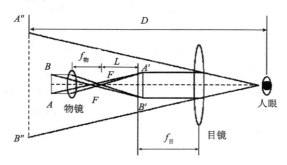

图 4-1　光学显微镜原理图

4.2.1.2　光学显微镜的仪器构造

光学显微镜的基本构造由两部分组成：机械部分和光学部分。机械部分的功能是将各个光学部件固定在保证成像光路的最精确位置上，并且可以调节聚焦提供物像的最佳清晰度。光学部分主要包括物镜、目镜、反光镜和聚光器等部件。

1. 物镜

物镜是决定显微镜性能的最重要部件，安装在物镜转换器上，接近被观察的物体，故叫作物镜或接物镜。物镜的放大倍数与其长度成正比。物镜放大倍数越大，物镜越长。

1）物镜的分类

根据使用条件的不同，可将物镜分为干燥物镜和浸液物镜；其中浸液物镜又可分为水浸物镜和油浸物镜（常用放大倍数为 90～100 倍）。

根据放大倍数的不同，可分为低倍物镜（10 倍以下）、中倍物镜（20 倍左右）、高倍物镜（40～65 倍）。根据像差矫正情况，分为消色差物镜（能矫正光谱中两种色光的色差的物镜）和复色差物镜（能矫正光谱中三种色光的色差的物镜，但价格贵，使用较少）。

2）物镜的主要参数

物镜主要参数包括：放大倍数、数值孔径和工作距离。

放大倍数是指眼睛看到像的大小与对应标本大小的比值。它指的是长度的比值而不是面积的比值。例如：放大倍数为 100× 时，指的是长度是 1 μm 的标本，放大后像的长度是 100 μm，要是以面积计算，则放大了 10000 倍。显微镜的总放大倍数等于物镜和目镜放大倍数的乘积。

数值孔径也叫镜口率，简写 NA 或 A，是物镜和聚光器的主要参数，与显微镜的分辨力成正比。干燥物镜的数值孔径为 0.05～0.95，油浸物镜（香柏油）的数值孔径为 1.25。

工作距离是指当所观察的标本最清楚时物镜的前端透镜下面到标本的盖玻片上面的距离。物镜的工作距离与物镜的焦距有关，焦距越长，放大倍数越低，其工作距离越长。例如：10 倍物镜上标有 10/0.25 和 160/0.17，其中 10 为物镜的放大倍数；0.25 为数值孔径；160 为镜筒长度（单位 mm）；0.17 为盖玻片的标准厚度（单位 mm）。10 倍物镜有效工作距离为 6.5 mm，40 倍物镜有效工作距离为 0.48 mm。

3）物镜的作用

物镜的作用是将标本做第一次放大，它是决定显微镜性能的最重要的部件——分辨力的高低。分辨力也叫分辨率或分辨本领。分辨力的大小是用分辨距离（所能分辨开的两个物点间的最小距离）的数值来表示的。在明视距离（25 cm）之处，正常人眼所能看清相距 0.073 mm 的两个物点，这个 0.073 mm 的数值，即为正常人眼的分辨距离。显微镜的分辨距离越小，即表示它的分辨力越高，也就是表示它的性能越好。

显微镜的分辨力的大小是由物镜的分辨力来决定的，而物镜的分辨力又是由它的数值孔径和照明光线的波长决定的。

一般地，用可见光照明的显微镜分辨力的极限是 0.2 μm。

2. 目镜

因为它靠近观察者的眼睛，因此也叫接目镜。安装在镜筒的上端。

1）目镜的结构

通常目镜由上下两组透镜组成，上面的透镜叫作接目透镜，下面的透镜叫作会聚透镜或场镜。上下透镜之间或场镜下面装有一个光阑（它的大小决定了视场的大小），因为标本正好在光阑面上成像，可在这个光阑上粘上一小段毛发作为指针，用来指示某个特点的目标。也可在其上面放置目镜测微尺，用来测量所观察标本的大小。

目镜的长度越短，放大倍数越大（因目镜的放大倍数与目镜的焦距成反比）。

2）目镜的作用

目镜的作用是将已被物镜放大的、分辨清晰的实像进一步放大，达到人眼能容易分辨清楚的程度。常用目镜的放大倍数为 5～16 倍。

3）目镜与物镜的关系

物镜已经分辨清楚的细微结构，假如没有经过目镜的再放大，达不到人眼所能分辨的大小，那就看不清楚；但物镜所不能分辨的细微结构，虽然经过高倍目镜的再放大，也还是看不清楚，所以目镜只能起放大作用，不会提高显微镜的分辨率。有时虽然物镜能分辨开两个靠得很近的物点，但由于这两个物点的像的距离小于眼睛的分辨距离，还是无法看清。所以，目镜和物镜既相互联系，又彼此制约。

3．聚光器

1）聚光镜的结构

聚光器也叫集光器，位于标本下方的聚光器支架上。它主要由聚光镜和可变光阑组成。其中，聚光镜可分为明视场聚光镜（普通显微镜配置）和暗视场聚光镜。

数值孔径（NA）是聚光镜的主要参数，最大数值孔径一般在 1.2～1.4。数值孔径有一定的可变范围，通常刻在上方透镜边框上的数字代表最大的数值孔径，通过调节下部可变光阑的开放程度，可得到此数字以下的各种不同的数值孔径，以适应不同物镜的需要。

2）聚光镜的作用

聚光镜的作用相当于凸透镜，起汇聚光线的作用，以增强标本的照明。一般地，把聚光镜的聚光焦点设计在它上端透镜平面上方约 1.25 mm 处（聚光焦点正在所要观察的标本上，载玻片的厚度为 1.1 mm 左右）。

3）可变光阑

可变光阑也称光圈，位于聚光镜的下方，由十几张金属薄片组成，中心部分形成圆孔。其作用是调节光强度和使聚光镜的数值孔径与物镜的数值孔径相适应。

4．反光镜

反光镜是一个可以随意转动的双面镜，直径为 50 mm，一面为平面，一面为凹面，其作用是将从任何方向射来的光线经通光孔反射上来。平面镜反射光线的能力较弱，在光线较强时使用；凹面镜反射光线的能力较强，在光线较弱时使用。

5．照明光源

显微镜的照明可以用天然光源或人工光源。

1）天然光源

光线来自天空，最好是由白云反射来的。不可利用直接照来的太阳光。

2）人工光源

对人工光源的基本要求：有足够的发光强度；光源发热不能过多。常用的人工光源有显微镜灯、日光灯。

6. 滤光器

滤光器安装在光源和聚光器之间，其作用是让所选择的某一波段的光线通过，而吸收掉其他的光线，即为了改变光线的光谱成分或削弱光的强度。分为两大类：滤光片和液体滤光器。

7. 盖玻片和载玻片

盖玻片和载玻片的表面应相当平坦，无气泡，无划痕。最好选用无色、透明度好的，使用前应洗净。

盖玻片的标准厚度是 (0.17 ± 0.02) mm，如不用盖玻片或盖玻片厚度不合适，都会影响成像质量。

载玻片的标准厚度是 (1.1 ± 0.04) mm，一般可用范围是 $1 \sim 1.2$ mm，若太厚会影响聚光器效能，太薄则容易破裂。

4.2.2　光学显微镜的样品制备

由于光学显微镜的观察源为光照，因此样品不能太厚。同时，不同样品具有不同的制备要求。显微制片法一般包括切片法、整体封片法、涂片法和压片法 4 类。

（1）切片法。光学显微镜的切片厚度在 $2 \sim 25$ μm 之间，一般动植物材料的切片厚度为 10 μm。切片法根据包埋剂的不同而有所不同。常用的是石蜡切片法、棉胶切片法、冰冻切片法、乙二醇甲基丙烯酸酯法（简称 GMA 法）。

（2）整体封片法。用于单细胞、微小生物体或分散的器官的整装制片方法。此法也需要经过固定、染色、脱水、透明和封固各个步骤。草履虫和昆虫口器制片即用此法。

（3）涂片法。把易于分散的生物标本涂布在载玻片上的制片方法。

（4）压片法。将天然的、易于分散的组织或经过处理后易于分散的组织，如动物的精母细胞、根尖细胞等放在载玻片上，再加盖玻片，用力压碎组织，使细胞或细胞内的结构铺展成一层的制片方法。压片法常用于观察染色体，通常用醋酸洋红、地衣红和石碳酸复红染色。

4.2.3　光学显微镜在矿物材料中的应用

光学显微镜是一种既古老又年轻的科学工具，从诞生至今，已有三百年的历史。今天，光学显微镜已经成为许多科学和技术领域的核心技术，包括生命科学、生物学、材料科学、纳米技术、工业检测、法医学等。下述将介绍一些光学显微镜在矿物材料中的应用以及一些最近发展势头迅猛的高分辨光学显微镜应用。

矿物加工是从矿石中分离出具有商业价值的矿物的过程。铁矿石的最终质量与选矿过程的效率有关，当已知铁矿石的成分时，可以优化选矿过程[17,18]。反射光光学显微镜可以用于分析铁矿石样品的成分。图 4-2 是反射光光学显微镜图像的一个例子，显示了在铁矿石样品中发现的最常见的相（赤铁矿、磁铁矿、针铁矿和石英）。由于石英是一种透明材料，其色调会受到其下方材料的强烈影响。因此，如果石英沉积在树脂上方，其色调将非常接近树脂。同样，若下方有赤铁矿颗粒，那么石英区域的反射率会更高[19]。

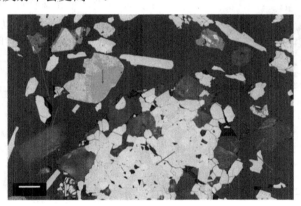

图 4-2　典型铁矿石的反射光光学显微镜图[19]

为了制定铁矿石的下游加工程序并了解矿石在加工过程中的行为，需要进行广泛的矿物学表征。抛光切片的微观分析可以有效地确定矿物组合、矿物释放和粒度分布[20,21]。光学显微镜已经被广泛用于表征铁矿石。通过使用光学显微镜分析，氧化或水合状态略有差异的铁矿物更容易直接识别（图 4-3)[22]。对于含多种氧化铁和氢氧化物的高铁含量铁矿石的常规表征，光学显微镜是一种更快、更具成本效益和更可靠的铁矿石表征方法。

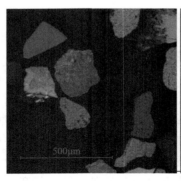

图 4-3　矿石的光学显微镜图[22]

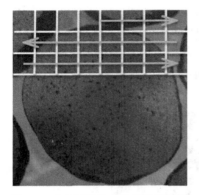

图 4-4　矿石球团的光学显微镜图[23]

　　关于球团微观结构(如孔隙率和氧化度)的认识对于改善球团宏观行为(如结构完整性和还原性能)至关重要。手动光学显微镜通常用于寻找此类信息，但既费时又依赖于操作员。Nellros 等介绍了对焙烧铁矿石颗粒的整个横截面进行自动图像捕获和分析的研究，以表征磁铁矿、赤铁矿和其他成分的比例(图 4-4)[23]。他们也得出了整个球团的半自动图像采集、球团和环氧树脂的分离以及磁铁矿、赤铁矿和孔隙的总百分比的计算。

4.3　扫描电子显微镜

4.3.1　扫描电子显微镜工作原理和仪器构造

4.3.1.1　工作原理

　　扫描电镜的试验工作最早是由德国人 M. Knoll 于 1935 年开始的，他提出了利用扫描电子束从固体试样表面得到图像的原理。1938 年，M. V. Ardenne 用细电子束照射薄膜样品，用感光底片记录透过样品的电子束，同时让电子束与感光底片作同步运动来得到试样的放大像，试制了第一台扫描电镜(实际上是透射扫描电镜)[24,25]。1942 年，V. K. Zworykin、J. Hillier 和 R. L. Sngder 试图把细电子束照到厚的样品上，并探测反射电子得到了试样的扫描像，由于当时检出和放大技术还很不完善，背景噪声太大，所以没有得到迅速发展[26,27]。直到 1953 年以后，才得到较快的发展，并在 C. W. Oatley 等的努力下制成了较好的扫描电镜。1965 年以后，扫描电镜以商品的形式出现，分辨率达到 25 nm[28]。目前的扫描电镜分辨率已优于 2 nm。

扫描电镜的成像原理和一般光学显微镜有很大的不同，扫描电镜和电视相似，是在阴极射线管(CRT)荧光屏上扫描成像(图 4-5)。由电子枪发出的电子束(直径约 50 μm)在加速电压的作用下，经过三个磁透镜，聚焦成直径为 5 nm 或更细的电子束。在扫描线圈的控制下，使电子束在试样表面进行逐点扫描。电子与试样作用产生二次电子、背散射电子等各种信息。观察试样形貌时，探测器主要是收集二次电子和部分背散射电子，信号随着试样表面的形貌不同而发生变化，从而产生信号衬度，经放大器放大后，调制显像管的亮度。由于显像管的偏转线圈和镜筒中的扫描线圈的电流是同步的，所以检测器逐点检取的二次电子信号将一一对应地调制 CRT 上相应各点的亮度，从而获得试样的放大像。扫描电镜的放大倍率是电子束在试样上扫描幅度与显像管扫描幅度之比。如果荧光屏上的像是 100 mm×100 mm，调节扫描线圈的电流使电子束在试样上的扫描范围由 5 mm×5 mm 至 1 μm×1 μm 之间均匀变化，则荧光屏上像的放大倍率从 20～10万倍均匀地变化。扫描电镜的分辨率由照射到试样上电子束斑点的直径大小来决定，一般为几个纳米。

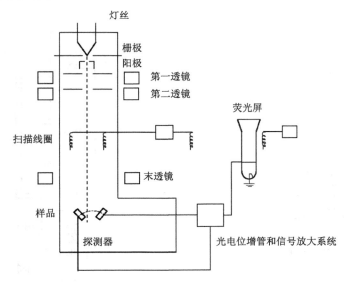

图 4-5 扫描电镜示意图

4.3.1.2 仪器构造

扫描电镜主要由电子光学系统、检测系统、显示系统、真空系统和电源系统组成。

1)电子光学系统

电子光学系统的作用是产生一个细电子束照射到试样表面，由电子枪、聚焦透镜(一般为三级磁透镜)、扫描系统和试样室组成。

2)检测系统

入射电子束不是每个电子都能产生二次电子。在扫描电镜的加速电压下，二次电子发射系数为 0.1 左右，一次电子流最小为 1×10^{-11} A，所以二次电子流量最小为 1×10^{-12} A，可见信号很弱，所以要用一种效率较高的方法来检测二次电子以得到有用的信号。

二次电子检测器见图 4-6。在栅网上加+250 V 电压，闪烁体上加+10 kV 电压，闪烁体是由半球状塑料块涂覆上一层铝箔而制成的。二次电子受到栅网的吸引，大部分穿过栅网打到闪烁体上发光，光信号经光导管传到光电倍增管进行信号放大，再经视频放大器放大即可调制显像管亮度从而获得图像。

3)真空系统

电镜中为了避免电子与气体分子碰撞，要求具有 $1.33\times10^{-5}\sim1.33\times10^{-6}$ Pa 的真空度，如果用场发射电子枪则要求 1.33×10^{-11} Pa 超高真空。样品室内也要求超高真空以防止样品污染。高真空可由油扩散泵和回转泵来实现。真空系统示意图见图 4-7。

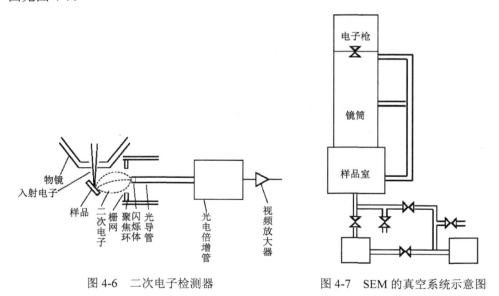

图 4-6　二次电子检测器　　　　　图 4-7　SEM 的真空系统示意图

4)显示系统

扫描电镜在显像管上显示出了一个放大的像。一般有两个显示通道：一个用来观察，另一个用来照相记录。观察用的显像管是长余辉荧光屏，可以减少闪烁。

这种管子由于初始电子打到荧光屏上所产生的光(或紫外线)能在周围的磷中激发出荧光，而荧光屏上斑点的面积要比电子束斑面积大，故显像管的分辨率不会太高。一般 100 mm×100 mm 的荧光屏有 500 条扫描线，扫描一帧需要 1 s，这对人眼的观察来说已经足够了。而照相记录用的显像管要求有 800~1000 条线，而且要用短余辉荧光屏。显像管的加速电压必须稳定，要求稳定度为千分之一。

4.3.2　扫描电子显微镜的图像衬度

这里主要讨论不透明厚试样的二次电子和背散射电子所形成的衬度。影响扫描电镜图像衬度的因素如下：影响电子束入射角的因素；决定材料性质的因素；引起检测器收集到二次电子和背散射电子数之比的因素。

1. 二次电子能量分布

一定能量的电子打到试样上所产生的二次电子的能量分布如图 4-8 所示。图中 A 区的电子能量很接近初始入射电子的能量(10 keV)，它们是入射电子被试样一次或两次大角度弹性散射后离开试样的电子，其能量损失极小。B 区的电子能量在 10 keV 和 50 eV 之间，B 区的电子是入射电子被试样多次非弹性碰撞后散射回来的电子，其电子强度很低，但比 A 区的总电子数要多。C 区的电子离开试样时的能量为 0~50 eV，在分布曲线中有极大值。不同的材料使二次电子的能量稍有变化，具有低脱出功的材料的二次电子峰移向高能量方面。对样品不同部位具有不同脱出功的材料而言，可以得到的衬度很小。

在扫描电镜中收集不同区域的电子可以得到不同的信息。检测器中所加收集电压在+250 V 到−50 V 之间。当收集电压为+250 V 时，大部分电子(包括通常所说的二次电子和背散射电子)都被收集进来进行检测。当收集电压由零变到负值时，则一部分二次电子就会逐渐被排斥在收集系统之外。这时能量较高的背散射电子成为形成图像的主要来源。

2. 二次电子的产率

图 4-8 中，A、B、C 三个区总的"二次电子流"为

$$i_t = i_s + \eta i_p + \gamma i_p \tag{4-1}$$

式中，i_s 为真正的二次电子；η 和 γ 分别为 B 区和 A 区的电流相对于初始电流的比值，它们是初始电子能量和样品原子序数的函数。

首先来讨论背散射电子流，η 表示一个初始电子能产生一个能量大于 50 eV

小于初始能量的电子的概率。一般 η 小于 1。而且随初始加速能量的改变而缓慢变化。在 E_0=10 keV 处，它几乎是一个平坦的极大值。影响 η 的主要因素是材料的原子序数 (Z)，η_{max} 与 Z 的关系，如图 4-9 所示。由图可以看出，Z 小于 45 时，η 随 Z 变化较大。这样，功函数相近的轻元素用加负偏压的检测器以排除二次电子，则可对试样中相近的组分得到衬度明显的图像。

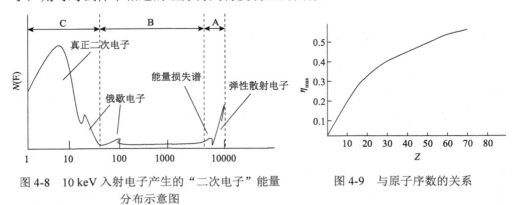

图 4-8　10 keV 入射电子产生的"二次电子"能量
分布示意图

图 4-9　与原子序数的关系

其次讨论真正的二次电子，令 $\delta = i_s / i_p$（即二次电子流比入射电子流）为二次电子的产率，理论推导的近似表达式为

$$\delta = \frac{A}{\varepsilon_e E_0} f(0) X_s \frac{1}{\cos\theta} \tag{4-2}$$

式中，A 为材料的固有常数；ε_e 为激发二次电子所需平均激发能；E_0 为入射电子的初始能量；$f(0)$ 为材料表面极薄层处所产生的二次电子逸出表面的概率；X_s 为二次电子在样品中的平均自由程；θ 为入射电子束与样品表面法线方向所形成的夹角。δ 与 E_0 的关系如图 4-10 所示。

在 E_0 为 400～800 eV 处，δ 有一极大值。δ_{max} 可能大于 1，也可能小于 1，它取决于材料的功函数。总之，对于相同的材料来说，表面粗糙者的二次电子的发射率比表面平滑者少。δ_{max} 随功函数的变化见图 4-11。

由图 4-11 可以看出，功函数高的材料产生二次电子的数目比功函数低的大，所以具有不同功函数的材料在扫描电镜中将有不同亮度，这是衬度的一个重要来源。

二次电子的产率和电子束入射角的关系可以表示为

$$\delta \propto \frac{1}{\cos\theta} \tag{4-3}$$

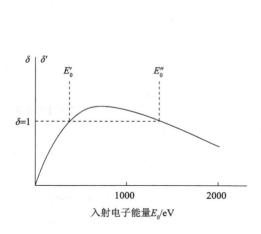

图 4-10　二次电子产率与入射电子能量的关系示意图

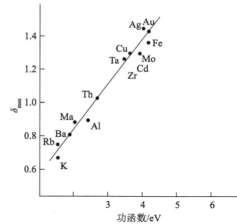

图 4-11　$\delta_{\max}$ 与功函数的关系

θ 角越大，则入射电子在近表面层中有较大的散射概率的粒子产生的二次电子就越多。另外，二次电子发出时，在空间按角度分布近似服从余弦定律(图 4-12)。这可以理解为二次电子逸出时，沿垂直于样品表面方向所经过的路程最短，故最不容易被吸收。因此 θ 角大(不等于 0°)，二次电子产率高，检测器越接近样品表面法线方向所得的二次电子流就越大。实际工作中电子束的入射角选 15°左右为宜。

3. 二次电子像的衬度

影响二次电子像的衬度的因素很多，主要是表面形貌、原子序数、电场和磁场等。

1) 表面形貌的影响

当入射电子的方向固定时，样品表面的凹凸形貌决定了不同的入射角 θ，由前面的讨论可知，θ 角越大，二次电子的产率越高。由于检测器的位置已经固定，所以样品表面不同部位对于检测器的收集角度也不同(图 4-13)，从而使样品表面的不同区域形成不同的亮度。以最突出的 A 区和 B 区为例：A 区中由于 θ_A 角不大，所以产生的二次电子数不太多，而且检测器相对于它的角度也不利于收集二次电子，所以 A 区所对应的二次电子强度 I 很小。B 区则不同，由于电子束入射角 θ_B 大，故二次电子产率高，而且绝大部分都能被检测器收集，因此 B 区对应的二次电子强度 I_B 很大。这样，A 和 B 区由于形貌不同，形成图像不同的衬度。

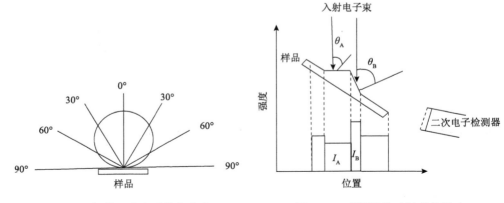

图 4-12　低能二次电子的角分布　　　　　　图 4-13　表面形貌对衬度的影响

2）原子序数的影响

前面已经讨论过，二次电子的产率与样品所含元素的原子序数有关，但它所引起的差别不大，常常被样品表面镀层所掩盖，因此，二次电子像不像背散射电子像那样对不同元素的组分有较高的衬度。

样品发出的二次电子可以分为两类：一类是由入射电子所产生的；另一类是由背散射电子激发所产生的。背散射电子激发所产生的二次电子的多少，主要取决于样品的种类。图 4-14 是五类电子共同形成一幅二次电子像的示意图。

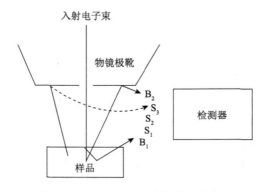

图 4-14　形成二次电子像的五类电子

尽管形式上 S_2 和 S_3 都是二次电子，但就反映样品的信息而言，S_3 代表的是背散射电子，S_2 则包括二次电子和背散射电子的信息。B_1 和 B_2 是与二次电子同时到达检测器的信号，一般不能从二次电子像中排除，因此，二次电子像中也包括原子序数引起的衬度。

3）电场和磁场

当观察某些样品时（如晶体管），其表面有电位分布，正电位区将阻止二次电子逸出，所以该区为图像上的黑区，而负电位区则有助于二次电子的逸出，故图像上形成亮区，这就是二次电子的电压衬度。

样品表面的磁场分布，也可以从二次电子像中反映出来。例如，样品是强磁体时，二次电子会受其磁场的影响产生弯曲的轨迹，如果在检测器前加一个光阑，提高方向性，这种磁场的存在就可作为二次电子像的衬度而出现。

4) 样品的充电问题

在扫描电镜中，当被观察的样品是导体时，由于入射电子束感应所产生的电荷将被导线引走 (通过样品接地)，样品可以维持在任意所需要的电位。当样品是非导体时，多余的电荷不能排走，尤其是充电现象会使二次电子像发生过强的衬度。因此常常在绝缘样品表面喷涂一导电层 (如金或铝等)，而使薄层与样品保持电接触，防止充电现象。涂层的厚度可以根据不同情况取 0.01~0.1 μm。

4.3.3　扫描电子显微镜的特点

透射电镜对光学显微镜来说是一个飞跃，而扫描电镜对透射电镜来说又是一个补充和发展，其特点如下。

1) 焦深大

扫描电镜的焦深由物镜孔径角决定 (10^{-2} rad)。当荧光屏上的像是 100 mm× 100 mm，放大倍率为 1000 时，约有 100 μm 的焦深，比透射电镜大一个数量级。因此对观察凹凸不平的试样形貌最有效，得到的图像富有立体感。如果对同一视野改变入射电子束的角度，可得到一组照片，用立体眼镜则可进行立体观察和分析。

2) 成像的放大范围广、分辨率较高

光学显微镜有效放大倍率为 1000，透射电镜为几百到 80 万倍，而扫描电镜可以从十几倍到 20 万倍，基本上包括了光学显微到透射电镜的放大倍率范围。而一旦聚焦后，便可任意改变放大倍率而不必重新聚焦。

扫描电镜的分辨率优于 6 nm，介于透射电镜 (0.1 nm) 和光学显微镜 (200 nm) 之间。

3) 试样制备简单

透射电镜试样制备繁杂，而扫描电镜对金属等导电试样可以直接放入电镜进行观察，试样厚度和大小只要适合于样品室的大小即可。高分子材料大多数不导电，所以要在真空镀膜机中镀一层金膜再进行观察，无需超薄切片等繁杂的实验过程。

4) 对试样的电子损伤小

扫描电镜照射到试样上的电子束流为 10^{-10}~10^{-12} A，比透射电镜小。电子束直径小 (3 nm 到几十纳米)，电子束的能量也小 (加速电压可以小到 0.5 kV)，而且是在试样上扫描固定照射某一点，因此，试样损伤小，污染也小，这对观察高分子试样很有利。

5）保真度高

扫描电镜可以直接观察试样，把各种表面形态如实地反映出来，而透射电镜往往需要复型观察表面形态，容易产生假象。

6）可调节

可以用电学方法来调节亮度和衬度。

7）得到的信息多

可以在微小区域上做成分分析和晶体结构分析。

4.3.4 扫描电子显微镜的样品制备

4.3.4.1 样品处理的要求

扫描电子显微镜的优势为可以直接观察非常粗糙的样品表面、参差起伏的材料原始断口。但其劣势为样品必须在真空环境下观察，因此对样品有一些特殊要求，笼统地讲：干燥、无油、导电。

1）形貌形态，必须耐高真空

例如有些含水量很大的细胞，在真空中很快被抽干水分，细胞的形态也发生了改变，无法对各类型细胞进行区分。

2）样品表面不能含有有机油脂类污染物

油污在电子束作用下极易分解成碳氢化物，对真空环境造成极大污染。样品表面细节被碳氢化合物遮盖；碳氢化合物降低了成像信号产量；碳氢化合物吸附在电子束光路引起极大像散；碳氢化合物被吸附在探测器晶体表面，降低探测器效率。对低加速电压的电子束干扰严重。

3）样品必须为干燥

水蒸气会加速电子枪阴极材料的挥发，从而极大降低灯丝寿命；水蒸气会散射电子束，增加电子束能量分散，从而增大色差，降低分辨能力。

4）样品表面必需导电

在大多数情况下，初级电子束电荷数量都大于背散射电子和二次电子数量之和，因此多余的电子必须导入地下，即样品表面电位必须保持在零电位。如果样品表面不导电，或者样品接地线断裂，那么样品表面静电荷存在，使得表面负电势不断增加，出现充电效应，使图像畸变，入射电子束减速，此时样品如同一个电子平面镜。

5）在某些情况下，样品制备变成重要的考虑因素

若要检测观察弱反差现象，就必须消除强反差机制（如形貌反差），否则很难检测到弱的反差。当希望电子背散射衍射（EBSD）反差、I和II型磁反差或其他弱

反差机制时，磁性材料的磁畴特性必须消除样品的磁性。如采用化学抛光、电解抛光等，产生一个几乎消除形貌的镜面。

特殊情况：磁性材料，必须退磁。

4.3.4.2　扫描电镜样品的制备

1）块状样品的制备

对于块状导电样品，基本上不需要进行什么制备，只要其大小适合电镜样品底座尺寸大小，即可直接用导电胶带把样品黏结在样品底座上，放到扫描电镜中观察，为防止假象的存在，在放试样前应先将试样用丙酮或乙醇等进行清洗，必要时用超声波清洗器进行清洗。对于块状的非导电样品或导电性较差的样品，要先进行镀膜处理，否则，样品的表面会在高强度电子束作用下产生电荷堆积，影响入射电子束斑和样品发射的二次电子运动轨迹，使图像质量下降，因此这类样品要在观察前进行喷镀导电层的处理，在材料表面形成一层导电膜，避免样品表面的电荷积累，提高图像质量，并可防止样品的热损伤。

2）粉末样品的制备

对于导电的粉末样品，应先将导电胶带黏结在样品座上，再均匀地把粉末样撒在上面，用洗耳球吹去未黏住的粉末，即可用电镜观察。对不导电或导电性能差的，要再镀上一层导电膜，方可用电镜观察。为了加快测试速度，一个样品座上可以同时制备多个样品，但在用洗耳球吹未黏住的粉末时，应注意不要样品之间相互污染。

对于粉末样品的制备应注意以下几点：

（1）尽可能不要挤压样品，以保持其自然形貌状态。

（2）特细且量少的样品，可以放于乙醇或者合适的溶剂中用超声波分散一下，再用毛细管滴加到样品台上的导电胶带上（也可用牙签点一滴到样品台上），晾干或强光下烘干即可。

（3）粉末样品的厚度要均匀，表面要平整，且量不要太多，1 g 左右即可，否则容易导致粉末在观察时剥离表面，或者容易造成喷金的样品的底层部分导电性能不佳，致使观察效果的对比度差。

3）半导体材料

一般的制备样品方法都适合。但有些特殊的反差机制，如电压反差、电子通道反差、感生电流、样品电流等，半导体材料需要特殊的制备。

4）生物样品

扫描电子显微镜生物样品的制备，必须满足以下要求：保持完好的组织和细胞形态；充分暴露要观察的部位；良好的导电性和较高的二次电子产额；保持充分干燥的状态。

某些含水量低且不易变形的生物材料,可以不经固定和干燥而在较低加速电压下直接观察,如动物毛发、昆虫、植物种子、花粉等,但图像质量差,而且观察和拍摄照片时须尽可能迅速。对于大多数的生物材料,则应首先采用化学或物理方法固定、脱水和干燥,然后喷镀碳与金属以提高材料的导电性和二次电子产额。

5)化学方法制备样品

化学方法制备样品的程序通常是:清洗、化学固定、干燥、喷镀金属。

清洗:某些生物材料表面常附着血液、细胞碎片、消化道内的食物残渣、细菌、淋巴液及黏液等异物,掩盖着要观察的部位,因而,需要在固定之前用生理盐水或等渗缓冲液等把附着物清洗干净。亦可用 5%碳酸钠冲洗或酶消化法去除这些异物。

化学固定:通常采用醛类(主要是戊二醛和多聚甲醛)与四氧化锇双固定,也可用四氧化锇单固定。四氧化锇固定不仅可良好地保存组织细胞结构,而且能增加材料的导电性和二次电子产额,提高扫描电子显微图像的质量。这对高分辨扫描电子显微术是极其重要的。为增强这种效果,可用四氧化锇-单宁酸或是四氧化锇-珠叉二肼等反复处理材料,使其结合更多的重金属锇,这就是导电染色。

干燥:固定后通常采用临界点干燥法。其原理是:适当选择温度和压力,使液体达到临界状态(液态和气相间界面消失),从而避免在干燥过程中由水的表面张力所造成的样品变形。对含水生物材料直接进行临界点干燥时,水的临界温度和压力不能过高(37.4℃,218 Pa)。通常用乙醇或丙酮等使材料脱水,再用一种中间介质,如醋酸戊酯,置换脱水剂,然后在临界点干燥器中用液体或固体二氧化碳、氟利昂 13 以及一氧化二氮等置换剂置换中间介质,进行临界干燥。

喷镀金属:将干燥的样品用导电性好的黏合剂或其他黏合剂粘在金属样品台上,然后放在真空蒸发器中喷镀一层 50～300 Å 厚的金属膜,以提高样品的导电性和二次电子产额,改善图像质量,并且防止样品受热和辐射损伤。如果采用离子溅射镀膜机喷镀金属,可获得均匀的细颗粒薄金属镀层,提高扫描电子图像的质量。

4.3.5　扫描电子显微镜在矿物材料中的应用

1)物相分析

在研究矿物材料的作用及机理时,材料的物相研究是很重要的,不同的物相通常有不同的作用。图 4-15 为高岭石、C_3N_4 以及两者复合物的扫描电子显微镜图。可以看出,原始高岭石材料呈现近似六方片的形状,而在自然界中,六方相高岭石往往是六方片状,因此,可以间接说明原料的物相。与 C_3N_4 复合后,近六方片的形状改变,呈现不规则的块状[29]。

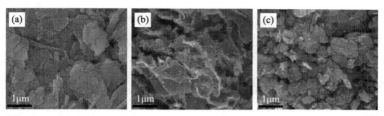

图 4-15　(a) 高岭石、(b) C_3N_4 及 (c) 两者复合物的扫描电子显微镜图[29]

2) 形貌分析

在矿物材料分析的过程中，观察材料的形貌是十分重要的。不同矿物在扫描电镜中会呈现出其特征的形貌，这是在扫描电镜中鉴定矿物的重要依据。如高岭石在扫描电镜中通常呈六方片状、六方板状、六方似板状；埃洛石常呈管状、长管状、圆球状；蒙脱石为卷曲的薄片状；绿泥石单晶呈六角板状，集合体呈叶片状堆积或定向排列等。图 4-16 为蒙脱石和 MoS_2 及两者复合物的扫描电子显微镜图。MoS_2 作为一种优异的助催化剂，其活性与边缘活性位点有关。从图 4-16(e) 中可以看出，MoS_2 纳米片近似平行地堆叠在蒙脱石表面，边缘高度暴露，边缘轻微隆起，显著增加了活动边缘部位的暴露量[30]。

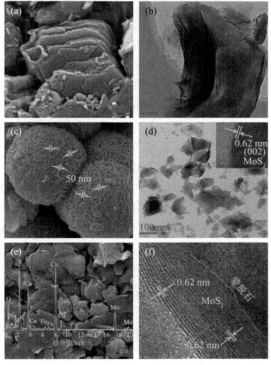

图 4-16　(a) 蒙脱石、(c) MoS_2 和 (e) MoS_2/蒙脱石的扫描电子显微镜图像；(b) 蒙脱石、(d) MoS_2 的透射电子显微镜图像，(f) MoS_2/蒙脱石的高分辨透射电子显微镜图像[30]

4.4　透射电子显微镜

4.4.1　透射电子显微镜基本原理和仪器构造

1858 年，尤利乌斯·普吕克认识到可以通过使用磁场来使阴极射线弯曲。这个效应早在 1897 年就曾经被费迪南德·布劳恩用来制造一种被称为阴极射线示波器的测量设备，而实际上在 1891 年，里克就认识到使用磁场可以使阴极射线聚焦[31]。后来，汉斯·布斯在 1926 年发表了他的工作，证明了制镜者方程在适当的条件下可以用于电子射线[32]。

1928 年，柏林科技大学的高电压技术教授阿道夫·马蒂亚斯让马克斯·克诺尔来领导一个研究小组以改进阴极射线示波器。该研究小组由几个博士生组成，包括恩斯特·鲁斯卡和博多·冯·博里斯。该研究小组考虑了透镜设计和示波器的列排列，试图通过这种方式来找到更好的示波器设计方案，同时研制可以用于产生低放大倍数（接近 1∶1）的电子光学元件。1931 年，该研究小组成功实现了在阳极光圈上放置的网格的电子放大图像。这个设备使用了两个磁透镜来达到更高的放大倍数，因此被称为第一台电子显微镜[33]。同年，西门子公司的研究室主仁莱因霍尔德·卢登堡提出了电子显微镜的静电透镜的专利。1927 年，德布罗意发表的论文中揭示了电子这种本认为是带有电荷的物质粒子的波动特性[34]。

1932 年，鲁斯卡建议建造一种新的电子显微镜以直接观察插入显微镜的样品，而不是观察格点或者光圈的像[35]。通过这个设备，人们成功地得到了铝片的衍射图像和正常图像，然而，其超过了光学显微镜的分辨率的特点仍然没有得到完全的证明。直到 1933 年，通过对棉纤维成像，才正式证明了透射电子显微镜（TEM）的高分辨率。然而由于电子束会损害棉纤维，成像速度需要非常快[36]。

1936 年，西门子公司继续对电子显微镜进行研究，他们的研究目的是改进 TEM 的成像效果，尤其是对生物样品的成像。此时，电子显微镜已经由不同的研究组制造出来，如英国国家物理实验室制造的 EM1 设备。1939 年，第一台商用的电子显微镜安装在了 I. G. Farben-Werke 的物理系。

第二次世界大战之后，鲁斯卡在西门子公司继续他的研究工作。在这里，他继续研究电子显微镜，生产了第一台能够放大十万倍的显微镜。这台显微镜的基本设计在今天的现代显微镜中仍然使用。关于电子显微镜的第一次国际会议于 1942 年在代尔夫特举行，参加者超过 100 人。随后的会议包括 1950 年的巴黎会议和 1954 年的伦敦会议[38]。

随着 TEM 的发展，相应的扫描透射电子显微镜技术被重新研究，而在 1970

年芝加哥大学的阿尔伯特·克鲁发明了场发射枪，同时添加了高质量的物镜从而发明了现代的扫描透射电子显微镜。这种设计可以通过环形暗场成像技术来对原子成像。克鲁和他的同事发明了冷场电子发射源，同时建造了一台能够对很薄的碳衬底之上的重原子进行观察的扫描透射电子显微镜[39]。随后，在时代的发展中，透射电子显微镜发展越来越精密，今天，其分辨率已经可以达 0.2 nm。

4.4.1.1 基本原理

1. 电子与物质的相互作用

一束电子射到试样上，电子与试样间存在相互作用，当电子的运动方向被改变时，称为散射。但当电子只改变运动方向而电子的能量不发生变化时，称为弹性散射。如果电子的运动方向和能量同时发生变化，则称为非弹性放射。

电子与试样相互作用可以得到如图 4-17 所示的各种信息。

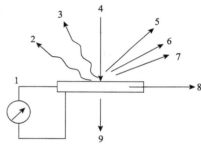

图 4-17 电子与试样作用产生的信息
1. 感应电导；2. 荧光(阴极发光)；3. 特征 X 射线；4. 二次电子；5. 背散射电子；6. 俄歇电子；7. 吸收电子；8. 试样；9. 透射电子

1)感应电动势(感应电导)

当在试样上加一个电压时，试样中会产生电流，在电子束照射下，由于试样中电子电离和电荷积累，试样的局部电导率发生变化，于是试样中产生的电流有所变化，这就是感应电动势。这种现象对研究半导体材料很有用。

2)荧光(阴极发光)

当入射电子与试样作用时，电子被电离，高能级的电子与试样作用产生的信号向低能级跃迁并发出可见光，称之为荧光或阴极发光。各种元素具有各自特征颜色的荧光，因此可作光谱分析。

3)特征 X 射线

入射电子与试样作用，被入射电子激发的电子空位由高能级的电子填充时，其能量以辐射形式放出，产生特征 X 射线。各元素都具有自己的特征 X 射线，因此可用来进行微区成分分析。

4)二次电子

入射电子射到试样以后，使表面物质发生电离，被激发的电子离开试样表面而形成二次电子。二次电子的能量较低，在电场的作用下可呈曲线运动翻越障碍进入检测器，因而能使试样表面凹凸的各个部分都能清晰成像。二次电子的强度与试样表面的几何形状、物理和化学性质有关。

5) 背散射电子

入射电子与试样作用，产生弹性或非弹性散射后离开试样表面的电子称为背散射电子。通常背散射电子的能量较高，基本上不受电场的作用而呈直线运动进入检测器，背散射电子的强度与试样表面形貌和组成元素有关。

6) 俄歇电子（AE）

在入射电子束的作用下，试样中原子某一层电子被激发，其空位由高能级的电子来填充，使高能级的另一个电子电离，这种由于从高能级跃迁到低能级而电离逸出试样表面的电子称为俄歇电子。每一种元素都有自己的特征俄歇电子能谱，因此可以利用俄歇电子能谱进行轻元素和超轻元素的分析。

7) 吸收电子

入射电子与试样作用后，由于非弹性散射失去了一部分能量而被试样吸收，称为吸收电子，吸收电子与入射电子强度之比和试样的原子序数、入射电子的入射角、试样的表面结构有关。

8) 透射电子

当试样很薄时，入射电子与试样作用引起的弹性或非弹性散射透过试样的电子称为透射电子。

利用上述信息的仪器有透射电镜、扫描电镜、扫描透射电镜、X 射线能谱仪、X 射线波谱仪、俄歇电子能谱仪、电子探针（EP）和低能电子衍射仪（LEED）等。

2. 透射电镜的成像原理

1) 电子波长

高速运动的电子具有波动和粒子双重性，引入相对论修正，电子波的波长为

$$\lambda = \frac{1.225}{\sqrt{(1+0.979\times10^{-6}U)\ U}} \approx \frac{\theta 1.225}{\sqrt{(1+10^{-6}U)\ U}} \tag{4-4}$$

式中，λ 为电子波长，nm；U 为加速电压，V。

2) 磁透镜聚焦原理

A. 短磁透镜

短磁透镜中是非均匀轴对称磁场，在柱坐标系中，场强 $H=H(r, \theta, Z)$。由于是轴对称磁场，所以场强只有两个分量：纵向分量 H_z 和径向分量 H_r，$H=H_z+H_r$，略去 r 高次项后，其空间分布由式(4-5)决定：

$$H_z(r,\ z) = H_{(z)} \tag{4-5}$$

若给定沿轴磁场强度 $H_{(z)}$，则整个空间的磁场分布就已知了。

　　现在讨论电子在短磁透镜中的运动轨迹，假定电子是从对称轴上的 A 点射出来(图 4-18)，那么在进入线圈磁场以前，即在 P 点以前，电子沿直线运动。从 P 点起电子进入磁场，电子的速度 v 可分解为轴向分量 v_z 和径向分量 v_r。这时 v_z 受到 H_r 的作用，对电子产生一个垂直于纸面向里的力，使电子得到一个绕轴旋转的切向速度 v_t 与 H_z 作用，则对电子产生一个指向轴的聚焦力 F_r。在 F_r 的作用下，电子的运动轨迹弯曲折向对称轴，使电子聚焦。在磁透镜的右半部分 H_r 和 v_z 改变了方向，这时 H_r 和 v_z、H_z 和 v_t 的作用产生一个使切向速度 v_t 减小到零的作用力，所以，电子离开透镜磁场时，又回到纸面运动。但减小绕轴旋转速度 v_t 的力，并不改变 v_r 的方向，因此，聚焦力 F_r 的方向也不改变，电子始终折向对称物，仅在离透镜中心较远时，由于 H_z 减小，电子折向对称轴的弯曲程度逐渐减小而已。电子在离开透镜时，又重新呈近直线运动，与对称轴 Z 交于 B 点。B 点是 A 点的像。由于电子在透镜中运动时产生切向速度 U，因而使像与物的相对位置旋转了一个角度，此角度一般小于 90°。

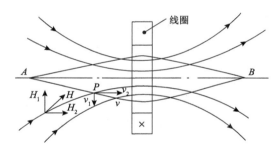

图 4-18　短磁透镜的聚焦作用

　　如果电子是平行于对称轴进入磁场，受到磁透镜的偏转作用并与轴相交，那么此交点称为磁透镜的焦点。

　　电子在轴对称磁场旁轴运动的轨迹遵循下述微分方程：

$$\frac{\mathrm{d}^2 r}{\mathrm{d}z^2} = -\frac{e}{8mU}rH_z^2 \tag{4-6}$$

式中，m 为电子质量，U 为加速电压。式(4-6)积分可得

$$\theta = \int_{-\infty}^{\infty} \frac{\mathrm{d}\theta}{\mathrm{d}z}\mathrm{d}z = -\frac{e}{8mU}rH_z^2 \tag{4-7}$$

　　积分限可在场外任意点选择，故取 $-\infty$ 和 ∞。将 e 和 m 值代入，H 单位为 A/m，U 单位为 V，θ 单位为 rad。

由上式可以看出，励磁越强，像的转角越大，加速电压越高，电子速度越大，θ 角越小，像转角的符号取决于场强的正负，即与磁场方向有关。在旁轴条件下，像旋转并不产生畸变。当不满足旁轴条件时，像旋转导致像差产生。在物相分析时要考虑像旋转角度。

下面讨论短磁透镜的焦距，在弱的短磁透镜中，电子受磁偏转的区域不大，可以近似地认为电子在磁场中离开轴的距离恒定不变，即 $r=r_0=$ 常数，如图 4-19 所示，代入式 (4-6) 可得

$$\left(\frac{\mathrm{d}r}{\mathrm{d}z}\right)_B - \left(\frac{\mathrm{d}r}{\mathrm{d}z}\right)_A = -\frac{er_0}{8mU}\int_A^B H_z^2 \mathrm{d}z \tag{4-8}$$

积分限 (A 到 B) 可以在场分布区域任意选择，由图 4-19 可知：

$$\left(\frac{\mathrm{d}r}{\mathrm{d}z}\right)_A = \frac{r_0}{a} \tag{4-9}$$

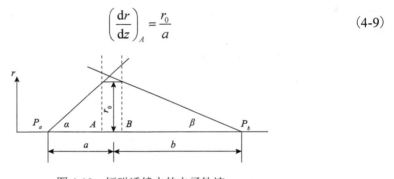

图 4-19　短磁透镜中的电子轨迹

在透镜以外，磁场强度迅速减弱，可以近似地认为 H 的数值为零，因此可将积分限推广到 $-\infty$ 到 ∞，设 a 为 ∞ 时，则 $b=f_b$ 是像方焦距。当 b 为 ∞ 时，$a=f_a$ 为物方焦距。

可以认为短磁透镜的主平面与其中心平面重合，物和像的位置都应从中心平面算起，可得

$$\frac{1}{f_a} + \frac{1}{f_b} = \frac{e}{8mU}\int_{-\infty}^{\infty} H_z^2 \mathrm{d}z = \frac{1}{f} \tag{4-10}$$

把 e 和 m 的数值代入，H 的单位为 A/m，U 单位为 V，此时焦距 f 的单位为 cm。

式 (4-10) 是在假定焦比磁场轴向作用范围大得多的情况下导出的，因此对弱短磁透镜是适用的，而对强磁透镜则只是定性的。

对于半径为 R，载有电流 I 的单环形线圈轴上磁场 H，由式 (4-11) 计算可得

$$\frac{1}{f_a} + \frac{1}{f_b} = \frac{e}{8mU}\int_{-\infty}^{\infty} H_z^2 \mathrm{d}z = \frac{1}{f} \tag{4-11}$$

$$\begin{cases} \dfrac{1}{f_a} + \dfrac{1}{f_b} = \dfrac{e}{8mU} \displaystyle\int_{-\infty}^{\infty} H_z^2 \mathrm{d}z = \dfrac{1}{f} \\[4mm] \dfrac{1}{f_a} + \dfrac{1}{f_b} = \dfrac{\Delta U}{U} \displaystyle\int_{-\infty}^{\infty} H_z^2 \mathrm{d}z = \dfrac{1}{f} \end{cases} \tag{4-12}$$

根据式(4-12)计算可得，不论线圈中电流方向如何，其积分值为正值，所以短磁透镜为会聚透镜。

透镜的 $1/f$ 与 $(H_z)^2$ 成正比，H_z 大则 f 小，因此可调节线圈电流来改变透镜焦距，这在实际应用上很有意义。

焦距 f 与加速电压 U(即与电子速度)有关，电子速度越大，焦距越长。因此电镜中要保证加速电压的稳定度($\dfrac{\Delta U}{U}$)，一般为 10^{-6}。因而保证得到恒定的电子速度，以减小焦距的波动，降低色差，从而得到高质量的电子像。

B. 极靴透镜

为了缩小磁场在轴向的宽度，在带铁壳的透镜内加极靴，得到强而集中的磁场，这种磁场一般可集中在几个毫米内。这在透镜中得到了广泛的应用，图 4-20 给出了几种磁透镜中场强度沿透镜轴向的分布，可见极靴磁透镜的场强分布最集中。图 4-21 是极靴的剖面图。

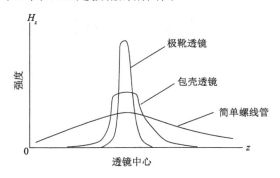

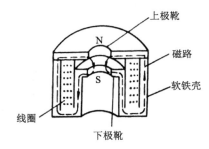

图 4-20　磁场沿磁透镜的轴向分布　　　图 4-21　带极靴强磁透镜剖面图

决定强磁磁透镜场分布的主要几何参量是上下极靴间距(S)与极靴内孔径(D)之比，即 S/D，带极靴的强磁透镜的焦距为

$$f = \sqrt{S^2 + D^2} + \left(31 \frac{U}{(IN)^2} + 0.19 \right) \tag{4-13}$$

如果上、下极靴直径不相等时，则取平均直径：

$$D = \frac{D_上 + D_下}{2} \tag{4-14}$$

磁透镜的铁壳一般采用软铁等磁性材料制造。极靴材料要求具有高饱和磁通密度（2.2～2.4 T）、材料均匀、磁导率高、矫顽力小、化学稳定性好和加工容易等特点。一般采用铁钴合金或铁钴钒合金作极靴材料。

3. 理想成像（高斯成像）

理想成像是从物面上一点向不同方向发出的电子都会聚焦到像平面上一点；像与物是几何相似关系，像与物之间是一个放大倍率为 M 的比例关系。理想成像的条件是：场分布严格轴对称，满足旁轴条件，即物点离轴很近，电子射线与轴之间的夹角很小，电子的初速度相等。

在理想成像条件下，电镜中的物镜、中间镜、投影镜均符合光学薄透镜成像公式：

$$\frac{1}{a} + \frac{1}{b} = \frac{1}{f} \tag{4-15}$$

也可用光学中简单作图法，如图 4-22 中 a 为物距，b 为像距，F 为焦距，r 为物长，M_r 为像长。放大倍数 $M = \frac{a}{b}$。若 $b \gg f$ 时，则 $a \approx f$，$M = \frac{a}{b} \approx \frac{b}{f} \gg 1$。

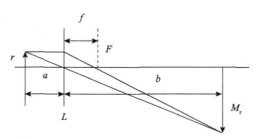

图 4-22　薄透镜成像

在电镜中改变物镜聚焦电流 I、改变 f 时，荧光屏上将出现过聚焦或欠聚焦，下面分别讨论之。

1）过聚焦

在正聚焦时满足 $\frac{1}{f} = \frac{1}{a} + \frac{1}{b}$，如图 4-23 所示，理想成像点在 B 点，而过聚焦时，$b' > b$，试样在轴上的 A 点到观察上形成直径 $B'B''$ 的模糊斑。从物方来看，

焦距满足 $\dfrac{1}{f}=\dfrac{1}{a}+\dfrac{1}{b}=\dfrac{1}{a'}+\dfrac{1}{b'}$，而 $b'>b$，从公式可知 $a'>a$，$b'<b$ 是将虚物 $A'A''$ 成像于观察面，得到图 4-23 所示的模糊像。

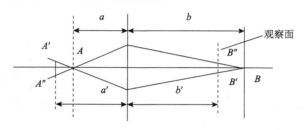

图 4-23　物镜过聚焦情况

2）欠聚焦

当焦距满足 $\dfrac{1}{f}=\dfrac{1}{a}+\dfrac{1}{b}=\dfrac{1}{a'}+\dfrac{1}{b'}$，欠聚焦时，$b'>b$，则 $a'<a$，$A'A''$ 是 A 的虚物，则在观察面（像平面）得到的是 A 的虚物所成的像（图 4-24）。

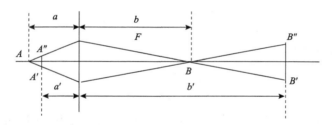

图 4-24　物镜欠聚焦情况

4. 电镜的像差

1）球差

球差与 α_0^3 成正比，与 r_0 无关。所以轴上一点 a 发出的电子射线，由于孔径角的影响，它们并不聚焦到一点，磁透镜边缘区域对电子射线的折射能力比磁透镜近轴区域强，因此电子聚焦在高斯平面前方而产生球差（图 4-25）。在高斯平面上不是一个清晰的点，而是一个模糊圆。无论像平面放在什么位置，都不能得到一个点的清晰图像，而只能在某个适当位置，M 平面处得到一个最小散射圆，称为最小截面圆。

由此可见，球差恒大于零，只能通过适当减小孔径角来减小球差，但孔径角过小会影响亮度，而且会产生衍射差。在高斯平面上所引起的模糊圆半径 $\Delta r_1 = M\delta_s$。把电镜中与分辨率有关的像差参数都换算到样品平面上为 δ_s，如

式 (4-16) 所示：

$$\delta_s = C_s \alpha_0^3 \qquad\qquad (4\text{-}16)$$

式中，C_s 为球差系数。

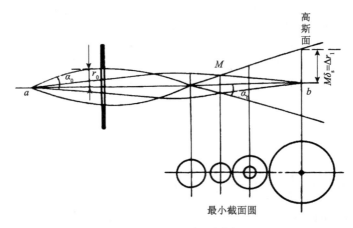

图 4-25　球差示意图

在最小截面圆上：

$$\delta_s = \frac{1}{4} = C_s \alpha_0^3 \qquad\qquad (4\text{-}17)$$

图 4-26 给出了磁透镜的球差系数 C_s 与透镜强度的关系。由图可以看出，透镜强度越大，球差系数 C_s 越小。因此，短焦距磁透镜有较小的球差系数。

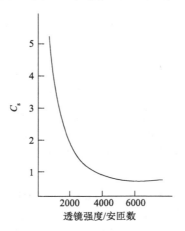

图 4-26　磁透镜中 C_s 与透镜强度的关系

2) 畸变

当物点离轴较远, 不满足旁轴条件 $|r| \approx 0$ 时, 与球差一样, 畸变也是由于远轴区折射率过强而引起的。差别是通过透镜不同部位的电子束来源于物的不同点, 所以畸变主要是发生在中间镜和投影镜。

由于透镜边缘部分聚焦能力比中心部分大, 像的放大倍数将随离轴径向距离的加大而增加或减小。这时图像虽然是清晰的, 但是由于离轴的径向尺寸不同, 图像产生了不同程度的位移, 如果原来的物体是正方形的[图 4-27 (a)], 经过透镜时, 如果径向放大率随着离轴距离的增大而加大, 位于正方形四个角的区域的点离轴距离较大, 所以正方形顶角区域的放大率比中心部分大, 图像出现枕形畸变[图 4-27 (b)]。反之, 如果交叉点在观察面之后, 一般弱透镜出现这种情况, 离轴较远的正方形四个顶角放大率比中心部分低, 此时图像称为桶形畸变[图 4-27 (c)]。

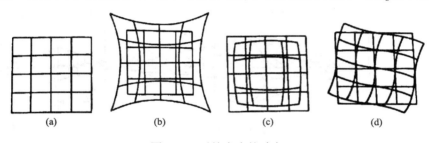

(a)　　　　(b)　　　　(c)　　　　(d)

图 4-27　透镜产生的畸变

除上述径向畸变外, 还有各向异性畸变, 这是由于透镜的像转角误差引起的。当加大励磁时焦距变小, 像转角增大, 所以离轴较远的电子束经过透镜时, 不仅折射强, 焦距短, 还有较大的旋转角。因此产生如图 4-27 (d) 所示的各向异性畸变或旋转畸变。

应该指出, 透镜在强励磁下, 球差系数减小, 畸变量也降低, 因此投影镜一般在强励磁下使用。但为了获得高放大倍率, 又要求小的极靴内孔, 这和消除畸变有矛盾。解决的办法: 一种方法是在不破坏真空的条件下, 根据所需要的放大倍率选择不同孔径的极靴, 低倍率时, 用内孔径较大的极靴可得到畸变量小的低倍率像; 另一方法是使用两个投影镜, 使它们的畸变相反, 达到相互抵消的目的。

当对物相进行电子衍射分析时, 径向畸变影响衍射斑点和衍射环的准确位置, 所以必须消除畸变。把产生桶形畸变和产生枕形畸变的透镜组合使用, 可减小或消除枕形和桶形畸变。

3) 像散

由于极靴加工精度(如内孔呈椭圆形状、端面不平等), 极靴材料内部结构和成分不均匀性影响磁饱和，导致场的非对称性，因而造成像散。像散对分辨率的影响往往超过球差和衍射差。

由于上述原因，场的轴对称性受到破坏，造成透镜不同方向上有不同的聚焦能力。如图 4-28 所示，在 y 方向聚焦能力强，焦更短，从 O 点发出的电子在 y 方向上聚焦于 x_1x_2 线段上，而在与 y 正交的 x 方向上透镜聚焦能力弱，焦距长，在 x 方向上的电子束聚焦在 y_1y_2 线段上，两个像散平面可以认为是正交。这样在 y 方向正聚焦时，则在 x 方向是欠聚焦。反之，在 x 方向正聚焦时，则在 y 方向是过聚焦。如果在 x_0y_0 之间成像时，在 x 方向总是欠聚焦，而在 y 方向上总是过聚焦。因为在 x_0y_0 之间总是存在像散焦距 Δf_A。但在 x_0y_0 之间有一个适当的位置可以得到图像模糊的最小变形圆，而在与轴垂直的其他方向均为椭圆。

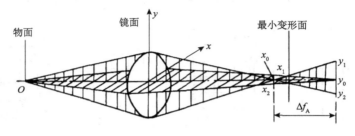

图 4-28　透镜像散示意图

在物镜、第二聚光镜或中间镜中加一个消像散器可以消除像散。消像散器是一个弱柱面透镜，它产生一个与要校正的像散大小相等、方向相反的像散，从而使透镜的像散得到抵消。

点变成线

图 4-29　倍率和旋转色差同时存在

5. 色差

由于电子束的能量大小不均，存在一定的分布，即电子束的电子波长不均一存在分布因而引起色差。色差可分为倍率色差和旋转色差。当考虑到倍率色差和旋转色差的综合效果时，如图 4-29 所示，原来物中的每一个点在像平面上拉成一个长条，离轴越远拉得越长。

6. 理想分辨率

点光源经过理想透镜 B（无像差），成像差同时存在后，不能得到一个完好的点像，而是得到明暗相间的同心圆斑，称为 Airy 盘（图 4-30）。形成 Airy 盘的原因是：光通过透镜光阑 A 受到衍射，如果没有光阑，光将受到透镜边缘的衍射。也可以从另一个角度理解，点光源的信息包括在它向四面八方发出的光中，如果能将所有发出的光都汇聚起来，必然能得到与点光源一致的点像，但是透镜只能汇聚其中的一部分，即在孔径角 2α 之内的光，而大部分光被丢弃了。因此得不到与点光源相一致的像。孔径角越大，收集的信息就越多，则所得到的像就越接近于物。

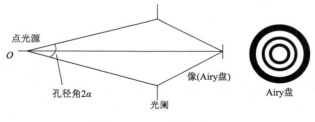

图 4-30　点源成像示意图

Airy 盘的直径通常以第一级暗环的半径 r 表示。由物理光学可以得到

$$r = \frac{0.612\lambda}{n\sin\alpha} \tag{4-18}$$

式中，λ 为光在真空中的波长；n 为透镜和物体间介质折射系数；α 为半孔径角。

当物为两个并排的点源时，在像平面上得到两个相互重叠的 Airy 盘。两个盘能互相分辨的标准是：两个盘的中心距离等于第一级暗环的半径 r，即一个盘的中心正好落在另一个盘的一级暗环上（图 4-31）。

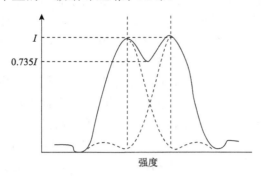

图 4-31　两个点光源成像时的分辨极限距离

根据 Airy 准则，两个点光源能被分辨的距离为 δ，$\delta = \dfrac{0.612\lambda}{n\sin\alpha}$，$\delta$ 称为分辨本领或分辨率。根据阿贝透镜数值孔径概念：$n\sin\alpha = NA$，于是 $\delta = \dfrac{0.612\lambda}{NA}$。电镜中电子波长很短，当加速电压为大孔径角的磁透镜，则在 100 kV 时，λ 为 0.0037 nm，

如果能设计大孔径角的磁透镜,分辨率可达 0.005 nm,而实际只能达到 0.1~0.2 nm,这是由透镜的固有像差造成的。

由 Airy 准则可以看出,提高电镜加速电压,可以缩短电子波长,从而可以提高分辨率,因此,高压电镜具有较高的分辨率。

7. 放大倍率和像的衬度

1) 电镜的放大倍率

光学显微镜的有效放大倍率等于肉眼分辨率(0.2 mm)除以显微镜的分辨率。光学显微镜的分辨率约为光波波长的一半(2.0×10^{-4} mm),因此光学显微镜的有效放大倍率为 1000。超过这个数值后并不能得到更多的信息,而仅仅是将一个模糊的斑点放大而已。多余的放大倍率称为空放大。

电镜的分辨率比光学显微镜高 10^3,因此电镜的有效放大倍率约为 10^6 数量级,比这再高的放大倍率也是空放大。

2) 像的衬度

如果像不具有足够的衬度,即使电镜有极高的分辨率和放大倍率,人眼睛也不能分辨。因此,高的分辨率、适宜的放大率和衬度是电镜高质量图像的三大要素。

衬度是电子与固体相互作用时,发生散射造成的。按其产生的原理可分为三类:吸收衬度、衍射衬度和位相衬度。前两者称为振幅衬度。

A. 吸收衬度

样品对电子束的散射(包括弹性和非弹性散射)随样品原子序数增加而增加,同时样品越厚,电子受到散射的机会就越多。因此,样品中任意两个相邻的区域由于组成元素不同(原子序数不同)或者由于厚度不同,均会对电子产生不同程度的散射,当散射电子被物镜光阑挡住不能参与成像时,则样品中散射强的部分在像中显得较暗,而样品中散射较弱的部分在像中显得较亮,形成像的衬度,称为吸收衬度(或称质厚衬度)。

图 4-32 是吸收衬度的例子。当使用物镜光阑或缩小物镜光阑孔径时,会有更多的散射电子被光阑挡住不能参与成像,因而提高了图像的衬度。

B. 衍射衬度

在观察结晶性试样时(图 4-33),在结晶试样斜线部分,引起布拉格反射,衍射的电子聚焦于物镜后面的一点,被物镜光阑挡住,只有透射电子通过光阑参与成像而形成的衬度称为衍射衬度。这时,试样中斜线部分在像中是暗的,所得到的像称为明

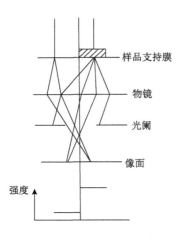

图 4-32　吸收衬度

场像。当移动光阑使衍射电子通过光阑成像，而透射电子被光阑挡住时，则得到暗场像。衍射衬度是高分子材料和金属材料的主要衬度形成机制。把暗场像和选区衍射像对比拍照是得到各晶面信息的有效手段。

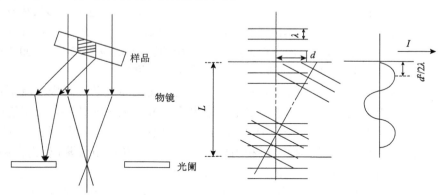

图 4-33　衍射衬度(左)和位相衬度(右)

C. 位相衬度

位相衬度是由于散射波和入射波在像平面上干涉而引起的衬度。当试样厚度小于 10 nm 时，样品细节在 1 nm 左右，这时位相衬度是主要的。图 4-33 说明了晶格是如何成像的。当波长为 λ 的电子射到具有周期 d 的薄晶试样上时，在离开试样 L 处发生了透射电子和衍射电子的干涉透射电子波和衍射子波的光程差，如果是 $n\lambda$，则两个波互相加强。当 $n=1$ 时，

$$\sqrt{L^2+d^2}=L+\lambda \tag{4-19}$$

所以当 $L=\dfrac{d^2}{2\lambda}$ 时，产生强的衬度，这个强的衬度随着 L 的增加而周期性地变化。

4.4.1.2　透射电镜的构造

电子光学部分是电镜的基础部分，它从电子源起一直到观察记录系统为止。它主要由几个磁透镜组成，最简单的电镜只有两个成像透镜，而复杂的则由两个聚光镜和五个成像透镜组成。电子光学部分又称为镜体部分。根据功能不同又可分为：照明系统由电子枪和聚光镜组成；成像系统由物镜、中间镜和投影镜组成，在物镜上面还有样品室和调节机构；观察和记录系统由观察室、荧光屏和照相底片暗盒组成。

1)照明系统

照明系统由电子枪和聚光镜组成。电子枪是电镜的照明源，必须有很高的亮

度，高分辨率要求电子枪的高压要高度稳定，以减小色差的影响。

（1）电子枪。

电子枪是发射电子的照明源。发射电子的阴极灯丝通常用 0.03～0.1 mm 的钨丝，做成"V"形。电子枪的第二个电极是栅极，它可以控制电子束形状和发射强度，故又称为控制极。第三个电极是阳极，它使从阴极发射的电子获得较高的动能，形成定向高速的电子流，阳极又称加速极，一般电镜的加速电压在 35～300 kV 之间。为了安全，使阳极接地，而阴极处于负的加速电位。

由于热阴极发射的电子的电流密度随阴极温度变化而波动，阴极电流不稳定会影响加速电压的稳定度，为了稳定电子束电流，减小电压的波动，在电镜中采用图 4-34 所示的自偏压电子枪。把高压接到控制极上，再将可变电阻（又称阴极偏压电阻）接到阴极上。这样控制极和阴极之间产生一个负的电位降，称为自偏压，其数值一般为 100～500 V。自偏压是由束流本身产生的。

改变控制偏压能显著影响电子枪内静电场的分布和形状。在控制极开口处，等位面强烈弯曲，大致沿圆弧和阴极相交（图 4-35）。在零等位面的后面场是负的，无电子发射，电位的前面是正的，是电子发射区。在正电场内与阴极透镜的聚焦作用一样，电子受到一个与等位面正交并指向电位增加方向（即折向轴）的作用力。在控制极开孔处及其附近，由于等位面强烈弯曲，折射作用很强，使阴极发射区不同部位发射的电子在阳极附近交叉，然后又分别在像平面上汇聚成一点。电子束交叉处的截面称为电子束"最小截面"，或"电子枪交叉点"。其直径约为几十微米，比阴极端部的发射区面积还要小，但单位面积的电子密度最高。照明电子束好像从这里发出去的一样，因此称为电子束的"有效光源"或"虚光源"。所谓光斑的大小是指最小截面的大小。所谓电子束的发射角，是指由此发出的电子束与主轴的夹角。电子束最小截面一般为椭圆形，这是由于电子源是一个弯曲的灯丝，而不是点光源。图 4-36 给出了不同偏压下静电场的分布、发射区的变化及电子束的轨迹。

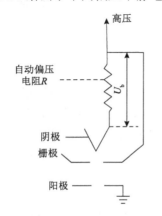

图 4-34　自偏压电子枪示意图

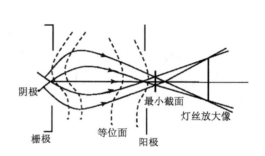

图 4-35　电子枪示意图

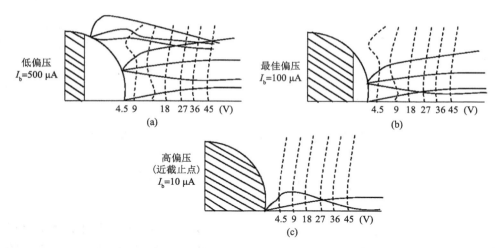

图 4-36　不同偏压下阴极尖端的电位场和电子束发射轨迹

在较高的偏压时[图 4-36(c)]，零电位面在靠近轴的区域与阴极相交，阴极端部发射面积小，因此束流和亮度都小，偏压再进一步升高，发射电流趋近于零，此时的偏压称为截止偏压。当偏压较低时[图 4-36(a)]，零等位面与阴极边缘处相交，发射面积大，束流较强。但由于等位面的曲率较大，汇聚作用较强，灯丝的边缘和端部中心部分均有较强的发射电流，而中间部分的电子束得不到良好的汇聚，以致形成中空形式的电子束。中间为一亮斑，外围是一个亮环，此时中心斑点亮度也不均匀，而且电子束发射角也较大。进一步减小偏压，零等位面将移到灯丝的侧旁，以致使灯丝背部暴露，电子束不能很好地汇聚，亮度不均匀，像差也大。在最佳偏压下[图 4-36(b)]，可以得到电子束发射角小、光斑小、亮度大的电子束。

(2) 聚光镜。

聚光镜的作用是将电子枪所发出的电子束汇聚到试样平面上，并调节试样平面处的孔径角束流密度和照明斑点的大小。

2) 成像系统

成像系统一般由物镜、中间镜和投影镜组成。其中物镜决定分辨率，其他两个透镜将物镜所形成的一次放大像进一步放大成像。

(1) 物镜。

物镜是将试样形成一次放大像镜和衍射谱。物镜的分辨率应尽量高，而各种像差应尽量小，特别是对球差要求更严格。高分辨电镜中物镜的球差系数很小，一般为 0.7 mm 左右。另外还要求物镜具备较高的放大倍率（100×～200×）。强励磁短焦距的透镜具有较小的球差、色差、像散和较高的放大倍率。影响物镜的主要因素是极靴的形状和加工精度。极靴内径及间隙越小，球差系数和色差系数就越小，在一定范围内励磁电流越强，上述像差也就越小（图 4-37、图 4-26）。

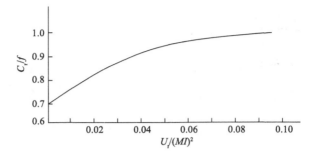

图 4-37　色差系数与焦距之比随励磁参数的变化

　　(2)投影镜。

　　投影镜的功能是把中间镜形成的二次像及衍射谱放大到荧光屏上，成为试样最终放大图像及衍射谱。它和物镜一样是一个短焦距的磁透镜，使用上下对称的小孔径极靴。由于成像电子束在进入投影镜时孔径角很小(10^{-5} rad)，所以景深和焦深都很大。投影镜是在固定强励磁状态下工作，这样，当总放大率变化时，中间镜像平面有较大的移动，投影镜无须调焦仍能得到清晰的图像。

　　(3)三级放大成像。

　　电镜一般是由物镜、中间镜和投影镜组成三级放大系统。目前高质量电镜除高质量物镜外，还各设两个中间镜和投影镜以保证得到高质量的图像。图 4-38 是三级成像放大系统的光路图。

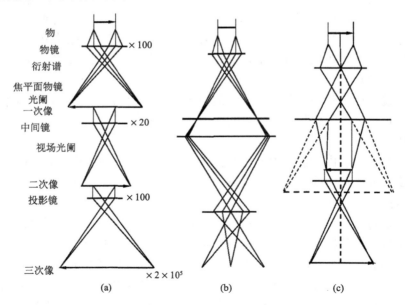

图 4-38　三级放大成像
(a)高放大率像；(b)衍射谱；(c)低放大率像

高放大率时，如果投影镜和物镜放大率各为×100 左右，中间镜放大率为×20，则如图 4-38(a)所示三级成像，最大放大率为 20 万倍，物镜把样品细节放大 100 倍成像于一次中间镜像平面，此平面与中间镜的物平面重合。一次中间像被中间镜放大 20 倍于投影镜的物平面上(中间镜的像平面)，称为二次中间像。再由投影镜放大 100 倍到荧光屏上，得到 20 万倍的终屏像，这时放大率的下限为 1 万倍。当 $M_1 = 1$ 时，放大率约为 1 万倍，像清晰度降低，因此放大率范围在 10^4 以上为好。改变中间透镜的放大率之后，要适当改变物镜励磁，使一次中间像平面与中间镜物平面重合。

如果是晶体试样，电子透过晶体时发生衍射现象，在物镜后焦面上形成衍射谱。如图 4-38(b)所示，此时如果将中间镜励磁减弱，使其物平面与物镜的后焦面重合，则中间镜便把衍射谱投影到投影镜的物平面，再由投影镜投至荧光屏上，得到晶体两次放大的衍射谱。因此，高性能的电镜可以作为电子衍射仪使用。

当中间镜放大率接近于 $M_1 = 1$ 时，终屏像出现像差，像发生畸变，如果样品较厚，倍率色差将引起像边缘的严重失焦。因此，低倍率时，首先要消除像的畸变。如前所述，用改变投影镜极靴孔径，使其励磁可调，使中间镜的桶形畸变由投影镜的枕形畸变来抵消，从而获得无畸变或畸变极小的低倍率像。

获得低倍率像的另一种方法是设计一个能在 $10^3 \sim 2×10^5$ 整个范围内变化的单旋钮控制。减弱物镜，使其成像在中间平面以下，而中间镜设计成更弱的透镜 ($M_1 < 1$)，作为缩小透镜用，它使物镜在没有中间镜时形成的像，如图 4-38(c)虚线所示，在投影镜的前共轭面上缩小成一个实像，然后经投影镜放大到荧光屏上。这个系统提供的低放大率范围为 100～10000 倍。在终屏上二级实像与三级实像相反。在这种方法中，投影镜的励磁和极靴孔径保持恒定，而其枕形畸变与中间镜的桶形畸变互补。

3) 观察和记录系统

在投影镜下面是观察和记录系统。操作者透过铅玻璃观察荧光屏上的像或聚焦。最简单的电镜只有一个荧光屏和照相暗盒。高性能的电镜除用于像观察的荧光屏外，还配有用于单独聚焦的荧光屏和 5～10 倍的光学放大镜。照相暗盒放在荧光屏下方，屏可以保护暗盒里的感光底片，免于受杂散辐射的影响。

4) 真空系统

在电镜中，凡是电子运行的区域都要求有尽可能高的真空度。没有良好的真空，电镜就不能进行正常工作。这是因为高速电子与气体分子相遇，互相作用导致随机电子散射，引起"炫光"和削弱像的衬度；电子枪会发生电离和放电，引起电子束不稳定或闪烁；残余气体腐蚀灯丝，缩短灯丝寿命，而且会严重污染样品，特别是在高分率拍照时更为严重。

基于上述原因，电镜真空度越高越好，考虑到高压稳定度和防止污染，一般要求样品室真空度为 $1.33\times10^{-2}\sim1.33\times10^{-3}$，这称为高真空。而低真空是 $1.33\times10^{-3}\sim1.33$ Pa，极高真空是指 $1.33\times10^{-3}\sim1.33\times10^{-7}$，超高真空是指小于 1.33×10^{-7} Pa 的压力。目前普通电镜获得的最高真空度为 1.33×10^{-5} Pa。这时每 1 cm³ 的空气中还含有 3×10^{-10} 个分子，在这个压力下一个分子在碰到另一个分子前，穿过分子云的平均距离(平均自由程)在室温下不小于 50 m，这也是电子的平均自由程。

一般采用两级串联抽真空的办法。首先由旋转机械泵从大气压获得低真空 (13.3 Pa)，第二步是用油扩散泵，利用快速运动的油分子的动能在一个方向上带走较轻的空气分子或水蒸气分子，从而达到超高真空 $(1.33\times10^{-7}$ Pa$)$。一般单级机械泵可达 $13.3\times10^{-3}\sim1.33\times10^{-4}$ Pa。欲得更高的真空度需要特殊的吸附泵。

5) 电源系统

电镜需要两个独立的电源：一是使电子加速的小电流高压电源；二是使电子束聚焦与成像的大电流低压磁透镜电源。在像的观察和记录时，要求电压有足够高的稳定性。无论高压或透镜电流的任何波动都会引起像的移动和像平面的变化，从而降低分辨率，所以电源要稳定，在照相底片曝光时间内最大透镜电流和高压波动引起的分辨率下降要小于物镜的极限分辨率。

对电压和电流稳定度的严格要求是为了消除像差，如前所述，加速电压变化会导致电子波长变化，色差加大。高压波动还会使图像围绕着"电压中心"呈辐状扩大或缩小，因此拍出的照片必然是边缘模糊、中心清晰。

透镜励磁电流变化引起焦距的变化，使像模糊，难以聚焦清晰。由于电子通过透镜时发生旋转，因此，在成像透镜电流波动时，像必然围绕着"电流中心"旋转。这时拍照的图像也是中心清晰、边缘模糊。

物镜是成像的关键，所以要求严格，达到理论分辨率 $0.2\sim0.3$ nm 的高性能电镜的电流稳定度达 10^{-6} min⁻¹，而电压稳定度达 2×10^{-6} min⁻¹。因为磁透镜的焦距是电流平方根的函数，所以对电流稳定度的要求比电压更严格。中间镜和投影镜的电流稳定度要求比物镜低一些，为 5×10^{-6} min⁻¹。另外消像散器也要求有较高的稳定度。

4.4.2 透射电子显微镜的特点

透射电子显微镜的优点：光学镜和透射电子显微镜都使用薄片的样品，而透射电子显微镜的优点是，它比光学显微镜能更大程度地放大标本。可放大 10000 倍或以上，这使科学家可以看到非常小的结构。对于生物学家，如线粒体和细胞核，内部运作都清晰可见。透射电镜标本提供了出色的分辨率，甚至可以显示样本内的原子排列。

透射电子显微镜的缺点：需要在一个真空室制备标本。由于这一要求，在显微镜可以用来观察活标本，如原生动物，一些精细的样品也可能被损坏的电子束，必须先用化学染色或涂层来保护它们。

4.4.3　透射电子显微镜的样品制备

除超高压透射电镜外，要求试样的厚度不超过 100 nm，最佳试样厚度为 50 nm 以内。将金属材料和耐化学刻蚀的非金属无机材料制成如此薄的超薄膜是比较困难的。常用的方法有电解抛光减薄、化学抛光减薄和双离子刻蚀减薄等方法。

1) 金属超薄膜的制备方法

将块状金属材料制成超薄膜需要经过预先减薄和最终减薄两个步骤。预减薄有以下两种方法。

(1) 机械法。多数金属材料都具有延展性，可以通过冷轧或锻造的方法制成 100 μm 以内预制薄片。也可用机械研磨和抛光的方法得到 100 μm 以内的薄片。但机械减薄会给试样带来损伤而影响观察。

(2) 化学和电化学法。利用化学和电化学法减薄可克服上述机械法的缺点。试样在减薄前需要用有机溶剂如乙醇、丙酮或乙醚清洗表面除去污渍。然后将试样浸入抛光液中，反复进行多次抛光，当薄片可漂浮在液面上时，说明厚度已达到 100 μm，取出试样经水洗即可。

最终将减薄由 100 μm 的薄膜到 100 nm，可以用电解抛光、化学抛光、超薄切片和双离子刻蚀等方法。用电解抛光装置是一种简而易行的方法。它是将预减薄的 100 μm 金属片冲成直径为 3 mm 的圆片，用专用夹具夹住薄片放入电解装置中用喷射电解法，最终减薄到电镜可观察的厚度。

2) 非金属无机材料薄膜的制备方法

由于非金属无机材料大多数是多相、多组分的绝缘材料，上述电解抛光等减薄方法不适用。只有双离子刻蚀法可以使用。将试样切制成薄片，再用机械抛光法预减到 30～40 μm。将薄片钻取或切取直径为 3 mm 的小圆片，放入双离子刻蚀仪中，经氩离子长期轰击穿孔，在穿孔边缘处很薄，可用于电镜观察和照相。

4.4.4　电子衍射

4.4.4.1　电子衍射和 X 射线衍射的比较

电子衍射的几何学和 X 射线衍射完全一样，都遵循劳埃方程或布拉格方程所规定的衍射条件和几何关系。但是它们与物质相互作用的物理本质并不相同，X

射线是一种电磁波，在它的电磁场影响下，物质原子的外层电子开始振动，成为新的电磁波源，当 X 射线通过时，受到它的散射，而原子核及其正电荷则几乎不发生影响。因此对 X 射线进行傅里叶分析，可反映出晶体电子密度分布。而电子是一种带电粒子，物质原子的核和电子都和一定库仑静电场相联系，当电子通过物质时，便受到这种库仑场的散射，可见对电子衍射结果进行傅里叶分析，反映的是晶体内部静电场的分布状况。

　　X 射线衍射强度和原子序数的平方(Z^2)成正比，重原子的散射本领比轻原子大得多。用 X 射线进行研究时，如果物质中存在重原子，就会掩盖轻原子的存在。而电子散射的强度约与 $Z^{4/3}$ 成正比，重原子与轻原子的散射本领相差不十分明显，使得电子衍射有可能发现轻原子。此外，电子衍射因子随散射角的增大而减小的趋势要比 X 射线迅速得多，如图 4-39 所示。

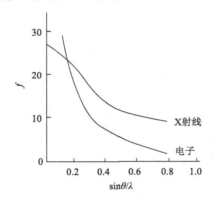

图 4-39　铜原子对 X 射线和电子射线的散射振幅

　　电子的波长比 X 射线的波长短得多，根据布拉格方程 $2d\sin\theta = n\lambda$，电子衍射的衍射角 2θ 也小得多。

　　物质对电子的散射比 X 射线的散射几乎强 1 万倍，所以电子的衍射强度要高得多。这使得二者要求试样尺寸大小不同，X 射线样品线性大小为 10^{-1} cm，电子衍射样品则为 $10^{-6} \sim 10^{-5}$ cm，二者曝光时间也不同，X 射线以小时计，电子衍射以秒、分计。

　　此外，它们的穿透能力大不相同，电子射线的穿透能力比 X 射线弱得多。这是由于电子穿透有限，比较适合用来研究微晶、表面、薄膜的晶体结构。由于物质对电子散射强，所以电子衍射束的强度有时几乎与透射束相当，电子衍射要考虑二次衍射和其他动力学效应。而 X 射线衍射中次级过程和动力学效应较弱，往往可以忽略。

　　在电镜中进行电子衍射是一种有效的分析方法，其灵敏度高，能方便地把几十纳米大小的微小晶体的显微像和衍射分析结合起来，这是个突出的优点。尽管电子衍射远不如 X 射线衍射精确，目前还不能像 X 射线那样根据测量衍射强度来广泛地测定"结构"，试样制备比较麻烦，但由于电镜进行电子衍射有上述突出优点，使电子衍射技术愈来愈广泛地应用于材料研究和检验。

4.4.4.2　晶体对电子的散射

　　根据布拉格定律，晶体的衍射条件如下：晶体内部排列成规则的点阵，原子间距数量级为 0.1 nm。而电镜中电子波长小于晶体中原子间距，因此电子射到晶体试样时将出现衍射现象，如图 4-40 中晶体点阵的示意图，AB 为垂直于纸面的晶面，在此晶面上原子排列出晶体点阵的示意图，可以看作是晶面按一定方式堆积而成。我们来找出散射波干涉增强的条件(指弹性散射干涉波，因为它具有相同的频率和振幅，仅相位不同)。

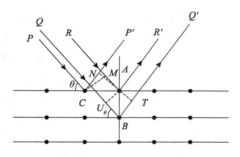

图 4-40　衍射条件(布拉格公式)的推导

　　先看 PC、RA 两束波，它们在 C 和 A 处受到原子散射，很容易看出，仅散射方向 CP'、AR' 的散射波具有相同的相位，因为此时 CP' 和 AR' 与晶面夹角均为 θ，且反射束与入射束和晶面的法线处于同一平面上。故 $\triangle CMA$ 和 $\triangle CAN$ 相似，因此 $CN=MA$。RA 的光程比 PC 的光程大 AM，但 AR' 的光程比 CP' 的光程小，所以正好抵消，有相同的相位，干涉后得到增强。

　　其次来考察 QB、RA 的情况，此时 QBQ' 与 RAR' 的光程差 δ 为：$\delta = UB + BT = 2d\sin\theta$。当光程差为波长的整数倍时，可得到相互干涉增强的衍射束，因此得到布拉格公式：$2d\sin\theta = n\lambda$，n 为 $0,\pm1,\pm2,\cdots$。当 $n=0$ 时，为透射束或 0 级衍射，$n=\pm1$ 时，为一级衍射束，$n=\pm2$ 时，为二级衍射束，其余类推。如果满足衍射条件的一族晶面的指数为 (hkl)，上式可改写成：$\dfrac{2d_{hkl}}{n}\sin\theta = \lambda$，根据晶面指数定义，晶面间距缩小 n 倍就等于晶面指数扩大 n 倍，于是有 $2d_{nhnknl}\sin\theta = \lambda$，这说明一级衍射是由晶面间距 d_{hkl} 的晶面衍射造成的，而二级衍射是由晶面间距 d_{2h2k2l} 的晶面衍射造成的，其余类推。

在电子衍射工作中，一般不考虑晶面(hkl)的几级衍射，而都看成是$(nhnknl)$面的一级衍射，所以我们使用的都是不写出 n 的布拉格公式。

4.4.5　高分辨电子显微技术

高分辨透射电子显微术(HRTEM)是相位衬度显微术(高分辨电子显微像的衬度是由合成的透射波和衍射波之间的相位差形成的，称为相位衬度)，它能得到大多数晶体材料的原子排列像。

高分辨率透射电子显微术始于 20 世纪 50 年代。1956 年，J. W. Menter 用分辨率为 8 Å 透射电子显微镜直接观察到酞菁铜间距为 12 Å 的平行条纹，开启了之后的高分辨电子显微术的大门[40]。到 20 世纪 70 年代初，1971 年，饭岛澄男利用分辨率为 3.5 Å 的 TEM 拍到 $Ti_2Nb_{10}O_{29}$ 的相位衬度像，向上直接观察到了原子团沿入射电子束方向的投影。同时解释高分辨像成像理论和分析技术的研究也取得了重要进展[41]。20 世纪七八十年代，随着电镜技术不断完善，分辨率得到了大幅度的提高，一般大型透射电子显微镜已能够保证 1.44 Å 的晶格分辨率和 2～3 Å 的点分辨率。高分辨电子显微镜不仅能够观察到反映晶面间距的晶格条纹像，还能观察到反映晶体结构中原子或原子团配置情况的结构像。

高分辨电子显微像是让物镜后焦面的透射束和若干衍射束通过物镜光阑，由于它们相位相干而形成相位衬度显微图像。由于参加成像的衍射束的数量不同，得到不同名称的高分辨像。由于衍射条件和试样厚度不同，可以把具有不同结构信息的高分辨电子显微像分为五类加以说明：晶格条纹、一维结构像、二维晶格像(单胞尺度的像)、二维结构像(原子尺度像：晶体结构像)、特殊的像。

晶格条纹：如果用物镜光阑选择后焦面上的一个透射束加一个衍射束相互干涉，得到一维上强度周期变化的条纹花样，这就是晶格条纹与晶格像和结构像的不同，它不要求电子束准确平行于晶格平面。实际上，在微晶和析出物等的观察中，经常利用投射波和衍射波干涉得到晶格条纹。如果拍摄有微晶等物质的电子衍射花样，将出现德拜环。

一维结构像：如果样品有一定倾转，使得电子束平行于晶体的某一晶面族入射，就能够满足一维衍射花样(相对于透射斑对称分布的衍射花样)。在这种衍射花样下，在最佳聚焦条件下所拍的高分辨像，不同于晶格条纹，一维结构像含有晶体结构的信息，即所得到一维结构像。

二维晶格像：如果使电子束平行于某晶带轴入射，能够得到二维衍射花样。

对于这样的电子衍射花样，在透射斑附近，出现反映晶体单胞的衍射波。在衍射波和透射波干涉生成的二维像中，能够观察到显示单胞的二维晶格像，这个像虽然含有单胞尺度的信息，但是不含原子尺度(单胞内原子排列)的信息。

二维结构像：用这样的衍射花样观察高分辨电子显微像时，参与成像的衍射波越多，高分辨像中所包含的信息也就越多，但是电子显微镜的分辨率极限更高的高波数一侧的衍射不可能参与正确结构信息成像，而成为背底。因此，在分辨率允许范围内，用尽可能多的衍射波成像，就能够得到含有单胞内原子排列的正确信息的像。结构像只在参与成像的波与试样厚度保持比例关系激发的薄区域才能观察到。

特殊的像：在后焦面的衍射花样上，插入光阑只选择特定的波成像，这就能够观察到对于特定结构信息衬度的像。它的一个典型的例子是有序结构像。

4.4.6　透射电子显微镜在矿物材料中的应用

1)形貌结构分析

相比于扫描电子显微镜，透射电子显微镜的分辨率更高，因此，在使用扫描电镜对材料进行初步分析后，可以用透射电镜进行进一步分析。对于矿物材料来说，一般都会对天然的矿物材料进行改性，从而使其具有特定的形状、尺寸和结构。利用透射电子显微镜可以对矿物材料改性后的微观结构进行表征，是矿物材料加工与利用研究的重要工具。图 4-41 为蒙脱土以及碳和水焦插层的蒙脱土的扫描电子显微镜及透射电子显微镜图。从图中可以看出，在水焦/蒙脱土中蒙脱土被水焦覆盖。水焦/蒙脱土的高分辨电子显微镜图像表明，水焦是无定形的。在碳/蒙脱土的透射电子显微镜图像中，还可以观察到蒙脱土的形貌，说明复合材料具有良好的热稳定性。在碳/蒙脱土的高分辨电子显微镜图像中可以观察到碳的微晶[42]。

2)晶格衍射条纹分析

当利用透射电子显微镜对材料进行分析时，往往要得知材料的物相种类等信息。但在低分辨透射显微镜下这往往是难以分辨的，需要用到高分辨透射显微镜技术。在高分辨下，材料的晶格条纹、质点排列都能清晰地呈现出来，再根据布拉格公式，即可计算出对应的晶面，为材料物相分析和种类分析提供了基础[43]。图 4-42 是 SiO_2-AlOOH 和 CuO 复合后的高分辨透射图。从图中虚线和白色方框中可以看到清晰的晶格衍射条纹，根据其排列的方向并计算其间距可以知道其对应的晶面。例如，d=0.232 nm 对应着 CuO 的(111)晶面；而 d=0.235 nm，则对应着 AlOOH 的(031)晶面[44]。

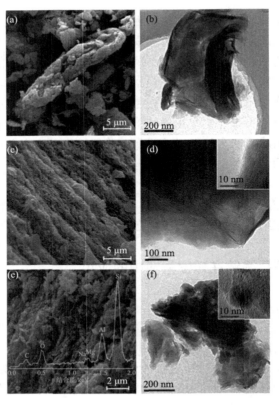

图 4-41　(a)蒙脱土、(c)碳/蒙脱土和(e)水焦/蒙脱土的扫描电子显微镜图像；(b)蒙脱土、(d)碳/
蒙脱土和(f)水焦/蒙脱土的透射电子显微镜图像，插图为相应的高分辨电子显微镜图像[42]

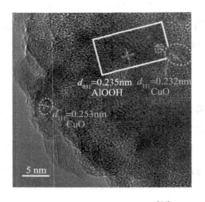

图 4-42　晶格衍射条纹[44]

4.5　冷冻电子显微镜

4.5.1　冷冻电子显微镜技术原理

在传统的透射电镜下，一般采用负染色法来减轻损伤，即在可接触的分子表面涂上含有重原子的试剂，如醋酸铀酰，这种试剂的辐射敏感性比有机物低得多。通常形成的细胞、病毒和蛋白质图像分辨率在 2～4 nm。对未染色标本进行高分辨率成像的困难在于，为了使损伤最小化所降低的电子剂量会产生噪声图像，而电子剂量高到足以获得良好的信噪比时，则会导致标本损伤达到不可接受的程度。

为了解决上述问题，冷冻电镜技术采用了以下两种方法，第一种方法是使用保存在液氮或液氦温度下的冷冻标本进行成像。近 40 年来，对室温下衍射强度与低温下衍射强度衰减的测量表明，低温电子显微镜可以降低辐射损伤的影响。采用一种在一层玻璃态冰中快速冷冻（玻璃化）生物标本，然后在液氮或氦气温度下成像的方法，使得低温电镜技术得到广泛应用。将水溶液注入液氮冷却的乙烷等冷冻液中，是一种用于制备层析成像、单颗粒成像以及螺旋组装体和二维晶体的冷冻电子显微镜样品的方法。与室温下相比，在液氮温度下成像可以减少辐射损伤。这意味着每单位电子剂量的辐射损伤减少，对于在低温下记录的图像，可以使用更高的电子剂量来增加信噪比。事实上，液氮和液氦都被成功地用于近原子分辨率的三维重建，在它们的冷却下，分辨率可达大约 0.4～2 nm。第二种提高信噪比的方法是对大量同一生物标本单元的图像进行平均。该技术首次应用于螺旋组装体和二维蛋白晶体的室温成像及低温成像。这两个概念，即低温成像和多幅低剂量图像平均的概念，构成了现代高分辨率生物电子显微镜的基础。

4.5.2　冷冻电子显微镜分类

目前所讨论的冷冻电镜基本上指的都是冷冻透射电镜，但是如果以使用冷冻技术的角度定义冷冻电镜，则冷冻电镜主要可以分为冷冻透射电镜、冷冻扫描电镜、冷冻刻蚀电子显微镜。

1）冷冻透射电镜

冷冻透射电镜（Cryo-TEM）通常是在普通透射电镜上加装样品冷冻设备，将样品冷却到液氮温度（77 K），用于观测蛋白质、生物切片等对温度敏感的样品。通过对样品的冷冻，可以降低电子束对样品的损伤，减小样品的形变，从而得到更加真实的样品形貌。

一台冷冻透射电镜的价格在 600 万美元左右，极其昂贵，但它具有以下优点：①加速电压高，电子能穿透厚样品；②透镜多，光学性能好；③样品台稳定；④全自动，自动换液氮，自动换样品，自动维持清洁。

2）冷冻扫描电镜

扫描电镜工作者都面临着一个不能回避的事实，就是所有生命科学以及许多材料科学的样品都含有液体成分。很多动植物组织的含水量达到 98%，这是扫描电镜工作者最难应对的样品问题。

冷冻扫描电镜（Cryo-SEM）技术是克服样品含水问题的一个快速、可靠和有效的方法。这种技术还被广泛地用于观察一些"困难"样品，如那些对电子束敏感的具有不稳定性的样品。

3）冷冻刻蚀电子显微镜

冷冻刻蚀电镜技术是从 20 世纪 50 年代开始发展起来的一种将断裂和复型相结合的制备透射电镜样品技术，亦称冷冻断裂或冷冻复型，用于细胞生物学等领域的显微结构研究。

冷冻刻蚀电镜的优点：样品通过冷冻，可使其微细结构接近于活体状态；样品经冷冻断裂刻蚀后，能够观察到不同劈裂面的微细结构，进而可研究细胞内的膜性结构及内含物结构；冷冻刻蚀的样品，经铂、碳喷镀而制备的复型膜，具有很强的立体感且能耐受电子束轰击和长期保存。

冷冻刻蚀电镜的缺点：冷冻也可造成样品的人为损伤；断裂面多产生在样品结构最脆弱的部位，无法有目的地进行选择。

4.5.3　样品制备及分析

（1）冷冻固定：将生物材料投入低温的致冷剂中，如液氦、液氮、液体氟利昂及丙烷等。快速冷冻可使生物组织细胞的结构和化学组成接近于生活状态。被冷冻固定的生物样品，可以在低温条件下转移到具有低温样品台的扫描电子显微镜中直接观察，无需进一步处理或仅在冷冻样品表面喷镀一薄层金属。这种方法不仅快速简便，而且可以排除由于干燥法造成收缩的假象，特别适合于研究含水量很高的生物材料。

（2）冷冻干燥：生物样品经冷冻固定后，其中的水分冻结成冰，表面张力消失；再将冷冻样品放于真空中，使冰渐渐升华为水蒸气。这样获得的干燥样品在一定程度上避免了表面张力造成的形态改变。

（3）冷冻样品向电镜内的转移：将冷冻样品转移到电镜内的过程中需要注意，既不能使样品解冻，又不应在样品表面结霜。为此，需要用专门的设备——冷冻输送器，来完成这一步骤。

（4）冷冻样品在电镜下的观察和拍照。

图像三维重构：在电子显微镜中，由于场深很大，被观测物体不同层面可同时被聚焦在像平面上。这决定了电子显微图像不是物体的三维图像，而是物体三维图像在垂直于电子束方向的一个二维投影，对于薄样品，其电子显微图像的强度与样品中的原子势场分布的投影成正比。因此，电子显微图像可以直接地表示物体的原子势场分布，从而反映物体的原子密度分布的投影。因而电子显微图像就是把三维空间的密度结构信息压缩在一个二维投影平面上。如何从二维投影获得三维结构，要应用三维重构原理。目前，三维重构都基于数学中的中心截面定理。三维空间密度分布函数的投影的傅里叶变换相当于同一三维空间密度分布函数的傅里叶变换在垂直于投影方向的中心截面。

应用这一定理，如果我们能获得物体的二维结构的傅里叶变换的沿不同方向的中心截面并把它们在二维倒易空间中合并起来，获得整个物体二维结构在倒易空间的三维傅里叶函数，就可将此函数进行逆傅里叶变换，从而获得整个物体的三维结构。

4.5.4　冷冻电子显微镜在矿物材料中的应用

骨是脊椎动物中最广泛的矿化组织，它的形成是由特殊的细胞——成骨细胞协调的。结晶碳酸羟基磷灰石，是一种无机磷酸钙矿物，是构成成熟骨组织的重要部分。然而，矿物形成机制的关键方面，运输途径和沉积在细胞外基质仍未查明。利用低温电子显微镜对天然的冷冻水合组织进行观察，可以观察到在发育中的小鼠颅骨和长骨矿化过程中，骨内膜细胞将膜结合的矿物颗粒浓缩在细胞内囊泡内。这对研究人体骨质变化有奠基作用。图 4-43 为小鼠胚胎长骨冷冻断裂的低温扫描电镜显微图，可以从全骨形态识别出长骨中新骨形成的位点[图 4-43（a）、(b)]。最里面的表面骨环高度矿化，由背散射电子成像中的细胞外基质纹理和强信号所示。骨外表面发现的骨小梁主要是有机的，即由密集排列的胶原纤维组成，但也含有非连续的亚微米矿物岛。形成的骨小梁内衬是保存完好的成骨细胞，面对非矿化纤维胶原基质[图 4-43（c）]。细胞外基质在每个柱逐渐变得更需要添加矿物矿化的数据包[图 4-43（d）、(e)]。在更高的放大条件下，细胞外的矿物通常能够观察到结节，分布于直径为几百纳米的分散胶原纤维之间（图 4-43）。单矿物颗粒非常薄且弯曲和扁平[图 4-43（f）][45]。

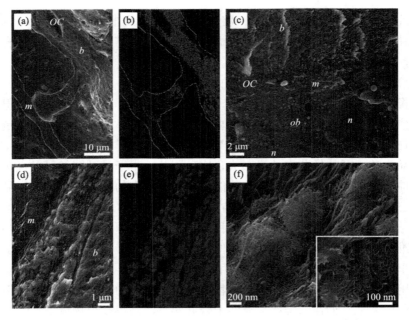

图 4-43　小鼠胚胎长骨冷冻断裂的低温扫描电镜显微图[45]

参 考 文 献

[1] Hazen R M, Papineau D, Bleeker W, et al. Mineral evolution[J]. American Mineralogist, 2008, 93 (11-12): 1693-1720.

[2] Maathuis F J M. Physiological functions of mineral macronutrients[J]. Current Opinion in Plant Biology, 2009, 12 (3): 250-258.

[3] Mero J L. The Mineral Resources of the Sea[M]. Amsterdam: Elsevier, 1965.

[4] Wright G, Czelusta J. Mineral resources and economic development[C]. Conference on Sector Reform in Latin America, Stanford Center for International Development, Nov. 2003: 13-15.

[5] Pryor M R. Mineral Processing[M]. Berlin: Springer Science & Business Media, 2012.

[6] Sunagawa I. Characteristics of crystal growth in nature as seen from the morphology of mineral crystals[J]. Bulletin de Minéralogie, 1981, 104 (2): 81-87.

[7] Brigatti M F, Mottana A. Layered Mineral Structures and Their Application in Advanced Technologies[M]. London: The Mineralogical Society of Great Britain and Ireland, 2011.

[8] Tripathi R P N, Yang X, Gao J. Polarization-dependent optical responses in natural 2D layered mineral teallite[J]. Scientific Reports, 2021, 11 (1): 1-11.

[9] Liu J, Wang X, Jin Q, et al. The stimulation of adipose-derived stem cell differentiation and mineralization by ordered rod-like fluorapatite coatings[J]. Biomaterials, 2012, 33 (20): 5036-5046.

[10] Cárdenas-Ramírez C, Gómez M, Jaramillo F. Characterization of a porous mineral as a

promising support for shape-stabilized phase change materials[J]. Journal of Energy Storage, 2019, 26: 101041.

[11] Dong Y, Chen S, Zhang X, et al. Fabrication and characterization of low cost tubular mineral-based ceramic membranes for micro-filtration from natural zeolite[J]. Journal of Membrane Science, 2006, 281(1-2): 592-599.

[12] Unal H. Morphology and mechanical properties of composites based on polyamide 6 and mineral additives[J]. Materials & Design, 2004, 25(6): 483-487.

[13] Sato H, Ono K, Johnston C T, et al. First-principles studies on the elastic constants of a 1 : 1 layered kaolinite mineral[J]. American Mineralogist, 2005, 90(11-12): 1824-1826.

[14] Li C, Fu L, Ouyang J, et al. Kaolinite stabilized paraffin composite phase change materials for thermal energy storage[J]. Applied Clay Science, 2015, 115: 212-220.

[15] 张祥翔. 现代显微成像技术综述[J]. 光学仪器, 2015, 37(6): 550-560.

[16] 舍英. 现代光学显微镜[M]. 北京: 科学出版社, 1997.

[17] Yang X, Liu W, Li N, et al. Design and development of polysaccharide hemostatic materials and their hemostatic mechanism[J]. Biomaterials Science, 2017, 5(12): 2357-2368.

[18] Zhong Y, Hu H, Min N, et al. Application and outlook of topical hemostatic materials: A narrative review[J]. Annals of Translational Medicine, 2021, 9(7): 577.

[19] Long M, Zhang Y, Huang P, et al. Emerging nanoclay composite for effective hemostasis[J]. Advanced Functional Materials, 2018, 28(10): 1704452.

[20] Sung H, Ferlay J, Siegel R L, et al. Global cancer statistics 2020: GLOBOCAN estimates of incidence and mortality worldwide for 36 cancers in 185 countries[J]. CA: A Cancer Journal for Clinicians, 2021, 71(3): 209-249.

[21] Perkins G L, Slater E D, Sanders G K, et al. Serum tumor markers[J]. American Family Physician, 2003, 68(6): 1075-1082.

[22] Liao J, Wang D, Tang A, et al. Surface modified halloysite nanotubes with different lumen diameters as drug carriers for cancer therapy[J]. Chemical Communications, 2021, 57(74): 9470-9473.

[23] Sun Z, Long M, Liu X, et al. Investigation of natural minerals for ulcerative colitis therapy[J]. Applied Clay Science, 2020, 186: 105436.

[24] Oatley C W, McMullan D, Smith K C A. The Development of the Scanning Electron Microscope[M]. Amsterdam: Elsevier, 1985.

[25] Ul-Hamid A. A Beginners' Guide to Scanning Electron Microscopy[M]. Cham: Springer International Publishing, 2018.

[26] Ruska E. The development of the electron microscope and of electron microscopy[J]. Reviews of Modern Physics, 1987, 59(3): 627.

[27] Creagh D C, Bradley D A. Radiation in Art and Archeometry[M]. Amsterdam: Elsevier, 2000.

[28] Bogner A, Jouneau P H, Thollet G, et al. A history of scanning electron microscopy developments: Towards "wet-STEM" imaging[J]. Micron, 2007, 38(4): 390-401.

[29] Zhao Q, Fu L, Jiang D, et al. A nanoclay-induced defective gC_3N_4 photocatalyst for highly efficient catalytic reactions[J]. Chemical Communications, 2018, 54(59): 8249-8252.

[30] Peng K, Fu L, Ouyang J, et al. Emerging parallel dual 2D composites: Natural clay mineral hybridizing MoS$_2$ and interfacial structure[J]. Advanced Functional Materials, 2016, 26(16): 2666-2675.

[31] Braun F. Über ein Verfahren zur Demonstration und zum Studium des zeitlichen Verlaufes variabler Ströme[J]. Annalen der Physik, 1897, 296(3): 552-559.

[32] 李斗星. 透射电子显微学的新进展　I 透射电子显微镜及相关部件的发展及应用[J]. 电子显微学报, 2004(3): 269-277.

[33] Croft W J. Under the Microscope: A Brief History of Microscopy[M]. Singapore: World Scientific, 2006.

[34] De Broglie L. Matter and Light: The New Physics[M]. New York: Read Books Ltd, 2013.

[35] Lambert L, Mulvey T. Ernst Ruska (1906—1988), designer extraordinaire of the electron microscope: A memoir[J]. Advances in Imaging and Electron Physics, 1996, 95: 2-62.

[36] Egerton R F. Physical Principles of Electron Microscopy[M]. New York: Springer, 2005.

[37] 谢书堪. 中国透射式电子显微镜发展的历程[J]. 物理, 2012, 41(6): 401-406.

[38] Zuo J M, Spence J C H. Advanced Transmission Electron Microscopy[M]. New York: Springer Science Business Media, 2017.

[39] Crewe A V. Scanning transmission electron microscopy[J]. Journal of Microscopy, 1974, 100(3): 247-259.

[40] Menter J W. Observations on crystal lattices and imperfections by transmission electron microscopy through thin films//Verhandlungen[M]. Berlin, Heidelberg: Springer, 1960: 320-331.

[41] Iijima S, Yang W, Matsumura S, et al. Atomic resolution imaging of cation ordering in niobium-tungsten complex oxides[J]. Communications Materials, 2021, 2(1): 1-9.

[42] Peng K, Yang H. Carbon hybridized montmorillonite nanosheets: Preparation, structural evolution and enhanced adsorption performance[J]. Chemical Communications, 2017, 53(45): 6085-6088.

[43] Yan Z, Fu L, Zuo X, et al. Green assembly of stable and uniform silver nanoparticles on 2D silica nanosheets for catalytic reduction of 4-nitrophenol[J]. Applied Catalysis B: Environmental, 2018, 226: 23-30.

[44] Yan Z, Yang H, Ouyang J, et al. *In situ* loading of highly-dispersed CuO nanoparticles on hydroxyl-group-rich SiO$_2$-AlOOH composite nanosheets for CO catalytic oxidation[J]. Chemical Engineering Journal, 2017, 316: 1035-1046.

[45] Mahamid J, Sharir A, Gur D, et al. Bone mineralization proceeds through intracellular calcium phosphate loaded vesicles: A cryo-electron microscopy study[J]. Journal of Structural Biology, 2011, 174(3): 527-535.

第5章 矿物材料颗粒特性

5.1 概　　述

矿物材料合成过程中，因所用原料大多来自天然的硬质矿物，要使其重新化合、造型，必须对矿物进行加工处理，再利用合格粉料配料，然后才能进行各种成型或固化处理[1]。粉体颗粒的大小、级配、形态及其均匀性往往直接影响材料的质量[2]。除此之外，对矿物材料进行改性，需要了解材料的表面性质及颗粒特性，之后或进行界面插层复合[3-5]，或进行掺杂[6]，或进行界面改性[7]，或通过原子、分子尺度的理论计算模拟[8-10]，解析其界面微观机制。

而在进行上述操作之前，第一步便是了解材料的尺寸。因此，研究材料尺寸分布、调控材料尺寸分布对材料性能的提高有着奠基的意义。而矿物材料作为从自然界中生长得来或者经过加工后的材料，它的尺寸往往不均匀，大到几十厘米，小到几百纳米都有[11]。所幸，目前的检测手段十分丰富，一般都能检测出材料的尺寸。常见的检测粒度仪器有激光粒度仪、显微成像粒度仪、沉降粒度仪等。

5.2 沉　降　法

5.2.1 沉降法基本原理

5.2.1.1 斯托克斯定律

沉降法粒度测试技术是依据不同大小的颗粒在液体中沉降速度不同来测试的。它可以分为沉降天平法、光透沉降法、离心沉降法等，此外，还有比重计法(也称密度计法)和移液管法(也称吸管法)，这些方法都遵循斯托克斯(Stokes)定律。它的基本过程是把样品放到某种液体中制成一定浓度的悬浮液，悬浮液中的颗粒在重力或离心力作用下将发生沉降。大颗粒的沉降速度较快，小颗粒的沉降速度较慢。

已知，沉降式粒度仪是通过颗粒在液体中的沉降速度来测量粒度分布的。颗粒在液体中沉降时，作用在颗粒上的力有三种：向下的重力 W、向上的浮力 V 和向上的阻力 F_D。根据牛顿运动定律，它的运动方程为

$$Mg - M'g - F_D = M\frac{\mathrm{d}u}{\mathrm{d}t} \tag{5-1}$$

式中，M 是颗粒的质量，M' 是与颗粒等体积的液体的质量，u 是颗粒的速度，g 是重力加速度，t 是时间，F_D 是颗粒的黏滞阻力。

当重力、浮力、黏滞阻力达到平衡时，颗粒的沉降速度恒定，处于匀速沉降状态，这时，$\dfrac{\mathrm{d}u}{\mathrm{d}t}=0$，根据式 (5-1) 则

$$F_D = \left(M - M'\right)g = \frac{\pi}{6}\left(\rho_s - \rho_f\right)gD^3 \tag{5-2}$$

式中，D 为粒径，ρ_s 为样品密度，ρ_f 为介质密度。

在流体力学中，为了研究和表达方便，使用一种称为雷诺数的特征无量纲数，其定义如下：

雷诺数 (Re) 表示流体在流动时惯性力与黏滞力之比。当 Re 很小时，惯性力与黏滞力相比可以忽略不计。

$$Re = \frac{\rho_f uD}{\eta} \tag{5-3}$$

这时颗粒所受到的阻力完全由液体的黏滞阻力所致，可用式 (5-4) 表示：

$$F_D = 3\pi D\eta u \tag{5-4}$$

式中，u 为颗粒的沉降速度，η 为介质的黏度系数。这就是斯托克斯阻力公式。为了研究方便，我们还引用阻力系数这个概念，它的定义是

$$C_D = \frac{F_D}{\dfrac{\rho_f u^2}{2}\dfrac{\pi D^2}{4}} = \frac{F_D}{AB} \tag{5-5}$$

式中，A 是单位体积流体的动量能，B 是颗粒运动方向的投影面积。由式 (5-4) 和式 (5-5) 得

$$C_D = \frac{24}{Re} \tag{5-6}$$

即当雷诺数 Re 很小时，阻力系数很大。根据雷诺数的大小可将流体划分为三

个区：当 $Re<0.2$ 时为层流区，当 $0.2<Re<2000$ 时为中间区、$Re>2000$ 时为湍流区。斯托克斯定律的适用范围为层流区。

由式(5-4)可知，颗粒沉降时所受的阻力是随速度的增加而增加的。当速度增加到一定程度时，重力与阻力达到平衡，这时将式(5-4)代入式(5-2)可得

$$u = \frac{(\rho_s - \rho_f)gD^2}{18\eta} \tag{5-7}$$

这就是斯托克斯定律。斯托克斯定律表达了在层流条件下沉降速度与粒径的关系，是沉降法测量粒度的理论基础。

5.2.1.2　重力沉降的临界直径(上限)

上面的讨论表明，当 $Re>0.2$ 时，斯托克斯公式不成立，所以用 $Re=0.2$ 时计算出的直径 D_s 即为重力沉降的临界直径。将式(5-3)和式(5-7)合并后得

$$D_s = \frac{3.6\eta^2}{(\rho_s - \rho_f)\rho_f g} \tag{5-8}$$

测量时只有当实测最大粒径小于临界值时，测量才能进行，否则将带来较大误差。

当所测样品的最大粒径大于临界直径时，就要设法改变测试条件。由式(5-8)可知，增大介质黏度可以增大临界直径，所以通常用甘油水溶液来作粗样的沉降介质就是这个道理。

应该指出，临界直径仅是理论值，在实际应用中还要考虑具体仪器的因素。比如沉降高度、沉降时间与系统响应时间等因素。对具体仪器(如 BT-1500)而言，实际临界直径一般为实验数值的 2/3 到 1/2 之间。这样，一方面保证测量在层流区内进行，另一方面系统有充分的响应时间，避免大颗粒漏掉现象。受布朗运动等因素的影响，重力沉降临界直径的下限一般在 3 μm 左右。

5.2.1.3　离心沉降法

对于较细的颗粒来说，重力沉降法需要较长的沉降时间，且在沉降过程中受对流、扩散、布朗运动等因素的影响较大，致使测量误差变大。为克服这些问题，通常用离心沉降法来加快细颗粒的沉降速度，从而达到缩短测量时间、提高测量精度的目的。

在离心状态下，颗粒受到两个方向相反的力的作用：一个是离心力，一个是阻力。在层流区中可得到下列公式：

$$\frac{\pi}{6}(\rho_s - \rho_f)gD^3 \frac{\mathrm{d}^2 x}{\mathrm{d}t^2} = \frac{\pi}{6}(\rho_s - \rho_f)D^3\omega^2 x - 3\pi D\eta \frac{\mathrm{d}x}{\mathrm{d}t} \tag{5-9}$$

式中，x 为从轴心到颗粒的距离；$\dfrac{\mathrm{d}x}{\mathrm{d}t}$ 为颗粒的沉降速度；ω 为离心机转速。

当离心力和阻力平衡，颗粒呈匀速运动状态时，式(5-9)可改为

$$\frac{\mathrm{d}x}{\mathrm{d}t} = u_e = \frac{(\rho_s - \rho_f)}{18\eta}D^2\omega^2 x \tag{5-10}$$

这就是斯托克斯定律在离心状态下的表达形式。它表明在离心沉降过程中，颗粒的沉降速度除与粒径有关外，还与离心机的转速和颗粒到轴的离有关。

将重力沉降时的斯托克斯公式与式(5-10)相比较，得

$$\frac{u_e}{u} = \frac{\omega^2 x}{g} \tag{5-11}$$

一般地，离心沉降时的离心机的转速都在每分钟数百转到数千转之间，所以式(5-11)中的 $\omega^2 x$ 远远大于 g，表明离心沉降速度 u_e 远远大于重力沉降速度 u，所以采用离心法将增大颗粒的沉降速度并缩短测量时间。

离心沉降的临界直径(上限)的算法如下：

$$D_{s离心}^3 = \frac{3.6\eta^2}{(\rho_s - \rho_f)\rho_f \omega^2 X} \tag{5-12}$$

式中，X 为轴心到测量处的距离。

重力沉降和离心沉降的实质是相同的，都是根据沉降速度来测量颗粒大小的，但侧重点有所不同。重力沉降主要用于较粗颗粒的粒度测试，测试下限一般在 3 μm 左右；离心沉降法一般采用测试较细的样品，测试下限可由式(5-13)得到

$$D_{min} = \sqrt{\frac{1200RT\ln\left(\dfrac{r}{s}\right)}{\pi L \Delta\rho \omega^2 (r-s)^2}} \tag{5-13}$$

式中，s 为液面到轴心的距离，r 为测量位置到轴心的距离，L 为阿伏伽德罗常数，R 为气体常数，T 为热力学温度。

当 $T=300\,\mathrm{K}$，$s=0.04\,\mathrm{m}$，$r=0.07\,\mathrm{m}$，$\Delta\rho=1000$，$\omega=838\,\mathrm{rad/s}$ 时，$D_{min} = 0.0112\,\mu\mathrm{m}$。随着离心机转速 ω 的变化，测试的下限也会发生变化。

目前的沉降式粒度仪大都采用重力沉降和离心沉降相结合方式，这样就结合

了重力沉降和离心沉降的优点，扩大了仪器粒度测试范围。

对于离心沉降来说，不同的参数往往会影响沉降速度，一般来说，影响沉降的因素有以下几个方面。

1）布朗运动

布朗运动是液体分子的一种不规则的运动。当悬浮液中的颗粒小到一定程度时，液体分子的这种不规则的运动撞击颗粒使颗粒产生显著位移，这种位移影响了颗粒在介质中的定向运动。

可见，小于 1 μm 的颗粒的布朗运动引起的位移量超过了重力引起的位移量，但小于离心沉降所引起的位移量，所以离心沉降是可以克服布朗运动对小颗粒沉降的影响。

2）达到匀速运动的时间

当测试前的搅拌停止后，颗粒的运动状态将逐步过渡到匀速沉降状态。那么从停止搅拌到达匀速运动的时间是多少呢？理论推导和实验都表明，当 Re 很小时，颗粒在达到终极速度（匀速运动时的速度）的 99% 时所用的时间很短，在此之前所发生的位移量很小。由此产生的影响可以忽略不计。

3）浓度的影响

斯托克斯定律在浓度很低的情况下是有效的。当浓度增加时，分布在液体中的颗粒将产生相互作用，使沉降速度发生变化。其原因有以下几种。一是浓度增加，颗粒间接触的机会增加，易产生结团现象，使沉降速度加快。二是一些颗粒产生的速度场会增加其他颗粒的沉降速度，比如两个颗粒在同一条垂线上沉降时，后面的阻力小于前面的阻力，使两颗粒逐渐靠拢。三是颗粒向下沉降必然导致液体向上的补偿运动，有使颗粒的沉降速度减小的作用等。有研究表明，当浓度为 0.3% 时，粒度误差为 4%。由此可见，在用沉降法进行粒度测量时，应尽可能用较低的浓度。当两个颗粒间的距离大于粒径 10 倍时，其相互作用可以忽略不计。通常悬浮液的百分比浓度在 0.02%～0.2% 之间。具体仪器都规定了一定的允许浓度范围和控制方法。

那么，是不是浓度越小对测试越有利呢？也不是。浓度太小，样品的代表性差，给测量结果反而带来更大的误差。

4）非球形颗粒的影响

斯托克斯定律所讨论的颗粒均为球形颗粒。但现实中的样品颗粒形状往往是很复杂的，有片状、纤维状以及其他不规则形状。它们的沉降规律和沉降速度都与球形颗粒有所不同。而且一组相同的不规则颗粒的沉降速度也不相同，而是有一个范围。实验表明，不规则形状颗粒沉降时，最大与最小速度之比约为 2∶1。不规则形状颗粒沉降的轨迹也不是垂直的。如圆片状颗粒漂移至壁上或呈"S"形摇摆状态；三角片状颗粒沿中心沉降的趋势明显等。

　　非球形颗粒沉降规律是复杂的，对最终结果的影响也不仅仅是粒度偏大或偏小的问题，而是对整体分布产生影响，并使测量重复性变差。为克服上述问题，有的仪器引入形状系数、球形度系数等对沉降速度进行修正，有的仪器还采取多点采样等措施保证仪器的重复性。但这些措施并未从根本上改变非球形颗粒粒度测量的复杂性，有些问题还在进一步的实验研究中。

　　5）离心沉降对颗粒运动状态的影响

　　由式（5-10）可知，颗粒在离心场中的沉降速度与颗粒距轴心 O 的距离 x 成正比。也就是说，随着沉降的进行，颗粒渐渐远离圆心，沉降速度也逐渐加快。不仅如此，离心沉降时颗粒的运动方向也不是像重力沉降那样是垂直的，而是沿着离心半径方向做发散运动。如果是垂直沉降它们都会通过测量区而被有效检测到，而离心沉降时只有部分颗粒可以通过测量区，边上的颗粒将沿半径方向运动直到沿器壁滑向底部，越过了检测区。

　　离心沉降颗粒的沉降速度和方向的变化结果导致测量区的浓度非正常下降，使最后的测量结果中的细颗粒的含量减小。对任何离心沉降式粒度仪，上述两个问题都是值得重视并应妥善解决的。

　　解决的办法：一是采用长臂离心机构，使 $OS \gg SR$，这时 x 对沉降速度的影响可以忽略不计；二是有的仪器从整体设计考虑不宜采用长臂离心机构时要采用适当的方法进行修正。

　　6）消光系数

　　沉降式粒度仪是通过测量悬浮液的透光率来反映颗粒的沉降速度，进而得到粒度分布的。当粒径远远大于光的波长时，光通过悬浮液后的衰减主要是颗粒投影面的遮挡所致；当粒径与光的波长接近时，就发生散射、干涉、衍射等现象，透明颗粒还会产生一定折射、反射等现象，使接收到的光信号异常。为克服由此造成的误差，我们引入消光系数加以补偿。

5.2.1.4　光透原理——比尔（Beer）定律

　　离心沉降式粒度仪是测试粒度的常用工具，它的基本工作过程是将配制好的悬浮液转移到样品槽中，并将样品槽放到仪器上。这时用一束平行光在一定深度处照射悬浮液，将透过的光信号接受、转换并输入到电脑中，同时显示该信号的变化曲线。随着沉降的进行，悬浮液中的浓度逐渐下降，透过悬浮液的光量逐渐增多。当所有预期的颗粒都沉降到测量区以下时，测量结束。通过电脑对测量过程光信号进行处理，就会得到粒度分布数据。

　　那么，透过悬浮液的光信号及其变化率与粒径之间的关系又是怎样的呢？根据比尔定律，透过悬浮液的光强 I_1、入射光强 I_0 与粒径 D 的关系如下：

$$\log\left(I_{\mathrm{i}}\right)=\log\left(I_{\mathrm{o}}\right)-K\int_{0}^{\infty}n(D)D^{2}\mathrm{d}D \tag{5-14}$$

式中，K 为与仪器常数、形状、消光系统有关的常数；$n(D)$ 为光路中存在的直径为 $D+\mathrm{d}D$ 颗粒个数。

比尔定律给出了光强与颗粒数(可转换的颗粒重量)之间的关系。在整个测量过程中，系统根据斯托克斯定律计算样品中每种粒径的颗粒到达测量区的时间，并将对应时刻透过悬浮液的光强 I_{i} 一一记下，根据式(5-14)就可以求出该样品的粒度分布，具体算法如下所述。

设一个样品由粒径为 D_1、D_2、D_3、D_4 的四种颗粒组成，且 $D_1 > D_2 > D_3 > D_4$。它们的颗粒数分别为 n_1、n_2、n_3、n_4，对应的光强为 I_1、I_2、I_3、I_4，则将式(5-14)展开，得

$$\log\left(I_1\right)=\log\left(I_{\mathrm{o}}\right)-K\left(n_1 D_1^2 + n_2 D_2^2 + n_3 D_3^2 + n_4 D_4^2\right) \tag{5-15}$$

$$\log\left(I_2\right)=\log\left(I_{\mathrm{o}}\right)-K\left(n_2 D_2^2 + n_3 D_3^2 + n_4 D_4^2\right) \tag{5-16}$$

$$\log\left(I_3\right)=\log\left(I_{\mathrm{o}}\right)-K\left(n_3 D_3^2 + n_4 D_4^2\right) \tag{5-17}$$

$$\log\left(I_4\right)=\log\left(I_{\mathrm{o}}\right)-K\left(n_4 D_4^2\right) \tag{5-18}$$

由上式可见，等式右边是颗粒个数与颗粒重量的乘积，相当于该粒径颗粒总的重量，再把每个颗粒的总重量累加起来，就可以通过等式左边算出它们各自的百分含量。

$$D_1\left[\log\left(I_2\right)-\log\left(I_1\right)\right]=kn_1 D_1^3 \tag{5-19}$$

$$D_2\left[\log\left(I_3\right)-\log\left(I_2\right)\right]=kn_2 D_2^3 \tag{5-20}$$

$$D_3\left[\log\left(I_4\right)-\log\left(I_3\right)\right]=kn_3 D_3^3 \tag{5-21}$$

$$D_4\left[\log\left(I_1\right)-\log\left(I_4\right)\right]=kn_4 D_4^3 \tag{5-22}$$

5.2.2　沉降法测试过程

5.2.2.1　样品制备

样品制备是粒度测试前的样品及测试条件的准备过程。样品制备包括取样、沉降介质与悬浮液的配制、分散与分散剂、分散效果检查。

1. 取样

沉降式粒度仪与其他粒度仪一样，是通过对少量样品测量来代表大量粉体粒度分布状况的。因此要求取样具有充分的代表性。这一点至关重要！遗憾的是，许多操作者对取样工作采取很随意的态度，表现在重视程度不够，手段落后，方法不规范、不统一，使测试结果不能正确反映整个物料的粒度分布情况，给工作造成损失。这种状况必须改变。从大批物料中取样到逐步分至测量样品，一般可分为下列四个步骤：

大批物料（或生产过程）粗样（kg）→实验样品（g）→分析试样（mg）→测试样品（悬浮液）

1）粉体常见的离析现象和取样规则

粉体产品在生产、传送、包装、堆放、运输等过程中，粗、细颗粒往往容易发生离析现象，并且物料的流动性越好，离析现象越严重。如在堆放时，细粒度颗粒集中在中部，粗粒度颗粒集中在周围；震动容器中粗粒趋于表面；传送带中两边和表面的粗料多；料袋、桶中由于卸料时采用注入式，边缘处的粗料的比例较多等。了解颗粒的分离倾向有助于克服取样工作中漫不经心的做法和态度。

取样的总的原则是：①要有可能就要在物料移动时取样。这一点适合在生产过程中取样。②多点取样。在不同部位、不同深度取样，每次取样点不少于四个，将各点所取的样混合后作为粗样。③取样方法要固定，要根据具体情况制定严格的操作规程来规范取样工作。

取样所用的工具有多种，取干粉样时用键槽式干粉取样器，浆料样时用广口容器（如烧杯、量杯）等。

2）试样的缩分方法

取来粗样后，在分析前应缩分至适当的重量作为实验室样品。缩分方法：①勺取法，要将样品充分混合均匀（一般将试样装到容器中剧烈摇动）后多点取样；②锥形四分法，将粗样全部倒到玻璃板上，充分混合后堆成圆锥形用薄板从顶部中心处呈"+"字形切开，取对角的两份混合后再进行上述过程，直到取得适量为止，要注意的是，料堆必须是规则的圆锥形，两切割平面的交线要与轴重合；③仪器缩分法，如用叉流式缩分器、盘式缩分器等。

3）从实验室试样缩分为分析试样

前面所得到的实验样品还要进一步缩分为分析试样。由于样品量越来越少，所以缩分后的代表性尤其至关重要。此次缩分通常要分出 $0.5 \sim 2$ g 的样品用来配制悬浮液。缩分的方法还是将样品充分混合后用多点（至少四点）勺取法。要注意的是，将取到勺里的样品全部留用，或倒掉重取，不能抖落出一部分，留用一部分。

4)得到测量样品

分析样品一般全部放到烧杯等容器中制成悬浮液,悬浮液的量一般不少于 60 mL,经分散、搅拌后要转移出一部分到样品槽中做测量用。缩分悬浮液所用的工具最好是用具有各方向进样功能的取样器(可用注射器改制),将悬浮液充分搅拌后从其中部缓缓抽取适量注入样品槽中。至此,取样过程才告一段落。取样是在粒度过程中重要的环节之一。基本要求一是要方法得当,二要重视认真,三要规范。

2. 沉降介质

所谓沉降介质是指用于分散样品的液体。沉降式粒度仪是要将样品配制成悬浮液进行粒度测试的,所以选择合适的沉降介质非常重要。

如何选择合适的沉降介质呢?第一,所选定的介质要与被测物料之间具有良好的亲和性。在化学上,常把容易被水或其他介质浸润的物质称为亲水(或其他介质)性物质,如方解石、SiO_2、高岭土等属于亲水性物质。把难以被水(或其他介质)浸润的物质称为疏水(或其他介质的物质)性物质。例如,滑石、石墨等具有一定的疏水特性。但是,介质和物料之间的亲和性在一定条件下会有所改变。如改性方解石粉具有疏水特性等。判断物料亲水还是疏水(或其他介质),最简单的方法就是看物料加到介质中并稍作搅拌后在介质表面有无漂浮现象。没有漂浮的为亲水性的,否则就是疏水性的。第二,要求介质与被测物料之间不发生溶解,不使物料膨胀等变化。第三,沉降介质应纯净、无杂质。第四,使颗粒具有适当的沉降速度。

常用的沉降介质加有水、水+甘油、乙醇、乙醇+甘油等。其中甘油是增黏剂,用来增大介质的黏度,以保证较粗的颗粒沉降在层流区内进行。一般地,最大颗粒小于 38 μm,相对密度小于 3 的样品(如高岭土、滑石等非金属样品等),可直接选蒸馏水或乙醇作介质。

配制甘油水浴液或甘油乙醇溶液的方法是,先加水(或乙醇)后加甘油,利用甘油黏度较大的特性能比较精确地控制浓度。之后要充分搅拌,再放到超声波分散器中振动(同时搅拌),10 min 后即可使用。

3. 分散与分散剂

将试样与沉降介质混合制成一定浓度的悬浮液,并使团粒分离,颗粒呈单体状态均匀分布在液体中,这个过程叫分散。

样品在液体中分散有三个阶段:一为润湿过程,即液体润湿颗粒(或团粒)的表面;二为团粒中颗粒分离;三为分散状态的保持。有助于上述三个方面进行的添加剂,统称为分散剂。也就是说,分散剂的作用表现在使颗粒表面更好地润湿,使颗粒表面与液体之间具有更好的亲和性，从而加速团粒的分解，并使分散状态保持下去的物质。

常用的分散剂有焦磷酸钠、六偏磷酸钠等。使用时先将分散剂溶解到介质中，浓度一般在 0.2%左右。应该注意的是，并不是分散剂加得越多，分散效果就越好。分散剂浓度过高或过低都会对分散效果产生负面影响。

当用乙醇、苯等有机溶剂做沉降介质时，一般不用加分散剂。

在上述分散的三个阶段中，促使团粒的分离是关键。有些样品，特别是较细小样品，团粒中各单个颗粒之间的结合强度较大，仅靠分散介质的润湿等作用还不足以使它们很快彻底地分离开来，这样就必须施以外力分散。外力分散效果最好的是超声分散。此外还有搅拌、研磨、煮沸等。这些分散方法往往也结合起来使用，比如在超声分散过程中高速搅拌等。

4. 悬浮液的配制与测试前的准备

对于一般的样品，直接将分析样品加到含有分散剂的介质中，再经过分散处理即可以进行测试。对于粒度分布范围很宽的样品，宜先用少量介质将较多量的样品调成黏稠状，再用小勺取其中一部分加到介质中配制悬浮液，这样有利于保证被测样品的代表性。对于一些具有疏水特性或经过改性的样品，一般要经过预分散的处理过程，然后再配成悬浮液进行正常分散。如滑石粉，可先将样品加到少量乙醇中并进行超声分散约 10 s，将颗粒表面微孔中的空气排除，使颗粒表面的润湿状况得到改善，再加水就可以得到一个分散状态比较稳定的样品。

经过超声分散后，悬浮液的湿度会升高，升高对分散是有利的，但悬浮液与环境温度差距太大，会给测试带来不利的影响。克服温度上升的办法有四：①在超声分散结束后将悬浮液的温度降到与室温一致；②直接测量悬浮液的温度，用该温度下对应的参数作为原始参数测试；③经常更换超声分散器中的水，减少分散过程中温度的上升；④配制浓度较大的悬浮液进行充分分散，再取适量加到另一个烧杯中配制成浓度合适的悬浮液。

5. 分散效果的检查

检查分散效果常用的方法有两种：一是显微镜法，即取少许经分散过的样品放到显微镜上观测，看有无结团现象；二是在粒度仪上测试，看前后两次经不同分散处理的样品的测试参数(如透光率等)是否一致。

以上就样品制备的各个环节进行了简单的介绍。应该说，取样方法、分散方法是主要内容。由于生产过程和方法千差万别，环境和条件各不相同，加上样品分散和凝聚的机理非常复杂，在实际测量粒度工作中，仍要对所测物料、沉降介质、分散剂、分散方式等进行具体的实验与研究，并在总结的基础上制定出统一的操作规范，最大限度地减少样品制备方面带来的误差，使粒度测量工件满足质量控制要求。

5.2.2.2 样品测试

沉降式粒度仪大多都是重力沉降和离心沉降结合的仪器，因此一台沉降式粒度仪的测试方式有重力沉降方式、离心沉降方式、重力与离心组合沉降方式三种。

选择重力沉降方式时，从测试开始到结束的整个测量过程都是在重力作用下进行的，离心机不转。这种方式的测试下限一般在 3 μm，小于 3 μm 时不仅测量时间将延长很多，而且布朗运动的影响明显，使测量结果的误差较大。

离心沉降方式是用来测量超细样品的，以水为介质时的测量范围约在 8~0.1 μm 之间。圆盘离心粒度仪的测试下限甚至可达到 0.04 μm。

组合沉降方式是将上述两种方式结合而成的一种方式。它的基本过程是在测量开始后采用重力沉降方式，这段时间内测量样品中较粗的颗粒。当重力流达到一定的条件时，开始启动离心机，用离心方式测量样品中较细颗粒。这样，不仅扩大了沉降式粒度仪的量程，减少了一些不利因素对测量的影响，还缩短了测试时间。因此，这种方式是沉降式粒度仪中应用最多的一种方式。

一般地，比重较大的金属粉或 10 μm 以下的细胞含量很少的样品，选用重力方式；2 μm 以下含量在 90%左右的非金属粉，用纯离心方式测试；其余 200~2500 目之间的粉，一般用组合方式。除了上述总的测量方式之外，测量过程中还有一些关键设置，如下所述。

1）最大粒径的测定

传统的沉降式粒度仪在测量前要根据样品的粗细程度先预设一个最大粒径值，这样设定的最大粒径有一定的盲目性。较新式的沉降式粒度仪是根据重力沉降的临界直径和沉降曲线的变化来自动测定最大粒径的。这里所说的最大粒径是指在被测悬浮液中最早使悬浮液浓度发生变化从而使沉降曲线显著升高的那些颗粒。

2）粒度区间设定

粒度分布是用不同粒径颗粒占总量的百分数来表示的。沉降式粒度仪需要人为地设定粒径区间。粒径区间的设定原则有以下几点：

（1）要满足分析需要。对生产和使用中非常关心的粒径区间不能省略。如某样品需要测出 10 μm、5 μm、2 μm、1 μm、0.4 μm 等粒径所占的百分数，这些数值就必须设定在粒级当中。

（2）同一规格样品粒级区间的设定要一致。

（3）在满足需要的前提下，粗粒端检测区间的间隔要宽，细粒端的粒径间隔要窄。

（4）粒径最大值应不小于系统测定的最大粒径。

　　粒径区间的设定方法很灵活,比较先进的系统中往往会给出几种模式供选择,通常有以下几种:

　　(1)固定间隔:系统设定十种以上的粒级间隔,用户可选择其中的任意一种。

　　(2)任意间隔:每个粒径值从大到小都一一设定,可以得到任意粒径对应的百分数。

　　(3)等差间隔:所有粒径区间的大小等于一个固定的差值。

　　(4)等比间隔:相邻两个粒级之比等于一个固定的比值。一些新式沉降式粒度仪还具有粒级重新设定功能,用来对已经确定了的粒级间隔进行修改。

　　设置好后,可以按以下步骤进行测试。

　　(1)打开仪器,设置测试程序。按照软件提示,依次输入被测样品、标准样品和梯度液信息。

　　(2)设置转速。一般根据测试颗粒的密度、粒径选用合适的转速。应遵循原则:使颗粒到达检测的时间大于 5 min,以保证颗粒在梯度液中有足够的平衡时间;因颗粒在梯度液中运动的时间越长,受布朗运动的影响越大,故检测时间不宜超过 30 min。

　　(3)等转速稳定后,准备向圆盘内注入梯度液。梯度液一般由 9 层密度不同的同种物质的溶液组成。常见的梯度液有蔗糖溶液、氯化铯溶液等。在选择梯度液时应注意使梯度液与待测样品有一定的密度差。最后注入 5 μL 十二烷,液封梯度液,防止梯度液中溶剂挥发而造成密度变化。

　　(4)打开测试界面,按照提示,注入标准样品。在测试前,应保证标准样品的单分散性和粒径均一性。

　　若在测试标准样品时,发现粒径分布峰不对称或仪器提示测试失败,排除标准样品本身的原因,则一般是配制梯度液失败造成的。此时应立刻停止转速,重新配制梯度液。

　　(5)注入约 100 μL 的被测样品。每个被测样品应测量 3 次,以保证实验的可重复性。

　　(6)测试结束后,首先关闭转速。待圆盘停止后,用乙醇和水反复清洗圆盘。因为检测器透过圆盘的两侧光学玻璃收集信号,所以在测试前、后一定要保证圆盘的洁净。

5.2.3　数据处理及分析

5.2.3.1　测试结果的处理

　　测量结束后,对测量结果的处理通常有打印、保存、查询、比较、合并、删除等，一些系统还可以将测试结果转化为 Word 文档格式或 Excel 格式等，以满足不同用户的需要。

5.2.3.2　测试结果分析

斯托克斯定律适用于表面光滑、均质刚性的球形颗粒在层流区做沉降运动。而检测器根据吸光度变化，得到检测沉降时间，再经过公式(5-23)计算得到测试样品的粒度分布；在球形模型的基础上，进而提供质量、表面积、颗粒个数和吸光度的分布。提供测试样品的总质量，粒度比重最大值、平均值和各粒度范围所占百分比。

$$D = \frac{\left[18\eta \ln\left(\dfrac{R_{\mathrm{f}}}{R_{\mathrm{o}}} \right) \right]^{\frac{1}{2}} RT}{\left[(\rho_{\mathrm{P}} - \rho_{\mathrm{f}}) w^2 \right]^{\frac{1}{2}} t^{\frac{1}{2}}} \tag{5-23}$$

检测时间是计算粒度分布的重要参数，故一切影响颗粒在梯度液中运动的因素都有可能造成粒度测量的误差。因此，对于某些颗粒表面带有不可忽略的配体层的样品，由于配体层增加了颗粒运动的阻力，故测试结果会比真实值偏小。

对于非均质的颗粒，用该方法得到的测试结果仅可作为颗粒粒度分布的一种参考。由于平均密度的不确定性，测试粒径与真实值存在偏差。该测试方法模型为球形颗粒，测试非球形颗粒时，须引入球形因子来校正数据。

5.3　显微图像法

显微图像法是通过显微镜放大图像后经过数码相机传输至计算机中进行粒度分析的一种仪器。显微镜图像法能同时观察颗粒的形貌及直观地对颗粒的几何尺寸进行测量，经常被用来作为对其他测量方法的一种校验或标定。它的工作原理是由 CCD 摄像头将显微镜的放大图形传输到计算机中，再通过专用分析软件对图像进行处理和计算，得出颗粒的粒径和粒径分布。

显微图像法可以直接观察颗粒的形貌，准确地得到球形度、长径比等特殊数据，适合分布窄(最大和最小粒径的比值小于 10∶1)的样品。但是器材价格昂贵，试样制备烦琐，代表性差，操作复杂，速度慢，不宜分析粒度范围宽的样品，也无法分析粒径小于 1 μm 的样品，显微镜或电镜不适合用于产品的质量控制，但可作为一个非常有价值的辅助手段，与激光衍射法或动态光散射法相结合来进行颗粒表征。

5.3.1　显微图像法基本原理

显微图像法的基本工作原理是将显微镜放大后的颗粒图像通过 CCD 摄像头和图形采集卡传输到计算机中,由计算机对这些图像进行边缘识别等处理,计算出每个颗粒的投影面积,根据等效投影面积原理得出每个颗粒的粒径,再统计出所设定的粒径区间的颗粒的数量,就可以得到粒度分布。

颗粒图像法有静态、动态两种测试方法。静态方式使用改装的显微镜系统,配合高清晰摄像机,将颗粒样品的图像直观地反映到电脑屏幕上,配合相关的计算机软件可进行颗粒大小、形状、整体分布等属性的计算。动态方式具有形貌和粒径分布双重分析能力,重建了全新循环分散系统和软件数据处理模块,解决了静态颗粒图像仪的制样烦琐、采样代表性差、颗粒粘连等缺陷。

5.3.2　显微图像法仪器

该类仪器由显微镜、CCD 摄像头(或数码相机)、图形采集卡、计算机(图像分析仪)等部分组成。每个部分都有着不同的作用。

显微镜:观察颗粒,放大成像。

CCD 摄像头:将显微镜拍摄的图像记录下来,以便于向计算机传输。

图形采集卡:将 CCD 摄像头拍下的图像进行采集并传输给计算机处理。

计算机(图像分析仪):将收集到的图像进行处理分析等。

物镜测微尺:是一标准刻尺,其尺度总长为 1 mm,分为 100 等分,每一分度值为 0.01 mm,即 10 μm 刻线外有一直径为 $\Phi3$、线粗为 0.1 mm 的圆,以便调焦时寻找线条。刻线上刻有厚度为 0.17 mm 的盖玻片,保护刻线久用而不损伤。

5.3.3　显微图像法样品制备

5.3.3.1　显微镜使用前的准备

将目镜测微尺放入所选用的目镜中,并将目镜和物镜安装在显微镜上,将标准测微尺置于载物台上通过旋转公降螺钉,调节焦距。

5.3.3.2　样品的制备

用显微镜测试的粉末应经过筛分,否则由于粉末粒度范围过宽,测试中须经常更换物镜或目镜,不仅造成测试工作的不便而且由于视场范围的变化引起测试的不准确。

粉末样品由于具有发达的表面积，因而有较高的表面能，使粉末颗粒产生聚集，形成团块，影响粉末粒度的测定，所以在制样的过程中应使颗粒聚集体分散成单个颗粒。一般是将少量粉末样品(0.01 g 左右)放置在干净的载玻片上，滴上数滴分散介质，用另一干净载玻片覆盖其上进行对磨并观察情况，然后平行对拉将两片玻璃载玻片分开，即得测试用样品，待分散介质挥发后放于显微镜载物台上进行观测。

对分散介质要求：①对粉末润湿性好且与所测粉末不起化学作用；②介质应易挥发，且挥发的蒸气对显微镜镜头无腐蚀性。

对需长期保存的试样可采用有机玻璃或纤维素溶液进行覆盖，待覆盖膜干燥后颗粒即被固定。

5.3.3.3　观测方法

理想的试样片应便于观测计数，即一个视场内颗粒数不应过多，且各视场颗粒分布情况应尽量均匀。

实验采用垂直投影法，即所测颗粒在视场内同一个方向移动，顺序地、无选择地逐个进行测量。当颗粒形状不规则时测量这一方向上的最大尺寸，如图 5-1 所示。颗粒在视场中做上下运动而且目镜测微尺处于水平位置，测试中注意不要对某一颗粒重复计数或漏掉某些颗粒。

图 5-1　垂直投影法测粒度

5.4　激光粒度仪法

当光束前进过程中遇到颗粒时，将发生散射现象，散射光与光束初始传播方向形成一个夹角 θ，散射角的大小与颗粒的粒径相关，颗粒越大，产生的散射光的 θ 角就越小；颗粒越小，产生的散射光的 θ 角就越大。这样，测量不同角度上散射光的强度，就可以得到样品的粒度分布。

激光粒度分析仪就是利用光的散射原理测量粉末颗粒大小的，采用夫琅禾费(Fraunhofer)衍射及米氏(Mie)散射理论，是当前粒度测量领域应用最广泛的一种粒度仪。其特点是测量的动态范围宽、测量速度快、操作方便，且测试过程不受温度、介质黏度、试样密度及表面状态等诸多因素的影响，只要将待测样品均匀地展现于激光束中，即可获得准确的测试结果。尤其适合测量粒度分布范围宽的粉体和液体雾滴。激光粒度仪作为一种测试性能优异和适用领域极广的粒度测试仪器，已经在其他粉体加工与应用领域得到广泛的应用。目前，激光粒度分析技术主要分为以下三类。

(1)静态激光。能谱是稳定的空间分布。主要适用于微米级颗粒的测试，经过改进也可将测量下限扩展到几十纳米。

(2)动态激光。根据颗粒布朗运动的快慢，通过检测某一个或两个散射角的动态光散射信号分析纳米颗粒大小，能谱是随时间高速变化的。动态光散射原理的粒度仪仅适用于纳米级颗粒的测试。

(3)光透沉降。通常所说激光粒度仪是指衍射和散射原理的粒度仪，而光透沉降仪依据的原理是斯托克斯沉降定律而不是激光衍射/散射原理。

5.4.1　激光粒度法基本原理

激光粒度仪是根据颗粒能使激光产生散射这一物理现象测试粒度分布的。由于激光具有很好的单色性和极强的方向性，所以一束平行的激光在没有阻碍的无限空间中将会照射到无限远的地方，并且在传播过程中很少有发散的现象。

只考虑电磁光谱的可见部分，光和物质的相互作用会产生四个与内在相关的散射现象。通过运用衍射、折射、反射和吸收四个词来区分这些现象。对上述每个部分使用一个句子定义，则可以将衍射定义为光线在颗粒表面发生弯曲；折射是光线穿过物体及其周围介质之间的边界时发生的变化；反射是光从物体表面再回来；而吸收则是物体对光的衰减。图 5-2 描述了颗粒大小分析中常用的三种光散射现象。

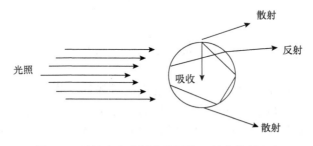

图 5-2　颗粒大小分析中常用的三种光散射现象

这些(看似截然不同的)散射现象在日常生活中并不少见。例如，镜像中的图像是由光的反射生成。吸收是导致深色衣服在阳光下比白色或柔和的衣服更温暖的原因。一支铅笔半淹没在一杯水中，呈现明显的弯曲，说明了折射效果；而对折射的理解也有助于我们构建矫正镜片。衍射的例子不太常见，但许多物理类中我们所熟悉的演示都可以很容易地用激光和一张纸来重现，其中纸上有一个被切割的小孔。在这个实验中，光被开口的边缘"弯曲"（衍射），在一段距离的墙上或屏幕上形成一个有规律的、交替的光和阴影图案。图 5-3 是球体产生的衍射图案。

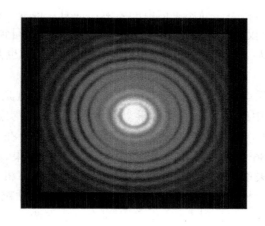

图 5-3　球体产生的衍射图案

5.4.1.1　夫琅禾费衍射理论

19 世纪早期，J. von Fraunhofer 对衍射进行了数学描述。在给定波长下，夫琅禾费的理论预测散射最大的角和最小的角位置与颗粒大小呈函数关系[12]。尽管夫琅禾费理论解释了这些光和明暗图案是如何产生的，但光的衍射是由光和物体相互作用产生的现象，而物体本质上是二维的，如布片上的圆盘或洞。光与三维物体（如颗粒）的相互作用导致散射，这不仅仅是衍射的产物，也是光的折射和吸收的结果。从这个意义上说，夫琅禾费的理论只是任何"现实世界"物体散射光问题的完整解决方案的近似值，因此，它在颗粒大小测试中的应用就必然局限于以下情况：①颗粒相对于波长很大；②观察角度小；③颗粒不透明。

相对于波长较大的颗粒，夫琅禾费理论几乎与完整的米氏理论在功能上是等效的。然而，随着颗粒的直径接近波长，折射和吸收日益影响散射模式。夫琅禾费的圆面物体的光衍射方程只能从波长、角度和颗粒直径（此直径是物体边缘之间的距离）来描述散射光的相对强度。然而事实上，光和三维物体的相互作用的描述必须考虑物体的材料属性，例如其折射率。

5.4.1.2　米氏理论

直到 James Clerk Maxwell 提出了建立电与磁之间基本关系的方程，一个完整的、严谨的光散射理论才成为了可能[13]。今天，这个理论通常被称为米（Mie）氏理论，是以物理学家 Gustav Mie 于 1908 年的论文命名的。该理论预测散射光的相对强度与颗粒大小、观测角度以及入射光束的波长和极化呈函数关系[14,15]。该前提是已知颗粒平滑、球形、内部(光学)均质和已知折射率。米氏理论必然包含夫琅禾费理论，因为它不仅描述了衍射的影响，而且还能够模拟光的折射、反射和吸收产生的散射(仅产生于光和三维物体的相互作用)。回到图 5-2，就应该可以明显看出，小颗粒的光散射不仅仅是通过衍射产生的，也是通过折射和吸收产生的。

　　然而，尽管米氏理论在一百年前就已产生，但其在通过激光散射角模式测量解决球面粒度分布中的应用由于其数学复杂性而依旧不切实际。例如，要计算 100×100 的散射矩阵，即 100 个检测器和 100 个粒径通道，在 20 世纪 90 年代初使用 IBM 兼容的 386 计算机需要将近一个小时才能得出结果。在计算能力不足的年代里，只能使用夫琅禾费近似值。如今，借助发达的计算机，相同的 100×100 矩阵可以以几分之一秒计算，通过测量散射强度实时计算颗粒大小分布如今是可行的。因此，除非样品的折射率未知，否则没有理由在激光衍射技术中使用夫琅禾费近似值。特别是对于粒径小于 25 μm 的颗粒，使用夫琅禾费近似值会在检索到的颗粒大小中产生差距大且意外的错误。然而，由于上述历史原因，以及由于避免该技术与另一种静态光散射技术(主要用于测量大分子分子量)混淆，所以该技术在整个行业中仍然被称为激光衍射。

5.4.1.3　仪器基本原理

　　当光束遇到颗粒阻挡时，一部分光将发生散射现象。散射光的传播方向将与主光束的传播方向形成一个夹角 θ[16]。散射理论和实验结果都告诉我们，散射角 θ 的大小与颗粒的大小有关，颗粒越大，产生的散射光的 θ 角就越小；颗粒越小，产生的散射光的 θ 角就越大。进一步研究表明，散射光的强度代表该粒径颗粒的数量。这样，在不同的角度上测量散射光的强度，就可以得到样品的粒度分布(图 5-4)。

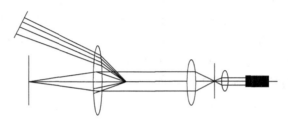

图 5-4　仪器基本原理图

1. 动态光散射原理

Zetasizer Nano 系列使用动态光散射(DLS)进行粒径测量。动态光散射[也称为光子相关光谱(PCS)]可用于测量布朗运动,并将此运动与粒径相关联[17]。这是通过用激光照射粒子、分析散射光的光强波动实现的。散射光波动,如果小粒子被光源如激光照射,粒子将向各个方向散射。如果将屏幕靠近粒子,屏幕即被散射光照亮。现在考虑以千万个粒子代替单个粒子,屏幕将出现散射光斑。散射光斑由明亮和黑暗的区域组成,在黑暗区域不能检测到光。什么引起这些明亮区域和黑暗区域?

图 5-5 显示了粒子散射光传播的波动。光的明亮区域是:粒子散射光以同一相位到达屏幕,相互叠加相干形成亮斑。黑暗区域是:不同相位达到屏幕互相消减。

图 5-5　粒子散射光传播的波动结果

在上例中,我们说粒子是不运动的。在这种情况下,散射光斑也将是静止的,即散射光斑位置和大小都是不变的。

实际上,悬浮于液体中的粒子从来都不是静止的。由于布朗运动,粒子不停地运动。布朗运动是由于与环绕粒子的分子随机碰撞引起的粒子运动。对 DLS 来说,布朗运动的一个重要特点是:小粒子运动快速,大颗粒运动缓慢。在 Stokes-Einstein 方程中,定义了粒径与其布朗运动所致速度之间的关系。

由于粒子在不停地运动,散射光斑也将出现移动。由于粒子四处运动,散射光的建设性和破坏性相位叠加,将引起光亮区域和黑暗区域呈光强方式增加和减少,或以另一种方式表达,光强似乎是波动的。Zetasizer Nano 测量了光强波动的速度,然后用于计算粒径。

1)诠释散射光波动数据

我们知道,Zetasizer 可测量散射光的光强波动,并用于计算样品中粒径,但它如何进行工作的呢?

如果在某一时间点(如时间=t)将散射光斑特定部分的光强信号与极短时间后(t+δt)的光强信号相比较,会发现两个信号是非常相似的,或是强烈相关的。然后，如果比较时间稍提前一点$(t+2\delta t)$的原始信号，这两个信号之间仍然存在相对良好的比较，但它也许不如$t+\delta t$时良好。因此，这种相关性是随时间减少的。现在考虑在t时的光强信号与随后更多时间的光强信号这两个信号将互相没有关系，因为粒子是在任意方向运动的（由于布朗运动），在这种情况下，可以说这两个信号没有任何相关。

使用 DLS，可处理非常短的时间标度。在典型的散射光斑模式中，使相关关系降至 0 的时间长度，处于 1～10 ms 级。"稍后短时"(δt)将在纳秒或微秒级。

如果将 t 时的信号强度与它本身比较，那么将得到完美的相关关系，因为信号是同一个。完美的相关关系为 1，没有任何相关关系为 0。

如果我们继续测量在$(t+3\delta t)$、$(t+4\delta t)$、$(t+5\delta t)$、$(t+6\delta t)$时的相关关系，则相关关系将最终减至 0。相关关系对照时间的典型相关关系函数如图 5-6 所示。

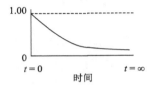

图 5-6　相关关系对照时间的典型相关关系函数

2）使用相关函数得到粒径信息

上述已提及，正在做布朗运动的粒子速度与粒径（粒子大小）相关（Stokes-Einstein 方程），大颗粒运动缓慢，小粒子运动快速。这对散射光斑有什么效应？

如果测量大颗粒，那么由于它们运动缓慢，散射光斑的强度也将缓慢波动。类似地，如果测量小粒子，那么由于它们运动得快速，散射光斑的密度也将快速波动。

图 5-7 显示了大颗粒和小粒子的相关关系函数。可以看出，相关关系函数衰减的速度与粒径相关，小粒子的衰减速度大大快于大颗粒的。

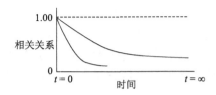

图 5-7　大颗粒和小粒子的相关关系函数

在测量相关函数后，可以使用相关函数信息计算粒径分布。Zetasizer 软件使用算法，提取针对一系列粒径类别的衰减速度，以得到粒径分布。

虽然由 DLS 生成的基础粒径分布是光强度分布，但使用米氏理论，可将其转化为体积分布（volume distribution）。也可进一步将这种体积分布转化为数量分布（number distribution）。但是，数量分布的运用有限，因为相关方程在采集数据中的小错误将导致数量分布的巨大误差。

3）光强、体积和数量分布

说明光强、体积和数量分布之间差异的简单方式，是考虑只含两种粒径（5 nm和 10 nm）但每种粒子数量相等的样品。

图 5-8（a）显示了数量分布结果，可以预期有两个同样粒径（1∶1）的峰，因为有相等数量的粒子。图（b）显示了体积分布的结果。50 nm 粒子的峰区比 5 nm（1∶1000）的峰区大 1000 倍。这是因为，50 nm 粒子的体积比 5 nm 粒子的体积[球体的体积等于$(4/3)\pi r^3$]大 1000 倍。图（c）显示了光强度分布的结果。50 nm 粒子的峰区比 5 nm（1∶1000）的峰区大 1000000 倍（1∶1000000）。这是因为大颗粒比小粒子散射更多的光（粒子散射光强与其直径的 6 次方成正比）。

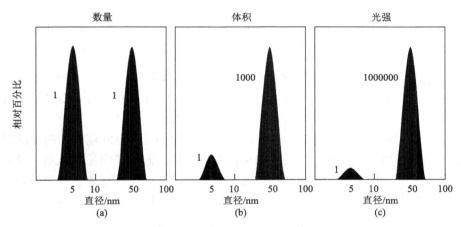

图 5-8　数量、体积和光强分布之间展示图

2. 静态光散射原理

Zetasizer Nano 系列使用静态光散射（SLS）进行分子量测量[18]。静态光散射（SLS）是非侵入技术，用于取得溶液中的分子特征。用动态光散射的类似方式：以光源如激光照射样品中的粒子，而粒子在所有方向散射光。但是，静态光散射测试散射光的时间-平均光强，而不测量依赖于散射光强度随时间的波动。

对一系列样品浓度，累计测试其一段时间如 10～30 s 的散射光光强，然后求其平均光强。这个平均光强与固有的信号波动无关，因此称为"静态光散射"。

由此，我们可以测定分子量（M_{Wt}）和第二位力系数（A_2）。

第二位力系数（A_2）是一种属性，说明了粒子与溶剂或适当分散剂介质之间的相互作用力。

(1)当 $A_2>0$ 时，粒子更"喜欢"溶剂而非它本身，趋于停留在稳定溶液中。

(2)当 $A_2<0$ 时，粒子更"喜欢"它本身而非溶剂，因此可能会聚集。

(3)当 $A_2=0$ 时，粒子-溶剂相互作用力等于分子-分子相互作用力，于是溶剂可描述为 θ 溶剂。

1)静态光散射理论

通过测量不同浓度的样品，并应用瑞利方程，可以测量分子量。瑞利方程说明了溶液中粒子的散射光密度。

$$\frac{KC}{R_\theta}=\left(\frac{1}{M}+2A_2C\right)P(\theta) \tag{5-24}$$

式中，R_θ 为瑞利比，即样品散射光与入射光的比值；M 为样品分子量；A_2 为第二位力系数；C 为浓度；K 为如下定义的光学常数。

$$K=\frac{2\pi^2}{\lambda^4 N_A}\left(n_O\frac{\mathrm{d}n}{\mathrm{d}c}\right)^2 \tag{5-25}$$

式中，N_A 为阿伏伽德罗常数；λ 为激光波长；n_O 为溶剂折射率；$\mathrm{d}n/\mathrm{d}c$ 为折射率微分增量，其是折射率随浓度变化的函数。对多数样品/溶剂组合，在文献中可以查到；而对新组合，运用微分折射计可以测量 $\mathrm{d}n/\mathrm{d}c$。

分子量测量的标准方法是，首先测量被分析物相对于已知瑞利比的标准物的光散射强度。用于静态光散射的普通标准物是甲苯，简单理由是，已知一定范围波长和温度下，甲苯的瑞利比较高，适合于精确测量；而且可能更重要的是，甲苯相对较容易得到。在许多参考书中可以查到甲苯的瑞利比，但作为参考，下面仅给出用于从甲苯标准物计算样品的瑞利比的表达式。

2)瑞利散射

在瑞利方程式中，$P(\theta)$ 一项包含了样品散射光强的角度依赖性。角度依赖性源于同一粒子上不同位置散射光的相干加强和相干减弱，如图 5-9 所示。这种现象称为米氏散射，当粒子足够大而产生多重光子散射时即发生。

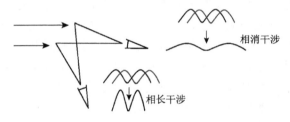

图 5-9 米氏散射示意图

但当溶液中粒子比入射光波长小很多时，多重光子散射则可以避免。在这些情况下，$P(\theta)$ 将降至 1，散射光强丧失了的角度依赖性。这种类型的散射称为瑞利散射。

瑞利散射方程为

$$\frac{KC}{R_\theta} = \left(\frac{1}{M} + 2A_2C \right) \tag{5-26}$$

因此，我们可以规定，如果粒子较小，可假定为瑞利散射而采用瑞利近似。

使用 Zetasizer Nano 系列，适用的分子量测量范围为：对线性聚合物，数百至 500000；对接近球形的聚合物和蛋白质，超过 20000000。

3）德拜（Debye）曲线

粒子产生的散射光强度正比于重均分子量的平方以及粒子浓度。从 X 轴的截距测定分子量（M_{Wt}），即 $K/CR_\theta = 1/M_{Wt}$，以 Da 为单位表示。从 Debye 曲线的斜率测量第二位力系数 A_2（图 5-10）。图 5-10 显示了如何从 Debye 曲线得到分子量和第二位力系数。

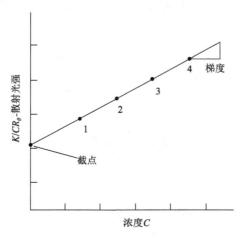

图 5-10 Debye 曲线测第二位力系数 A_2

5.4.2 激光粒度仪器

激光粒度仪的经典光路如图 5-11 所示。它由发射、接受和测量窗口等三部分组成。发射部分由光源和光束处理器件组成，主要是为仪器提供单色的平行光作为照明光。接收器是仪器光学结构的关键。测量窗口主要是让被测样品在完全分散的悬浮状态下通过测量区，以便仪器获得样品的粒度信息。

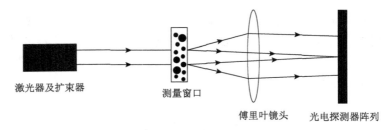

图 5-11 激光粒度仪的经典光路

接收器由傅里叶透镜和光电探测器阵列(图 5-12)组成。所谓傅里叶透镜就是针对物方在无限远、像方在后焦面的情况消除像差的透镜。激光粒度仪的光学结构是一个光学傅里叶变换系统,即系统的观察面为系统的后焦面。由于焦平面上的光强分布等于物体(不论其放置在透镜前的什么位置)的光振幅分布函数的数学傅里叶变换的模的平方,即物体光振幅分布的频谱。激光粒度仪将探测器放在透镜的后焦面上,因此相同传播方向的平行光将聚焦在探测器的同一点上。探测器(图 5-12)由多个中心在光轴上的同心圆环组成,每一环是一个独立的探测单元,这样的探测器又称为环形光电探测器阵列,简称光电探测器阵列。

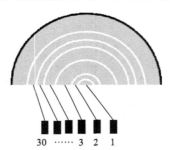

图 5-12 光电探测器阵列示意图

激光器发出的激光束经聚焦、低通滤波和准直后,变成直径为 8～25 mm 的平行光。平行光束照到测量窗口内的颗粒后,发生散射。散射光经过傅里叶透镜后,同样散射角的光被聚焦到探测器的同一半径上。一个探测单元输出的光电信号就代表一个角度范围(大小由探测器的内外半径之差及透镜的焦距决定)内的散射光能量,各单元输出的信号就组成了散射光能的分布。尽管散射光的强度分布总是中心大边缘小,但是由于探测单元的面积总是里面小外面大,所以测得的光能分布的峰值一般是在中心和边缘之间的某个单元上。当颗粒直径变小时,散射光的分布范围变大。光能分布的峰值也随之外移。所以不同大小的颗粒对应于不同的光能分布,反之,由测得的光能分布就可推算样品的粒度分布。

测量下限是激光粒度仪重要的技术指标。激光粒度仪光学结构的改进基本上都是为了扩展其测量下限或是小颗粒段的分辨率。基本思路是增大散射光的测量范围、测量精度或者减少照明光的波长。

当前流行的激光粒度仪的光学结构如图 5-13 所示，双波长、双光束的透镜后傅里叶变换结构。这种结构在传统的透镜后傅里叶结构的主照明光束之外，又增加一束斜入射、短波长(蓝光)的照明光束。增加的照明光束是为了扩大仪器的测量下限。在只有正入射光束的情况下，散射光从测量窗口往空气中出射时由于受全反射现象的限制，能出射的最大散射角约为 48°(假设悬浮介质为水)，也就是说前向散射 48°～90°，后向散射 90°～138°，即 48°～138°范围内的散射光不能被探测器接收，而这一范围内的散射光包含了亚微米颗粒的大量信息。照明光斜入射使得上述角范围内的散射光相对于测量窗口玻璃有较小的入射角，得以避开全反射的制约。此外，散射光的分布范围取决于粒径与光波长的比值。在相同的散射角下，照明光波长越短，对应的粒径越小。因此用短波长的照明光斜入射到测量窗口上，能有效地扩大测量下限。现阶段 MS2000 和 Horiba 的 LA-950 均采用这种结构。

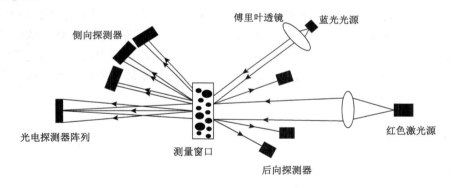

图 5-13　双波长、双光束的透镜后傅里叶变换结构

图 5-14 是一种三光束的双镜头结构。双镜头结构的作用和传统的双镜头一样。三光束中光束 1 为主入射光，作用如同传统的照明光，光束 2 用以扩大前向散射光的出射角，光束 3 用以扩大后向散射光的出射角盲区。目前美国 Microtrac 的 S3500 仪器采用这种结构。

除此之外，研究者还开发了带有偏振光强度差散射(PIDS)技术的激光粒度仪的光学结构，目前由 Beckman Coulter 独家使用。这种结构是在普通的激光粒度仪光学结构(双镜头结构或透镜后傅里叶结构)之外，增加一种称为 PIDS 技术的测量系统，即"散射的偏振强度差"。它是利用亚微米颗粒对水平偏振光和垂直偏振光有不同的散射光场分布[19,20]。与此相对，大颗粒在两个偏振态上则没有什么差

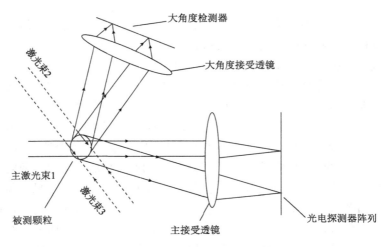

图 5-14   三光束的双镜头结构

异。为了提高对小粒径的分辨率，PIDS 中用了 3 种不同的波长。所用光源是白色自然光，通过滤波和起偏器获得不同波长和偏振态的照明光。从技术创新角度看，该技术很有创意，但是它只能用在亚微米颗粒的低端。当一个分布较宽的样品需要测量时，只能是细颗粒用 PIDS 系统测量，粗颗粒还是要用传统的激光散射原理测量，然后再进行数据拼接。而这两种测量原理有本质的差异，数据拼接需要很高的技巧和经验。

5.4.3 样品制备

5.4.3.1   样品要求

动态光散射(DLS)技术通过检测颗粒/胶体/高分子/蛋白质的布朗运动速度，进而得到颗粒的流体力学直径。DLS 技术检测需要样品稳定、均匀。样品稳定意味着颗粒进行布朗运动而不是沉淀或者上浮运动；均匀意味着在检测时间内，样品在空间分布各个位置含量相同。

1)样品浓度要求

如果是稳定颗粒，即颗粒的大小及其分布不随浓度所改变，则需要在稀释条件下检测样品粒径，以得到颗粒的自扩散系数进而计算颗粒的流体力学直径。不同种类的样品可能稀释到的程度有所不同，但是在达到稀释浓度后粒径应该不随浓度改变。

如果是动态平衡体系，如某些没有经过加压处理的乳液、微乳液、表面活性剂胶束，改变样品浓度将改变体系的外部平衡条件并导致粒径及其分布改变。这时应该在原液状态下进行检测。

2)样品洁净程度

由于颗粒的散射光强正比于颗粒粒径的 6 次方，DLS 技术对于体系中微量存在的灰尘、杂质(通常是微米级别的颗粒)极为敏感。这些物质的存在将对结果造成极大影响。通常来讲，对于粒径小于 50 nm、表面看上去极为澄清透明的体系，我们建议使用适当孔径的过滤膜过滤，然后再进行测试。

5.4.3.2　样品制备

将过滤后的样品直接滴入样品池，尽量避免从侧壁流入，样品高度可以参考样品槽翻盖上 1∶1 样品池投影的高度建议。

5.5　电阻粒度仪法

5.5.1　电阻法基本原理

电阻传感法，又称库尔特法，在碳化硅行业用得较多。它是将所有颗粒等效为同体积的标准球形颗粒，以标准球形颗粒的粒径表示被测颗粒的粒径，适用于粒度分布窄的磨粒检测，样品浓度、分散等都会影响检测结果。

库尔特法的优点有：①分辨率高。库尔特是一个一个地分别测出各颗粒的粒度，然后再统计粒度分布的，这点类似于图像分析仪，所以它能分辨各颗粒粒径的微小差异，分辨率很高。②目前该方法可测得的粒径为颗粒长轴方向投影面积等效圆面积粒径，测试结果物理意义明确。③重复性较好。一次测量颗粒数量较多，代表性较好，测量重复性也就较好。④测量速度快，操作简单。整个测量过程基本上自动完成，操作简单。

但该法的缺点是：①对特定样品的分析范围小，单一样品粒度范围分布太大的样品，不能用该方法检测。②小孔容易堵塞，导致检测失败，且小孔堵塞情况的清洗比较麻烦。③仪器容易受到周围环境震动以及电磁辐射信号的干扰，带来检测偏差。④小孔管和电解液需要经常进行校正。

- 小孔电阻原理

小孔内充满电解液，设电解液的电阻率为 R_0，小孔横截面积为 S，长度为 L，则小孔两端的电阻为(图 5-15)

$$R_0 = \rho \frac{L}{S} \tag{5-27}$$

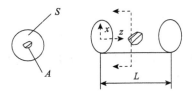

图 5-15　小孔电阻原理示意图

当有绝缘颗粒进入小孔，占去一部分导电空间，电阻将增大。设颗粒是任意形状的，取小孔的任一纵轴位置 z，在该位置颗粒的横截面积为 A（显然，A 是 z 的函数）。该截面上小孔的有效导电面积为：$S-A(z)$。

故该位置一小段长度上的电阻值为

$$dR = \rho \frac{dz}{S-A(z)} = \rho \frac{dz}{S} \frac{1}{1-\dfrac{A(z)}{S}} = \rho \frac{dz}{S}\left(1 + \frac{A(z)}{S} - \frac{A^2(z)}{S^2} + \cdots\right) \quad (5\text{-}28)$$

当 $\dfrac{A(z)}{S} \ll 1$ 时，

$$dR \approx \rho \frac{dz}{S} + \rho \frac{A(z)\,dz}{S^2} \quad (5\text{-}29)$$

故小孔总电阻为

$$R = \int_o^L dR = \rho \frac{L}{S} + \frac{\rho}{S^2} \int_o^L A(z)\,dz \quad (5\text{-}30)$$

因为

$$\rho \frac{L}{S} = R_0 \quad (5\text{-}31)$$

故

$$\int_o^L A(z)\,dz = V \quad (5\text{-}32)$$

故

$$R = R_0 + \frac{\rho}{S^2} V = R_0 + VR \quad (5\text{-}33)$$

其中，电阻增量 $\Delta R = \dfrac{\rho}{S^2} V \propto V$，即电阻增量正比于颗粒体积。

这种方法是根据颗粒在通过一个小微孔的瞬间，占据了小微孔中的部分空间而排开了小微孔中的导电液体，使小微孔两端的电阻发生变化的原理测试粒度分布的。小孔两端的电阻的大小与颗粒的体积成正比。当不同大小的粒径颗粒连续通过小微孔时，小微孔的两端将连续产生不同大小的电阻信号，通过计算机对这些电阻信号进行处理就可以得到粒度分布。

5.5.2　电阻法粒度仪

仪器一般由测试系统和数据处理系统两大部分组成。测试系统由测试室、液路控制系统、小孔管、搅拌器和自动升降工作台等部分构成；数据处理系统由电源、主板、显示屏和键盘等组成。

5.5.3　样品制备

5.5.3.1　电解液的配制

测试前必须确定电解液不会与试样发生化学反应或发生结晶、溶解、凝聚等现象。常用的电解液为1%或2%的NaCl水溶液，也可用4%磷酸钠水溶液。配制电解液必须用蒸馏水，电解质必须用化学纯或分析纯试剂，这样过滤后的电解液容易达到规定要求(表5-1)。一般过滤可用随机配置的塑料过滤器，用0.8 μm的微孔滤膜过滤，要求高的应采用玻璃过滤器，先用0.8 μm的滤膜过滤，再用0.45 μm或0.22 μm的滤膜过滤一次。过滤以后的电解液应能达到如下要求：如果电解液使用时间较长，为了防腐和防止生长微生物，可以在过滤前加入5%甲醛水溶液。一般过滤后的电解液使用时间不宜超过 2 周，夏天最好能储存在冰箱的冷藏室里，但使用时必须恢复到室温后再用。过滤宜采用自然过滤法效果较好，抽滤法虽然速度快，但效果较差。如果使用量较大时，可采用板式过滤器连续过滤装置。

表 5-1　过滤后电解液要求

孔管	50 μm	100 μm	200 μm	400 μm
采样容积	0.1 mL	0.5 mL	2 mL	2 mL
总计数	≤500	≤400	≤200	≤50

5.5.3.2　样品的分散

样品的分散对于颗粒分析来说是一项非常重要的工作。如果分散不好，则测试结果将是错误的，特别是对于小于 10 μm 的样品，分散尤为重要，所以必须高度重视样品的分散工作。分散方式有机械分散和化学分散两种，机械分散主要是机械搅拌和超声分散；化学分散主要是利用化学试剂减小颗粒之间的结合力，增加颗粒表面与液体之间的亲和力，使团聚的颗粒得以很好地分散。粗的样品一般用测试台的搅拌器就可以了，对于较细的样品则需用随机配置的超声波清洗器分散 0.5～3 min。

在使用超声波进行样品分散前，首先在小烧杯里放约 1～5 mg 的样品(样品颗粒越细则所需样品量越少)，再倒入 20～30 mL 电解液。打开超声波清洗器(务必注意清洗槽内应有适量的水)，将小烧杯浸入清洗槽内，慢慢摇晃小烧杯，使样品均匀分散开。对于小于 10 μm 的样品，在超声分散前应先加入一些分散剂。对于不同样品应选用不同的分散剂，常用的有六偏磷酸钠和十二磺基苯胺酸钠等。根据经验，日用品中也有些可以用作分散剂，例如优质洗洁精、洗发露中的主要成分就是表面活性剂，所以一般可以用这些产品作分散剂。对于树脂类样品，血球计数器用的溶血素是一种理想的分散剂，具有杂质少分散效果好的优点。在超声分散前先往烧杯滴入 1～2 滴分散剂，然后加入样品和少量电解液。分散时间视样品不同而异，一般在 0.5～15 min 内选择，基本原则是不破坏粒子，而且随着超声时间的增加样品的 D_{50} 不再减小。表面活性剂也不宜加入太多，否则会产生大量气泡而影响测试结果。

参 考 文 献

[1] 邓庆球, B. A. 昌图里亚. 矿物原料综合加工的主要方向[J]. 国外金属矿山, 1995, 12: 48-53.

[2] Goodridge R D, Tuck C J, Hague R J M. Laser sintering of polyamides and other polymers[J]. Progress in Materials Science, 2012, 57(2): 229-267.

[3] Li Y, Zhang B, Pan X. Preparation and characterization of PMMA-kaolinite intercalation composites[J]. Composites Science and Technology, 2008, 68(9): 1954-1961.

[4] Zhang S, Liu Q, Gao F, et al. Mechanism associated with kaolinite intercalation with urea: Combination of infrared spectroscopy and molecular dynamics simulation studies[J]. The Journal of Physical Chemistry C, 2017, 121(1): 402-409.

[5] Zhang S, Liu Q, Cheng H, et al. Thermodynamic mechanism and interfacial structure of kaolinite intercalation and surface modification by alkane surfactants with neutral and ionic head groups[J]. The Journal of Physical Chemistry C, 2017, 121(16): 8824-8831.

[6] Zhang M, Xia M, Li D, et al. The effects of transitional metal element doping on the Cs（Ⅰ） adsorption of kaolinite (1): A density functional theory study[J]. Applied Surface Science, 2021,

547: 149210.

[7]　Zhao Q, Fu L, Jiang D, et al. Nanoclay-modulated oxygen vacancies of metal oxide[J]. Communications Chemistry, 2019, 2(1): 11.

[8]　Dong X, Duan X, Sun Z, et al. Natural illite-based ultrafine cobalt oxide with abundant oxygen-vacancies for highly efficient Fenton-like catalysis[J]. Applied Catalysis B: Environmental, 2020, 261: 118214.

[9]　Li C, Dong X, Zhu N, et al. Rational design of efficient visible-light driven photocatalyst through 0D/2D structural assembly: Natural kaolinite supported monodispersed TiO_2 with carbon regulation[J]. Chemical Engineering Journal, 2020, 396: 125311.

[10]　傅梁杰, 刘天宇, 杨华明. 黏土矿物材料表界面功能设计的计算模拟[J].硅酸盐学报, 2021, 49(7): 1347-1358.

[11]　Rochman C, Nasrudin D, Muslim M, et al. Characteristics of the ability of physics concept in enrichment teaching materials of natural and mineral resources (NMRs) literacy[J]. Journal Pendidikan IPA Indonesia, 2017, 6(2): 252-256.

[12]　Loewen E G, Popov E. Diffraction Gratings and Applications[M]. Calabasas: CRC Press, 2018.

[13]　Maxwell J C. Maxwell on Molecules and Gases[M]. Cambridge: MIT Press, 1986.

[14]　Harman P M, Harman P M. The Natural Philosophy of James Clerk Maxwell[M].Cambridge: Cambridge University Press, 2001.

[15]　Scientific Credibility and Technical Standards in 19th and early 20th century Germany and Britain: In 19th and Early 20th Century Germany and Britain[M]. Springer Science & Business Media, 2012.

[16]　McGloin D, Dholakia K. Bessel beams: Diffraction in a new light[J]. Contemporary Physics, 2005, 46(1): 15-28.

[17]　Debergh H. Production and physico-chemical characterisation of nanosized systems: Size determination, cytotoxicity and release study with Nile red[D]. Sachsen-Anhalt: Martin Luther Universitaet Halle-Wittenberg, 2016.

[18]　Nobbmann U, Connah M, Fish B, et al. Dynamic light scattering as a relative tool for assessing the molecular integrity and stability of monoclonal antibodies[J]. Biotechnology and Genetic Engineering Reviews, 2007, 24(1): 117-128.

[19]　Buurman P, Pape T, Muggler C C. Laser grain-size determination in soil genetic studies 1. Practical problems[J]. Soil Science, 1997, 162(3): 211-218.

[20]　Ribeiro H S, Chu B S, Ichikawa S, et al. Preparation of nanodispersions containing β-carotene by solvent displacement method[J]. Food Hydrocolloids, 2008, 22(1): 12-17.

第6章 矿物材料孔结构特征

6.1 概　述

国际纯粹与应用化学联合会(IUPAC)[1]将多孔材料分为微孔材料(孔径小于 2 nm)、介孔材料(孔径介于 2～50 nm，也有称中孔材料)和大孔材料(孔径大于 50 nm)，同时孔又具有各种各样的类型和形状，真实存在的多孔材料也可能同时具有一种或者多种孔类，赋予了多孔材料特殊的形貌、结构和功能特性。天然矿物是自然界中的化学元素在一定的物理变化、化学反应作用下形成的具有特定化学成分和内部结晶结构的均匀固体，而在这个过程中也形成了矿物独特的富孔形貌和特殊的孔道结构。例如，常见的硅藻土、海泡石、膨润土、沸石、凹凸棒石、埃洛石、蛭石和石墨等天然无机非金属矿经过提纯、粉碎、复合改性等工艺处理后可得到理想适用的多孔矿物，所以多孔矿物材料也是多孔材料的重要组成部分。

矿物材料的孔结构主要包括矿物表面发达的孔隙结构和矿物体结构孔道。矿物表面的微孔结构主要由台阶、凹凸和裂缝结构等组成，这类孔结构的尺寸常小于 10 μm，包括丰富复杂的微孔和大孔结构。矿物体结构孔道是天然多孔矿物结构性孔隙结构，是指那些以极低的密度和堆密度为特征的非金属矿物所特有的在天然状态下产出的大量的结构性孔道或孔隙结构。多孔矿物的孔道结构根据形态差异分为一维纤维状孔道结构、二维层状孔道结构和三维孔道结构[2](图 6-1)。凹凸棒石、海泡石、石棉等属一维纤维状孔道结构；蒙脱石、蛭石、伊利石、石墨等属二维层状孔道结构；沸石、硅藻土和某些膨胀矿物材料属三维孔道结构。

一维纤维状孔道结构　　　　二维层状孔道结构　　　　三维孔道结构

图 6-1　矿物的三种孔道结构示意图

如果从晶体学基本特征上来看，矿物的内孔呈无限延伸的规则形态，含有孔结构的岩石和膨胀材料的内孔形态则相对更为复杂[2,3]。例如，硅藻土的内孔具有明显类生物结构特征；膨胀珍珠岩和粉煤灰中漂珠的内孔属于膨胀性孔，通常具有不规则的形态；膨胀石墨和膨胀蛭石的内孔基本上保持层状，但局部的有分叉、联合等特点；埃洛石、石棉等矿物由管状孔系晶体层面卷曲而成，可以看作卷曲的二维层状矿物，其单颗粒孔径的大小和形态变化较大。

将表面粗糙、有足够机械强度和化学稳定性的矿物材料，按适当的粒度匹配，作为过滤介质、空穴和孔道在过滤过程中可截留水中的悬浮物或絮状物，这就是矿物具备的特殊的孔道效应。矿物材料的孔道效应主要包括孔道分子筛效应、孔道离子筛效应和孔道内离子交换效应等。每一种多孔矿物材料都对应着一定的孔径域，随着孔径由大变小，材料的吸附性能、离子交换性能及催化性能等逐渐增强[4]。

多孔矿物的孔结构特性一直以来是人们研究的重点，其研究方法主要有气体吸附法、压汞法、小角 X 射线衍射法和其他技术方法(电子显微技术如 SEM 和 TEM 等，以及分形理论等)。其中气体吸附法是分析多孔结构最为经典的方法之一，可以表征分析介孔、微孔矿物的比表面、孔分布和孔隙度等方面的信息[5-8]；压汞法是分析多孔矿物材料的大孔性能的方法[9-12]；小角 X 射线衍射测试可以用来判定多孔矿物材料的结构、空间群、有序度[13-19]。目前，气体吸附法和压汞法已经在诸多领域应用得很成熟和广泛，相对而言，小角 X 射线衍射法等技术则应用范围较小，仍处于研究初步阶段[20-22]。本章将着重对气体吸附法、压汞法和小角 X 射线衍射法进行详细的介绍。

6.2　气体吸附法

气体吸附法是在恒温条件下，通过测定样品在一系列分压下对被吸附气体的饱和吸附量获得吸附-脱附等温线，以求得样品比表面积孔径分布的方法[23-26]。求得样品比表面积和孔径分布的理论基础是 BET 理论，是在朗格缪尔(Langmuir)的单分子层吸附理论的基础上，由 Brunauer、Emmett 和 Teller 等三人进行推广，从而得出的多分子层吸附理论(BET 理论)方法，因此又称 BET 法[27, 28]。其中常用的吸附质为氮气，对于很小的表面积也有用氪气、二氧化碳等气体。在液氮的低温条件下进行吸附，可以避免化学吸附的干扰。

6.2.1　吸附基本概念

气体吸附法根据吸附气体的不同可分为氮气吸附、氩气吸附、CO_2 吸附和水蒸气吸附等。由于氮分子很难进入到 2 nm 以下的孔隙，而二氧化碳分子可以进入最小直径约为 0.35 nm 的孔隙；所以利用二氧化碳吸附来研究微孔分布，低温氮吸附研究介孔分布[29-31]。另外，按照测试过程中不同的状态条件又可分为静态法和动态法，分别是指在静态条件下和流动状态下测量气体吸附量的方法[32-35]。

　　由于气体分子尺寸各异，可达孔也各不相同，因此基于不同测量温度可以得出不同的结果。在微孔中孔壁间的相互作用势能相互重叠，微孔内的物理吸附比在大一些的孔内或外表面的物理吸附要强(图 6-2)[36]。因此，在相对压力(<0.01)很低时发生微孔充填。微孔样品的等温线初始段呈明显大而陡增状，然后弯曲成平台[37]。由微孔体积和微孔分布可对微孔进行表征，由于其孔径接近于分子直径，所以选择吸附质气体是十分必要的。

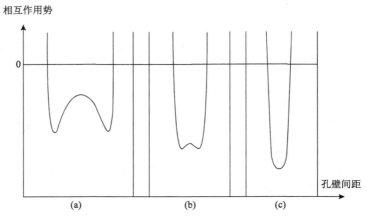

图 6-2　按照 Everett 和 Powl 提出的无限长狭缝微孔中表面与孔内流体间相互作用[36]

　　对诸如沸石分子筛、碳分子筛等微孔材料的孔径和孔体积进行分析是很困难的，因为填充孔径在 0.5～1 nm 的孔要在相对压力在 10^{-7}～10^{-5} 间才会发生，此时扩散速度和吸附平衡都很慢。与氮气相比(在 77.4 K)，氩气在 87.3 K、填充孔径在 0.5～1 nm 的孔时相对压力要高很多[38-40]。与氮吸附相比，较高的填充压力和较高的温度有助于加速扩散和平衡进程。因此，采用氩气作吸附质在液氩温度(87.3 K)下进行微孔材料分析更为有利[41]。然而，就像氮气在 77.4 K 时吸附一样，用氩气作为吸附质充满最细的微孔所需的绝对压力仍然很低。与所需的低压相关的是众所周知的扩散限制问题，它阻止氮分子以及氩分子进入最细的微孔内(存在于活性炭纤维、碳分子筛等)，这会引致错误吸附等温线和低估孔体积等。解决上述难题的一种可行方法(至少是对微孔炭材料而言)是，采用 CO_2 吸附质在 273.15 K 时进行吸附。在该温度下的饱和蒸气压约为 3.48 Pa，也就是说为了达到微孔填充所需的较低相对压力，无需分子涡轮泵级的真空度[42,43]。CO_2 吸附达到 101325 Pa

(1 atm)时，可检测从细微孔到约 1.5 nm 微孔。与低温氮吸附和氩吸附实验相比，在这种相对高温和压力条件下，不存在明显的扩散限制，因此能快速达到平衡。

水分子在多孔材料上的吸附过程可以简单描述为：较低分压时，水分子的吸附过程表现为微孔充填，随着压力升高，微孔内的水分子填充达到饱和，依靠存在于分子间的范德瓦耳斯力作用，吸附过程发展为水分子在中孔、大孔表面分层吸附，从单分子层到多分子层，最终可能会引发毛细凝聚，实现孔隙内吸附的水分子由气态向液态的转变。

6.2.2　气体吸附法测试孔结构基本原理

气体吸附法测定比表面积利用的是多层吸附的原理[44,45]。物质表面(颗粒外部和内部通孔的表面)在低温下发生物理吸附，假定固体表面是均匀的、所有细管具有相同的直径，吸附质分子间无相互作用力，可以有多分子层吸附且气体在吸附剂的微孔和毛细管中会进行冷凝。所以吸附法测得的表面积实质上是吸附质分子所能达到的材料的外表面和内部通孔的内表面之和。气体吸附法主要是利用毛细凝聚现象和体积等效代换的原理，在假设孔的形状为圆柱形管状的前提下，建立毛细凝聚模型，进而估算多孔矿物的孔径分布特征及孔体积。毛细冷凝指的是在一定温度下，对于水平液面尚未达到饱和，而对毛细管内的凹液面可能已经达到饱和或过饱和状态的蒸气将凝结成液体的现象[46]。由毛细冷凝理论可知，在不同的 p/p_0 下，随着 p/p_0 值的增大，能够发生毛细冷凝的孔半径也随之增大。对应于一定的 p/p_0 值存在一个临界孔半径 R_k，半径小于 R_k 的所有孔皆发生毛细冷凝，液氮在其中填充。通过测量样品在不同压力条件下(压力 p 与饱和压力 p_0)的凝聚气量，绘制出其等温吸附和脱附曲线，通过不同理论方法可得出其孔容积和孔径分布曲线[47]。

气体吸附法多数情况下选择氮气作为吸附质，但当粉末比表面积较小时，尽可能选择饱和蒸气压较低的气体，如氩气、氪气等，但氪气从经济角度考虑相对较贵不宜做吸附质。相对而言，氮气适合作为介孔材料的吸附质，氩气适合作为大孔矿物的吸附质，而二氧化碳适合作为微孔材料的吸附质，应用最广泛的是氮气吸附质。

1. 氮气吸附

气体吸附法孔结构分析是以氮气作为探针分子进行吸附和扩散实验，进而得到多孔材料的表面结构特性，特别是孔的表面结构信息。通过氮气为吸附质对样品的比表面积、孔体积、孔径的大小和分布进行测定，利用等温吸附脱附曲线可计算介孔和微孔部分的体积和比表面积等。根据吸附平衡等温线的形状，结合国际纯粹与应用化学联合会(IUPAC)关于不同形状吸附等温线所对应的孔组织结构的分类，分析多孔材料的孔结构类型。

固体内部各点的力场为各个方向的作用力所平衡，固体表面与固体内部则不同，有剩余的表面自由力场，因此当气体分子与固体表面接触时，便为表面所吸附。通过吸附气体的方法测定比表面积是基于 Brunauer-Emmett-Teller 的多层吸附原理[48,49]，在液氮的温度下待测固体对氮气发生多层吸附，并且其吸附量与气体的相对分压有关。1938 年，Brunauer、Emmett 和 Teller 推导了多分子气体吸附的公式，其首先假设：①固体表面上吸附开始时即形成多分子层；②吸附平衡是动态平衡；③第二层以后的吸附热就等于气体液化热。这就是 BET 理论，公式为

$$\frac{p}{V(p_0-p)} = \frac{1}{CV_\mathrm{m}} + \frac{(C-1)p}{CV_\mathrm{m}p_0} \tag{6-1}$$

式中，V 为样品表面饱和氮气吸附量(mL)；V_m 为样品表面氮气的单分子层饱和吸附量(mL)；p_0 为在液氮温度下氮气的饱和蒸气压（Pa）；p 为氮气分压(Pa)；C 为与材料吸附特性相关的常数。BET 公式适用相对压力 p/p_0 在 0.05～0.35 之间。因为 $p/p_0 < 0.05$，压力太小，不能建立多分子层物理吸附平衡（实为单分子层）；当 $p/p_0 > 0.35$，毛细凝聚现象显著，亦破坏多分子层物理吸附。

采用多点法测出每个氮气分压下氮气吸附量 V，根据公式采用 $P/[V(p_0-p)]$ 对 p/p_0 作图，由直线的斜率和截距求出 V_m，并由式(6-2)计算出样品的比表面积：

$$S = \frac{4.36V_\mathrm{m}}{W} \tag{6-2}$$

式中，W 为样品质量(g)。采用 BET 法计算硅藻土样品的氮吸附总孔体积；根据氮吸附总孔体积和 BET 比表面积计算平均孔径(D_a)。

在液氮低温下，在绝大多数固体表面上的吸附是物理吸附。但当相对压力很小时，氮分子数离多层吸附的要求太远，此时试验的点将偏离理想吸附的直线。另外，当相对压力变得较大时，除了吸附外，还会发生毛细管凝聚现象，丧失了内表面，妨碍了多层物理吸附的层数进一步增加，此时，吸附曲线偏离直线往上翘。

等温线的形状及其迟滞模式显示为物理吸附机理、固气相互作用提供了有用的信息，并可用于定性预测吸附剂中孔隙类型[50,51]。

(1)图 6-3(a)：凹形曲线表明材料以微孔为主，暴露表面几乎完全位于微孔内部。一旦这些区域被吸附剂填满，就很少或没有可以进一步吸附的外表面，因此在曲线上表现为平台区域。

(2)图 6-3(b)：无孔材料或仅含有直径超过微孔尺寸的孔隙的材料将表现出这

种曲线形状。拐点发生在单层覆盖完成和多层吸附开始的附近，吸附和解吸曲线遵循完全相同的路径，即没有滞后。

（3）图 6-3（c）：在介孔材料中，主要存在滞后环，滞后环与介孔内毛细凝结和蒸发有关。与图 6-3（b）型材料一样，在较低的相对压力下，只发生单层吸附，但过渡到多层吸附行为，出现一个拟平台区域，表明介孔几乎完全填充。

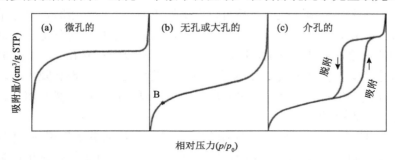

图 6-3　经典的(a)微孔结构；(b)无孔或大孔结构；(c)介孔结构的氮气吸脱附曲线[13]

对于孔径分析，介孔的计算采用以毛细冷凝为基础的 Kelvin 方程。

2. 氩气吸附

77 K 下的氮气吸附作为多孔材料孔径分析的标准实验方法被广泛应用，但其本身存在一定的局限性[52,53]：一是，氮气分子的四极矩性质使其在吸附时会与吸附剂表面官能团发生相互作用，从而影响氮分子在吸附剂表面的取向，实验在极低相对压力条件下很难达到平衡，无法得到准确的吸附数据，进而无法准确表征介质中微孔的分布；二是，氮气分子是棒状分子，吸附时的分子界面不确定，给测量带来了不确定性。与氮气分子相比，氩气为球形单原子分子，且四极矩为零，不会与表面官能团发生相互作用，吸附时的分子截面积稳定，为含微孔和介孔矿物的孔径分析提供了更为准确的分析结果。

3. 二氧化碳吸附

由于氮分子很难进入到 2 nm 以下的孔隙，而二氧化碳分子可以进入最小直径约为 0.35 nm 的孔隙，所以一般利用二氧化碳吸附来研究微孔分布，低温氮吸附研究介孔分布。N_2 吸附法和 Ar 吸附法存在一个共同的缺点，即检测时需要在低温（77 K 或 87 K）下进行，且需要极高的真空度。而 CO_2 吸附正好可以弥补这一不足。CO_2 吸附法具有以下优势[53,54]：①与 N_2 吸附法在 77 K 下的测定温度不同，CO_2 吸附数据的测定温度一般为常温，较高的温度使分子热运动加剧，有效克服了气体在孔道中的扩散问题，因此 CO_2 可以进入 N_2 无法进入的极微孔内；②测定温度下，CO_2 的饱和蒸气压 $p_0(O_2)$ 大于 N_2 的，所以在相同的相对压力 (p/p_0) 下，CO_2 的绝对压力 p 比 N_2 的高得多，故 CO_2 吸附无需在高真空下测定，从而降低了对吸附仪器的要求。

4. 水蒸气吸附

水分子在多孔材料上吸附过程可以简单描述为：较低分压时，水分子的吸附过程表现为微孔充填，随着压力升高，微孔内的水分子填充达到饱和，依靠存在于分子间的范德瓦耳斯力作用，吸附过程发展为水分子在介孔、大孔表面分层吸附，从单分子层到多分子层，最终可能会引发毛细凝聚，实现孔隙内吸附的水分子由气态向液态的转变，常见的吸水机理主要包括表面吸附、微孔填充、毛细管冷凝和本体吸附[55-57]。

（1）表面吸附：基于范德瓦耳斯力的物理吸附，吸附质分子积聚在吸附剂表面，吸附剂的结构和表面性质决定了吸附容量和动力学。水分子最初聚集在亲水表面位点，与羟基形成氢键；然后被吸附的水分子作为成核位点生长成大的水团簇，进一步促进周围水分子的多层吸附；当这些团簇通过表面相互连接时，吸附水的含量也急剧增加；最后进行孔隙填充，孔隙内吸附水分子直至饱和状态。

（2）微孔填充：当吸附剂含有多孔结构时，吸附不仅发生在表面上，而且发生在孔隙的空隙中。在具有分子尺寸（直径）≤2 nm 的微孔吸附剂中，孔壁的范德瓦耳斯势重叠，导致吸附势明显高于开放的表面。因此，在极低的相对湿度下，大量吸附质分子很容易被吸附，这一过程通常被称为"微孔填充"。

（3）毛细管冷凝：当吸附剂含有介孔（直径 2~50 nm）或大孔（>50 nm）时，吸附过程中，随着压力的提高，达到某孔径所对应的临界压力时，水分子在中孔/大孔中发生凝结，这种现象被称为"毛细凝结"。毛细凝聚是中孔/大孔吸附剂的特征，反映在吸附等温线上吸附量突然显著增加。

（4）本体吸附：与发生在吸附剂表面或孔隙中的吸附不同，以金属基 MOFs 材料来说，存在金属团簇中的化学吸附。MOFs 结构中有许多配位不饱和的金属位点，这些位点可以作为初始吸附位点，水或其他有机溶剂等客体分子可以在这些位点上配位，由于暴露的位点表现出强极性，使得 MOFs 对蒸气分子表现出相对较高的亲和力，即使在低蒸气压下也是如此。相应地，回收的不饱和金属位点的数量可以提高 MOFs 对蒸气分子的吸附能力。

气体在不同孔径中的吸附本质上是不同的，中（介）孔、大孔中的吸附行为要用分子层式吸附理论来解释，而在含有微孔的吸附剂中，由于微孔尺寸限制，分子的物理吸附行为以微孔充填的形式表达，不能简单地用分子层式吸附理论来解释。

6.2.3　气体吸附仪

1. 静态法

静态法是指在静态条件下测量样品吸附的气体量的方法。通过测量充入体系中的气体量和剩余的气体量，计算出被吸附的气体量。按照样品吸附气体量的测量方法，静态法又分为容量测量法和重量测量法，简称容量法和重量法[58,59]。

1）容量法

容量法所用仪器种类繁多，选用的吸附质也不一样，现以图 6-4 的仪器为例简要加以描述。该仪器主要由玻璃件构成，采用氮气或氢气作为吸附气体，气体量管部分没有在图中绘出。

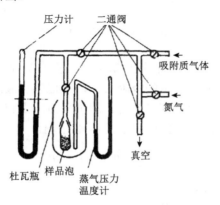

图 6-4　容量比表面仪示意图[60]

测量前把适量的氢气引到测量体系中，进行死空间测定，然后抽空氢，并对样品进行脱气处理。样品脱气后，把一定量的吸附气体充入到测量体系中，然后把装有液浴的杜瓦瓶套在样品管上，进行吸附测量。当吸附达到平衡后，根据充气压力、吸附平衡压力、死空间因子等有关参数，分别计算出充入的和剩余的吸附气体体积，从而求出吸附的气体体积。

$$V=V_e-V_r \tag{6-3}$$

式中，V_e 是充入的吸附气体体积，V_r 是吸附平衡后剩余的吸附气体体积。

2）重量法

重量法，通常采用弹簧天平或电子天平来测量样品吸附的气体量。一种采用石英弹簧的重量比表面测定仪如图 6-5 所示。

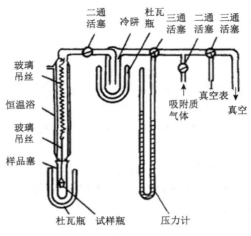

图 6-5　重量比表面仪示意图[60]

　　测量前，先把装有样品的试样瓶由玻璃丝挂在石英弹簧钩上，然后抽空系统。当真空度达到要求时，充入适量的吸附气体，并把装有液浴的杜瓦瓶套在样品室上，进行吸附测量。当吸附达到平衡时，测量平衡压力和石英弹簧伸长值，即吸附的气体质量。样品吸附的气体体积由式(6-4)求出。

$$V = \frac{(m_4 - m_2) - (m_3 - m_1)}{\rho_0} \tag{6-4}$$

式中，m_1 是处于真空状态下试样瓶的质量，m_2 是处于平衡压力下试样瓶的质量，m_3 是处于真空状态下试样瓶和试样的质量，m_4 是处于平衡压力下试样瓶和试样的质量，ρ 是标准状态下吸附气体的密度。

2. 动态法

　　所谓动态法，是指在流动状态下测量样品吸附的气体量的方法。典型的便是连续流动色谱仪，如图 6-6 所示。把盛有试样的样品管经过脱气后装到仪器上，或把盛有试样的样品管先装到仪器上，在载气气流下进行脱气。通常以氮气(或氩气)作为吸附气体，氦气(或氢气)作为载气。两种气体以一定比例混合后，在接近大气压力下流过样品，用热导池监视混合气体的热传导率。

　　测量前，调节载气流量为 35～45 mL/min，用皂泡流量计测量载气流量，调节吸附气流量，待两路气体混合均匀后，再用皂泡流量计测量混合气体的总流量。然后接通电源，调节电桥的零点。待仪器稳定后，把装有液浴的杜瓦瓶套在样品管上，当吸附达到平衡时，热导池检测出一个吸附峰。当液浴移开样品管时，热

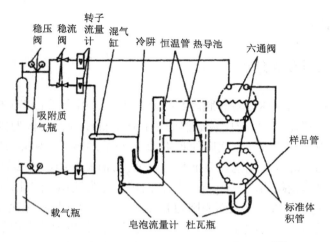

图 6-6　连续流动色谱比表面仪气路流程图[60]

导池又检测出一个与吸附峰极性相反的脱附峰。由于脱附峰比较对称，形状规则，并且与标定时注入吸附气体到气流中的过程非常一致，因此通常用脱附峰计算比表面积。通常，载气流量调节好后，不再重新调节，通过变化吸附气体的流量来改变相对压力。在相对压力为 0.05～0.35 范围内，至少要测量 3～5 点。脱附完毕后，将六通阀转至标定位置，向混合气流中注入已知体积的纯吸附气体，以便得到一个标准峰。相对压力 p/p_0 由式(6-5)求出。

$$p \,/\, p_0 = \frac{R_x}{R_T} \times \frac{p_A}{p_0} \tag{6-5}$$

式中，R_x 是吸附气体流量，R_T 是混合气体总流量，p_A 是大气压力，p_0 是该吸附气体液化时饱和蒸气压，吸附的气体体积由式（6-6）和式（6-7）求出：

$$V_a = V_t \times \frac{273.15 p_A}{1.01325 \times (273.15 + t) \times 10^5} \tag{6-6}$$

$$V = V_a \times \frac{A_d}{A_s} \tag{6-7}$$

式中，V_a 是充入标准体积管中吸附气体的体积，V_t 是标准体积管的体积，A_d 是脱附峰的面积，A_s 是标准峰面积。

对于带有仪器常数的仪器，不需要测定标准峰，吸附的气体体积由式(6-8)求出：

$$V = k \times A_t \times R_T \tag{6-8}$$

式中，k 是仪器常数。

6.2.4　气体吸附数据分析

在分析多孔矿物气体吸附和脱附数据时，需要选用合适的理论模型进行比表面积和孔径分布解释[61]。目前比较成熟的中孔比表面积分析模型为多点 BET 吸附比表面积解释模型，通过建立实际的吸附量 V 与单层饱和吸附量 V_m 之间的关系来对 p/p_0 在 0.05～0.35 范围的比表面积进行分析。而微孔中由于多发生单层吸附，采用由单层吸附理论推出的 Langmuir 比表面积值更为适用。因此，中孔比表面积采用 BET 吸附模型，微孔比表面积则为 Langmuir 比表面积解释模型。

对于氮气吸附法测试的孔径分布结果，采用中孔分析中最常用的 BJH 孔径分布计算模型来进行解释，即采用 Kelvin 方程建立相对压力与孔径大小的关系。此外，气体吸附测试均采用吸附曲线进行孔径分布解释。理论和实践证明，若使用脱附曲线分析中孔孔径分布，有些样品的解释结果会在某一个尺度处得到一异常高峰，而这一峰值并非其真实内部结构的反映，而是受大孔、中孔、微孔并存的复合孔隙网络系统对脱附过程的影响，采用吸附曲线建立的孔径分布模型则可以排除这一假象，提高解释精度。

对于二氧化碳吸附孔径分布测试，Kelvin 方程在孔径小于 2 nm 时并不适用，由于充填于微孔中的吸附质处于非液体状态，宏观热力学的方法如 BJH 孔径分布计算模型已不再适用微孔孔径分布的解释，可以采用非定域密度函数理论（NLDFT）模型来对二氧化碳等温吸附曲线进行孔径分析。与常规的微孔孔径分布分析法和 HK、SF 经验法相比，采用此模型所得到的微孔孔体积不再只具有相对意义，是真正的对微孔的定量分析，结果可以与氮气吸附法所得孔体积进行对比。

等温线和迟滞回线类型的判定，如下所述。

1）等温线类型

图 6-7 给出了由 IUPAC 提出的标准物理吸附等温线分类。

I 型等温线的特点是，在低相对压力区域，气体吸附量有一个快速增长。这归因于微孔填充。随后的水平或近水平平台表明，微孔已经充满，很少或没有进一步的吸附发生。达到饱和压力时，可能出现吸附质凝聚。外表面相对较小的微孔固体（如活性炭、分子筛沸石和某些多孔氧化物）表现出这种等温线。

II 型等温线一般由非孔或大孔固体产生。

III 型等温线以向相对压力轴凸出为特征。这种等温线在非孔或大孔固体上发生弱的气-固相互作用时出现，而且不常见。

IV 型等温线由介孔固体产生。一个典型特征是等温线的吸附分支与等温线的脱附分支不一致，可以观察到迟滞回线。在 p/p_0 值更高的区域可观察到一个平台，有时以等温线的最终转而向上结束。

V型等温线的特征是向相对压力轴凸起。与Ⅲ型等温线不同，在更高相对压力下存在一个拐点。V型等温线来源于微孔和介孔固体上的弱气-固相互作用，而且相对不常见。

V型等温线以其吸附过程的台阶状特性而著称。这些台阶来源于均匀非孔表面的依次多层吸附。这种等温线的完整形式不能由液氮温度下的氮气吸附来获得。

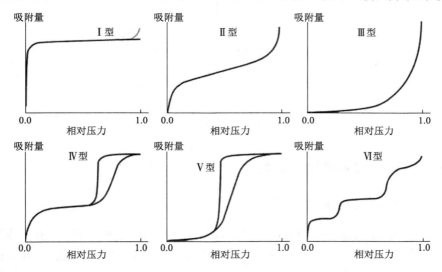

图 6-7 标准等温线类型[13]

必须注意，不是所有的实验等温线都可以清楚地划归为典型类型之一。在这些等温线类型中，已发现存在多种退滞回线。虽然不同因素对吸附迟滞的影响尚未被充分理解，但其存在 4 种特征，并已由 IUPAC 划分出了 4 种特征类型。

2)迟滞回线类型

图 6-8 给出了迟滞回线的四种标准类型。

H1 型迟滞回线可在孔径分布相对较窄的介孔材料和尺寸较均匀的球形颗粒聚集体中观察到。

H2 型迟滞回线由有些固体如某些二氧化硅凝胶给出，其孔径分布和孔形状也许不能很好地确定，例如比 H1 型回线更宽的孔径分布。

H3 型迟滞回线由片状颗粒材料(如黏土)或由狭缝状孔隙材料给出，在较高相对压力区域没有表现出任何吸附限制。

H4 型迟滞回线在含有狭窄的狭缝状孔隙的固体(如活性炭)中见到，在较高相对压力区域也没有表现出吸附限制。

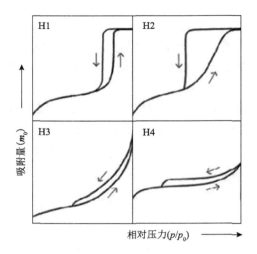

图 6-8　迟滞回线的标准类型[13]

6.2.5　N₂ 吸附脱附原始数据处理

1. 氮气吸附-解吸附比表面积

进一步采用 Brunauer、Emmet、Teller 提出的多分子层吸附模型(BET 等温方程)，建立单层饱和吸附量 Q_m 与多层吸附量 Q 之间的数量关系，根据 BET 比表面积计算方法，以相对压力 p/p_0 为 X 轴，以 $1/Q(p_0/p-1)$ 为 Y 轴，并线性拟合方程，可获得截距 $1/Q_mC$ 和斜率 $(C-1)/Q_mC$。根据拟合线性方程得到吸附量 Q_m 和 BET 参数 C，采用公式(6-10)可计算出样品的氮气吸附比表面积[62]。

$$\frac{1}{Q\left(\dfrac{p_0}{p}-1\right)}=\frac{1}{Q_mC}+\frac{C-1}{Q_mC}p/p_0 \tag{6-9}$$

式中，p 为吸附质分压，p_0 为吸附剂饱和蒸气压，Q 为样品实际(多层)吸附，Q_m 为单层饱和吸附量，C 为吸附剂与吸附质间的相互作用力常数。

$$S_g=Q_mNA_m/22400W \tag{6-10}$$

式中，S_g 为粉体样品的比表面积(m^2/g)；Q_m 为单层饱和吸附量(mL；标准状况下 STP)；N 为阿伏伽德罗常数(6.024×10^{23})；A_m 为氮气分子截面积(0.162 nm^2)；W 为样品的质量(g)。

2. 微孔孔容测定

1）Dubinin-Radushkevich 法测定微孔体积

纯气体在微孔吸附剂上的吸附等温线可用 Polanyi 势理论描述。每一个吸附质-吸附剂体系中，吸附势尤其受吸附剂的化学性质的影响。在给定的相对压力下，作为总微孔体积 V_{micro} 的一部分填充体积 V_a 与吸附势 E 的关系如下：

$$V_a = f(E) \tag{6-11}$$

Dubinin 认为吸附势等于将已吸附分子转变为气相分子所做的功，由 Polanyi 可得出

$$E = RT\ln\frac{p_0}{p} \tag{6-12}$$

对于一给定的吸附剂，基于 Polanyi 的温度不变式"特征曲线"（即 V_a 对 E 曲线）概念，Dubinin 和 Radushkevich 得出以下经验方程：

$$V_a = V_{micro}\exp\left[-\left\{\left(\frac{RT}{\beta E_0}\right)\ln\frac{p_0}{p}\right\}^2\right] \tag{6-13}$$

特征吸附势 E_0 与孔径分布相关，亲和系数 β 使得对于一给定吸附剂而言，不同吸附质的特征曲线与某些可用作广泛标准或随机标准的特殊吸附质的特征曲线相一致，则 Dubinin 等温线可写作对数形式的直线方程：

$$\lg V_a = \lg V_{micro} - D\left(\lg\frac{p_0}{p}\right)^2 \tag{6-14}$$

其中：

$$D = 2.303\left(\frac{RT}{\beta E_0}\right)^2 \tag{6-15}$$

最好取相对压力在 $10^{-4} < p/p_0 < 0.1$ 范围内的数据。$\lg V_a$ 对 $\left(\lg\frac{p_0}{p}\right)^2$ 的曲线如图 6-9 所示，从图中斜率可得到参数 D，由纵坐标的截距可计算出总微孔体积 V_{micro}。

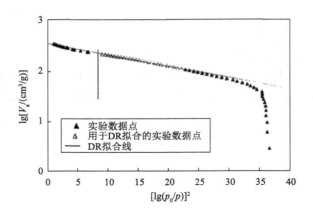

图 6-9　77.4 K 下氮气吸附等温线的 Dubinin-Radushkevich 曲线[58, 59]

2) 等温线比较法进行微孔分析

这种分析方法是将样品与具有相似化学表面组成的非孔参考样品的气体吸附等温线进行了比较[58,59]。

有一种比较曲线图是将实验吸附等温线重新画作 t 图或 s 曲线。也就是吸附量对 t 或 s 值作图而不是对 p/p_0 作图。典型的比较图绘制如图 6-10 所示。

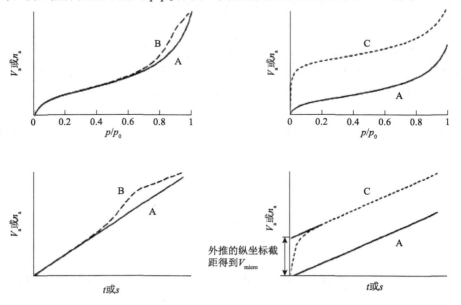

图 6-10　孔 (A)、介孔 (B) 和微孔 (C) 材料的等温线 (上部) 和比较图 (底部)[58,59]

t 图应用的前提条件如下：①在介孔范围内样品具有光洁表面；②在相关的相对压力范围内发生的微孔填充和毛细凝聚良好分离；③比较图上的直线部分对应

（非孔样）多层吸附，偏离线性的上翘是由样品含孔引起的，后者可评估所选某一孔径范围的孔体积，未充填孔部分的比表面 a_s，可由该直线斜率 b 算出：

$$a_s = b \frac{a_{s,ref}}{b_{ref}} \tag{6-16}$$

式中，$a_{s,ref}$ 和 b_{ref} 分别表示参考样品的比表面积和斜率。纵坐标的截距对应于相应的所在相对压力区内的孔体积。微孔比例高时在曲线的最开始部分会陡然增加，随后出现一段线性部分。对纯微孔样品而言，线性部分的斜率对应于外表面积或外表面积介孔/大孔孔壁表面积之和。线性部分外推至纵坐标相交得到微孔体积 V_{micro}，该体积可由等式 Brunauer 计算得出。如果样品中不含微孔，最开始部分就呈线性关系。

3）t 图法

根据 Lippens 和 de Boer 的 t 图法时，吸附量被定义为统计层厚 t 的函数，统计层厚可由无孔样品的标准等温线计算得到：

$$t = \frac{V_a}{a_s} = \frac{n_a}{n_m} \sigma_t \tag{6-17}$$

式中，σ_t 表示单分子层厚度，通常氮取 0.354。根据 ISO 9277 可测得参考样品的比表面 a_s 或单层容量 n_m。式（6-17）适用于任意组合的吸附质/吸附剂，应选择表面的化学组成与样品相似的参考样品。

从 t 图中的直线斜率，由等式（6-18）可计算得到比表面积。如果在标准状态下吸附体积单位为 cm^3/g，统计层厚 t 的单位为 nm，那么如果引用以下等式则可得到单位为 m^2/g 的比表面积。

$$a_s = 1.5468 \frac{dV}{dt} \tag{6-18}$$

从纵坐标的截距得到微孔体积：

$$V_{micro} = 0.0015468 V_a \tag{6-19}$$

注意：在上述等式中，我们假设在微孔中的氮密度等于液氮的密度。将标准状态下氮体积转换为相应的液体体积的转换因子 0.0015468。而 V_{micro} 被视为"有效"微孔体积则过于简化，因为微孔中的氮密度并不会等同于液氮的密度。

4）a_s 法

这种方法不用计算统计层厚，但在参考样品上的吸附应与所选的相对压力相关联[63]。通常选择 $p/p_0 = 0.4$，因为对大多数样品而言，在该相对压力下（氮在 77 K

时），单层吸附完全而毛细凝聚还未发生（具有孔径 25nm 的介孔的吸附剂除外）。使用参考等温线计算的参考值见式（6-20）：

$$\alpha_s = \frac{V_a}{V_a(0,4)} = \frac{n_a}{n_a(0,4)} \tag{6-20}$$

在 α_s 图中，测得的吸附量被定义为 α_s 函数，α_s 曲线和 t 图很相似，计算比表面积和微孔体积的方法也类似。

5）Horvath-Kawazoe（HK）法和 Saito-Foley（SF）法测定微孔分布

Horvath-Kawazoe 和 Saito-Foley 推出了一个由微孔样品上氮吸附等温线计算有效孔径分布的半经验分析方法[64]。Horvath 和 Kawazoe 通过热动力学讨论发现此平均势能与吸附的自由能变有关，因而得出填充压力与孔径之间的关系。

$$\ln\left(\frac{p}{p_0}\right) = \frac{N_A}{RT} \frac{(N_s A_s + N_a A_a)}{\sigma^4(l - 2d_0)} f_{HK}(\sigma, l, d_0) \tag{6-21}$$

其中

$$f_{HK}(\sigma, l, d_0) = \frac{\sigma^4}{3(l - d_0)^3} - \frac{\sigma^{10}}{9(l - d_0)^9} - \frac{\sigma^4}{3(d_0)^3} + \frac{\sigma^{10}}{9(d_0)^9} \tag{6-22}$$

参数 d_0、σ、A_s 和 A_a 可由下式计算得到：

$$d_0 = \frac{d_0 + d_a}{2} \qquad \sigma = \left(\frac{2}{5}\right)^{\frac{1}{6}} d_0$$

$$A_s = \frac{6m_e c^2 \alpha_s \alpha_a}{\frac{\alpha_s}{\chi_s} + \frac{\alpha_a}{\chi_a}} \qquad A_a = \frac{3}{2} m_e c^2 \alpha_s \chi_s \tag{6-23}$$

由方程式（6-21）可以看出，某一确定尺寸和形状的微孔在一特定相对压力下发生填充。该特征压力则直接与吸附剂-吸附质相互作用能相关。

Saito 和 Foley 导出一类似于 HK 方程的关系式，其将微孔填充的相对压力与（有效）孔径 $d_p = l - d_0$ 相关联，其中 d_0 是吸附剂分子的直径。

$$\ln\left(\frac{p}{p_0}\right) = \frac{3}{4} \frac{\Pi N_A}{RT} \frac{(N_s A_s + N_a A_a)}{d_0^4} f_{SF}(\alpha, \beta, l, d_0) \tag{6-24}$$

其中

$$f_{\mathrm{SF}}\left(\alpha,\beta,l,d_0\right)=\sum_{k=0}^{\infty}\left[\frac{1}{1+k}\left(1-\frac{2d_0}{l}\right)^{2k}\left\{\frac{21}{32}\alpha_k\left(\frac{2d_0}{l}\right)^{10}-\beta_k\left(\frac{2d_0}{l}\right)^{4}\right\}\right]$$

参数 A_{s} 和 A_{a} 可由式（6-23）计算得到，参数 α_k 和 β_k 定义如下：

$$\alpha_k=\left(\frac{-4.5-k}{k}\right)^2\alpha_{k-1}$$

$$\beta_k=\left(\frac{-1.5-k}{k}\right)^2\beta_{k-1} \qquad (6\text{-}25)$$

式中，$\alpha_0=\beta_0=0$。

为了对 HK 法和 SF 法进行计算，需已知吸附剂参数 α_{s}、χ_{s}、d_{s}、N_{s} 的数值以及吸附物质参数 α_{a}、χ_{a}、d_{a}、N_{a} 的数值。这些参数的选择对运算结果影响很大。

6）非定域密度函数理论法测定微孔分布

非定域密度泛函理论（NLDFT）和计算机模拟方法（如分子动力学和 Carlo 仿真）已发展成为描述多孔材料所限制的非均匀流体的吸附和相行为的有效方法[65]。这些方法能精确描述一些简单受限流体的结构，即如近固体表面的振荡密度分布，或者描述受限于某些如狭缝孔、圆柱形和球形等简单几何形体的流体结构；可以计算吸附在表面和孔内的流体的平衡密度分布，从中可以导出吸附/脱附等温线、吸附热以及其他热力学参数。

6.3　压　汞　法

6.3.1　压汞法基本原理

压汞法（MIP）又称汞孔隙率法，是测定部分中孔和大孔孔径分布的方法[66-69]。压汞法是由里特和德列克提出的，其测试材料孔隙的原理是[70]，基于汞对固体表面具有的不可润湿性，但是因为在无外界压力时汞就无法进入多孔介质材料的微孔隙中，所以只有在外界的压力作用下，才能克服汞的表面张力带来的阻力使其挤入多孔材料的孔隙中。根据毛细管压力理论，孔径越小，所需要的压力就越大。

汞不会浸入多孔材料，并且由于孔隙内部本身存在一定的压力，因此当汞注射的压力不断增加时，汞会被压入孔隙。通过连续改变注射压力，从而获得孔分布曲线和毛细管压力曲线[71]。实验室使用压汞法选择的孔型大多为圆柱孔、板隙孔、球堆积和"无模型"。而其中经常使用的为圆柱形模型。这个模型是 1921年由国外的科学家 Washburn 在圆柱形孔隙模型的基础上研究得出的，压汞法是根据 Washburn 方程而来。采用压汞法可以表征孔径大小位于 3 nm 到 360 μm 范围的孔隙结构。根据在不同压力下进入固体空隙的进汞量可以得出不同孔径的孔体积大小和孔径分布[71,72]。

$$P = -2\gamma\cos\theta / r \qquad\qquad (6\text{-}26)$$

式中，P 为施加的压强；r 为孔隙的半径；γ 为汞的表面张力；θ 为汞对孔的接触角。

实际的矿物孔隙是由无数个不同尺寸的孔隙相互组成的孔隙和孔隙之间是由一个或者多个喉道相连接贯通，当然也存在一些不与任何孔隙相连接的孔隙封闭孔，所以实际的岩石孔隙并非是由等直径的平行毛管束所组成。在具有一定流体的情况下，孔喉半径会具有相应的毛细管压力。由于在毛细管中的非润湿相驱替润湿相时，毛细管压力起到了抵抗的作用，只有外加压力等于或大于毛细管喉道处的压力并且忽视重力作用的情况下，非润湿相才可以到达孔喉处，然后润湿相才可以从孔隙中挤出，导致非润湿相饱和度增大，润湿相饱和度减小。在这一点上，外部压力就等同于毛细管力。随着外加压力的逐渐增大，非润湿相就能够通过越来越小的孔喉并且进入相连的其他孔隙，从而使润湿相饱和度进一步减小。以上就是毛细管压力以及测定岩石孔隙尺寸分布的理论基础。总的来说，有以下三点[73]：

(1)在压汞的过程中，也就是在压力作用进入孔隙的过程中，伴随着毛细管压力的升高以及非润湿相进入的孔隙越来越多，非润湿相饱和度逐渐升高，相反，润湿相饱和度就逐渐降低。此时可以通过毛细管压力与饱和度的函数关系建立毛细管压力曲线，从而得出毛细管压力和汞压力的关系。

(2)在这个过程中起作用的是孔喉大小，并非孔隙大小。所以一旦外加压力克服了孔喉处的毛细管压力，此时非润湿相就可以进入到与该孔隙的孔喉相连通的孔隙当中去。

(3)毛细管压力的确定对应着喉道半径的确定,确定的非润湿相饱和度对应于一定的孔喉半径相通的孔隙体积。

所以，为了简化计算，通常利用等效圆截面来对各种喉道断面进行简化。如此，每个喉道都可以近似相应地看成毛细管。因此，人们利用各种测定毛细管压力的方法来测定储层岩石的孔喉直径和该孔喉控制下的孔体积占总的体积的百分比。

所以，施加不同的压力，便可得到在不同压力下的孔径尺寸，然后根据进汞量的多少来求出相应尺寸样品的孔体积。由此便可计算出孔体积随孔径大小变化的曲线，从而可以得出多孔材料的孔径分布。而压汞仪可以通过固定的操作得到在各种不同压力下压入多孔材料的汞体积，然后再通过测得的数据计算得到其孔隙大小分布以及总孔隙体积。

压汞法的适用范围：对于压汞法的研究如图 6-11 所示，得到毛细孔半径和进汞压力的关系。由图可知，孔径的大小与压力成反比。压汞仪是依靠压力传感器获得各种相关的压力数据，所以无论是在低压测量还是在高压测量，都会不可避免地存在测量误差。压汞法测量大孔是有优势的，且压汞法（即水银压入法）最适宜的测孔范围是如果超出这个范围，则会导致误差的增大。不管在测量孔径大于 3000 nm 的大孔还是小于 25 nm 的小孔，需要测量进汞压力的精度的需求都在增加。

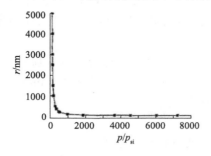

图 6-11　毛细孔半径与进汞压力关系[74]

6.3.2　压汞法仪器构造

1. 样品膨胀计

膨胀计有一均匀内径的毛细管，通过它可对样品进行抽真空或进汞（图 6-12）。毛细管一端连接用于放置样品的宽内径玻璃管。如果需要精确测量，毛细管的内体积应在样品的孔和空隙体积预期值的 20%～90% 之间。由于不同样品的开孔孔隙率范围变化很宽，因而需要多个毛细管直径各异和样品体积不同的膨胀计。粉体样品使用的膨胀计常常设计独特，以防抽真空时粉体跑损。

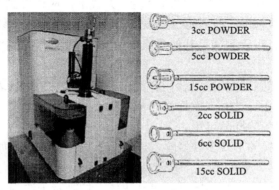

图 6-12　黏土基多孔吸附材料制备工艺流程图（cc 为立方厘米）[74]

2. 测孔仪

试验分两步进行，即低压测量和高压测量。低压试验至少达到 0.2 MPa (30 psi)，高压试验压力应达到测孔仪的最大操作压力，大约 400 MPa (60000 psi)。

测孔仪可有多个适于高压操作和低压操作的窗口；或者低压试验在另一分离的独立操作单元上进行。

进行任何孔性能测量前，有必要使用配有阻汞罩的真空泵对样品进行抽真空处理，直至残压为 7 Pa 或小于 7 Pa，然后向样品膨胀计中注汞到给定的低压为止。注汞需要借助外部压力。

通常可通过剩余毛细管内汞柱与膨胀计外的金属套管间电容的变化来测定注汞体积变化，要求其分辨率至少为 1 mm³ 或小于 1 mm³。

样品测试分为以下几个步骤。

1) 仪器校准制样

向样品膨胀计注汞前要进行抽真空处理，真空度通常用压力传感器记录。在测试孔隙率时，需测量测孔仪的两种信号，即外施压力信号和因汞进入孔中引起的汞体积变化信号。进入玻璃毛细管内的精确的汞体积值通常是作为电容变化的函数来测定出来的[75,76]。

(1) 压力信号校准。常用出厂已校准的电子压力传感器测量压力。压力测量的准确度应为传感器满量程的 ±1% 以内或实际读数的 ±2% 以内，而无论二者中哪个值更低。推荐：压力传感器的压力信号校正检验应定期进行，这种校正可溯源到公认组织。

(2) 体积信号校准。体积测量的准确度应在测量总体积的 ±1% 以内。推荐：校正检验可溯源到公认组织，应定期进行。

(3) 真空传感器校准。对指示真空度的准确度要求一般不是很严格。不含样品的真空歧管系统至少应达到 3 Pa 的真空度，如校准，应校准到 1 Pa 以内。

(4) 测孔仪性能检验。推荐必须按照检测仪器校准和有证参比物质 (CRM) 或其他参比物质 (RM) 进行测试。其他参比物质必须溯源到有证参比物质。

2) 测试前采样

根据 GB 3723 进行采样。试验用样品应具有大宗材料的代表性，且取样量合适。当样品具有各相异性时，取样必须非常小心。推荐应取第二份样品，以备需要重复测量时有储备的样品可用。

由于试样原材料的形式多种多样，适当的不同取样的方法如下所述。

(1) 块体取样。

为了能代表块体中不同的区域，可从块体上切割若干约为 1 cm² 的小碎块。小碎块可用锯子或钻对块体进行切割或将块体压碎。有可能将锯痕或碎痕解释成孔。如果对粗孔感兴趣，可用最大粒径为 10 μm 的介质抛光样品的表面。如果对细孔感兴趣，可锯下立即实验，并忽略孔径大于 125 μm 的数据。抛光后应洗去粘连的颗粒，因为这些颗粒会影响样品质量并堵塞孔道。样品应干燥至恒重。易于水合的样品，宜用非水液体进行冲洗。

　　(2)粉体取样。

　　粉状和颗粒样品应用旋转取样器或斜槽式分格代表性取样器进行细分样品。非流动性的粉末样品应通过锥式取样法和四分法进行取样。为了有助于区分颗粒间的孔和颗粒内的孔，将样品筛分至可清晰分辨二者的某一粒度区间，这样做是有益的。但重要的是要证实，这样做不会造成取样没有代表性。

　　(3)膜或片状物取样。

　　对于膜或片状样品而言，为了与样品膨胀计相匹配，可用切条或冲压盘取样。由于相邻的面与面之间非常靠近，给测量这类样品增加了困难。可以在片与片之间铺放钢丝网使其分开以克服上述测量困难。

　　试验所需称样量取决于试样的性质，最大样品尺寸应与使用膨胀计的样品尺寸相符。但总孔体积应处于毛细管和仪器的推荐测量范围之内。就未知样品来说，进行初步试验对于确定试验样品的最佳称样量是必要的。试验最好放在容积在 1 cm^3 和 15 cm^3 之间或更大的样品膨胀计内。

　　3)测试过程

　　(1)样品预处理。

　　压汞法无需样品预处理，通常也不用进行预处理。然而，对样品进行预处理，尤其对那些高亲水或多孔的材料进行预处理的确能给出更加准确、可重复的结果。分析开始时很容易对已经过预处理的样品进行抽真空，因为在此过程中样品挥发出吸附气很少。而且，将样品放入样品膨胀计前需称量，比起那些饱和吸附了大气中的蒸汽(如水)的未预处理的样品，已经预处理过的样品称出的质量更为可信。因此，进行预处理可以去除那些可能影响孔隙结果的吸附物质，包括吸附的水和其他一些在多孔体的制造和运转过程中使用的有机物[77,78]。

　　为了最优化预处理条件，建议对材料的热性能进行研究，如采用热重分析和差示扫描量热技术测量吸附物从样品中逸出时的温度以及样品经热处理后可能伴随出现的相变。在很多情况下，适宜的预处理条件是在 3 Pa(2.5×10^{-2} Torr) 的真空烘箱中加热至 110℃ 处理 4 h 即可。但必须确保预处理不影响样品的多孔性能。

　　如果已经确定某一合适的预处理条件，则可通过加热或抽真空或通入惰性气体对样品进行脱气处理。如果样品与汞发生汞齐化反应或被汞浸制，则可以通过生成一薄层氧化物或用聚合物、硬脂酸盐涂层等方法对样品表面进行钝化处理。

(2)膨胀计装样。

预处理结束后，将样品放置到一干净、干燥的样品膨胀计中。为了防止样品被二次污染，如水蒸气的再吸附，最好在一清洁的手套箱中小心装样，并在氮气保护下完成。最终将样品膨胀计转移至测孔仪。

(3)抽真空。

向样品膨胀计注汞前对样品进行抽真空的目的是去除样品中的大多数蒸汽和气体。在真空条件下，表面积相对较高的细粉末样品很容易流入真空系统，从而导致样品量的损失。通过选择专为粉末样品设计的样品膨胀计和控制抽真空的速度可以避免上述影响。

根据材料的特性选用不同的抽真空条件。必须小心以确保孔结构不变，因为抽真空可能会改变某些材料的孔结构。对已经预干燥过处理的样品抽真空时间可以大为减少。

(4)向样品膨胀计内注汞。

为确保汞从储存罐转移至样品膨胀计中，必须进行抽真空处理。脱气并维持样品的真空状态还能避免汞在填充过程中吸附空气泡。

在开始测量前为了修正外压力，必须记录真空条件下样品上端汞的静压力。已注汞的样品膨胀计处于垂直状态时，注汞压力是外压力和静压力之和；样品膨胀计处于水平位置时注汞可使静压减到最小，但将样品膨胀计旋转至垂直位置时必须考虑静压力。典型的填充压力应小于 5 kPa。

(5)压汞测量。

依据汞进入孔时的适当的平衡条件和感兴趣的特定孔径范围所需的精度，让非活性干燥气体(如空气、氮气或氢气)进入已抽真空的样品池，以分级连续升压或在可控制的方式下以步进式升压的方式增压。可以通过图表或计算机记录外压力和对应的注汞体积。当达到所需的最大外压力后，减小压力至大气压，将样品膨胀计转移至高压单元(如有必要应补充汞)，以便利用毛细管的总长。将系统压力增至低压单元的终压力，并记录在该压力下的注汞体积。因为后续的进汞体积即由此初体积值算出。依据汞进入孔时的适当平衡条件和所关注的特定孔所需精度，通过汞面上液压油，以分级连续(压力和时间均连续增加)、步进方式(在压力-时间区间内连续等量增加)或阶梯方式(在所有区间内压力或时间不连续增加)增压。随着汞被压入孔体系，可以测出作为外压力函数的汞柱下降值。通过图表或计算机记录压力和相应的注汞体积。如果需要，可以测定采用分级步进或连续方式减压的退汞曲线。当达到所需的最大压力，小心地降低压力至大气压。压力下降须在一种能采集退汞体积对所降压力关系的可控方式下进行。

(6)试验完毕。

从测孔仪中取出样品膨胀计前，确保仪器内的压力已降至大气压。通过观察确认汞已渗透到大部分样品中。

4)空白试验和样品压缩率修正

在不断升压的情况下，汞、样品、样品膨胀计以及体积探测系统中的其他组件都会受到不同程度的挤压。当孔隙率小、样品相对易压缩或准确度要求高时，需要对压缩率进行修正。因加压引起温度的变化，导致汞出现热膨胀，从而影响汞体积。需要指出的是：由于样品受压缩发热引起的膨胀会抵消其他一些因素对样品压缩的影响。

(1)修正值测量。

进行空白试验不用试验样品，最好使用与样品具有相似尺寸和热容的无孔检查样。试验时，应与实际剂量试样时或者当使用空白样品膨胀计时在严格相同条件下进行。为了减小因加压引起的温度影响，可采用样品体积排量置换法校正。因升压和降压引起体系内发生的热传递过程会导致密度和体积变化。

请注意：用空样品膨胀计进行试验的结果小于最佳条件下测得的结果。

(2)引入修正值。

上述试验结果是一系列表观体积的变化，应将从试样测得的进汞体积减去表观进汞体积然后加上表观退汞体积。当进行无样品修正值测量时，在减去空白或加上空白之前，应修正样品体积数据。

在做试验时需要注意：首先是注意仪器的安全，在供电不正常时，禁止开启仪器；当仪器工作的时候不能离开人，特别是在高压状态一旦出现异常情况必须立刻取消操作。需注意汞安全，需要保证室内温度在 25℃以下，并且通风状态良好；在做试验时需要穿好工作服，并佩戴口罩及乳胶手套；出现汞泄漏时应该立即清理并撒硫黄覆盖；应用水密封废弃及被汞污染的样品。

6.3.3 压汞法数据分析

1. 比表面积的计算

假设为圆柱形孔，则从孔容分布可以导出表面分布。根据 Rootare 和 Prenzlowo 的研究，假设样品必须不含墨水瓶形孔和在外施压力下不变形，则无需应用孔模型就可以从压力/体积曲线计算出进汞孔的比表面积，见式（6-27）：

$$S = \frac{1}{\gamma \cos\theta} \int_{V_{Hg,\,0}}^{V_{Hg,\,max}} p\,dV \tag{6-27}$$

从函数 $V = V(p)$，可以通过图表或借助数字方法计算积分。最大压力下计算的孔径为 3 nm，由于小于 3 nm 的小孔的表面积不是测得的（估算小的），而且，墨水瓶形孔的表面积又是由按瓶颈直径的圆柱形孔模型计算得到（估算大的），因而与由气体吸附得到的结果无可比性。

2. 比孔容的计算

孔径分布的最大值可给出介孔和大孔范围内的比孔容值 V_p，它包括材料的颗粒间的孔隙率、堆积样品粒子内部的孔隙率以及样品表现出的任何体积变化量。表 6-1 为压汞法试验结果实例。

表 6-1 压汞法试验结果

编号	M	ρ	V	V_t	S	D_m	D_a	n_{10}	n_{100}	n_{200}	k
1	1.6816	2.3137	0.7268	56.7	0.0869	350.4	2.53	1.259	2.751	3.332	2.58
2	1.4924	1.5709	0.9500	259.0	0.0132	350.4	78.71	0.081	2.839	6.331	83.6
4	1.0187	1.7485	0.5826	194.5	0.7719	443.2	1.01	0.986	2.178	4.564	1.12
5	1.2966	2.0071	0.6460	113.4	0.7162	503.1	0.63	0.523	0.990	1.947	0.29
6	0.7974	1.6290	0.4895	236.6	1.1200	387.8	0.84	0.925	2.088	3.616	0.90

注：M 为试样质量（g）；ρ 为试样密度（cm^3/g）；V 为试样外体积（cm^3）；V_t 为考虑 7 nm～400 μm 全孔隙的总比孔容（mm^3/g）；S 为考虑 7 nm～400 μm 全孔隙的比表面积（m^2/g）；D_m 为最大孔径（nm）；D_a 为平均孔径（μm）；n_{10} 为 10 μm 以下孔隙对应的孔隙度（%）；n_{100} 为 100 μm 以下孔隙对应的孔隙度（%）；n_{200} 为 200 μm 以下孔隙对应的孔隙度（%）；k 为渗透率（10^{-3} mD，1D=0.986923×10^{-12}m^2）。

3. 孔径分布的计算

外压力与进汞孔的净宽成反比。对于圆柱形孔，Washburn 方程给出了压力与孔径间的关系的，见式（6-28）：

$$d_p = \frac{-4\gamma\cos\theta}{p} \tag{6-28}$$

应用 Washburn 方程，压力读数可以转换成孔径。

汞的表面张力 γ 依赖于样品的材质和温度。而且对相当弯曲的表面，汞的表面张力还与样品表面的曲率有关。据报道，在室温下汞的表面张力介于 0.470～0.490 N/m 之间。如果该值未知，应取 γ = 0.480 N/m。

多数情况下，接触角介于 125°～150° 之间。应用合适的仪器测量接触角。如果接触角未知，可取 θ = 140°。

进汞体积与样品质量相关，它作为纵坐标与外压力有依存关系。但由于样品上方汞的静压力的存在，必须对由仪器记录下的进汞体积进行修正。

根据式（6-28）可以将压力转换成孔径。以与样品质量相关的进汞体积作纵坐标，以孔径作横坐标得到孔体积分布曲线。孔径作横坐标时常用对数坐标。

堆积的样品之间的空间也被记录为孔。一旦注入的汞进入与外界仅有极小连接的孔（呈墨水瓶孔）中，则注汞曲线中孔体积反映了瓶颈孔的孔径分布和所有充汞孔的总体积。在这种情况下，所计算的孔体积是不正确的。

如果孔系统保留部分注入的汞，则不应该用降压曲线计算孔容分布。残留量的关系仅能用于定性评估墨水瓶形孔的空间。

6.4 小角 X 射线散射法

6.4.1 小角 X 射线散射法测试孔结构基本原理

小角散射法包括小角 X 射线散射（SAXS）法和小角中子散射（SANS）法[79]。小角 X 射线散射法是根据 X 射线在物质两相界面电子不均匀区会发生散射的原理，可以探测材料内部纳米尺度的孔隙散射数据，对散射数据进行处理分析后可以得到煤孔径分布、比表面积、孔隙率以及分形特征等。小角中子散射与小角 X 射线散射类似，是在近些年发展起来的新型实验技术，由于物质中存在散射长度密度的涨落，会在小角区附近形成特定的散射曲线，这就是小角中子散射现象。作为一种先进的无损检测方法，小角散射法最突出的优势是其测试快速、统计性好，测试结果不像流体侵入法受流体无法侵入闭孔的限制，可以获得包括开孔和闭孔在内的所有有效信息，该项技术近些年已经更多被应用在煤的纳米孔隙结构表征研究中。

当 X 射线照射到物质上时，在入射束电场的作用下，物质中原子的电子将围绕其平衡位置发生受迫振动。振动电子将会向四周辐射出多种频率的二次 X 射线，这种现象称为散射。散射 X 射线中，波长与入射 X 射线相同，但存在一定相位差时两者发生干涉，称为相干散射；散射 X 射线不能与入射 X 射线产生干涉的，称为非相干散射[80]。

如果样品中存在纳米尺度的电子密度不均匀区域，当 X 射线照射到该样品上时，就会在入射光线周围即 $\theta \leqslant 5°$ 的小角度范围内出现散射 X 射线，小角 X 射线散射（SAXS）原理示意图如图 6-13 所示[81]。电子密度起伏是产生 SAXS 的根本原因，由于 X 射线是与原子中的电子发生作用，所以 SAXS 对于电子密度的不均匀性特别敏感。

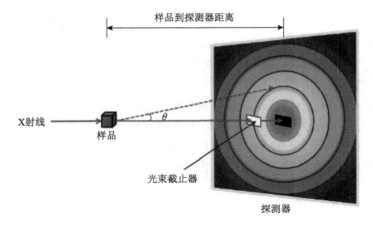

图 6-13　小角 X 射线散射原理示意图[81]

1）单电子散射强度

一个电子在不同方向的散射强度由汤姆逊公式决定：

$$I_e(\theta) = 7.94 \times 10^{-26} I_0 \frac{1}{a^2} \frac{1 + \cos^2 2\theta}{2} \tag{6-29}$$

式中，I_0 为入射 X 射线强度；a 为试样到探测器的距离，cm；2θ 为散射角；系数 7.94×10^{-26} 为经典电子半径（e^2/cm^2）的平方。因为 2θ 很小，$\cos^2 2\theta$ 近似为 1，故在小角散射范围内，单个电子的散射强度与散射角无关。

2）Porod 理论

对于理想两相体系，当散射体存在电子密度差和明锐界面时，在散射曲线尾端，其散射强度符合如下规律，即 Porod 公式：

$$\lim\left[\ln q^4 I(q)\right] = \ln K \tag{6-30}$$

式中，q 为散射矢量；K 为 Porod 常数，可用于计算散射体比表面积等参数。Porod 理论主要阐述了散射强度与散射角度间的变化关系，当两相体系内存在明锐界面时，样品散射强度严格遵守 Porod 理论；当两相间界面模糊，存在弥散过渡层即界面层时，其 Porod 曲线在高角区不再趋于定值，而是呈一负斜率的直线，称为 Porod 负偏离。

两相体系中的任一相内或两相内存在电子密度不均匀区时，其 Porod 曲线在高角区不再趋于定值，而是呈一正斜率的直线，称为 Porod 正偏离。如图 6-14 所示。

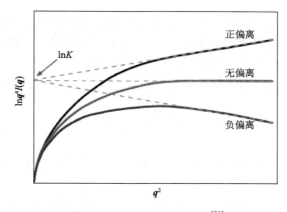

图 6-14　Porod 理论示意图[81]

3）Guinier 定律

对于理想单分散体系，其散射强度符合以下规律：

$$I(q) = I_0 \exp\left(-\frac{1}{3} R_G^2 q^2\right) \tag{6-31}$$

式（6-31）就是 Guinier 定律，适用于小角度和各种形状的散射体。

4）积分不变量

在小角 X 射线散射所研究的角度区域中，非相干散射很弱，可以忽略不计。通过测量散射光强度随散射角的变化，经数据解析得到样品的纳米尺度结构信息。散射矢量 q 与散射角 θ 之间存在下列关系：

$$q = \frac{4\Pi}{\lambda} \sin\frac{\theta}{2} \tag{6-32}$$

式中，θ 为散射角，λ 为 X 射线波长。θ 与样品到探测器距离、探测器有效面积、beamstop（中心光束遮挡器）尺寸等有关。

实验中探测器实测的是样品相对散射强度，从相对强度可导出样品内部散射的几何结构参数，如散射体的分形维数、形状、尺寸及其分布等；而要得到与质量密度有关的参数，如分子量、体积分数（如多孔材料的孔隙率）等，就必须使用绝对强度。

多孔材料的孔隙度可由 SAXS 的绝对强度确定：

$$\frac{1}{r_e^2} \int_0^\infty q^2 \left(\frac{a\Sigma}{a\Omega}\right)_x (q) \mathrm{d}q = 2\Pi^2 (\Delta\rho_e)^2 P(1-P) \tag{6-33}$$

式中，$(a\Sigma/a\Omega)_x(\boldsymbol{q})\mathrm{d}\boldsymbol{q}$ 是多孔材料的绝对强度 (cm^{-1})；$\boldsymbol{q}$ 是散射矢量 (nm^{-1})；r_e 为一个电子的散射长度即经典汤姆逊电子半径，其值为 2.8179×10^{-13} cm；$\Delta\rho_\mathrm{e}$ 为材料中基质与孔隙间电子密度差 $(\mathrm{e}/\mathrm{\AA}^3)$；$P$ 是孔隙率(%)。

电子密度可通过真密度与元素分析结果计算得到，公式如下：Ω

$$\rho_\mathrm{e} = \frac{\rho N_\mathrm{A} \Sigma \alpha_i Z_i}{\Sigma \alpha_i M_i} \tag{6-34}$$

式中，ρ 为真密度，N_A 为阿伏伽德罗常数，α_i 为元素 i 的含量，Z_i 为元素 i 的原子序数，M_i 为元素 i 的摩尔质量。

结合多孔材料孔隙率 P，其比表面积 S_v 可以通过公式(6-35)计算获得

$$S_\mathrm{v} = \frac{\varPi P(1-P)\lim\limits_{q\to\infty}\left[q^4 I(\boldsymbol{q})\right]}{\int_0^\infty q^2 I(\boldsymbol{q})\mathrm{d}\boldsymbol{q}} \tag{6-35}$$

小角散射技术可以用来分析散射体的分形特征。在分形区内，散射矢量 $\boldsymbol{q}$ 与散射强度 I 有如下关系：

$$I(\boldsymbol{q}) = I_0 \boldsymbol{q}^{-\alpha} \tag{6-36}$$

式中，I 是散射强度，I_0 为散射矢量 $\boldsymbol{q} = 0$ 时的散射强度，α 为常数。

因此，

$$\ln I(\boldsymbol{q}) = -\alpha\ln\boldsymbol{q} + \ln I_0 \tag{6-37}$$

式中，I_0 为常数，α 为 $\ln I(\boldsymbol{q})\sim\ln\boldsymbol{q}$ 直线段斜率的绝对值。

当 $3<\alpha<4$ 时，散射体表现为表面分形，分形维数 $D_s = 6-\alpha$，则表面分形维数范围为 $2<D_s<3$，D_s 越小表明散射体表面越光滑，随着 D_s 增大，散射体表面更加粗糙。当 $1<\alpha<3$ 时，表明质量分形或孔结构分形的存在，则 $D_m=\alpha$ 或 $D_p=\alpha$，质量分形维数 D_m 越大，则代表质量分布更稠密，孔结构分形维数 D_p 越大，则代表孔隙分布越不均匀。

散射体尺寸范围 d 符合公式(6-38)：

$$\frac{2\varPi}{q_{\max}} \leqslant d \leqslant \frac{2\varPi}{q_{\min}} \tag{6-38}$$

式中，d(面间距)间隔是具有周期性规则排列结构的样品的主要参数之一，当用单色 X 射线照射这种样品时，会产生衍射环。计算 d 值的依据就是著名的布拉格公式。

　　显然，当 d 值为若干埃的尺度时，衍射角在广角 X 射线衍射（WAXS）范围；当 d 值为若干纳米的尺度时，衍射角则落在了小角 X 射线散射（SAXS）范围。用波长为 0.15418 nm 的单色 X 射线照射样品时，产生衍射角为 2θ 的衍射锥，用距离样品 L 处且垂直于直通光束的平面探测器收集衍射信号得到一个半径为 R 的衍射环。

　　显然，测量衍射环对应的 R 和 L 即可求 θ，进而求 d。R 值直接从探测器上读出，其精度主要依赖于探测器结构（像素大小、点扩展函数等）。由于探测器的真实感光面在探测器内的准确位置通常是未知的，可用标准样品来标定，但是标准样品的 d 值不是完全精确的，依赖于准备条件、湿度和人为关系等。

6.4.2　小角 X 射线散射法仪器构造

　　小角 X 射线散射仪是一种用于测定纳米尺度范围的固体和流体材料结构的技术。它探测的是长度尺度在典型的 1~100 nm 范围内的电子密度的不均匀性，从而给 XRD（WAXS，如广角 X 射线散射）数据提供补充的结构信息，可应用于结晶和非晶之类的材料[82,83]。

1. 小角 X 射线散射仪

　　小角 X 射线散射仪（SAXS）优点：①制样简单。②研究溶液中的微粒时特别方便。X 射线散射（WAXD 或 XRD）研究的对象是固体，而且主要是晶体结构，即原子尺寸上的排列。小角 X 射线散射（SAXS）研究的对象远远大于原子尺寸的结构，涉及范围更广，如微晶堆砌的颗粒、非晶体和液体等。③电子显微镜方法不能确定颗粒内部密闭的微孔，如活性炭中的小孔，而小角 X 射线散射能做到这一点。④研究高聚物流态过程，例如熔体到晶体的转变过程。⑤研究溶液中的微粒方便。⑥当研究生物的微结构时，SAXS 可以对活体或动态过程进行研究。

　　X 射线散射仪的基本结构主要由 X 射线光源、光学系统以及探测器组成[84,85]。X 射线光源为封闭 X 射线管、旋转阳极 X 射线管；光学系统包括针孔狭缝光学系统、四狭缝光学系统、锥形狭缝光学系统、Kratky 光学系统；探测器包括位敏探测器、影像板、电感耦合探测器。

　　如图 6-15 所示，小角散射实验站工作原理是[86]：辐射 X 射线通过由两块垂直排列的弯晶组成的弯曲单色器，经过聚焦和单色化处理之后，X 射线射向待测样品，探测器接收由于样品内电子密度不均匀引起的散射强度变化信号，从而得到与样品有关的微结构信息。

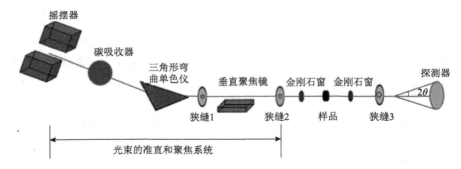

图 6-15 X 射线散射实验站示意图[86]

2. 同步辐射小角 X 射线散射

同步辐射光的成功运用，克服了传统实验室用 X 射线光源能量低、信号易弥散等不足的缺陷，给小角 X 射线散射研究注入了新的动力。同步辐射是指利用电子加速器将电子或正电子加速，到接近光速的状态来进行不断地做圆周运动。由于在圆周运动中，电子的速度(矢量)不断发生变化，所以会引发带电粒子能量的改变，于是电子就会将一部分能量以电磁波的方式沿着速度切线方向释放出去，从而生成能量较大的 X 射线。通过对于生成的 X 射线进行单色化等一系列后续加工，就可以将其引入到各个站点开始实验研究工作。

在同步辐射 X 射线光源下，小角 X 散射技术有诸多特点。①统计性强：小角 X 射线散射结果是建立在对于样品进行全局统计之上的，并非是局部信息的反映，因而结果更有说服力。②测试便捷，可原位分析：小角 X 射线散射实验在制样阶段并不需要对样品进行特殊处理，从而最大限度保留了样品的完整性。③适用范围广：SAXS 样品测试适用性强。不管体系内部有没有晶体存在，只要其中存在电子密度差异即可。④成本低廉：与价格高昂的 NMR 表征技术相比，SAXS 测试成本相对低廉。⑤理论支撑：SAXS 中有 Porod 理论、Debye 理论以及 Guinier 理论三大理论支撑。另外，SAXS 理论是建立在电子密度差异之上的，虽然不可避免地仍有团粒产生，但这些团粒间形成的孔隙和界面网络相对 X 射线波长来说要大得多，加之 X 射线本身就具有对于纳米材料的高穿透性，这就消除了团粒对于粒度分析所造成的障碍，使得散射信号来自于体系中的单个个体，从而保证测试反映的是一次颗粒，即原颗粒。⑥可靠性高：随着小角 X 射线散射理论的不断发展，其分析计算方法得到不断改进，其数据分析的可靠性得到国际公认。

6.4.3 小角 X 射线散射法数据分析

通过 SAXS 实验可以获得样品散射强度的二维图形 tif 文件，为了定量研究样品中微结构特征，还需对图形文件进行后处理，最终得到样品包含散射矢量 q 与散射强度 I 对应关系的散射曲线，再结合理论分析获得散射体特性[86-89]。处理过程如下所述。

（1）将散射图形转换为一维数据：测得初始数据为二维图像文件，通过 Fit2d 软件将其转化为一维散射数据，对应 chi 格式文件，以备后续处理。

（2）散射数据中心修正：根据获得的 chi 文件，先要找到散射中心来确定散射信号的零角度点和各散射点位置。使用 Fit2d 软件程序可找到散射曲线中低峰位置坐标，再用插值法找到高峰位置对应的点，从而确定散射中心。

（3）背底扣除和入射光强归一化：背底散射和入射光强的波动属于偶然误差。为了减少实验外部环境和光强波动等引起的误差，通常在正式实验前，需在不放置样品条件下，进行与正式实验条件相同的 SAXS 实验，记录实验数据，用于和入射光强归一化和处理散射数据时进行背底扣除。归一化及背底扣除操作也在 S 软件中完成。

（4）散射曲线坐标转换：经过以上步骤处理得到的散射曲线还需将光斑距散射中心的垂直距离转换成散射矢量 q，从而得到散射强度 I 随散射矢量 q 的散射曲线，操作简单，特别适合于较大孔隙大于 100μm 的最大孔径测量。

（5）散射数据分析：使用小角散射理论对获得的散射曲线进行分析，可以得到样品结构信息，S 软件可以帮助实现 Porod 校准、Guinier 校正、计算积分不变量 Q 等功能，结合绝对强度校准数据，可以定量分析煤中纳米孔隙的孔体积、孔比表面积、孔隙分形等特征，结合某些模型研究可以获得煤中孔径分布特征。

1. Porod 正偏离的校正

由于样品是非理想两相体系，其两相中的某一相内存在电子密度不均匀，会对 X 射线形成附加散射，与理想两相体系相比，其 Porod 曲线在高角区不再趋于定值，而是呈一正斜率的直线（图 6-16），称为 Porod 正偏离[85]。

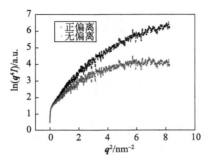

图 6-16　Porod 正偏离及校正曲线[85]

2. 孔隙率的计算

对于多孔材料，散射体体积百分数 ω 称为孔隙率。对于 X 射线光源为点光源的针孔准直系统而言，ω 可由式(6-39)计算：

$$(\Delta\rho)^2 \omega(1-\omega) = \frac{1}{2\pi^2 V} \int_0^\infty q^2 I(q) \mathrm{d}q \tag{6-39}$$

式中，$\Delta\rho$ 为体系电子密度差，$\mathrm{e}/(10^{-3}\ \mathrm{nm}^3)$；$V$ 为 X 射线对样品的辐照体积，mm^3；$I(q)$ 为试样绝对散射强度，phs/s。

孔隙率 ω 也可通过平均孔径和相关距离计算求得。平均孔径的计算见公式(6-40)：

$$L_{\mathrm{p}} = \frac{A_{\mathrm{c}}}{1-\omega} \tag{6-40}$$

式中，L_{p} 为平均孔径，nm；A_{c} 为相关距离，nm。相关距离 A_{c} 是 SAXS 中的一个重要参数，它是不均性大小的一种量度。

3. 比表面积

比表面积是指单位质量物料所具有的总面积，煤作为一种多孔材料，内部具有发达的孔隙结构，比表面积是其一个重要的结构参数。计算比表面积的方法有 Debye 法和 Porod 法两种。

Debye 法：

$$S_{\mathrm{D}} = \frac{4\omega(1-\omega)}{A_{\mathrm{c}}} \tag{6-41}$$

Porod 法：

$$S_{\mathrm{P}} = \frac{4\omega(1-\omega)K}{Q}$$

$$Q = \int_0^\infty q J(q) \mathrm{d}q \tag{6-42}$$

式中，K 为 Porod 常数，其值等于 Porod 曲线中高 q 区域直线的截距；Q 为不变量，与样品的几何形状或拓扑结构无关。

实验上只能测得 $q_1 \sim q_2$ 范围内的散射强度值，$0 \sim q_1$ 内的散射强度值由 Guinier 图的低 q 直线部分外推得到，$q_2 \sim \infty$ 范围内的散射强度值则由 Porod 图外推得。

4. 孔径分析

煤中的孔隙形状和尺寸是随机的，理论上无法根据一个实验既测定出孔隙的大小分布，又确定出孔隙的形状。通常要先定义孔形，再利用既定孔形计算孔径分布。忽略多重散射和干涉效应，散射强度为

$$I(q) = C\int_0^\infty V(r) r^3 \varphi^2 (qr) \mathrm{d}r \tag{6-43}$$

式中，C 为常数；r 为散射体的有效尺度；$V(r)$ 是有效尺度为 r 的散射体的百分数；$\varphi(qr)$ 为散射体的形散函数。

参 考 文 献

[1] Sing K S W, Everett D H, Haul R A W, et al. Reporting physisorption data for gas/solid systems with special reference to the determination of surface area and porosity[J]. Pure and Applied Chemistry, 1985, 57(4): 603-619.

[2] 刘迎新, 秦善, 刘瑞, 等. 孔道结构矿物及其晶体结构特征[J]. 北京大学学报, 2004, 40(6): 993-1000.

[3] 传秀云, 卢先初, 龚平, 等. 天然矿物材料的多孔结构、结构组装和光催化性能[J]. 地学前缘, 2005, 12(1): 188-195.

[4] 王力, 主曦曦. 矿物基多孔材料的制备及其吸附研究进展[J]. 材料导报, 2013, 27(3): 48-51.

[5] 伊琳, 陆现彩, 胡欢, 等. 多孔结构矿物(岩石)及其环境修复材料的实用性[J]. 岩石矿物学杂志, 2003, 22: 405-408.

[6] 尚福亮, 杨海涛, 韩海涛, 等. 多孔吸附储氢材料研究进展[J]. 化工时刊, 2006, 20(3): 58-61.

[7] 龚会琴. 环境矿物材料在土壤环境修复中的应用研究进展[J]. 南方农业, 2021, 15(15): 2.

[8] 张鑫林, 蒋达华, 廖绍璠, 等. 矿物基载体功能材料调温调湿性能研究进展[C]. 国家建筑材料工业技术情报研究所, 2019 年中国非金属矿科技与市场交流大会, 2019.

[9] 张旭, 章国权, 杨炳飞. 天然多孔矿物材料在土壤改良和土壤环境修复中的应用及研究进展[J]. 中国土壤与肥料, 2020(4):8.

[10] 王程, 张璞, 李艳, 等. 天然矿物材料处理印染废水的研究进展[J]. 化工环保, 2008, 28(5): 4.

[11] 传秀云, 卢先初. 天然矿物材料降解有机污染物的应用研究[C]. 持久性有机污染物论坛暨持久性有机污染物全国学术研讨会, 2006: 178-182.

[12] Uddin M K. A review on the adsorption of heavy metals by clay minerals, with special focus on the past decade[J]. Chemical Engineering Journal, 2017, 308: 438-462.

[13] Anovitz L M, Cole D R. Characterization and analysis of porosity and pore structures[J]. Reviews in Mineralogy and Geochemistry, 2015, 80: 61-164.

[14] 宋泽章, 阿比德·阿不拉, 吕明阳, 等. 氮气吸附滞后回环定量分析及其在孔隙结构表征中的指示意义——以鄂尔多斯盆地上三叠统延长组 7 段为例[J]. 石油与天然气地质, 2023,

44（2）：15.

[15] 黄会会, 谭建华, 何岩, 等. 低孔低渗储层孔隙结构定量表征与评价预测[J]. 煤炭技术, 2022, 41（10）：3.

[16] 王安民, 高于超, 邹俊超, 等. 基于深度学习的煤系页岩孔隙结构定量表征[J]. 煤炭科学技术, 2023, DOI: 10.13199/j.cnki.cst.2022-1597.

[17] 刘怀谦, 王磊, 谢广祥, 等. 煤体孔隙结构综合表征及全孔径分形特征[J]. 采矿与安全工程学报, 2022（3）:39.

[18] 魏祥峰, 刘若冰, 张廷山,等. 页岩气储层微观孔隙结构特征及发育控制因素——以川南—黔北 XX 地区龙马溪组为例[J]. 天然气地球科学, 2013, 24（5）: 12.

[19] 邵国勇, 沈瑞, 熊伟, 等. 页岩油储层多尺度孔隙结构三维表征及应用[J]. 天然气与石油, 2023, 41（1）: 9.

[20] Zhang Y, Yilin L I. Characterization technique of microscopic pore structure based on CT scanning[J]. Acta Geologica Sinica-English Edition, 2015, 89（A01）: 3.

[21] Chen L, Jiang Z, Ji W, et al. Characterization of microscopic pore structures and its effect on methane adsorption capacity in continental shales[J]. Acta Geologica Sinica, 2015, 89（s1）: 11-11.

[22] Feng Z, Shao H, Wang C, et al. Pore structure characterization and classification of in-source tight oil reservoirs in northern Songliao basin[J]. Acta Geologica Sinica-English Edition, 2015, 89（A01）: 2.

[23] 黄艳芳, 刘志军, 刘金红, 等. CO_2 吸附法表征材料孔结构的研究进展[J]. 离子交换与吸附, 2018, 34（2）: 8.

[24] 中华人民共和国国家质量监督检验检疫总局, 中国国家标准化管理委员会. 压汞法和气体吸附法测定固体材料孔径分布和孔隙度 第 1 部分: 压汞法[S]. 2008.

[25] 中华人民共和国国家质量监督检验检疫总局, 中国国家标准化管理委员会. 压汞法和气体吸附法测定固体材料孔径分布和孔隙度 第 2 部分: 气体吸附法分析介孔和大孔[S]. 2008.

[26] 中华人民共和国国家质量监督检验检疫总局, 中国国家标准化管理委员会. 压汞法和气体吸附法测定固体材料孔径分布和孔隙度 第 3 部分: 气体吸附法分析微孔[S]. 2008.

[27] Hu X, Li R, Ming Y, et al. Experimental investigation of CO_2 separation by adsorption methods in natural gas purification[J]. Chemical Engineering Journal, 2022, 431, DOI: 10.1016/j.apenergy. 2016.06.146.

[28] Chen S J, Fu Y, Huang Y X, et al. Experimental investigation of CO_2 separation by adsorption methods in natural gas purification[J]. Applied Energy, 2016, 179: 329-337.

[29] Wang X, Cheng H, Ye G, et al. Key factors and primary modification methods of activated carbon and their application in adsorption of carbon-based gases: A review[J]. Chemosphere, 2022, 287: 131995.

[30] Broom D P, Talu O, Benham M J. Insights into shale gas adsorption and an improved method for characterizing adsorption isotherm from molecular perspectives[J]. Industrial & Engineering Chemistry Research, 2020, 59: 20478-20491.

[31] Joy A S. Methods and techniques for the determination of specific surface by gas adsorption[J]. Vacuum, 1953, 3（3）: 254-278.

[32] Ross D J K, Marc Bustin R. The importance of shale composition and pore structure upon gas storage potential of shale gas reservoirs[J]. Marine and Petroleum Geology, 2009, 26: 916-927.

[33] 李腾飞, 田辉, 陈吉, 等. 低压气体吸附法在页岩孔径表征中的应用——以渝东南地区页岩样品为例[J]. 天然气地球科学, 2015, 26(9), DOI: 10.11764/j.issn.1672-1926.2015.09.1719.

[34] 朱汉卿, 贾爱林, 位云生, 等. 低温氩气吸附实验在页岩储层微观孔隙结构表征中的应用[J]. 石油实验地质, 2018, 40(4): 7. DOI: 10.11781/sysydz201804559.

[35] 承秋泉, 陈红宇, 范明, 等. 盖层全孔隙结构测定方法[J]. 石油实验地质, 2006, 28(6): 5.

[36] Everett D H, Powl J C . Adsorption in slit-like and cylindrical micropores in the Henry's law region. A model for the microporosity of carbons[J]. Journal of the Chemical Society Faraday Transactions, 1976, 72: 619-636.

[37] Wu C, Tuo J C, Zhang L, et al. Pore characteristics differences between clay-rich and clay-poor shales of the lower Cambrian Niutitang Formation in the northern Guizhou area, and insights into shale gas storage mechanisms[J]. International Journal of Coal Geology, 2017, 178: 13-25.

[38] ClarksonC R, Haghshenas B, Ghanizadeh A, et al. Nanopores to megafractures: Current challenges and methods for shale gas reservoir and hydraulic fracture characterization[J]. Journal of Natural Gas Science and Engineering, 2016, 31: 612-657.

[39] Zhu S, Du Z, Li C, et al. An analytical model for pore volume compressibility of reservoir rock[J]. Fuel, 2018, 232(NOV.15): 543-549.

[40] 戚灵灵, 周晓庆, 彭信山, 等. 基于低温氮吸附和压汞法的焦煤孔隙结构研究[J]. 煤矿安全, 2022(7): 053.

[41] 朱汉卿, 贾爱林, 位云生, 等. 基于氩气吸附的页岩纳米级孔隙结构特征[J]. 岩性油气藏, 2018, 30(2): 8.

[42] 陈心怡, 程宏飞, 赵炳新, 等. 高岭石基介孔复合材料的二氧化碳吸附性能[J]. 人工晶体学报, 2021, 50(9): 1756-1764.

[43] 邢万丽. 煤中 CO_2、CH_4、N_2 及多元气体吸附/解吸、扩散特性研究[D]. 大连: 大连理工大学, 2016.

[44] Pogge von Strandmann P, Burton K W, Snaebjornsdottir S O, et al. Rapid CO_2 mineralisation into calcite at the CarbFix storage site quantified using calcium isotopes[J]. Nature Communications, 2019, 10: 1983.

[45] Bai J, Wang Q, Jiao G. Study on the pore structure of oil shale during low-temperature pyrolysis[J]. Energy Procedia, 2012, 17(1): 1689-1696.

[46] Pan J, Peng C, Wan X, et al. Pore structure characteristics of coal-bearing organic shale in Yuzhou coalfield, China using low pressure N_2 adsorption and FESEM method[J]. Journal of Petroleum Science and Engineering, 2017, 153: 234-243.

[47] Fu S, Fang Q, Li A, et al. Accurate characterization of full pore size distribution of tight sandstones by low-temperature nitrogen gas adsorption and high-pressure mercury intrusion combination method[J]. Energy Science & Engineering, 2020, 9: 80-100.

[48] 李忠全, 李玉莲. 气体吸附法测定粉末比表[J]. 粉末冶金技术, 1993, 11(4): 6.

[49] 谭立新, 梁泰然, 蔡一,等. 气体吸附法测定粉体比表面积影响因素的研究[J]. 材料研究与应用, 2014, 8(2): 137-140.

[50] Sun Y, Guo S. Characterization of whole-aperture pore structure and its effect on methane adsorption capacity for transitional shales[J]. Energy & Fuels, 2018, 32: 3176-3188.

[51] 方萍, 吴懿, 龚光彩. 多孔矿物调湿材料的微观结构与其吸湿性能[J]. 材料导报, 2009, 23(S1): 475-477.

[52] Liu D, Li Z, Jiang Z, et al. Impact of laminae on pore structures of lacustrine shales in the southern Songliao basin, NE China[J]. Journal of Asian Earth Sciences, 2019, 182: 1-14.

[53] Xu H, Zhou W, Zhang R, et al. Characterizations of pore, mineral and petrographic properties of marine shale using multiple techniques and their implications on gas storage capability for Sichuan Longmaxi gas shale field in China[J]. Fuel, 2019, 241: 360-371.

[54] 赵俊龙, 汤达祯, 许浩, 等. 基于二氧化碳吸附实验的页岩微孔结构精细表征[J]. 大庆石油地质与开发, 2015, 34(5): 6.

[55] Yu Y, Luo X, Wang Z, et al. A new correction method for mercury injection capillary pressure (MICP) to characterize the pore structure of shale[J]. Journal of Natural Gas Science and Engineering, 2019, 68: 102896.

[56] Kang J, Fu X, Elsworth D, et al. Impact of nitrogen injection on pore structure and adsorption capacity of high volatility bituminous coal[J]. Energy & Fuels, 2020, 34: 8216-8226.

[57] 王明辉. 固体吸附材料的水蒸气吸脱附动态特性研究[D]. 北京: 北京建筑大学, 2022.

[58] 张汝珍, 蒋正典. 多孔材料测孔仪的研制[J]. 合肥工业大学学报(自然科学版), 1993, 16(3): 130-135.

[59] 杨培强, 韩芊, 蔡清, 等. 一种多孔材料的毛细管压力曲线测试设备: CN209992418U[P]. 2020.

[60] 李忠全, 李玉莲. 气体吸附法测定粉末比表面[J]. 粉末冶金技术, 1993, 11(4): 6.

[61] 李志清, 沈鑫, 戚志宇, 等. 基于压汞法与气体吸附法的页岩孔隙结构特征对比研究[J]. 工程地质学报, 2017, 25(6): 9.

[62] 伦嘉云. 煤体纳米孔隙结构气体吸附特性研究[D]. 北京: 中国矿业大学(北京), 2020.

[63] 陈金妹, 谈萍, 王建永. 气体吸附法表征多孔材料的比表面积及孔结构[J] 粉末冶金工业, 2011, 21(2): 5.

[64] 张茂林, 徐伟昌. 气体吸附法测定坡缕石的比表面积[J]. 江西地质, 2000, 14(1): 4.

[65] 杨正红, Mattias T. 气体吸附法进行孔径分析进展——密度函数理论(DFT)及蒙特卡洛法(MC)的应用[J]. 中国粉体工业, 2009(6): 7.

[66] 上官禾林. 基于压汞法的油页岩孔隙特征的研究[D]. 太原: 太原理工大学, 2014.

[67] 贾雪梅, 蔺亚兵, 陈龙, 等. 基于压汞法的宏观煤岩组分孔隙结构差异性研究[J]. 煤矿安全, 2022, 53(6): 7.

[68] 李志清, 沈鑫, 戚志宇, 等. 基于压汞法与气体吸附法的页岩孔隙结构特征对比研究[J]. 工程地质学报, 2017, 25(6): 9.

[69] Ying J, Zhang X, Jiang Z, et al. On phase identification of hardened cement pastes by combined nanoindentation and mercury intrusion method[J]. Materials(Basel), 2021, 14: 14123349.

[70] Turturro A C, Caputo M C, Gerke H H. Mercury intrusion porosimetry and centrifuge methods for extended-range retention curves of soil and porous rock sample[J]. Vadose Zone Journal, 2021, 21: e20176.

[71] Daigle H, Reece J S, Flemings P B. A modified Swanson method to determine permeability from mercury intrusion data in marine muds[J]. Marine and Petroleum Geology, 2020, 113: 104155.

[72] Shen R, Zhang X, Ke Y, et al. An integrated pore size distribution measurement method of small angle neutron scattering and mercury intrusion capillary pressure[J]. Scientific Reports, 2021, 11: 17458.

[73] Fang X, Cai Y, Liu D, et al. A mercury intrusion porosimetry method for methane diffusivity and permeability evaluation in coals: A comparative analysis[J]. Applied Sciences, 2018, 8: 8060860.

[74] 张涛, 王小飞, 黎爽, 等. 压汞法测定页岩孔隙特征的影响因素分析[J]. 岩矿测试, 2016, 35(2): 8.

[75] 承秋泉, 陈红宇, 范明, 等. 盖层全孔隙结构测定方法[J]. 石油实验地质, 2006, 28(6): DOI: 10.3969/j.issn.1001-6112.2006.06.019.

[76] Mildner D F R, Rezvani R, Hall P L, et al. Small-angle scattering of shaley rocks with fractal pore interfaces[J]. Applied Physics Letters, 1986, 48: 1314-1316.

[77] Sun M, Zhao J, Pan Z, et al. Pore characterization of shales: A review of small angle scattering technique[J]. Journal of Natural Gas Science and Engineering, 2020, 78: 103294.

[78] McMahon P J, Snook I, Smith E. An alternative derivation of the equation for small angle scattering from pores with fuzzy interfaces[J]. The Journal of Chemical Physics, 2001, 114: 8223-8225.

[79] Vezin V, Goudeau P, Naudon A, et al. Characterization of photoluminescent porous Si by smallangle scattering of X rays[J]. Applied Physics Letters, 1992, 60: 2625-2627.

[80] Calo J M, Hall P J. The application of small angle scattering techniques to porosity characterization in carbons[J]. Carbon, 2004, 42: 1299-1304.

[81] 刘通. 煤纳米孔隙及其吸附解吸演化规律的小角 X 射线散射研究[D]. 北京: 中国矿业大学 (北京), 2021.

[82] Le Floch S, Balima F, Pischedda V, et al. Small angle scattering methods to study porous materials under high uniaxial strain[J]. Review of Scientific Instruments, 2015, 86: 023901.

[83] Kikkinides E S, Kainourgiakis M E, Stefanopoulos K L, et al. Combination of small angle scattering and threedimensional stochastic reconstruction for the study of adsorption-desorption processes in Vycor porous glass[J]. The Journal of Chemical Physics, 2000, 112: 9881-9887.

[84] Mares T E, Radliński A P, Moore T A, et al. Assessing the potential for CO_2 adsorption in a subbituminous coal, Huntly Coalfield, New Zealand, using small angle scattering techniques[J]. International Journal of Coal Geology, 2009, 77: 54-68.

[85] 聂百胜, 王科迪, 樊堉, 等. 基于小角 X 射线散射技术计算不同孔形的煤孔隙特征比较研究[J]. 矿业科学学报, 2020, 5(3): 7.

[86] 王尧, 王传格, 曾凡桂, 等. 中低阶煤纳米孔隙结构的小角 X 射线散射研究[J]. 煤炭转化, 2022, 45(4): 9.

[87] 刘汝庚. 小角 X 射线散射在 Y 分子筛合成过程中的应用[D]. 北京: 中国石油大学(北京), 2016.

[88] 魏彦茹. 小角 X 射线散射若干方法研究[D]. 合肥: 安徽大学, 2017.

[89] 王博文, 李伟. 基于小角 X 射线散射的灰分对煤孔隙结构的影响研究[J]. 煤矿安全, 2017(1): 149-153.

第7章 矿物材料热分析

7.1 概　　述

　　材料的热学性质研究在地质、冶金、陶瓷、化工等工业部门和现代军事技术、生物医药技术等各个领域的应用方面，均具有重要的意义。热分析在地球科学、材料科学等领域的应用已经有很长历史，特别是在矿物学领域。自然界中形成的各种各样的矿物质，其中绝大多数都表现出至少具有一种热效应的性质。1887年，Le Chatelier 对土壤中的黏土矿物组分进行了第一次热分析，利用升、降温来研究黏土类矿物的热性能。此后几年，Nernst 和 Riesenfel 研究了各种矿物的质量随温度变化的函数关系，从而开始了各种黏土矿物热反应的研究工作，随后又将研究对象拓展到各种非黏土矿物，包括硫化物和硼酸盐等反应性很强的物相。在加热过程中，随着温度的升高，矿物会变得不稳定，且往往发生物质形态的转变。矿物在加热过程中表现出来的各种行为和状态，如生成热、热容量、熔点、相转变温度点、比热、热导性、热膨胀性等，统称为矿物的热学性质。不同种类的矿物在加热状态下具有不同的热学行为，自然元素受热时，其热特性表现为物质的融化，其次是多型转化及氧化；卤化物矿物主要的热特性为融化与脱水；硫化物矿物的主要热特性为氧化分解，释放 SO_2，放热失重，其氧化分解温度一般在 $300 \sim 800$℃之间；氧化物及氢氧化物矿物受热过程中往往结构发生转变，包括融化、脱水以及具有变价元素氧化物的价态变化；含氧盐矿物受热时会分解放出气体，结晶水与结构水在不同温度下分阶段脱出，变价元素的价态变化、多晶型转变以及脱水物质的重结晶[1]。

　　矿物的热学性质在地球科学研究中发挥着重大作用[2]，如分析矿物组分、结构、有序度[3]以及物相定性定量分析、研究矿床的矿化现象[4]等。热分析方法除了可以用来广泛地研究物质的各种转变(如玻璃化转变、固相转变等)和反应(如氧化、分解、还原、交联、成环等反应)之外，还可以用来确定物质的成分、判断物质的种类、测量热物性参数等，几乎涵盖了常见所能应用的领域，包括无机、有机、地质、考古、化工、冶金、陶瓷、玻璃、医药、食品、塑料、橡胶、土壤、炸药、海洋、电子、能源、建筑、生物及空间技术等[1]。

7.2　热分析技术

　　物质在温度变化过程中，通常会发生微观结构和宏观物理、化学等性质的变化，而物质宏观上的物理、化学性质的变化则通常与其物质组成和微观结构相关联。通过测量和分析物质在加热或冷却过程中的物理、化学性质的变化，便可以对物质进行定性、定量分析，从而可以帮助我们进行物质的鉴定，为新材料的研究和开发提供热性能数据和结构信息。通过追踪物质能量或质量的变化过程，进而可推断其结构与物性之间的关系，热分析的基本原理也是如此。热分析主要用于确定材料的热力学性质，这对于了解材料在不同冷却和加热速率下，在惰性、氧化或还原气氛下或在不同的气体环境下的行为至关重要。

　　热分析(thermal analysis)：是指用于描述物质的性质与温度关系的一类技术，是对各类物质在较大的温度变化范围内进行定性、定量研究的有效手段，已被广大科研人员用于诸多领域的基础与应用研究之中。热分析仪主要由仪器主机、辅助设备、数据采集及处理等部分组成。仪器主机内主要包含有程序温度控制系统、气氛控制系统、物理量测定系统、炉体、支持器组件等；辅助设备主要包括自动进样器、湿度发生器、压力控制装置、光照装置、冷却装置等。目前热分析仪器发展趋势通常为一台计算机同时连接数种热分析仪器，如图 7-1 所示。

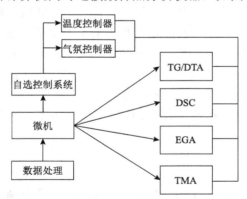

图 7-1　计算机控制多台热分析仪的结构示意图

7.2.1　热分析基本概念和定律

7.2.1.1　热分析的定义

　　1978 年，国际热分析协会(ICTA)名词委员会将热分析技术定义为"在程序温度下，检测试样的某种物理性质与温度和时间关系的一类实验方法（技术）"[5]。
这也是我国国家标准 GB 6425—1986 的基础。近几十年以来，热分析技术及其运
用有了很大的发展，随着步进升温、控制速率热分析、Tzero 技术以及温度调制式
差示扫描量热法[6]的出现，原标准的一些术语也需要进行修订与增补。在我国最
新的国家标准 GB/T 6425—2008 中对热分析重新做了以下定义：在程序温度（和一
定气氛）下，测量物质的物理性质与温度或时间关系的一类技术[2]。

　　在热分析技术定义中，"程序控制温度"一般指以恒定的温度扫描速率进行先
行升温或降温，根据实验的需要也可采取其他的控温方式，目前的控温方式主要
有恒温、非线性升降温、循环升降温等；定义中的"物理性质"主要指物质的质
量、温度、能量（热流差或功率差等）、机械特性、尺寸、声学特性、光学特性、
电学、磁学特性等，通过测量这些性质可以得出物质的成分、种类、热物性参数、
密度等信息；定义中"一定气氛"的种类主要包括氧化性气氛、还原性气氛、惰
性气氛、高压或真空等，气氛的种类和组成都可以变化，目前的热分析仪器大都
可以完成实验中的气体切换与混合[7]。

7.2.1.2　热力学定律

　　热力学定律是 19 世纪中期以来，通过研究物态转变的热、功和其他形式能量
之间的转换关系而发现的定律，包括热力学第一定律、热力学第二定律、热力学
第三定律和热力学第零定律。热力学第一定律是能量守恒与转换定律在热现象中
的应用；热力学第二定律有多种表述，也叫熵增加原理；热力学第三定律是阐述
在绝对零度及其附近时物质的热力学及与之有关的性质的基本规律；热力学第零
定律又称为热平衡定律，是对一个关于互相接触的物体在热平衡时的描述，给出
了温度的定义和温度的测量方法，因而是研究热力学的基础。因在三大定律之后，
人类才发现其重要性，故称为"第零定律"。自然界与热有关的一切现象都遵从热
力学四大定律。

1. 热力学第一定律

　　热力学第一定律（the first law of thermodynamics）[8]是涉及热现象领域内的能
量守恒和转化定律，反映了不同形式的能量在传递与转换过程中守恒。

　　其表述为：能量既不能凭空产生，也不能凭空消失，它只能从一种形式转化
为另一种形式，或者从一个物体转移到另一个物体，在转移和转化的过程中，能
量的总量不变[9]。其核心本质就是著名的能量守恒定律。

　　从微观结构来看，系统的内能是指系统内所有分子各种形式的无规则运动动
能、分子内原子间振动势能和分子间的相互作用势能，以及原子和原子核内能量
的总和[10]。从宏观来看，内能就是由热力学系统内部状态所决定的一种能量，它

是系统状态的单值函数，当系统经过绝热过程发生状态改变时，内能的增量等于外界对系统所做的功。热传递是指热量从高温物体传向低温物体，或者从一个物体的高温部分传向到低温部分的过程。在热传递过程中，传递的能量的多少称之为热量，例如若两杯不同温度的水相接触，热量会从高温的水传向低温的水，直至温度达到相等。由此可见，做功和热传递在改变物体内能上是等效的。做功和热传递都可以改变系统的内能，当在改变内能的这两种方式同时存在的情况下，系统的内能的增量等于在这个过程中外界对系统所做的功和系统所吸收的热量的总和。

热力学第一定律是能量守恒与转化定律在热现象领域内所表现出来的特殊形式[10]，它确定了当热力学过程中热力学体系与外界进行能量交换时，各种形式的能量在数量上的守恒关系。能量守恒定律是存在于自然界的一个普遍的基本规律，也是热力学最基本的定律之一[11]。

2. 热力学第二定律

自然界一切涉及热现象的过程都必须遵从热力学第一定律，但是热力学第一定律仅仅指出了在任何热力学过程中能量必须守恒，除此之外对过程的进行没有给出任何其他限制，例如，当热的物体和冷的物体接触时，从未发生过热的物体变得更热、冷的物体变得更冷的现象，这就使它在判断哪种过程可能发生？哪种过程不可能发生时受到限制[12]。这些问题将由热力学第二定律来解决。

在制造第一类永动机的各种努力失败以后，人们希望能制造出工作效率达100%的热机，提高效率的途径以及热机效率是否有上限？这些问题一直是工程师们关心的问题。英国物理学家开尔文[13]在研究卡诺和焦耳的工作时，发现了某种存在矛盾的地方，即按照能量守恒定律，热和功应该是等价的，可是按照卡诺的理论，热和功并不是完全相同的，因为功可以完全变成热而不需要任何条件，而热产生的功却必须伴随有热向冷的耗散。克劳修斯也意识到不和谐存在于卡诺理论的内部，他指出卡诺理论中关于热产生功必须伴随着热向冷的传递的结论是正确的，而热的量不发生变化则是不对的[14]。他们分别于1850年和1851年提出了在理念上等价的克劳修斯表述和开尔文表述[14]。

克劳修斯表述：不可能把热量从低温物体传递向高温物体而不引起其他变化。开尔文表述为：不可能从单一热源取热使之完全转换为有用的功而不产生其他影响[14]。热机的效率不可能高于或等于100%，如果想要使热机效率达到100%，则要求实现热-功转换的工作物质在一个循环过程中，把从高温热源吸收的热量全部变为有用的机械功，而工作物质本身又回到初始状态，并不放出任何热量到低温热源去。这种"理想热机"并不违反能量守恒定律，但是尝试着提高热机效率的实验证明，在任何情况下热机都不可能只有一个热源，热机要不断地把吸收的热量变为有用的功，就不可避免地把一部分热量传递给低温热源，效率必然低于 100%。

熵增加原理：孤立系统的熵永不自动减少，熵在可逆过程中不变，在不可逆过程中增加。熵增加原理是热力学第二定律的又一种表述，它比开尔文、克劳修斯表述更为概括地指出了不可逆过程的进行方向[15]；同时，更深刻地指出了热力学第二定律是大量分子无规则运动所具有的统计规律，因此只适用于大量分子构成的系统，不适用于单个分子或少量分子构成的系统。

3. 热力学第三定律

热力学第三定律[8]为绝对零度及其邻近范围热现象的研究中总结出来的一个普遍规律。通常表述为：不可能使一个物体冷却到绝对温度的零度。

1906 年，德国物理学家能斯特（Walther Nernst）在研究低温条件下物质的变化时，首先提出"热定理"[16]。后经普朗克（Max Planck）、西蒙（Francis Eugen Simon）、路易斯（Gilbert Newton Lewis）等[17]的发展成为热力学第三定律。表述为：当热力学温度趋于零时，凝聚系统在可逆等温过程中熵的改变趋于零。

在统计物理学上，热力学第三定律反映了微观运动的量子化。根据热力学第三定律，基态的状态数目只有一个，也就是说，第三定律决定了自然界中基态无简并[7]。

4. 热力学第零定律

热力学第零定律[8]（zeroth law of thermodynamics），又称热平衡定律。因在其他热力学定律发现后，人们才认识到这一规律的重要性和基础性，故将其称为热力学"第零定律"。该定律是一个关于互相接触的物体在热平衡时的描述，为温度提供理论基础，常表述为：若两个热力学系统均与第三个系统处于热平衡状态，此两个系统也必互相处于热平衡[18]。这个定律是基于下述的事实，即有三个质量均匀并且与外界隔绝的热力学系统 A、B 和 C，将系统 A 与 B 用绝热壁隔开，使系统 A 与系统 B、C 同时热接触并达到热平衡状态，然后在与系统 C 绝热情况下，将系统 A 与 B 进行热接触，实验表明，这时系统 A 与 B 也处于热平衡。

热力学第零定律的重要性在于它给出了温度的定义和温度的测量方法[19]。定律中所说的热力学系统是指由大量分子、原子组成的物体或物体系，它为建立温度概念提供了实验基础。这个定律反映出：处在同一热平衡状态的所有的热力学系统（如系统 A、B、C）都具有一个共同的宏观特征，这一特征是由这些互为热平衡系统的状态所决定的、一个数值相等的状态函数，这个状态函数被定义为温度，而温度相等是热平衡之必要的条件[19]。

7.2.2　物质加热过程中的变化

物质在外界温度发生变化时，其微观结构和宏观物理、化学等性质通常也会发生变化。物质宏观上的物理、化学性质的变化，往往会伴随有吸热或放热效应，且与物质的组成及其微观结构相关。本节将对加热过程中可能会发生的变化且常被利用到的物理量(形态、质量、温度、尺寸、力学特性、声学特性、光学特性、电学特性、磁学特性)进行描述和介绍。

7.2.2.1　形态变化

在加热过程中，往往伴随着物质形态的相互转变，内部结构中的原子、离子或分子，在三维空间内呈周期性排列且具有对称性的固体称为晶体，分子结构处于无序状态的固体物质为非晶态物质。物质从液体形成晶体的过程称为结晶，结晶物质从固态变成液态的过程称为熔融，其特征温度称为结晶或熔融温度。非晶态聚合物(包括晶态聚合物的非晶态部分)从玻璃态到橡胶态的转变称之为玻璃化，从橡胶态到玻璃态的转变称之为去玻璃化，其特征温度称为玻璃化转变温度。有些固体物质，比如碘，在加热过程中会直接从固体转化为气体，称之为升华。固、液、气不同状态相互转化的过程中会有吸热、放热现象。

7.2.2.2　质量变化

物质在加热过程中伴随着升华、汽化、氧化失去结晶水等现象，同时质量也产生变化。通常用热重法来记录样品质量随温度变化的关系，探讨试样热稳定性。

7.2.2.3　温度变化

在受热或冷却过程中，物质会发生熔化、脱水、晶型转变、分解、氧化还原等物理或化学变化，并伴随有温度的变化。因物质性质的不同，在同种条件下不同物质之间会有温度差。通常差热分析法就是根据试样热效应的变化，进行物质的鉴定。通过控制输给试样和参比物的热流速率和加热功率差，使试样和参比物的温度达到平衡状态的热分析方法，我们称之为差示扫描量热法。

7.2.2.4　尺寸变化

物质在受热或冷却过程中，构成物质的质点间平均距离会随温度变化而变化，我们称这种现象为物质的热膨胀。通常使用热膨胀法来研究晶体发生物相结构变化，同时伴随着热膨胀的不连续变化，相变过程中热膨胀行为的测量是研究相变的重要手段之一。

7.2.2.5　力学特性变化

在受热或冷却过程中，物质的刚性、固化和成型性能、阻尼特性、蠕变与应力松弛等，可能会随着温度的改变而有所变化。通常使用热机械分析和动态机械分析来测试高聚物材料的使用性能、研究材料结构与性能的关系、研究高聚物的相互作用、表征高聚物的共混相容性、研究高聚物的热转变行为。

7.2.2.6　声学特性变化

在加热过程中，物质可能会因发生机械断裂、夹杂物喷出、包裹体爆破、体积膨胀或塑性变形等变化而产生振动噪声发声。通常使用热发声法、热声学法来测量记录声强随温度的变化，常用于研究矿物包裹体的爆裂温度、成分、性质和理化条件以及一些微量物质的鉴别。

7.2.2.7　光学特性变化

在加热过程中，物质的折射率、透光强度、发光强度等光学特性可能会随着温度的改变而发生变化。通常使用热光学法测量并研究物质的光学特性与温度的关系，多用于材料的结晶、熔融、玻璃化转变、氧化与抗氧化性能等方面的研究。

7.2.2.8　电学特性变化

物质在受热或冷却过程中，其电阻率或介电性能可能会随着温度的改变而发生变化。利用物质电学特性的突变可以用于研究物质的纯度、物理、化学变化及电气特性，如聚合物的极化、非极化性能。

7.2.2.9　磁学特性变化

物质在受热或冷却过程中，其磁化率、居里点等磁性参数可能会随着温度的改变而发生变化。利用物质磁学特性随温度的变化特征可以用于研究无机化合物的热分解和鉴别物质的磁性。

7.2.3　热分析基本术语

7.2.3.1　热分析仪器及其相关术语

热分析仪(thermal analyzer)泛指利用程序控制温度和在气氛条件的状态下测量物质的物理性质和温度的关系的一类仪器。根据其测量物理性质的不同可进一步细分为以下几种。

1. 差热分析仪

差热分析仪(differential thermal analyzer)[2]是在程序控温和一定气氛条件下,连续测量试样和参比物温度差的一种热分析仪器。温差的大小和极性由热电偶检测,并转换为电能,经放大器放大之后输入记录仪,记录下的曲线即为差热曲线。差热分析仪是研究细小的黏土矿物和含水矿物的必不可少的工具。

2. 热重分析仪

热重分析仪(thermogravimetric analyzer)[2]是在程序控温和一定气氛条件下,测量试样的质量与时间或温度关系的仪器,也称热重仪或 TG 仪。通过分析质量随温度变化的曲线,就可得出被测物质在多少温度时产生变化,并且可以根据失重的量,计算失去了多少的物质比值,比如 $CuSO_4 \cdot 5H_2O$ 中的结晶水。

3. 差示扫描量热仪

差示扫描量热仪(differential scanning calorimeter)[2]是在程序控温和一定气氛条件下,测量输给试样参比物的热流速率或加热速率(差)与温度或时间关系的一类热分析技术,目前主要有功率补偿式差示扫描量热仪和热流式差示扫描量热仪。差示扫描量热仪可以测定多种热力学和动力学参数,例如比热容、反应热、转变热、相图、反应速率、结晶速率、样品纯度等。该法使用温度范围广、分辨率高、试样用量少,适用于无机物、有机化合物及药物分析。

4. 热机械分析仪

热机械分析仪(thermomechanical analyzer)[2]是在程序控温非振动恒定应力条件下,测量试样形变与温度或时间的关系。

热机械分析仪具有超高的精度以及重复性和准确性等特点,可以实现在宽泛的温度范围内,不同形状和大小样品的各种形变的实验。通过内置的力/频率发生器,该系统可以执行静态或动态测量。主要用于测量:复合材料、玻璃、聚合物、陶瓷和金属。

5. 热膨胀仪

热膨胀仪(throdilatometer)[2]是在程序控温以及可忽略应力条件下,测量试样尺寸与温度关系的仪器。这类仪器又可区分为以下两类。

(1)线膨胀仪(linear thermodilatometer):是指在程序控温以及可忽略应力条件下,测量试样长度与温度关系的仪器。

(2)体膨胀仪(volume thermodilatometer):是指在程序控温以及可忽略应力条

件下，测量试样体积与温度关系的仪器。

7.2.3.2　热分析实验相关的术语

1. 实验对象

在热分析实验中实验对象有多种称谓，如试样(specimen)指的是有待于分析的一定量的材料[7]，样品(sample)则指待测的材料。

2. 参比物质

参比物质(reference material)[2]：指在测量温度范围内性质稳定(无热效应)的物质，在热分析过程中起着与被测物质相比较用的标准物质，通常为煅烧过的 $\alpha\text{-}Al_2O_3$ 或为实验中不受影响其他惰性物质，有时空坩埚也可作为参比物使用。

3. 标准物质与标准样品

标准物质(standard material)[7]：指具有一种或多种足够均匀且可以很好地确定其特性量值的物质或材料，一般常用于校准仪器或确定物质的量值。我国通常用 GBW 表示标准物质的编号[7]。

标准样品(standard sample)[7]：指一种或多种具有准确的标准值、均匀性和稳定性，经过技术鉴定并附有有关性能数据证书的样品。我国通常用 GSB 表示标准物质的编号。在国际上的标准物质和标准样品的英文名称均为"Reference Materials"。

4. 坩埚

坩埚是热分析仪器测试时用于装载试样或参比物的容器[7]。常用的坩埚主要有铝坩埚、氧化铝坩埚、铂坩埚等。在实验中，坩埚仅仅作为容器使用，坩埚自身不能发生任何形式的物理变化或化学变化。选择坩埚时，应注意坩埚的最高使用温度范围以及其是否会与试样、气氛气体、高温下的分解产物发生反应等相关信息[7]。不同的仪器所对应的坩埚的尺寸和材料也有所不同，在使用中应注意选择适用于所用仪器的合适尺寸和材料的坩埚。

5. 支持器

支持器是放置试样或参比物的容器和支架[1]，主要包括：

试样支持器(specimen holder)：用于放置试样的容器和支架；

试样参比物支持器组件(specimens holder assembly)：用于放置参比物的容器和支架；

参比物支持器(reference holder)：放置试样和参比物的整套组件。

试样和参比物支持器组件一般在差示扫描量热仪、热重差热分析仪中应用较多，当热源或冷源与支持器合为一体时，则此热源或冷源也视为组件的一部分。这三种形式的支持器是仪器测量系统的一部分。

在差热分析法、热重法和差示扫描量热法实验中，一般会先把试样加入样品容器(通常为坩埚)中，然后把容器放置于相应的样品支持器上。对于热膨胀实验、静态热机械分析实验和动态热机械分析实验而言，则不需要先放入样品容器中，一般直接将试样放置或夹持在仪器的夹具、探头或支架上。

6. 均温块

均温块(block)：是试样-参比物支持器同质量较大的材料紧密接触的一种试样-参比物支持器组合形式[1]。

均温块主要利用金属的导热性能，在控温稳定情况下，均温块的内部会快速均匀传递热能，保持一定范围内有效空间温度均匀。均温块的材料选择是关键，着重需要考虑的是其导热性。各种金属材料的导热系数是不同的，导热系数愈大的金属，其导热性愈好，这样的金属在加热时，热量能很快传到整个金属上，温度上升较快，且整体温度均匀。均温块主要应用于一些微量热仪、差示扫描量热仪或者热重-差示扫描量热仪中，均温块的结构形式使仪器的灵敏度更高，常用于检测一些微小的热效应。

7. 试样预处理

试样预处理又称状态调节(conditioning)[7]：指测试前对试样进行干燥、研磨、剪裁等预处理，使试样达到热分析实验的要求。若实验过程无特殊要求，在进行热分析实验前应将试样干燥至恒量，干燥过程中要防止试样发生结晶、老化等的物理变化。由于测试结果与材料的热历史有关，试样和样品的制备方法对于结果的一致性及其意义也很重要。因此，试样预处理的方式也需要进行记录说明。

8. 程序控制温度

程序控制温度(controlled temperature)[7]：指按照程序设定对实验的温度进行控制。程序控制温度包括线性升/降温、等温、周期和非周期变温等多种温度变化方式。

升温/降温速率(heating/cooling rate)是程序温度对时间的变化率，其值可正可负。单位为 K/min 或℃/min，当温度-时间曲线为线性时，升温速率为常数。常用符号 γ 或 β 表示。

9. 校准

校准(calibration)[2]：指在规定条件下确定测量仪器或测量系统的示值与被测量对应的已知值之间关系的一组操作。热分析仪需要定期校准以保证其处于正常的工作状态。

校准的目的主要有以下 3 点：①根据实验确定示值误差，并确定其是否在正常的工作状态之内；②根据标准偏差的报告值，调整测量器具或示值进行修正；③确保测量仪器或测量系统给出的量值准确，实现溯源性。

可以统一规定使用已发布的校准规范或者检定方法，如果相应的仪器有已经发布的检定规程，也可使用检定规程作为校准的仪器。校准过程中得到的数据和分析结果需要记录在具有一定格式的校准报告中，以便与相应的预期的参数进行对比、评价仪器的工作状态。

10. 空白实验

空白实验(blank test)[7]：指在测量过程不存在某一特定组分的情况下，用测定样品相同的方法、步骤进行定量分析以得到的测量值。就热分析实验而言，实验时不用试样或作为试样，或在差示测量时以参比物为试样所进行的实验，都可以称为空白实验。空白实验是用来评价热分析仪器工作状态的一种有效手段。

7.2.3.3　与热分析表达及应用相关的术语

1. 热分析曲线

热分析曲线(thermal analytical curve)[7]：指在程序温度和一定气氛条件下，使用热分析仪器扫描出的物理量与温度或时间关系的曲线。纵坐标为物质的物理性质，横坐标为温度或时间。由热分析实验测量得到的实验曲线为热分析曲线，其形状受样品的组成、形态、用量、实验气氛、温度程序等诸多因素的影响。

2. 基线

基线(baseline)[20]：指无试样存在时产生的信号测量轨迹；当有试样存在时，指试样无(相)转变或反应发生时热分析曲线的区段。

1)仪器基线

仪器基线(instrument baseline)：指实验测试时不使用试样和参比物，仅用相同材料和质量的空坩埚测得的热分析曲线。在进行曲线解析时，通常将仪器基线看作空白基线。实验中得到的仪器基线通常不发生台阶、峰等变化，基线随着温度或时间的变化产生一定的漂移或变形。

2) 试样基线

试样基线(specimen baseline)：指实验测试时仪器使用试样和参比物，在反应或转变区外测得的热分析曲线。

3) 准基线

准基线(virtual baseline)：假定热分析实验中测量的物理量变化为零，通过反应或转变区域画的一条虚拟的线。假定物理量随温度的变化呈线性，利用一条直线内插或外推试样基线来画出这条线。如果在反应或转变过程中测量的物理量没有明显变化，便可由峰的起点和终点直接连线画出基线；如果出现物理量的明显变化，为了考虑这种变化带来的影响，则可采用"S"形或其他形状的基线。通过准基线可以方便地确定相关特征物理量的变化，在差示扫描量热法和差热分析法中常用来计算反应或转变过程中的热量变化。

3. 峰

峰(peak)：指热分析曲线偏离试样基线后达到最大值或最小值，而后又返回试样基线的部分[1]。对于实验过程中产生的峰而言，曲线对应于在一个反应或转变过程中曲线的斜率由开始的接近于零逐渐变至最大，然后再恢复到接近于零的完整过程。峰可表示某一化学反应或转变，当峰开始偏离准基线时，表示反应或转变的开始。理想的峰为一个完全对称的高斯峰，但是实际实验得到的峰的形状并不规则，这给分析带来了很大的不便。一般会用虚拟基线、分峰等数学处理方法对这些峰进行积分，同时结合峰形和样品信息选择合适的虚拟基线、分峰处理。

4. 相

相(phase)：指样品具有可明显区别于样品其他不同区域的边界，是系统中物理性质和化学性质最均匀的部分[1]。

(1) 相变温度(phase transition temperature)：是体系从一个相向另一个相转变时的温度。

(2) 相变焓(phase transition enthalpy)：是体系因相变而产生的热量变化。

(3) 相图(phase diagram)：利用图形、点、线、面等几何语言来描述系统的状态及其变化，即体系的相结构与实验参数(压力、温度、组成等)的关系图示。

(4) 下临界相容温度(lower critical solution temperature)：一个起始为均相的混合物，当体系升温至某一温度时，开始出现相分离，这一临界点称为下临界相容温度。

5. 反应分数

反应分数(fraction reacted)：指已经发生反应的部分和实验中可发生反应总量的比值。

7.3　热分析方法及设备

物质在温度变化过程中的物理、化学性质的变化，通常与物质的组成和微观结构相关联。通过测量和分析物质在热分析实验中的物理、化学性质的变化，可以对物质进行定性、定量分析[1]。根据所测量性质的不同，各种热分析技术之间也存在着不同程度上的差异，国际热分析与量热协会(International Confederation for Thermal Analysis and Calorimetry，ICTAC)将现有的热分析技术方法进行了分类[21]，如表 7-1 所示。差热分析、热重法以及差示扫描量热法等技术是目前比较常用的热分析方法，本节将分别介绍它们的原理及相关的仪器。

表 7-1　热分析技术分类

物理性质	热分析方法	简称	物理性质	热分析方法	简称
质量	热重法	TG	尺寸	热膨胀法	DIL
	等压质量变化测定		力学特性	热机械分析	TMA
	逸出气检测	EGD		动态热机械分析	DMA
	逸出气分析	EGA	声学特性	热发声法	
	放射热分析			热声学法	
	热微粒分析		光学特性	热光学法	
温度	加热曲线测定		电学特性	热电学法	
	差热分析	DTA	磁学特性	热磁学法	
焓	差热扫描量热法	DSC			

热分析仪的结构框图如图 7-2 所示。

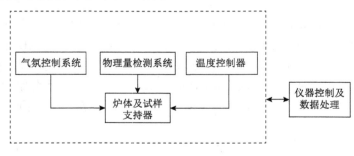

图 7-2　热分析仪结构示意图

1. 仪器主机部分

仪器主机部分通常包含有物理量测定系统、气氛控制系统、温度控制系统、炉体和支持器组件[7]。

物理量测定系统作为仪器的核心组成部分，其性能直接决定了热分析仪的质量。测试单元通常由检测部分、物理量传感器和测量电路等部分组成，检测到试样和参比物的温度差信号后，通过物理量传感器将其转换为电信号，然后将其输送给测量电路，测量电路可将微弱的电信号放大。经放大后的电信号转换为适合记录或显示的参量后，由数据采集软件给予记录和数据处理。现在仪器大多通过计算机来实现数据的记录和处理。

温度控制单元的作用是在实验温度范围内对试样进行线性升温、降温、等温和其他的温控操作[7]。主要包括温度程序系统和加热炉两部分。加热炉可以对试样进行加热，通常由加热丝（通常为电阻丝）、耐火材料组成的炉壁以及外层的隔热材料等组成。加热炉受温度程序系统控制，温度程序系统的主要作用是使加热炉按照设定的与温度有关的程序工作，如线性升温、降温、等温和其他温控操作。温度控制单元还包括温度测量部分，一般通过热电偶和热电阻来实现温度测量。

气氛控制系统作为仪器主机的一个重要组成部分，通常由三个以上的气路组成。可以通过控制气路阀门来切换试样周围的气体。为满足一些特殊的实验需求，气氛控制系统的构造会有所不同，实验中如要用到两种以上的气体的情况，仪器可以单独设计一个反应气路，有些特殊设计的仪器，还可以实现在高压真空环境下进行热分析实验。

2. 辅助设备

热分析仪大多配有一些辅助设备来满足一些特殊的实验需要。这些装置主要有自动进样器、各种制冷装置、外加磁场装置、压力和真空装置、气体转移装置等[7]。

(1) 自动进样器可以提高仪器的工作效率，减少人员操作；

(2) 制冷装置可以拓宽仪器工作温度范围；

(3) 外加电场或磁场装置可用来研究材料在电场和磁场作用下物理性质的变化；

(4) 压力和真空装置可用于一些特殊的领域，如用于高能材料的热稳定性、研究氧化诱导期，以及模拟材料极限状态下的热行为；

(5) 气体转移装置用于将试样在高温下分解的气体，并实时地转移至与其相连的傅里叶变换的红外光谱仪、质谱仪以及气相色谱质谱联用分析仪中。气体转移装置具有加热功能，以防止气体在较低的温度下发生冷凝。

3. 仪器控制和数据采集处理装置

热分析仪在工作时常与装有控制软件和分析软件的计算机相连，通过计算机来实现仪器的实时控制和实验数据的分析处理等工作[7]。在热分析仪的控制软件中，可以方便地输入并保存与实验相关的信息，如仪器的工作参数(数据采集频率、仪器校正信息、实验用坩埚类型、支架类型、探头类型)、试样的信息(试样名称、质量、操作者姓名、送样人、送样单位、检测日期等)、实验的条件(升温/降温速率、试样用量、气氛切换、外加光源、磁场变化、湿度变化)等。实验时，仪器按照顺序逐步完成一系列的指令，在分析软件中，可以对所采集到的数据进行各种校正处理，如基线校正、温度校正、热量校正、长度校正和质量校正等，除此之外，仪器还可以对实验曲线进行各种处理，包括：

(1)标注各种变化的起始温度、峰值温度、终止温度、峰面积、二级相变的特征温度等；

(2)计算膨胀系数、质量变化率、杨氏模量等特征参数，以及对曲线的平滑处理、实验曲线的上下左右平移、多条实验曲线的数学运算、肩峰的分峰处理、畸形峰的积分、实验曲线的微分和积分运算、曲线的对数和指数运算处理等信息[7]。

7.3.1　差热分析法

7.3.1.1　差热分析法定义

差热分析法(differential thermal analysis，DTA)是指在程序控温和一定气氛下，测量试样和参比物之间的温度差与温度或者时间关系的一种测试技术[2]。记录两者温度差与温度或者时间之间的关系曲线就是差热分析曲线。

7.3.1.2　差热分析法原理

许多固体物质在加热或冷却过程中，当达到某一温度时，往往会发生一些物理或化学变化，同时伴随有热效应，比如晶型转变、沸腾、升华、蒸发、熔融等物理变化，以及氧化还原、分解脱水和离解等化学变化。另有一些物理变化虽无热效应发生，但比热容等某些物理性质也会发生改变，诸如玻璃化转变等。物质发生熔变时，质量不一定改变，但温度必定会变化。被测物和参比物被施加同等热量时，因二者热性质不同，其升温情况也会不同，因而与参比物之间产生了温度差。使用 DTA，可以测量在加热或冷却样品期间涉及能量变化的所有反应和过程。通过测定分析温差来鉴别物质，确定物质的结构和组成或测定物质的转化温度、热效应等物理化学性质。

在差热分析中，为反映微小的温差变化，用的是温差热电偶。在进行差热鉴定时，制备的样品应与参比物等量、等粒级，以排除其他因素的影响，样品与参比物分放在两个坩埚内，坩埚的底部各与温差热电偶的焊接点相连，在两坩埚的等距离等高处，装有测量加热炉温度的测温热电偶，它们的各自两端都分别接入记录仪的回路中。在等速升温过程中，温度和时间是线性关系，即升温的速度变化比较稳定，便于准确地确定样品反应变化时的温度。

1. 差热曲线的解读

根据差热曲线峰的位置、峰的面积、峰的形状和个数，对物质进行定性和定量分析，并且可以研究物质在加热变化过程的动力学。

差热曲线峰的位置由导致热效应变化的温度和热效应种类（吸热或放热）决定，前者反映在峰的起始温度上，后者反映在峰的方向上。不同物质的热性质也不同，反映在差热曲线上则表现为峰的位置、个数和形状都有所不同，如图 7-3、图 7-4 所示，这是用差热分析对物质进行定性分析的依据。

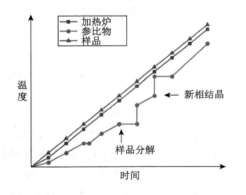

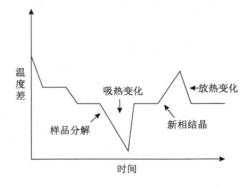

图 7-3　升温加热过程中样品与参比物温度　　　　图 7-4　升温加热过程中样品与参比物
　　　　　　的变化　　　　　　　　　　　　　　　　　　　的温度差

差热曲线的峰面积与试样焓变有关。在热重法中，质量变化的总量在理想情况下与试样初始量成正比，而在实际的 DTA 测定中，曲线上的峰面积与热效应或反应物的质量之间的关系并不那么简单，必须根据具体情况分别测定，且只有在适当的实验条件下，才能获得重复性好的结果，曲线上的峰面积才与反应物质量近似成比例。

2. 差热分析法的影响因素

由差热曲线测定的物理量主要有：热效应发生和结束时的温度、峰顶温度、峰面积，以及通过定量计算测定转变(或反应)物质的量或相应的转变热。如同热重法一样，早期对同一物质的差热分析结果常常不是很一致，从而引起了人们对这一问题的进一步探究。研究表明，差热分析的结果受仪器类型、待测物质的物理化学性质和采用的实验技术等多种因素的影响；此外，实验环境的温湿度有时也会带来影响[20]。这些因素并非独立存在，而是互相联系、互相制约的。

1) 试样性质的影响

试样的性质是众多的影响因素中最重要的一个方面。试样的物理和化学性质，特别是它的密度、比热容、导热性、反应类型和结晶等性质，直接决定了差热曲线的基本特征，如峰的个数、形状、位置和峰的性质(吸热或放热)。

2) 参比物性质的影响

参比物要求在实验温度范围内具有热稳定的性质，它的作用是为获得 ΔT 创造条件。与试样一样，参比物的导热系数也受许多因素影响，例如比热容、密度、粒度、温度和装填方式等，这些因素的变化均可能引起差热曲线基线的漂移。即使同一试样在不同参比物条件下进行实验，所引起的基线漂移也不一样。因此，为了获得尽可能与零线接近的基线，要选择与试样导热系数尽可能相近的参比物。

3) 仪器因素的影响

在热分析实验中，差热分析仪的热电偶、温度差的检测灵敏度和记录仪走纸速率都会对 DTA 曲线产生影响。

热电偶以各种方式影响着 DTA 曲线，如它的位置、类型和尺寸。每个因素又可从不同的角度来考虑，比如说热电偶位置的影响就可按如下几方面来进行研判：不同部位的温度梯度对于热效应大小的影响、对曲线特征点位置的影响，或者是这些特征点与发生反应的实际温度的对应关系。热电偶类型和尺寸的影响主要是从热电偶材料、接点尺寸和热电偶线强度(包括长期使用的稳定性)等方面加以研究。热电偶接点在试样内的位置不仅影响峰顶温度，而且也影响峰的形状和大小。因此，热电偶材料和尺寸的选择也是至关重要的。样品对于热源的对称配置、差示热电偶接点对于试样和参比物的对称配置，也是十分重要的因素。热电偶接点应按完全等同的方式置于试样和参比物之中，即在样品中心或是在距中心相等的位置上。不对称的配置往往造成差热曲线产生畸变，重复性差，也就更难于评价热分析曲线所蕴含的动力学过程。

ΔT 的检测灵敏度指的是仪器对温度差 ΔT 的放大倍数。ΔT 相同但放大倍数不同时，仪器记录的纵坐标上的距离不同，而且仪器能够感知的最小温度差值也不同。通常，当试样量减少或者差热电偶获得的热电动势较小，以及为检测微小变化在差热曲线上产生的峰时，通过提高差热灵敏度可以获得较明显的峰，但可能易使基线漂移。

不同的走纸速率对差热曲线的峰形也有影响。对于快速反应或两个紧相邻的快速反应,走纸速率快将有助于明显地反映出反应的变化过程,而且差热曲线上的峰形也较合理。

4)实验参数的影响

在差热分析中,升温速度的快慢对差热曲线的基线、峰形和温度都有明显的影响。升温越快,更多的反应将发生在相同的时间间隔内,导致峰的高度、峰顶或温差将会变大,因此出现尖锐而狭窄的峰。同时,不同的升温速度还会明显影响峰顶温度。

当试样的变化过程中有气体放出或能与气氛组分发生作用时,气氛会对差热曲线产生特别显著的影响。常用的气氛有静态和动态两种,气氛组成可以是活性的或是惰性的,气氛压力可以是常压、高压甚至真空。对于静态气氛,试样局部的气氛组成和压力是无法控制的,这时实验结果往往重复性不好。在动态气氛中,试样可以在选定的压力、温度和气氛组成等条件下完成变化过程。当差热分析仪配有完善的气氛控制系统时,可在实验中保持和重复所需的动态气氛,从而得到重复性好的实验结果。惰性气氛并不参与试样的变化过程,但它的压力大小对试样的变化过程也会产生影响。

在差热分析实验时,通过组合、选择或改变气氛组成、压力和温度等参数,可以达到预期的实验目的。

7.3.1.3　差热分析仪

差热分析仪(differential thermal analyzer)是在程序控制温度和一定气氛下,连续测量试样和参比物温度差的一种热分析仪器[2]。DTA 仪器主要由仪器主机、辅助设备、仪器控制、数据采集及处理四部分组成[7]。主机的主要结构由程序温度控制系统、炉体、气氛控制系统、温度及温度差测定系统等部分组成。仪器辅助装备主要由压力控制装置、冷却装置、自动进样器等部分组成[1]。如今,差热分析常被整合到热重分析(TGA)系统中,能同时提供质量变化信息和热信息。随着当今软件的进步,即使这些仪器也常常被替换为真正的 TGA-DSC 仪器,也可以提供样品的温度和热流,同时具有质量损失。

在差热分析中,为了反映微小的温差变化,常常用由两种不同的金属丝制成温差热电偶。大多用镍铬合金或铂铑合金的适当长度的一段,其两端各自与等粗的两段铂丝用电弧分别焊上,即成为温差热电偶[22]。在进行差热鉴定时,将与参比物等量、等粒级的粉末状样品,分放在两个坩埚内,坩埚的底部各与温差热电偶的两个焊接点接触,与两坩埚的等距离等高处,装有测量加热炉温度的测温热电偶,它们的各自两端都分别接入记录仪的回路中,如图 7-5 所示。

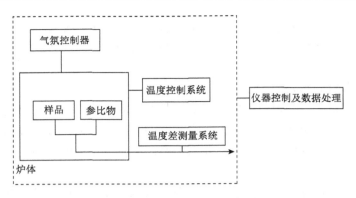

图 7-5　DTA 工作原理示意图

　　如果样品在某一升温区不发生任何变化，即没有吸热、放热现象，温差热电偶的两个焊接点上就不会产生温差，在差热记录图谱上显示的是一条直线，一般称作基线。如果在某一温度区间样品产生热效应，温差热电偶的两个焊接点即会产生温差，温差热电偶两端也会产生热电势差，经信号放大进入记录仪中推动记录装置偏离基线而移动，反应完了又回到基线。吸热和放热效应所产生的热电势的方向是相反的，反映在差热曲线图谱上表现为吸热和放热分别在基线的两侧，热电势的大小除了与样品的数量成正比外，还与物质自身的性质有关。不同物质热电势的大小和温度都有所不同，所以差热法不但可以用来研究物质的性质，还可以根据这些性质来鉴别未知物质。

　　样品与参比物在以受控速率加热或冷却的环境中承受相同的温度状态，会产生热效应，其表现为样品与参比物(在一定温度范围内不发生热效应的一些惰性物质，常用的参比物如 α-Al_2O_3)之间有温度差。然后随时记录参比物的温度和样品与参比物间的温差，将温差(ΔT)转化成电信号，并将其随时间或相应温度的变化关系绘制出来，这样就可以得到差热曲线图。DTA 可以检测放热(样品温度相对于参考温度升高)和吸热(样品温度相对于参考降低)反应作为温度的函数，并且通常用于确定相图和分解研究。ΔT 约为零的曲线部分被视为基线。DTA 曲线上具有最大 ΔT 的点称为峰值温度[20]。根据实验过程中热效应的变化，可以对试样进行定性、定量分析，但是，如果吸热和放热反应同时发生并且具有相似的程度，则 DTA 无法区分它们，并且曲线显示为没有反应的基线，需更换参比物。

　　差热分析的实验流程主要包括：试样和参比物的制备及装填、仪器的检验及标定、实验参数设定等工作[7]。因差热结果受多种因素的影响，所以必须注意实验方案的选择以便获得更准确的实验结果。

1. 样品制备及装填

1）参比物的选择

选择参比物时需要其比热容、导热性能和粒度等应尽可能与试样接近的物质，最常使用的参比物为 α-Al_2O_3。

2）试样制备

试样在进行差热分析实验前应进行干燥和研磨等一系列预处理。烘干试样时，将试样放在干燥器中，选取合适的干燥剂，以免脱去结晶水。对于块状无机物试样，可将其粉碎或研磨成粉状，粉状试样需过筛，不同类型的试样，粒度要求可能也会不同。试样粒度过小，在预处理过程中易受污染，对结晶与表面能的影响也越明显。对大多数试样，一般应研磨至小于 200 目筛，需选取适宜用量并紧密装填。试样预处理中要防止污染，并对处理过程进行记录。

2. 仪器的检验与标定

仪器标定主要是确定升温速率的实际值和温度修正值。目的是确认仪器正常和处于最佳工作状态，按仪器说明书进行检查，其中以检查分辨率、基线最为重要。

1）基线校准

样品测试之前以应对差热仪的基线进行检测。正常的差热曲线上出现偏离基线的位移就表明试样产生热效应，因而正常的差热仪基线应平直。自动化程度较高的仪器，在仪器安装时已通过炉体定位螺丝或斜率调整将基线调整平直。自动化程度低的差热仪，由于仪器本身的原因往往使基线不能平直，这种不平直的基线可作为校核同等条件下样品差热曲线的根据。

2）温度校准

实验前的温度校核也很重要。差热仪在使用过程中由于热电偶和其他方面的变化，往往会引起温度指示值发生偏差。为了使温度指示值精确而可靠，则需使用一系列标准物质的相变温度进行校核。在试样测试前，可根据试样的测温范围适当选择低、中、高温物质进行测试，找出温度偏差，用以校正试样的反应温度。

3. 实验参数设定

当前期工作完成后，我们需要设置实验过程中的主要反应条件，如升温速率、气氛条件和走纸速率等。在前面的内容中，我们可以知道，升温速率、气氛条件和走纸速率等因素都会影响到 DTA 曲线的形状，在差热分析实验时，需要通过组合、选择或改变气氛组成、压力和温度，以便可以达到预期的实验目的。

一般可以根据试样与试样容器的热容和导热性质以及试样分析的目的来确定

实验的升温速率。对于热容量大、导热性能差以及要求较高温度准确度及分辨率的物质,升温速率宜慢些,如 2～10℃/min。对于热容量小、导热性能好的物质及一般的分析目的,升温速率宜快些,如 10～20℃/min。为保证 DTA 曲线大小适宜,记录仪的走纸速率应与升温速率相配合。升温慢时采用小的走纸速率,而升温快时,可适当加大走纸速率。一般升温速率为 10℃/min 时,走纸速率采用 30 cm/h 为宜。

实验条件确定后,一般仍需试做实验,并对一些条件作适当变化以考察其合理性。如果实验结果能够重复、曲线形状理想,并能全面而真实地反映试样受热过程中的行为,且达到了预定的实验目的,则设计与选择的实验方法和条件就是合适的。

7.3.1.4　差热分析法在矿物材料研究中的应用

凡是在加热(或冷却)过程中,因物理、化学变化而产生吸热或者放热效应的物质,均可以用差热分析法加以鉴定。差热分析法已被广泛地应用于无机、矿物、金属、硅酸盐材料等领域的研究,也常常作为单一或组合方法应用于矿物学研究中[23,24]。

1. 矿物的定性鉴定和岩石的定量分析

DTA 是经典的矿物鉴定方法,灵敏度足够高的情况下,加热过程中矿物能量变化都会被记录下来,理想状态下峰的面积可以代表能量的大小。矿物化学成分或晶体结构的微小变化,都会导致不同的反应温度或反应热量。因此,即使有两种矿物的反应温度相近,但其峰区面积或形状不会相同。另一方面,如果两种矿物具有相似的反应能量但其反应温度却不可能完全相同。所以,每一种矿物都具有它自己特征的 DTA 曲线。DTA 曲线峰区面积的大小与反应中释出和吸收的能量有关,通常被用来对矿物进行定量分析。矿物的定量 DTA 主要是定量地测定矿物的转变热和矿物混合物中各种物质的含量。从 DTA 曲线峰的面积测量反应物的转变热和质量是 DTA 普遍采用的一种方法。图 7-6 为三种不同黏土矿物的差热曲线图,根据吸热谷和放热峰位置及形状的不同,可以对黏土矿物的物相进行鉴定。高岭石在加热到 300～600℃时会析出结构水,在差热曲线上出现一个强烈而尖锐的吸热谷,在 900～1050℃之间由于相变,产生一个快速而强烈的放热峰[25];伊利石的差热分析曲线有三个吸热谷[26],在 200℃以下有一明显的吸热谷,相当于失去层间水,第二个在 500℃附近,第三个在 800℃附近,都是析出结构水的吸热反应;蒙皂石的差热分析曲线通常包括三个热效应[25]:在 100～300℃之间析出层间水,形成一个十分突出的吸热谷,在 500～800℃时析出结构水,产生第二个吸热谷,在 850～1000℃时会产生一个吸热谷且接连出现一个放热峰。

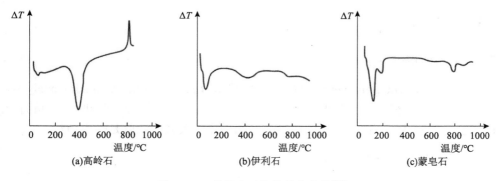

图 7-6 三种黏土矿物的差热曲线[24]

2. 矿物无序度及结晶构造上微细变化的研究

通过 DTA 曲线可以对某些黏土矿物的无序度进行研究[27]，例如高岭石矿物，随着无序程度的增加，高岭石脱羟基吸热谷的不对称程度增加，脱羟温度也更低。在测试条件相同的情况下，可以根据脱羟吸热谷的温度，大致判定高岭石的有序度的高低[27,28]。在高岭石样品的差热曲线上，500～600℃处有明显的吸热谷，在该温度下，晶格中的 (OH) 以 H_2O 的形式逸出，晶格破坏并形成变高岭石，其吸热谷的温度越低，表明高岭石的无序度越高；温度越高，则有序度越高。在 980℃附近的重结晶放热峰越高，则反映高岭石的有序度越高；反之，放热峰的温度越低，则高岭石的有序度越低、无序度越高。图 7-7 为三种不同有序度高岭石的 DTA 曲线，a、b、c 三个高岭石样品的有序度依次降低，570℃附近吸热谷的温度为 a＞b＞c，而 980℃附近放热峰(ΔT)也为 a＞b＞c[29]。

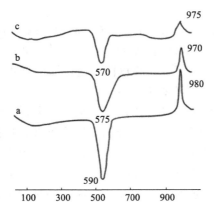

图 7-7 不同有序度高岭石样品的 DTA 曲线[29]

7.3.2 热重法

7.3.2.1 热重法定义

热重法(thermogravimetry,TG)也称"热重分析"(thermogravimetric analysis,TGA),指在程序控制温度和一定气氛下,测量试样的质量与温度或时间关系的一门测试分析技术[2]。记录试样的质量随时间变化的关系曲线就是热重曲线。

7.3.2.2 热重法的原理

许多物质在加热过程中会有质量变化发生(失重或增重),如含水化合物的脱水、无机和有机化合物的分解、固体或液体物质的升华或蒸发、一些金属物质在加热过程中与周围气氛的作用中的氧化等。分析样品质量与温度的变化关系,可以据此探讨其热稳定性。

根据热重法的定义,热重分析可以用来研究液态或固态物质的质量随温度或时间的连续变化过程,并且这种变化过程可控制在不同的气氛环境下进行。实验中所用的气氛可以是惰性的,即在实验过程中不与试样发生任何作用,其作用是使试样分解时产生的分解产物及时脱离试样周围,使反应得以顺利进行。另一方面,实验气氛也可以与试样或试样在加热或等温过程中的中间产物发生作用,起到改变反应机理的作用。目前热重仪的工作温度范围可以从室温至 2800℃。实验时,温度的变化方式不仅仅可以实现线性升温和降温,还可以采用更加复杂的温度程序。

1. 热重曲线

热重曲线(thermogravimetric curve,TG curve),也称 TG 曲线,是将热重法测得的数据以质量(或质量分数)随温度或时间变化的形式而表示的曲线,是热重实验结果的最直接的表现形式[2]。对热重曲线进行微商处理得到的曲线称为微商热重曲线,可以进一步得到质量变化速率等更多信息。

将热重仪与其他气体分析仪联用,可以实时地分析反应过程中产生的气体产物,并通过分析气体产物的信息进一步揭示反应机理。目前常见的与热重仪相联用的气体分析仪主要有傅里叶变换红外光谱仪、气相色谱仪、气相色谱质谱联用仪和质谱仪等[1]。此外,热重仪还可以与差热分析、差示扫描量热技术联用,实现对物质在温度变化或等温时的质量和热效应的同时测量,通常称这类仪器为同步热分析仪。

如图 7-8 所示,将试样以恒定的升温速率加热,以温度 T 或时间 t 为横坐标,质量(质量分数)为纵坐标,向上表示增重,向下表示失重,当试样没有发生质量变化时，热重曲线(TG 曲线)为一条直线，当试样质量减少或增加时，TG 曲线向下或向上偏移，即可获得连续记录的质量变化曲线——TG 曲线。根据 TG 曲线可直接获得随温度上升过程中试样质量的变化情况，与热反应相关的质量损失是在 TG 曲线的拐点之间测量的。通过绘制 TG 曲线的导数可以让热事件的解析更简单，是在连续质量损失的背景下解析拐点位置的首选方法。

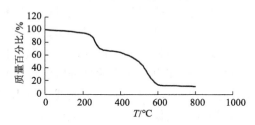

图 7-8　由 TG 实验得到的典型的 TG 曲线

2. 热重法的影响因素

热重分析法是在程序控制温度下测量物质质量与温度关系的一种技术方法，其主要功能是记录试样质量随测试温度升高而发生的改变，从而得到试样失重百分率、初始分解温度和终止温度，以及试样反应速率等信息。该测试方法的最大优点是定量性强，并能准确地测定出物质的起始分解温度、分解速率，而且试样用量少，分辨率高。但热重法在测试过程中受影响的因素较多，如气氛流量、填充方式、试样粒度、升温速率以及试样量的多少等，这些因素都会影响测试结果。为得到比较理想的测试结果，实验过程中必须要将各种影响因素考虑在内，针对各因素的特点采用不同的解决方法，将各种影响因素会带来的误差减小到最低限度，以保证测试结果的准确性。

1) 升温速率

升温速率是影响 TG 曲线的主要因素之一，其对热分解的起始温度、终止温度和中间产物的检出都有着较大的影响。升温速率越慢，特别是对多步失重的样品来说，分辨率就会提高，每步的失重过程就会在 TG 曲线上比较清晰地显示，但与此同时测试时间则会大大延长。反之，升温速率越快，在 TG 曲线上邻近的两个失重平台区分越不明显，如果试样在加热过程中生成中间产物，则在 TG 曲线上就很难检出。此外，升温速率如果过快，试样的起始分解温度和终止分解温度也会随升温速率的增大而提高，从而使反应曲线向高温方向移动。这是由升温速率越大，所产生的热滞后现象越严重而导致的。

试样测试的升温速率要根据测试的目的及样品的物理、化学性能而定。对于物理、化学性能不明的样品，应采用较快的升温速率先测一次看其结果后，再定待测样品的升温速率。而对于一些高能材料，由于其在一定温度下会发生激烈反应，所以在试样量较少的前提下，可适当提高升温速率。总而言之，选择合适的升温速率是提高测试精度的一个关键因素。

2）试样量

当升温速率相同时，试样用量越多，升温过程中试样内部的温度差就越大。当发生分解反应时，若有吸热或放热现象，在反应过程中试样的温度偏差就越严重，从而引起 TG 曲线畸变程度也越大。试样量太多，则试样内部分解产生的气体产物难以逸出，会阻碍反应的顺畅进行。试样内部的温度梯度越大，当其表面达到分解温度后，要经过较长时间内部才能达到分解温度，导致炉子的程序控温与试样内部温度产生时间上的滞后，表现在 TG 曲线上就出现程序控温比实际的热分解温度偏高，曲线向高温方向偏移。同时，试样用量也会影响逸出气体在试样粒子间的空隙向外的扩散速度。样品的分解与气体挥发是同时进行的，采用较大的样品量时，热分解反应会产生较多的气体，这些气体需要较长的挥发时间，样品量的增加会增加气体的扩散阻力，在试样间隙和表面上形成一定分压，进而影响样品的分解，使样品的分解温度变高，从而使得 TG 曲线向高温移动。

为了得到一条好的曲线，必须掌握好样品的用量。根据实践经验，对于一些热感度较低的物质或失重率低的物质，样品用量可多些。而对于失重率高和反应比较剧烈的样品，用量绝对不能多，一般应控制在 0.5 mg 以下，否则不但会突然增重，引起曲线变形，严重者还会损坏仪器。试样用量的多少，应控制在热重分析仪灵敏度范围内。

3）气氛流量

热重法通常可在静态或动态气氛下进行测试。在静态气氛下，虽然随着温度的升高，反应速度加快，但由于试样周围的气体浓度增大，将阻止反应的继续，反应速度反而减慢。为了获得重复性较好的试验结果，多数情况下都是做动态气氛下的热分析，它可以将反应生成的气体及时带走，有利于反应的顺利进行。同时气流增加了炉内气体的对流传热，导致试样升温及时，对程序升温的反应时间缩短。

4）试样粒度

试样粒度对热传导、气体扩散有着较大的影响，例如：试样粒度不同，对气体产物扩散的影响也不同，因而会改变试样的反应速度，进而改变 TG 曲线的形状。试样的晶粒大还可能会产生烧爆作用，从而使 TG 曲线上出现突然失重。试样粒度越小，达到温度平衡也越快，对于给定的温度，分解程度也越大。一般说来，试样粒度越小，初始分解温度和终止分解温度都相应降低，反应区间变窄，试样颗粒度大往往得不到较好的 TG 曲线。为了得到较好的试验结果，要求试样粒度均匀。

5）填充方式

试样的装填方式对 TG 曲线也有较为明显的影响。一般来说，试样装填越紧密，试样颗粒间接触越好，越有利于热传导，因而温度滞后越小。但试样装填过于紧密，则不利于气氛向试样内扩散，不利于气氛与试样颗粒的接触，更严重的是阻碍了分解气体产物的扩散和逸出，从而影响热重分析的测试结果。

7.3.2.3　热重分析仪

热重分析仪也称热重仪或 TG 仪，它将加热炉与天平结合起来进行质量与温度测量。测量时将装有试样的坩埚放入与热重仪的质量测量装置相连的试样支撑器，在预先设定的温度及气氛下，对试样进行测试，通过质量测量系统实施测定试样的质量随温度或时间的变化情况。

最常用的测量的原理有两种，即变位法和零位法。所谓变位法，是根据天平梁倾斜度与质量变化成比例的关系，用差动变压器等检测倾斜度，并自动记录。零位法是采用差动变压器法、光学法测定天平梁的倾斜度，然后调整安装在天平系统和磁场中线圈的电流，使线圈转动恢复天平梁的倾斜，即所谓零位法。由于线圈转动所施加的力与质量变化成比例，这个力又与线圈中的电流成比例，因此只需测量并记录电流的变化，便可得到质量变化的曲线。

热重仪主要由仪器主机（主要包括程序温度控制系统、炉体、支持器组件、气氛控制系统、样品温度测量系统、质量测量系统等部分）、仪器辅助设备（主要包括自动进样器、压力控制装置、光照、冷却装置等）、仪器控制和数据采集及处理各部分组成。按试样与天平刀线之间的相对位置不同，可将热重仪分为下皿式、上皿式和水平式三种[7]。

图 7-9 为下皿式热重分析仪结构示意图。炉体为加热体，受程序温度控制系统控制，炉内可施加不同的动态气氛（如 N_2、Ar、He 等保护性气氛，O_2 等氧化性气氛及其他特殊气氛等），或在真空或静态气氛下进行测试。在测试进程中，高精度天平连续记录样品当前的质量，并将数据传送到计算机数据处理系统中，由计算机画出样品质量对温度/时间的曲线（TG 曲线）。当样品发生质量变化（其原因包括分解、氧化、还原、吸附与解吸附等）时，会在 TG 曲线上体现为失重（或增重）台阶，由此可以得知该失/增重过程所发生的温度区域，并定量计算失/增重比例。若对 TG 曲线进行一次微分计算，得到热重微分曲线（DTG 曲线），可以进一步得到质量变化速率等更多信息。TG 仪器中发生失重反应的温度通过测量标准参比材料的熔融转变温度来校准，通常是纯金属，例如：铟（156.6℃）、锌（419.6℃）或金（1064.2℃）。与参考温度的偏差可以在后续测量中校正，使用标准砝码可以很容易地实现砝码校准，如有必要，可以对天平进行浮力效应校准。浮力是由通过炉子的气流空气动力学阻力引起的热重分析初始阶段的明显质量增益[7]。

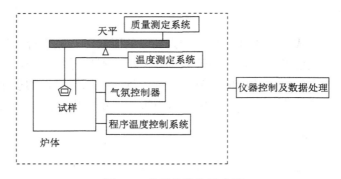

图 7-9　热重仪结构示意图

7.3.2.4　热重法在矿物材料研究中的应用

　　通过热重实验有助于研究晶体性质的变化，如熔化、蒸发、升华和吸附等物质的物理现象，也有助于研究物质的脱水、解离、氧化、还原等物质的化学现象。热重法可以测出聚合物、挥发物的含量，利用热重法可以对矿物中不同组分进行定性及定量研究，且具有样品用量小、灵敏度高、所需时间短的优势。例如：利用热重法测量土壤有机碳含量，研究表明，在 200～550℃范围内，TG 质量损失主要由土壤有机碳的受热分解引起[30]。因此，可以选取此温度范围内 TG 的质量损失量作为样品土壤有机碳含量。同时热重法还可测出聚合物、挥发物的含量，如利用热重分析可准确测定出矿物中碳酸钙的含量[31]，碳酸钙在高温时通常会分解放出二氧化碳而失重（图 7-10）[32]。

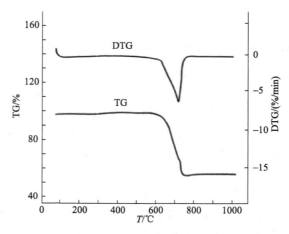

图 7-10　石灰石的 TG-DTG 曲线[31]

　　矿物的热解温度受多种因素的控制，如类质同象可改变矿物的化学成分，从而引起其晶体微观结构的变化，导致其热力学性质发生改变，其他矿物的存在也会降低矿物的分解温度[33]。图 7-11 为一种纳米粒级灰黑色砭石的热重-微商热重分析曲线，其主要矿物为方解石，含有少量石英、云母、长石、黄铁矿及微量石墨[33]。热重-微商热重分析曲线表明，砭石样品分别在 25～100℃和 650～820℃范围内出现二个吸热峰，其对应损失的质量分别为 1.43%和 42.58%，其中 25～100℃的吸热峰与吸附水的挥发有关，而 650～820℃间形成的吸热峰为方解石分解所致。纯净方解石的热分解温度在 830～1020℃之间。因样品为方解石、石英、高岭石等矿物混合物，导致方解石热解温度比纯净方解石的热解温度略有降低。方解石在高温下分解产生氧化钙以及二氧化碳，图 7-11 中失重为 42.58%的峰主要是由于二氧化碳的逸出而引起的，扣除 1.43%的吸附水，砭石中方解石的质量分数为 98.2%，其他矿物含量不足 2%。

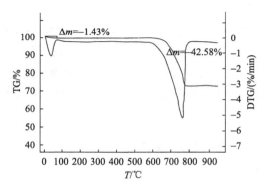

图 7-11　砭石样品的热重-微商热重分析曲线[33]

7.3.3　差示扫描量热法

7.3.3.1　差示扫描量热法原理及实验方法

1. 差示扫描量热法的定义

差示扫描量热(differential scanning calorimetry)是在程序控制温度和一定气氛条件下，测量输给试样和参比物的热流速率和加热功率差与温度(或时间)关系的一种技术[1]。根据测量的物理量的不同，可将其分为热流式差示扫描量热法和功率补偿式差示扫描量热法[1]。

2. 差示扫描量热法的影响因素

差示扫描量热法与差热分析法都是以测量试样焓变为基础，且两种方法所用的仪器原理及结构都有很多相似之处，故差示扫描量热法的影响因素与差热分析法的各种影响因素相似，且会以相近的规律对差示扫描量热法产生影响。但是，由于 DSC 试样用量少，因而试样内的温度梯度较小且气体的扩散阻力下降，对于功率补偿型 DSC，还有热阻影响小的特点，因而某些因素对 DSC 的影响程度与对 DTA 的影响程度不同。影响 DSC 的主要是样品因素和实验条件。

1）样品因素

试样用量是一个不可忽视的因素。通常试样用量不宜过多，否则会使试样内部传热慢、温度梯度大，并可能导致峰形扩大、分辨率降低。

试样粒度对 DSC 曲线的影响较复杂。通常由于大颗粒的热阻较大而使试样的熔融温度和熔融热焓偏低，但是当结晶的试样研磨成细颗粒时，往往由于晶体结构的歪曲和结晶度的下降而导致类似的结果。试样的几何形状对 DSC 曲线的影响十分明显，为了获得比较精确的峰温值，应减小试样的厚度。

2）实验条件

升温速率主要影响 DSC 曲线的峰温和峰形，一般升温速率越快、峰温越高、峰形越大且越尖锐。实际上，升温速率对温度的影响在很大程度上与试样种类和转变的类型密切相关，升温速率对热焓值也有一定的影响。

实验气氛对 DSC 曲线的影响是比较显著的，气氛性质不同，峰的起始温度、峰温和热焓值都会有所不同。

3. 差示扫描量热法的实验方法

1）起始温度的确定

在确定测试条件前，需要对样品的组成部分和分解温度有所了解，然后再根据测试目的确定样品的测试条件。测试的起始温度一般从室温开始，若为了节省时间也可从样品分解前 50～100℃开始，终止温度在样品分解之后延长 50～100℃即可。若不知样品的分解温度段，可在允许温度范围内全量程快速测试一遍，而后再确定具体的测试条件，也可以借鉴与被测样品的性质类似或相同的测试方法。

2）升温速率的确定

一般来说，随着升温速率的提高，其分解温度也相应提高，也就是说升温速率越快分解温度越向高温段移动，并且分解时在曲线上的峰能明显地表现出来。升温速率慢，则分辨率相对要好些，相邻的两个肩峰能分得开。

一般无机矿物材料的升温速率可用 10～20℃/min 或更高（因为无机材料传热较好和试样温度较高），有机材料和高分子材料可用 5～10℃/min。

3）保护气氛的确定

DSC 的所有测量都要用气体吹扫，气体流量在 50 mL/min 左右，其目的是：①避免水分冷凝在 DSC 仪器上，所以炉体和炉盖间必须充入吹扫气体，保护测量池；②使样品在测量过程中始终处于某种气体介质中反应。一般选择不与样品起反应的惰性气体，若需要气体参加反应，可根据样品的反应选择气体，最常用的是 N₂、Ar。

4）坩埚的确定

坩埚材料选择的原则是不影响试样的反应。温度在 500℃之内的可用 40 μL 标准的卷边铝坩埚；当温度高于 500℃时可选用陶瓷坩埚（Al_2O_3）。若是加热后极易膨胀溢出的样品可加盖；密封坩埚用于挥发性较强的样品，可选择铝中压坩埚（耐压 2 MPa）或不锈钢高压密封坩埚（耐压 10 MPa）；铂金坩埚的优点是导热性好，但不常用；蓝宝石坩埚更耐高温，不适合低温型的 DSC 用。

5）试样量的确定

试样对整个样品要具有代表性，否则测出的结果无意义。称取试样量的多少取决于试样的性质，若是高能材料，如火炸药、起爆药类、反应剧烈的样品，量一定要少，少至 0.1 mg 左右，否则样品的图谱会扭曲变形且仪器易损坏。若是金属或稳定性很好的样品，量可至几十毫克甚至几百毫克。

6）仪器的校准

DSC 曲线的温度轴与 DTA 一样也需校正，其方法与 DTA 相同。通过校正，获得温度修正值与温度关系曲线。热定量校正系数 K 的标定与 DTA 完全一样，热流型 DSC 也需作 K-T 图，对于功率补偿型 DSC，K 值通常不随温度变化，一般只需标定一个点标定时，常用纯铟作标样。为了获得可靠的实验结果，校准 DSC 的条件，特别是升温速率，应与实测试样的条件一致，以使坩埚和支持器之间的热阻相同。

7.3.3.2　差示扫描量热仪

差示扫描量热仪（DSC）是在程序控制温度和一定气氛条件下，测量试样和参比物的热流速率和加热功率差与温度（或时间）关系的一种技术[2]。差示扫描量热仪的测试范围一般在 800℃以下，因为随着测试温度的上升，试样与周围环境温度偏差会越大，进而影响实验精度。根据工作原理的不同，又可以将其分为热流式（热通量式）差示扫描量热仪和功率补偿式差示扫描量热仪。

热流式 DSC 仪是在程序控温和一定气氛条件下，测量试样和参比物之间与温差相关的热流与温度（或时间）关系的仪器。样品和参比物都由相同的单个热源加热或冷却，由于炉子的温度根据施加的温度程序而变化，热量通过热电盘传递到样品和参比物，如图 7-12 所示。与 DTA 一样，热通量 DSC 测量样品和参比物之间的温差，并将相应的电压信号转换为热流速。与 DTA 相比，热通量 DSC 的优势在于信号与样品的热特性无关。DSC 不仅可以测量吸热和放热效应，还可以测量样品热容随温度的变化，但为了可靠地测量热通量，必须校准每个热量计的热阻、热容和温度。

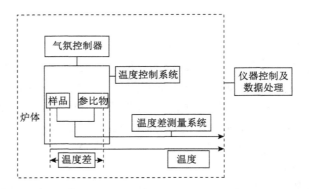

图 7-12　热流式 DSC 仪器结构示意图

　　功率补偿式 DSC 仪是在程序控温和一定气氛条件下，保持试样与参比物的温差不变，测量输给试样和参比物的功率与温度(或时间)关系的一种仪器。和热流式 DSC 仪不同的是，在试样和参比物容器下装有两个独立的炉体分别加热，当试样在加热过程中由于热效应与参比物之间出现温差 ΔT 时，通过差热放大电路和差动热量补偿放大器，使流入补偿电热丝的电流发生变化，当试样吸热时，补偿放大器使试样一边的电流立即增大；反之，当试样放热时则使参比物一边的电流增大，直到两边热量平衡，温差 ΔT 消失为止，如图 7-13 所示。

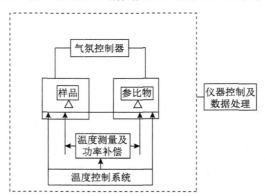

图 7-13　功率补偿式 DSC 仪器结构示意图

　　功率补偿式 DSC 的目标是在样品和参比物之间建立接近零的温差，因为两个样品承受相同的温度状态。样品和参比物位于两个独立且相同的熔炉中，两者的温度都保持相同。试样在热反应时发生的热量变化，由于及时输入电功率而得到补偿，所以实际记录的是试样和参比物下面两只电热补偿的热功率之差随时间 t 的变化关系，并且这样做所需的能量是样品中相对于参考的焓或热容变化的度量。如果升温速率恒定，记录的也就是热功率之差随温度 T 的变化关系。

7.3.3.3　差示扫描量热法在矿物材料学研究中的应用

差示扫描量热法(DSC)主要用于测定聚合物的熔融热、结晶度及等温结晶动力学参数，测定玻璃化转变温度以及不同类型样品的稳定性评估；研究聚合、固化、交联、分解等反应；用于反应动力学参数的测定等；也常用于获得石油产品的各种热力学或动力学数据[34]。

DSC 在石油流体中的应用包括原油的表征、研究碳氢化合物的密闭空间相分解以及评估原油中的玻璃化转变等。此外，可以使用 DSC 获得原油的热解、燃烧和氧化的动力学数据。石油流体在平衡状态时发生任何变化都会变得不稳定，这是较重碳氢化合物处于较轻碳氢化合物的溶液中造成的。由于较轻馏分的耗尽，液态油可能经历固-液转变，最终在进一步变化时形成固态。原油的性质表明，在足够低的温度下，它会变成一种玻璃状和易碎的固体，当其内能增加时，表现出玻璃化转变，在这种固态加热过程中，原油经历玻璃化转变，可以通过 DSC 进行定量评估。图 7-14 是利用差示扫描量热法分析原油热行为的实例[34]。相应的 DSC 燃烧曲线揭示了原油样品及其与不同黏土矿物混合物的低温氧化(LTO)和高温氧化(HTO)两个主要反应区域。在 LTO 之前存在蒸馏反应区域，在此期间发生了吸热反应。另一方面，还反映了放热峰由于原油中黏土矿物的添加而降低，主要原因是周围温度太低，黏土矿物无法分解，因而黏土矿物不能参与反应，而只会改变反应速率。

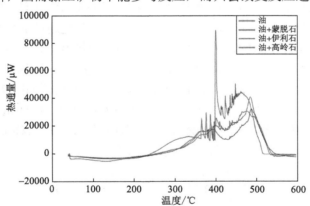

图 7-14　原油和黏土混合物在 10℃/min 加热速率下的 DSC 曲线[34]

7.3.4　微量热法

7.3.4.1　微量热法定义

微量热法一般指在微瓦或纳瓦级范围内进行等温热测量，根据变化过程的放(吸)热速率，来研究过程动力学规律的一种新方法[35]。通过自动热量计连续、准确地监测和记录变化过程中的量热曲线，获取热力学、动力学数据，并运用这些数据来分析热力学和动力学信息。

　　微量热法能够定量地测量试样物理化学过程中的热量变化信息，与其他方法相比，微量热法能够连续、原位地测量样品演变过程的热量变化。根据实验记录的热力学和动力学数据，不仅可以获得样品反应初、末状态以及熔变等状态信息，还能够给出反应速率变化、反应物质量变化等过程信息，可以直观地反映出矿物演化的变化过程。作为量热法的进阶方法，微量热法对温度的控制和对热量的测量更加灵敏、准确，能够实时测量出少量反应物发生反应微小的热量变化，灵敏度能够达到 0.001℃和 0.1 μW，精度能够达到 0.01℃和 0.01 mW。相对于差示扫描量热仪，微量热法操作简便、易改变条件，如今已被广泛应用于矿物学[36]以及药物[37]研究之中。

7.3.4.2　微量热仪

　　按微量热仪的测量原理差异可分成两类：补偿式热量计和测量温度差的热量计。在进行量热实验时，反应系统的变化过程所伴随的能量变化会引起量热系统温度的变化，补偿式热量计则是设法对反应过程的能量变化进行补偿，使量热系统的温度一直维持不变，测量过程中所补偿的能量即等于反应系统所释放的能量。能量补偿的方法又可分为相变补偿、Peltier 效应补偿和化学反应补偿等方法，但后两种补偿方法已很少采用。测量温度差的热量计又分为两类：一类是测量系统温度随时间的变化，要测定反应系统能量的变化，还必须测定系统的热容；另一类则是测量不同位置的温度差，从而测量系统能量变化值，这类热量计多为热导式热量计[38]。

　　补偿式热量计与差示扫描量热仪原理相似，其仪器构造如图 7-15 所示。通过补偿功率加热来实现理想热流环境，即样品池中吸收或放出的热量产生温度变化，参比池中通过加热电容的功率改变(补偿功率)来使参比池与样品池温度保持一致，补偿功率的大小就是测量样品吸收或放出的热量。

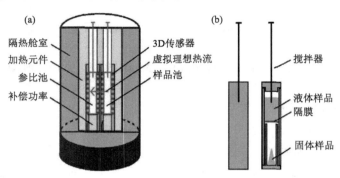

图 7-15　微量热仪结构示意图[39]

微量热仪的工作区间一般在 0～300℃之间，其 3D 传感器由多组环绕型热电偶堆组成，每组环绕型热电偶堆又由几百到几千对的热电偶相互串联组成，温度和热量的测量由多组热电偶堆叠加完成，因而能够实时测量出微小热量变化。相对于差示扫描量热仪而言，微量热仪拥有更高的灵敏度以及更精确的温度控制，可以准确地测量出反应过程中所释放或者吸收的微小热量。微量热仪可以使用多种反应池，比如膜反应池可以进行固-液混合反应，初始状态下固-液两相反应物由隔膜分开，在实验过程中若需要固-液两相发生反应时，可以通过使用搅拌棒捅破隔膜使液体与固体样品混合[40]。根据记录仪上的数值，用软件将其绘制成生长代谢热功率 P 随时间 t 的变化规律，即"热谱图"，从而获得反应过程中的不同信息。检测系统采用探测器的示差法，即对抗连接法，可消除大部分的系统误差和外来干扰。微量热仪可以采用连续流动、混合流动或安瓿反应器的方式进行检测[39]。

7.3.4.3　微量热法在矿物材料研究中的应用

微量热法能够定量地测量与记录物理化学过程中的热量变化信息，能够帮助获得更多传统地质学研究方法难以获取的反应过程和反应细节信息，在研究反应机理方面具有巨大的优势[40]。微量热法具有更高的灵敏度和准确度，能够准确地测量物相转变过程中微小的热量变化，而地质学的物相转变过程的热效应往往十分微弱，微量热法能够确保准确地观察到物相转变过程的热效应。用微量热仪测定的热谱曲线，准确地记录了变化过程中的许多重要信息。根据微量热学的基础理论，研究热谱曲线的解析方法也是微量热学的重要内容[39]。

通过对微量热实验得到的热流-温度曲线分峰处理，确认矿物热演化过程中具体的反应阶段，以及计算各个反应的活化能，然后使用微量热法分离矿物热演化过程在缓慢升温速率下离散的各个反应阶段，得到每个反应阶段对应的物相样品。对样品进行结构和成分的分析，确定矿物在每个反应阶段发生的物相变化情况，有助于我们进一步了解矿物热演化的机理，为这些矿物的其他研究和应用提供了帮助[41]。微量热法在地质过程研究中的应用，主要有以下两个方面。

一是对于矿物化学成分相似且难以区分的体系，这些不同的矿物难以通过传统手段测量，而微量热法可以帮助我们从热效应的角度区分这些矿物，同时对于研究矿物溶解等物理化学变化过程也有一定的帮助，这些反应过程一般都伴随有热效应的产生，所以可以从能量的角度出发，测量反应过程的热效应及其能量变化规律[39]。如对于方解石、冰洲石和白云石三种矿物皆为碳酸盐矿物，化学成分相似，冰洲石即为结晶晶型更加完整、纯度更高的方解石矿物，通过微量热法即可对其进行物相鉴定分析及溶解热过程分析[39]。

　　二是对于化学元素变化不大但结构改变的体系，例如某些矿物由于外部条件的变化而发生的相变反应[41]。这类反应很难通过其他方式测量到变化发生的时间和条件，但微量热法则能够准确地测量到这些信息。如图 7-16 所示，方解石和萤石矿物在不同介质环境条件下，包括在不同 pH 值溶液、不同离子溶液（NaOH、Na_2CO_3、Na_2SiO_3）中的溶解特性，利用微量热仪测试结果计算了矿物在不同调整剂介质中的溶解微量热动力学。

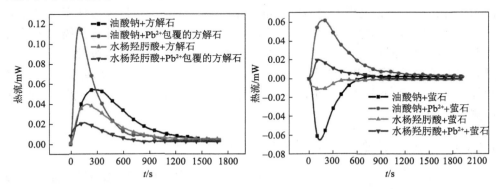

图 7-16　方解石及萤石在不同条件下的反应热速率曲线[41]

参 考 文 献

[1] 刘振海, 张洪林. 分析化学手册 8. 热分析与量热学[M]. 3 版. 北京: 化学工业出版社, 2016.

[2] 中华人民共和国国家质量监督检验检疫总局, 中国国家标准化管理委员会. GB/T 6425—2008, 热分析术语[S]. 2008.

[3] 黄伯龄. 矿物差热分析鉴定手册[M]. 北京: 科学出版社, 1987: 510-511.

[4] 王玉. 热分析法与药物分析[M]. 北京: 中国医药科技出版社, 2015.

[5] Mackenzie R C. Nomenclature in thermal analysis-Ⅳ[J]. Journal of Thermal Analysis, 1978, 13: 387.

[6] 张建策. 温度调制式差示扫描量热法及其应用[J]. 贵州化工, 2004(1): 33-35.

[7] 丁延伟. 热分析基础[M]. 合肥: 中国科学技术大学出版社, 2020.

[8] 沈维道, 蒋智敏, 童钧耕. 工程热力学[M]. 3 版. 北京: 高等教育出版社, 2000.

[9] 杨永华. 物理化学[M]. 北京: 高等教育出版社, 2012.

[10] 宁雅丽. 热力学定律及其内涵分析[J]. 甘肃广播电视大学学报, 2014, 24(3): 49-52.

[11] Brown M E. The handbook of thermal analysis and calorimetry//van Ekeren P J. Thermodynamic background to thermal analysis and calorimetry[M]. Amsterdam: Elsevier, 1998: 75-145.

[12] 史蒂芬·霍金. 时间简史[M]. 许明贤, 吴忠超, 译. 长沙: 湖南科学技术出版社, 2009.

[13] 王炳香. 对热力学第二定律建立过程的探索[J]. 物理通报, 2018(S1): 117-119.

[14] 牛吉峰. 热力学第二定律阐释[J]. 物理教师, 2006(6): 16-18.

[15] 陈建珍, 赖志娟. 熵理论及其应用[J]. 江西教育学院学报(综合), 2005(6): 9-12.

[16] Kyle B G. The third law of thermodynamics[J]. Chemical Engineering Education, 1994, 28(3): 668-670.

[17] 赵玉杰, 杨谦, 王洪见. 热力学第三定律的发现者——能斯特[J]. 大学物理, 2014, 33(1): 51-55.

[18] 赵峥, 裴寿镛, 刘辽. 钟速同步的传递性等价于热力学第零定律[J]. 物理学报, 1999, 48(11): 2004-2010.

[19] 彭匡鼎. 热力学第零定律的证明[J]. 云南大学学报(自然科学版), 1990(2): 128-132.

[20] 刘振海, 陆立明, 唐远旺. 热分析简明教程[M]. 北京: 化学工业出版社, 2012.

[21] International Confederation for Thermal Analysis. For better thermal analysis and calorimetry III[M]. ICTA, 1991.

[22] 孙利杰. 热分析方法综述[J]. 科技资讯, 2007(9): 17.

[23] Plante A F, Fernández J M, Leifeld J. Application of thermal analysis techniques in soil science[J]. Geoderma, 2009, 153(1-2): 1-10.

[24] 王爱丽, 赵永刚. 砂岩中自生粘土矿物的研究现状、内容和方法[J]. 科技资讯, 2012(31): 53-55.

[25] 王长平. 粘土矿物的差热分析[J]. 天津城市建设学院学报, 1995(1): 56-60.

[26] 杨雅秀, 陆大农, 苏昭冰. 二八面体水云母矿物及其热分析[J]. 沉积学报, 1987(4): 31-43.

[27] 陈国玺. 热分析技术在矿物方面的应用[J]. 广州化工, 1995(1): 34-39, 33.

[28] 姚林波, 高振敏. 运用 X 射线衍射和多重峰分离程序解析高岭石的结构缺陷[J]. 矿物学报, 1996(2): 132-140.

[29] 王水利. 甘肃山丹平坡矿区太原组中段地层中的高岭岩[J]. 西北地质, 1997(2): 71-74.

[30] Barros N, Salgado J, Villanueva M, et al. Application of DSC-TG and NMR to study the soil organic matter[J]. Journal of Thermal Analysis & Calorimetry, 2011, 104: 53-60.

[31] 齐庆杰, 马云东, 刘建忠, 等. 碳酸钙热分解机理的热重试验研究[J]. 辽宁工程技术大学学报(自然科学版), 2002(6): 689-692.

[32] 顾长光. 碳酸盐矿物热分解机理的研究[J]. 矿物学报, 1990(3): 266-272.

[33] 殷科, 洪汉烈, 吴钰, 等. 一种纳米粒级砒石的矿物学特征与成因[J]. 矿物学报, 2013, 33(1): 38-44.

[34] Dubrawski J V, Warne S St J. The application of differential scanning calorimetry to mineralogical analysis[J]. Thermochimica Acta, 1986, 107: 51-59.

[35] 陈家玮, 鲍征宇. 微量热法用于矿物溶解反应实验研究[J]. 矿物岩石地球化学通报, 2007(增刊): 507-508.

[36] 吴昊. 黄铜矿和闪锌矿在浮选分离过程中的微量热动力学研究[D]. 赣州: 江西理工大学, 2017.

[37] 胡艳军, 蒋风雷, 欧阳宇, 等. 微量热法在药物活性评价中的应用[J]. 中国科学: 化学, 2010, 40(9): 1276-1285.

[38] 白英生, 陆现彩, 李勤, 等. 高岭石水化作用和离子吸附的微量热研究[J]. 南京大学学报(自然科学), 2020, 56(5): 694-701.

[39] 白英生. 典型物相转变过程的微量热研究初探[D]. 南京: 南京大学, 2020.

[40] 匡敬忠, 马强, 刘鹏飞, 等. 微量热法研究白钨矿在 NaOH 溶液中的溶解及其与油酸钠作用的热动力学[J]. 稀有金属, 2021, 45(3): 322-332.

[41] 刘鹏飞. 白钨矿、萤石、方解石的溶解特性及微量热动力学的研究[D]. 赣州: 江西理工大学, 2018.

第 8 章　矿物材料表面特性

8.1　概　　述

自然界中物质一般以气、液、固三相形式存在。任何两相或者两相以上的物质共存时，会形成气-固、气-液、液-液、液-固、固-固以及气-液-固多相界面。在化工、冶金、新材料、微电子器件、军工技术中，界面往往成为这些学科研究的前沿重点之一。通常所说的矿物表面实际上是矿物与大气、矿物与液体或者两种矿物固体之间的界面，是矿物本身与环境分开，在结构和物理、化学性质上完全不同于体相的外原子层。表面是相与相之间的过渡区域，表面、界面区的结构（原子结构、电子密度分布等）、能量和组成等都呈现连续的阶梯变化。矿物的表面特性取决于其表面化学组成、原子结构和微形貌。表面及界面性质主要有比表面积、表面能（表面张力）、表面化学组成、晶体结构、表面官能团、表面晶格缺陷、表面吸附性与反应特性、表面润湿性、表面电性、孔隙结构和孔径等。

矿物表面在地质和环境过程中起着重要的作用，如岩石形成、风化和二次矿物沉淀、CO_2 封存、生物矿化等[1,2]。此外，自古以来，一些矿物如黏土，由于其高比面积和反应性（与小粒径和阳离子交换特性有关），已被用于药理、医学等领域[3,4]。如今，许多矿物被广泛用于现代工业技术，如催化、电子、光学或生物医学领域[5-8]。矿物的一切化学过程都是从表面开始的，当矿物从溶液（或熔体）中结晶，或发生溶解、吸附等化学过程时，这些作用就是发生于表面或界面上[9-11]。同化学物质一样，矿物表面基团控制着矿物表面化学活性及其与介质中离子或分子反应的机制。因此，对矿物表面基团及其表面作用的研究，不但对矿物学有重要意义，而且在地球化学、环境科学和材料科学方面也有重要意义。

8.2　Zeta 电位分析

8.2.1　Zeta 电位分析基本原理

Zeta 电位（Zeta potential）可用于测定分散体系颗粒物的固-液界面电性（ζ 电位），可用于测量乳状液液滴的界面电性，也可用于测定等电点、研究界面反应过程的机理。根据 Zeta 电位，可详细了解分子或颗粒的分散机理，这对静电分散控制至关重要。通过测定颗粒的 Zeta 电位，求出等电点，是认识矿物颗粒表面电性的重要方法，在颗粒表面处理中也是重要的手段[12,13]。目前，Zeta 电位的测量广泛应用于化妆品、选矿、造纸、医疗卫生、建筑材料、超细材料、环境保护、海洋化学等行业，同时，Zeta 电位也是化学、化工、医学、建材等领域中的重要理化参数之一。

　　要真正厘清 Zeta 电位的基本原理，首先需要理解双电层理论。我们知道，热运动使液相中的离子趋于均匀分布，带电表面则排斥同号离子并将反离子吸引至表面附近，溶液中离子的分布情况由上述两种相对抗的作用的相对大小决定。根据斯特恩的观点，一部分反离子由于电性吸引或非电性的特性吸引作用(例如范德瓦耳斯力)而和表面紧密结合，构成吸附层(或称斯特恩层)。其余的离子则分散在溶液中，构成双电层的扩散层。由于带电表面的吸引作用，在扩散层中反离子的浓度远大于同号离子，离表面越远，过剩的反离子越少，直至在溶液内部反离子的浓度与同号离子相等[14-16]。如图 8-1 所示，最左侧的"表面电荷"可看成分散在水中的固体粒子的表面电荷。悬浮在水中的粒子，其表面的带电基团总是倾向于吸引溶液中带相反电荷的离子(即"反离子")。但所有的离子都具有热能，所以它们会不停地运动。离子一方面在静电作用下被吸引到粒子表面，另一方面在热扩散的作用下远离粒子表面，这两种作用的净效果是所有离子在颗粒表面获得某种平衡分布，这种平衡分布也就是形成了离子云。值得注意的是，图中有一层反离子被画成与粒子表面直接接触，即它们处于所谓的紧密层(condensed layer)中，而另外的反离子被画成是扩散的，即处于所谓的扩散层(diffuse layer)中。紧密层和扩散层相接的地方存在一个滑移层(处于距离紧密层朝外方向很短的地方)，大致地可以这样认为：粒子在水中运动时，滑移层左侧的离子都能跟随粒子一起运动，而其右侧的粒子则没有那么"死心塌地"地跟它走，所以两者之间会产生滑动。在此处，Zeta 电位指的就是水相中固体粒子的滑动面相对于远处(即离子平衡处)的电位(electrical potential)，这个电位通过仪器是可以实际测到的。

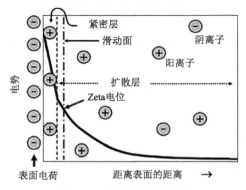

图 8-1　双电层模型示意图

因此，纳米颗粒本身带不带电荷或者带什么电荷并不重要，重要的是，如果 Zeta 电位仪检测得到的是正值，就说明纳米颗粒整体表现出来的是正电荷，称之为纳米颗粒表面带正电；如果 Zeta 电位仪检测得到的是负值，就说明纳米颗粒整体表现出来的是负电荷，称之为纳米颗粒表面带负电荷。此外，Zeta 电位的重要意义在于它的数值与胶态分散的稳定性相关。如表 8-1 所示，清晰地揭示了 Zeta 电位的大小与体系稳定性之间的大致关系。Zeta 电位是对颗粒之间相互排斥或吸引力的强度的度量。分子或分散粒子越小，Zeta 电位的绝对值（正或负）越高，体系越稳定，即溶解或分散可以抵抗聚集。反之，Zeta 电位（正或负）越低，越倾向于凝结或凝聚，即吸引力超过了排斥力，分散被破坏而发生凝结或凝聚。

表 8-1　Zeta 电位与体系稳定性的关系

Zeta 电位值/mV	胶体稳定性
0～±5	快速凝结或凝聚
±10～±30	开始变得不稳定
±30～±40	稳定性一般
±40～±60	较好的稳定性
超过±61	稳定性极好

8.2.2　Zeta 电位分析仪

8.2.2.1　仪器结构

纳米粒度及 Zeta 电位分析仪主要是由激光器、样品池、检测器组成。①激光器：50 MW 高性能 671 nm 固体激光器；②样品池：包括玻璃样品池和 PS 样品池；③检测器：高性能雪崩光电二极管（APD）。

8.2.2.2　工作原理

纳米粒度及 Zeta 电位分析仪使用激光器作为光源。动态光散射光路收集 90° 散射光，通过相关计算得到原始相关曲线信号，进而推导出颗粒的布朗运动速度，由斯托克斯-爱因斯坦方程得到颗粒的粒径和粒径分布信息。电泳光散射光路通过设置在 12° 的检测器进行散射光信号采集，采用相位分析光散射（PALS）技术，得到电泳迁移率和样品的 Zeta 电位信息。

8.2.2.3　仪器特点

(1)膜电极设计，避免产生热效应，能准确测量颗粒电泳速度。

(2)快速傅里叶变换算法，能迅速处理检测系统获得的能谱，缩短分析时间。

(3)纳米粒度及 Zeta 电位仪采用新的动态光散射技术，引入能谱概念代替传统光子相关光谱法。

(4)"Y"型光纤光路系统，通过蓝宝石测量窗口，直接测量悬浮体系中的颗粒粒度分布，在加载电流的情况下，与膜电极对应产生微电场，测量同一体系的 Zeta 电位，避免样品交叉污染与浓度变化。

(5)纳米粒度及 Zeta 电位仪可控参比方法(CRM)，能精细分析多普勒频移产生的能谱，确保分析的灵敏度。

(6)异相多普勒频移技术，较之传统的方法，获得光信号强度高出几个数量级，可提高分析结果的可靠性。

(7)无需比色皿，毛细管电泳池或外加电极池，仅需点击 Zeta 电位操作键，一分钟内即可得到分析结果。

(8)超短的颗粒在悬浮液中的散射光程设计，减少了多重散射现象的干扰，保证了高浓度溶液中纳米颗粒测试的准确性。

(9)消除多种空间位阻对散射光信号的干扰，诸如光路中不同光学元器件间传输的损失、样品池位置不同带来的误差、比色皿器壁的折射与污染、分散介质的影响、多重散射的衰减等，提高灵敏度。

8.2.2.4 应用场景

可以直接对溶液中线度为纳米、亚微米的颗粒进行粒度及粒度分布测定，也可以对悬浮液体系的 Zeta 电位、pH 值和电导率等进行测量，确立系统的稳定性。应用于纳米材料、高分子胶乳、蛋白质和脂质体研究以及陶瓷、涂料、采矿、造纸业、水处理、化妆品和制药业等行业。

8.2.3 Zeta 电位分析仪的制样方法

Zeta 电位样品制备有 2 个关键问题：①合适的浓度；②保证检测体系和实际体系的一致性，包括 pH、系统的总离子浓度、存在的任何表面活性剂或聚合物的浓度。

1. 最低浓度

在 Zeta 电位测试过程中所需的最小光强为 20 kcps。因此最低浓度取决于相对折光指数差(粒子和溶剂间的折光指数差值)和粒子尺寸。

粒子的尺寸越大所产生的散射光越强，所需的浓度也就越低。对于折光指数差较大的样品，譬如 TiO_2 粒子的水性悬浮液[17,18]，TiO_2 的折光指数为 2.5，与水的折光指数差较大，有较强的散射能力。因此对于 300 nm 的 TiO_2 粒子，最小浓度可以为 10%~6%（*W/V*）。对于折光指数差很小的样品，比如蛋白质溶液，最低浓度会高很多。通常最低浓度需要在 0.1%~1%（*W/V*）之间才能有足够的散射光强进行 Zeta 电位测量。最终，对于特定样品进行一个成功的 Zeta 电位测量的样品最低浓度，应该由实验实际测量得到。

2. 最高浓度

Zeta 电位测量过程中的散射光在向前的角度收集，因此激光应该保证能够穿过样品。如果样品的浓度过高，则激光将会由于样品的散射衰减很多，相应地降低了检测到的散射光光强。为了补偿此影响，衰减器会让更多的激光通过。最终，样品的浓度范围必须由测定不同浓度下的 Zeta 电位的实验决定，由此来得到浓度对 Zeta 电位的影响。

3. 稀释介质

大多数样品的分散相，可以归于以下两类：

(1)介电常数大于 20 的分散剂被定义为极性分散剂，如乙醇和水。

(2)介电常数小于 20 的分散剂被定义为非极性或低极性分散剂，如碳氢化合物类、高级醇类。多数样品要求稀释，稀释介质对于检测结果的可靠性是非常重要的。Zeta 电位依赖于分散相的组成，因为它决定了粒子表面的特性。所给出的测量结果，如没有提及所分散的介质，则是没有太大意义的。

4. 如何保证稀释后样品表面状态不变？

制备样品最关键的地方，是在稀释过程中，保留纳米颗粒表面的真实状态。最好的办法就是通过过滤或离心原始样品，得到清澈的分散剂，使用这种分散剂稀释原有浓度样品。以这种方式，100%完美地维持了表面与液体之间的平衡。如果过滤和离心比较麻烦，可以让样品自然沉淀，使用上清液中留下的小粒子来检测，也是比较好的方法。因为使用 Smoluchowski 理论近似时，Zeta 电位与粒径参数无关，所以检测上清液的小颗粒就可以表观显示整体颗粒表面电位情况。

5. 如何检测非极性体系中的 Zeta 电位？

在绝缘介质如正己烷等有机溶剂中，测量样品比较麻烦，需要在不使用高电压时，生成较高电场强度。它要求使用专门的样品池，即通用插入式样品池（universal dip cell），因为此样品池具有较好的化学兼容性以及电极间的狭窄空间。

由于在非极性分散剂中，通常很少有离子可以抑制 Zeta 电位，所测量的实际值一般是非常高的，如 200 mV 或 250 mV。在这样的非极性系统中，稀释后样品的平衡呈时间依赖性，有时需要平衡 24 h 以上。

总之，为了确保数据的可用性，一定要尽量保证检测体系和实际应用体系的统一性。并通过测试不同条件下 Zeta 电位的变化，直到 Zeta 电位不明显受参数变化的影响时，这个参数所在区间为可用。为了保证数据可靠性，每个样品需要重复检测 3 次，取平均值。

8.2.4　Zeta 电位分析在矿物材料中的应用

Zeta 电位是指悬浮在溶液中的颗粒或分散相表面上所存在的电荷电位，它反映了固体表面电荷的性质和分布。在矿物学中，Zeta 电位常被用来研究矿物颗粒之间的相互作用和分散性等性质，为矿物的勘探、处理和利用提供了有价值的信息[19,20]。常见的 Zeta 电位测量仪器有电动势法和激光多普勒电泳仪。其中，电动势法通过测量颗粒电荷移动时产生的电势差来测量 Zeta 电位，而激光多普勒电泳仪则利用激光的多普勒效应来测量颗粒的电泳速度，从而计算出 Zeta 电位。测量时，需要将矿物样品悬浮在电解质溶液中，并通过调节溶液 pH 值和添加适当的电解质等手段来改变矿物表面电荷的分布和性质，从而测量出不同条件下的 Zeta 电位值。在矿物学领域中，Zeta 电位分析技术已经成为研究矿物表面电化学特性、矿物颗粒间相互作用以及矿物加工过程中分离、提取、浮选等方面的重要工具。在矿物学研究中，Zeta 电位测量的应用非常广泛，其中包括但不限于以下几个方面。

1) 矿物颗粒的分散状态评估

在矿物加工过程中，矿物颗粒的分散状态会影响矿物的分离效果和加工性能[21,22]。Zeta 电位可以用于评估矿物颗粒表面电荷状态和分布，从而了解矿物颗粒之间的相互作用力，为矿物的分散性研究提供了有价值的信息。例如，在铁矿石的浮选过程中，可以通过测量矿物颗粒的 Zeta 电位来评估矿物颗粒的分散状态，从而指导浮选药剂的使用和操作条件的调节。

2) 矿物分选和加工指导

在矿物的分选和加工过程中，矿物颗粒之间的相互作用力会影响矿物颗粒的分离效果和加工性能[23,24]。测量矿物颗粒的 Zeta 电位可以评估矿物颗粒表面电荷状态和分布，从而了解矿物颗粒之间的相互作用力，指导矿物的分选和加工。例如，在金矿提取过程中，可以通过测量矿物颗粒的 Zeta 电位来评估矿物颗粒之间的相互作用力，从而选择合适的分选和加工方法。

3) 矿物表面改性处理

矿物表面改性是指通过改变矿物表面的化学特性和电荷分布来增强矿物与其他物质的相互作用力，从而提高矿物的加工性能和利用价值[25,26]。测量矿物表面的 Zeta 电位可以用来评估矿物表面的电荷特性和分布，从而指导矿物表面的改性处理。例如，在钛铁矿的提取中，可以通过测量矿物表面的 Zeta 电位来确定矿物表面的电荷状态，从而选择合适的表面改性剂。

4) 矿物纳米颗粒的研究

随着纳米技术的发展，矿物纳米颗粒的研究也越来越受到关注。矿物纳米颗粒具有特殊的物理、化学和材料学性质，可以用于制备新型的材料和设备[27,28]。测量矿物纳米颗粒的 Zeta 电位可以用来评估矿物纳米颗粒的表面电荷状态和分布，从而了解矿物纳米颗粒之间的相互作用力，为矿物纳米颗粒的制备和应用提供有价值的信息。例如，在石墨烯的制备过程中，可以通过测量矿物纳米颗粒的 Zeta 电位来评估矿物纳米颗粒的表面电荷状态和分布，从而优化石墨烯的制备工艺。

5) 矿物环境污染分析

矿物资源的开发和利用也会带来环境污染问题[29-32]。测量矿物表面的 Zeta 电位可以评估矿物颗粒和污染物之间的相互作用力，了解污染物的吸附和迁移行为，为矿物环境污染分析提供有价值的信息。例如，在矿区环境监测中，可以通过测量矿物表面的 Zeta 电位来评估矿物表面和污染物之间的相互作用力，从而了解污染物在矿区环境中的迁移和分布行为。

总之，Zeta 电位分析技术在矿物中的应用具有广泛的前景。通过测量矿物颗粒和表面的 Zeta 电位，可以评估矿物颗粒和纳米颗粒的分散状态和相互作用力，指导矿物的分选和加工、表面改性处理和纳米材料制备；同时，也可以用于矿物环境污染分析，为矿区环境治理提供有力的技术支持。

8.3　红外光谱

8.3.1　红外光谱基本原理

红外光谱属于分子吸收光谱。当样品受到频率连续变化的红外光照射时，分子吸收了某些频率的辐射，并使得这些吸收区域的透射光强度减弱。记录红外光的透射百分比与波长关系的曲线，即为红外光谱，所以又称之为红外吸收光谱。不同的物质分子具有特定的红外光谱吸收波段，利用物质的红外吸收光谱可以对其进行定量分析。绝大多数无机离子和有机化合物的基频吸收带都出现在中红外区($2\sim25$ μm)，且分子的基频振动幅度最强，所以该区域最适合红外光谱的定量和定性分析[33-35]。

红外光谱基于物质在分子层面对红外光的吸收作用，主要与分子振动能级跃迁有关。与一般的电磁波一样，红外光亦具有波粒二象性：既是一种振动波，又是一种高速运动的粒子流。其所具有的能量为

$$E = hc/\lambda \tag{8-1}$$

红外光所具有的能量正好相当于分子(化学键)的不同能量状态之间的能量差,因此才会发生对红外光的吸收效应。

8.3.1.1　分子振动

分子振动,即化学键振动,是分子内原子间的相对周期性往返运动,主要包括伸缩振动(分子沿成键的键轴方向振动,键的长度发生伸缩变化)和弯曲振动(变形振动)。其中,伸缩振动又分为对称伸缩振动和不对称伸缩振动,弯曲振动又分为面内弯曲振动和面外弯曲振动。

8.3.1.2　红外吸收产生的条件

当红外辐射光子能量等于分子振动能级跃迁所需能量时,可以激发物质在红外波段的特征吸收,即分子吸收了这一波段的光,可以把自身的能级从基态提高到某一激发态,这是产生红外吸收的两个必要条件之一[36]。从量子力学角度看,分子振动能级能量差与振动量子数差值和分子振动频率的乘积成正比,当红外辐射频率等于振动量子数差值和分子振动频率的乘积时,物质分子能够吸收红外辐射能量,分子振动能级跃迁至激发态。由于分子振动频率与构成化学键的原子质量、化学键的力常数紧密相关,而这又取决于分子内部原子组成和排布结构,因此特征红外吸收能够表征物质的分子组成和结构,具有高特异性,适用于物质成分定性和半定量检测。当分子振动能级由基态跃迁至第一振动激发态时,产生基频峰;当分子振动能级由基态跃迁至第二、第三等振动激发态时,产生倍频峰;通常基频峰强度明显比倍频峰高,是识别和测定物质成分的首选标识。此外,还会产生组合频峰,包括和频峰和差频峰,强度很弱,通常难以辨认。

产生红外吸收的另一个必要条件是,分子振动必须伴随偶极矩的变化,这直接关系到红外辐射与物质间的振动耦合。分子在振动过程中,由于键长和键角的变化而引起分子的偶极矩的变化,结果产生交变的电场,这个交变电场会与红外光的电磁辐射相互作用,从而产生红外吸收。通常极性基团具有良好的红外活性,而多数非极性的双原子分子(如 H_2、N_2、O_2),虽然也会发生振动,但振动中没有偶极矩的变化,因此不会产生交变电场,不会与红外光发生作用,不吸收红外辐射,称之为非红外活性,但是其通常具有良好的拉曼活性,因而,在材料检测时红外光谱与拉曼光谱常作为互补。

8.3.1.3　红外光区的划分

红外光区介于可见光与微波之间,波长范围约为 0.76~1000 μm,为了便于描述，引入了一个新的概念——波数。

波数 v，波长的倒数，每厘米的波长个数，单位 cm^{-1}。

$$v= 1/\lambda \tag{8-2}$$

近红外：$0.76\sim2.5$ μm，$13158\sim4000$ cm^{-1}，主要为 OH、NH、CH 的倍频吸收；中红外：$2.5\sim25$ μm，$4000\sim400$ cm^{-1}，主要为分子振动，伴随振动吸收；远红外：$25\sim1000$ μm，$400\sim10$ cm^{-1}，主要为分子的转动吸收。其中，中红外区是研究得最多、最深的区域，一般所说的红外光谱就是指中红外区的红外吸收光谱。

分子振动所需的能量远大于分子转动所需的能量，因此对应的红外吸收频率也有差异：

远红外区：波长长，能量低，对应分子的转动吸收；

中红外区：波长短，能量高，对应分子的振动吸收；

近红外区：能量更高，对应分子的倍频吸收（从基态到第二或第三振动态）。

8.3.1.4　红外辐射的光源

红外辐射光源分为：①能斯特灯，氧化锆、氧化钍、氧化钇的混合物；②硅碳棒，由合成的 SiC 加压而成；③氧化铝棒，中间放置铂-铑加热丝的氧化铝管棒。辐射源在加热至 $1500\sim2000$ K 时，会发射出红外辐射光。

从光源发射的红外辐射，被均分为两路，一路通过标准参比物质（无明显红外吸收），一路通过试样。当两路光的某一波数到达检测器的强度有差异时，即说明试样吸收了某一波数的红外光。检测仪器主要有色散型红外光谱仪（IR）和傅里叶变换红外光谱仪（FTIR）两种。

8.3.2　傅里叶变换红外光谱仪

傅里叶变换型红外光谱仪器是基于傅里叶变换技术的干涉调制型红外光谱仪器，是公认的具有高光谱分辨率和高信噪比（SNR）的先进红外光谱检测设备[37]。傅里叶变换型光谱仪器基于干涉调制与傅里叶变换解调的基本检测原理，其光谱分辨率仅取决于干涉调制中产生的最大光程差（OPD），满足数量关系：$\Delta v = 1/OPD_{max}$，OPD_{max} 越大，光谱分辨率越高，几乎不受系统硬件条件限制，更容易实现高光谱分辨率。

基于迈克尔逊干涉仪的傅里叶变换红外光谱仪最为经典也最为常见，其结构示意图如图 8-2 所示[37]。该类仪器不使用棱镜或者光栅分光，而是用迈克尔逊干涉仪得到干涉图，采用傅里叶变换将以时间为变量的干涉图变换为以频率为变量的光谱图。它克服了色散型光谱仪分辨能力低、光能量输出小、光谱范围窄、测量时间长等缺点。它不仅可以测量各种气体、固体、液体样品的吸收、反射光谱等，而且也可用于短时间化学反应测量。

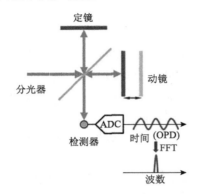

图 8-2　傅里叶变换红外光谱仪结构示意图[37]

8.3.2.1　傅里叶变换红外光谱仪的结构

傅里叶变换红外光谱仪主要由红外光源、分束器、干涉仪、样品池、探测器、计算机数据处理系统、记录系统等组成，是干涉型红外光谱仪的典型代表。

(1)光源：为测定不同范围的光谱，设置多个光源，通常使用钨丝灯或碘钨灯(近红外)、硅碳棒(中红外)、高压汞灯和氧化钍灯(远红外)。

(2)分光器：分光器是迈克尔逊干涉仪的关键元件，其作用是将入射光束分为反射和透射两部分，之后，再使之复合，如果可动镜使两束光造成一定的光程差，则复合光束即可造成相长或相消干涉。

(3)探测器：傅里叶变换红外光谱仪所用的探测器与色散型红外分光光度计所用的探测器无本质区别。常用的探测器探头有硫酸三甘肽(TGS)、铌酸钡锶、碲镉汞、锑化铟等。

(4)数据处理系统：其核心是计算机，功能是控制仪器的操作、收集和处理数据。

8.3.2.2　傅里叶变换红外光谱的原理

迈克尔逊干涉仪是根据光的干涉原理制成的精密测量仪器，它可精密地测量长度及长度的微小改变，其结构如图 8-3 所示。干涉仪是由固定不动的反射镜 M_1(定镜)、可移动的反射镜 M_2(动镜)及光分束器 B 组成，M_1 和 M_2 是相互垂直的平面反射镜。B 以 45°角置于 M_1 和 M_2 之间，B 能将来自光源的光束分为相等的两部分，一部分光束经 B 后被反射，另一部分光束则透射通过 B。两个光束经两反射镜反射后汇聚在一起，投射到检测器上，由于动镜的移动，使两束光产生了光程差，当光程差为半波长的偶数倍时，发生相长干涉，产生明线；为半波长的奇数倍时，发生相消干涉，产生暗线，若光程差既不是半波长的偶数倍，也不是奇数倍时，则光强介于前两种情况之间。当动镜连续移动时，在检测器上记录的信号会呈现余弦变化，每移动四分之一波长的距离，信号则从明到暗周期性变化一次。所得的干涉图函数包含了光源的全部频率和强度信息。用计算机将干涉图函数进行傅里叶变换，就可以得到以波长或波数为函数的频域谱图，即红外光谱图。

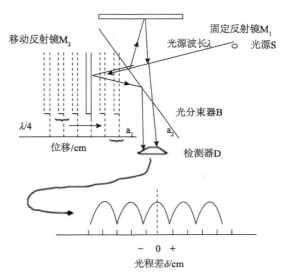

图 8-3　迈克尔逊干涉仪结构示意图

8.3.3　红外光谱制样及分析方法

8.3.3.1　红外光谱制样

当样品为固体时：①压片法。将 1～2 mg 固体试样与 100 mg 干燥的 KBr 混合，研磨均匀，装入模具内，再使用压片机将其压制为透明的薄片。该方法容易控制样品浓度，定量结果准确，且容易保存样品。但是需注意样品粉末的粒径需足够小(小于 2 μm)，且没有水分存在。②溶液法。将样品在合适的溶剂中配制为浓度约为 10%的溶液，注入液体池内进行测试。所选溶剂应不腐蚀池窗，在分析波数范围内没有吸收，并对溶质不产生溶剂效应。③糊状法。在玛瑙研钵中，将干燥的样品研磨成细粉末，之后滴入 1～2 滴液体石蜡混研成糊状，涂在 KBr 或 NaCl 制成的盐窗上进行测试。该方法可消除水峰的干扰。液体石蜡本身有红外吸收，因此该方法不能用来研究饱和烷烃的红外吸收。

当样品为液态时：①液膜法。对于油状或黏稠液体，直接滴在两块盐片之间，形成没有气泡的毛细厚度液体膜，然后用夹具固定，放入仪器光路中进行测试。该方法可以消除由于加入溶剂而引起的干扰，但会呈现强烈的分子间氢键及缔合效应。②液体吸收池法。对于低沸点液体样品和定量分析，要用固定密封液体池。将样品配制成溶液，对于制成池窗及样品池的材料必须与所测量的光谱范围相匹配。并且，溶剂的选择也应考虑。对溶剂的要求是：首先对样品有良好的溶解度；其次，溶剂的红外吸收不会对测定造成干扰，溶剂选择取决于所研究的光谱区。常用溶剂有 CCl_4（测定范围 4000～1300 cm^{-1}）和 CS_2（测定范围 6650～1300 cm^{-1}），若样品不溶于二者，则可使用 $CHCl_3$ 或 CH_2Cl_2 等。水不可作为溶剂，因为它本身有红外吸收，且会腐蚀池窗，因此，样品必须干燥。配制成的溶液一般较稀，浓度约为 10%，这有利于测定。

当样品为气态时：可将其直接充入已抽成真空的样品池内，常用样品池长度约在 10 cm 以上，对恒量分析来说，采用多次反射使光程折叠，从而使光束通过样品池全长的次数达数十次。

对于特殊样品的制备。①熔融法。对于熔点低，在熔融时不发生分解、升华和其他化学变化的物质，采用熔融法制样。可直接将样品用红外灯或电吹风加热熔融后涂制成膜。②热压成膜法。对于某些聚合物，可把它们放在两块具有抛光面的金属块间加热，样品熔融后立即用压片机进行压片，冷却后揭下薄膜夹在夹具中直接测试。③溶液制膜法。将试样溶解在低沸点的易挥发溶剂中，涂在盐片上，待溶剂挥发后成膜来测定。如果溶剂和样品不溶于水，使它们在水面上成膜也是可行的。比水重的溶剂可在汞表面成膜。

待测样品的要求：①试样纯度应大于 98%，或者符合商业规格，这样才便于与纯化合物的标准光谱或商业光谱进行对照，多组分试样应预先用分馏、萃取、重结晶或色谱法进行多次分离提纯，否则各组分光谱互相重叠，难以解析。②试样不应含水（结晶水或游离水），水有红外吸收，与羟基峰干扰，且会腐蚀吸收池的盐窗，因此所用试样应经过干燥处理。③试样浓度和厚度要适当，使最强吸收透光度在 5%～20% 之间。

8.3.3.2　红外光谱分析方法

从红外光谱图中可得到信息：①吸收峰的位置（吸收频率）；②吸收峰的强度；③吸收峰的形状（尖峰、宽峰、肩峰）。特征吸收峰发生在 4000～1300 cm^{-1} 的区域为特征区，即化学键和基团的特征振动频率区。在该区域出现的吸收峰一般可用于鉴定官能团的存在。这些吸收峰特征性强，比较稀疏，容易辨别，因此把这一区域叫特征谱带区。指纹区：红外吸收光谱中 1300～400 cm^{-1} 的低频区。该区域出现的谱带主要是由单键的伸缩振动以及各种弯曲振动引起的。这一区域谱带特别密集，对分子结构的变化极为敏感，结构上的微小变化往往导致光谱上的显著不同，如同人的指纹一样。

基团特征频率区的特点和用途：吸收峰数目较少，但特征性强。不同化合物中的同种基团振动吸收总是出现在一个较窄的波数范围内，主要用于确定官能团。指纹区的特点和用途：吸收峰多而复杂，很难对每一个峰进行归属。单个吸收峰的特征性差，而对整个分子结构环境十分敏感，主要用于与标准谱图对照。

红外光谱主要应用于以下几个方面。

(1)官能团定性分析：各种官能团具有各自的红外(IR)光谱特征频率，但实际当中去分析官能团存在与否，在很大程度上还要依靠经验。因此熟悉一些典型化合物的标准红外光谱图可以提高 IR 光谱图的解析能力，加快分析速度。

(2)有机化合物结构分析：①从待测化合物的红外光谱特征吸收频率(波数)初步判断化合物类型，再查找该类化合物的标准红外谱图，待测化合物的红外光谱与标准化合物的红外光谱一致，即两者光谱吸收峰位置和相对强度基本一致时，则可判定待测化合物是该化合物或近似的同系物。②同时，测定在相同制样条件下的已知组成的纯化合物，待测化合物的红外光谱与该纯化合物的红外光谱相对照，两者光谱完全一致，则待测化合物是该已知化合物。③IR 光谱是测定有机化合物结构的强有力手段，由 IR 光谱可判断官能团、分子骨架，具有相同化学组成的不同异构体，其 IR 光谱有一定的差异，因此可以利用 IR 光谱识别各种异构体。此处需要注意，未知的化合物必须是单一的纯化合物。测定其红外光谱后，按基团定性和化合物定性方法进行定性分析，然后与质谱、核磁共振及紫外吸收光谱等共同分析确定该化合物的结构。

(3)跟踪化学反应：利用 IR 光谱可以跟踪一些化学反应，探索反应机理。酰基自由基是许多有机物在光、热分解时的中间体，对该自由基的快速分析有助于理解反应的机理。IR 光谱法就是一种简单方便和快速分析自由基中间体的方法。如在安息香类化合物和 O-酰基-α-酮肟的光分解反应中，加入适量的 CCl_4，当产生酰基自由基时，则在 IR 光谱上可观察到酰氯的信号，证明了酰基自由基是该光反应的中间体。

(4)在定量分析中的应用：利用红外光谱进行定量分析的基本依据是朗伯-比尔定律，其关系式为

$$A = \varepsilon bc \tag{8-3}$$

式中，A 为吸光度，ε 为摩尔吸光系数，b 为样品槽厚度，c 为样品浓度。

在一般情况下很少采用红外光谱作定量分析，因该方法分析组分有限、误差大、灵敏度较低。

(5)红外吸收光谱作为辅助分析方法：在实际工作中，遇到的待测样品不仅是

单一组分，还包括二组分或多组分的样品，为了快速准确地推测出样品的组成及结构，还要借助于因子分析法、计算机技术等手段来解决实际问题。

8.3.4 红外光谱在矿物材料中的应用

引起矿物中红外光谱差异的主要因素为：原子质量不同，化学键的性质不同，原子的连接次序不同，空间位置不同[38]。

根据红外吸收光谱中吸收峰的位置和形状可以推测未知物结构，进行定性分析和结构分析；根据吸收峰的强弱与物质含量的关系可以进行定量分析。

矿物的基团振动频率：无机化合物的红外光谱图比有机化合物简单，谱带数较少，而且绝大部分处在 1500 cm^{-1} 以下低频区，并且更多处在 650～400 cm^{-1} 范围内。

红外光谱图中的每个吸收谱带都对应着分子中的质点或基团振动形式，而无机化合物在中红外区的吸收主要是由阴离子基团的晶格振动所产生的吸收谱带。其中与之成键的阳离子只对阴离子基团的振动吸收起到影响。通常情况下，当阳离子的原子序数增大时，阴离子基团的吸收谱带位置向低频方向作微小的移动。

$[CO_3]^{2-}$基团内部主要为共价键，其外部阳离子为离子键。基团内原子间的结合力比基团之间大得多，故可以把基团看成是一个独立单位。虽然$[CO_3]^{2-}$基团处在周围由阳离子所构成的晶体场中，振动频率会受到周围环境的影响，但是它的频率主要取决于内部坚固的共价键，晶体场的影响是次要的，故频率较稳定。大量红外光谱实验证实，每种基团在不同化合物中频率大致相同，即每种基团均有其特征的吸收频率。因此，$[CO_3]^{2-}$基团振动模式和频率可决定碳酸盐类矿物红外光谱的主要轮廓，是其红外光谱的主要特征。

多原子分子的振动统称为简正振动，简正振动的数目与原子个数和分子构型有关，由 N 个原子组成的非线性分子，其简正振动数目为 $3N–6$ 个[39]，本书研究中方解石族和文石族矿物的简正振动数目为 $3\times5–6=9$，图谱中出现的振动峰数目为 8～9 个（图 8-4），但这些振动峰并不都是$[CO_3]^{2-}$的基频振动峰，3400 cm^{-1} 左右为 H_2O 的吸收峰，2400～2300 cm^{-1} 为空气中 CO_2 的吸收峰，为测试中出现的杂峰。3020～2972 cm^{-1} 和 2892～2873 cm^{-1} 为$[CO_3]^{2-}$的和频峰，2520～2510 cm^{-1} 和 1820～1785 cm^{-1} 为$[CO_3]^{2-}$的倍频峰。750～675 cm^{-1} 为$[CO_3]^{2-}$的面内弯曲振动吸收峰，886～835 cm^{-1} 为$[CO_3]^{2-}$的面外弯曲振动吸收峰，1449～1392 cm^{-1} 为$[CO_3]^{2-}$的反对称伸缩振动峰，1051 cm^{-1} 左右为$[CO_3]^{2-}$的对称伸缩振动吸收峰，以上四个振动谱带为$[CO_3]^{2-}$的基频振动谱带，其数目小于简正振动数目。白云石和铁白云石的简正振动数目为 $3\times10–6=24$，但其谱图中仅出现三个基频振动谱带，远小于简正振动数目。在实际测试中会出现碳酸盐类矿物的基频振动谱带数目小于或远小于其简正振动数目，这是因为：①1051 cm⁻¹处[CO₃]²⁻的对称伸缩振动峰为拉曼活性，在红外谱图中较少出现；②复碳酸盐中两个[CO₃]²⁻的简正振动频率重叠在一起，只出现一个吸收谱带。菱锰矿中经常有铁的类质同象替代，自然界产出的菱锰矿经常含有钙、锌、镁，故其谱图中出现多个振动吸收峰。

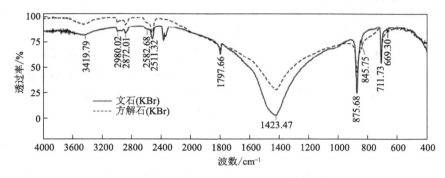

图 8-4　文石和方解石在 4000～400 cm⁻¹ 波数范围的红外光谱[39]

虽然碳酸盐类矿物的红外谱图主要由[CO₃]²⁻基团的振动模式和频率决定，但[CO₃]²⁻基团外阳离子的原子质量、离子半径的改变都会影响振动基团的环境，使矿物的红外光谱发生变化，文石族矿物的弯曲振动吸收峰与阳离子质量存在线性关系，即随着阳离子质量的增大振动吸收峰向右偏移；方解石族矿物由于菱铁矿、菱镁矿、菱锰矿矿物成分中镁-铁和铁-锰间呈完全类质同象，这会在一定程度上影响峰位[40]。

8.4　激光拉曼光谱

8.4.1　激光拉曼光谱基本原理

光照射到物质上发生弹性散射和非弹性散射，弹性散射的散射光是与激发光波长相同的成分，非弹性散射的散射光有比激发光波长长的和短的成分，统称为拉曼效应[41,42]。当用波长比试样粒径小得多的单色光照射气体、液体或透明试样时，大部分的光会按原来的方向透射，而一小部分则按不同的角度散射开来，产生散射光。在垂直方向观察时，除了与原入射光有相同频率的瑞利散射外，还有一系列对称分布着若干条很弱的与入射光频率发生位移的拉曼谱线，这种现象称为拉曼效应。由于拉曼谱线的数目、位移的大小、谱线的长度直接与试样分子振动或转动能级有关，因此与红外吸收光谱类似，对拉曼光谱的研究，也可以得到有关分子振动或转动的信息。目前拉曼光谱分析技术已广泛应用于物质的鉴定，分子结构的谱线特征研究。

　　拉曼光谱定性分析理论基于拉曼散射仅与样品的振动和旋转能级有关[43]。光子作用下，化学键的不同会造成不同的振动模式，所产生的拉曼位移也不一样。当散射光子的能量变化小于入射光子时，则散射称作斯托克斯散射。一些分子一开始可能处于振动激发态，当它们迁跃至更高虚能态时，可能会持续至能量低于初始激发态的最终能态。这种散射称作反斯托克斯。

　　拉曼散射过程自发于拉曼效应，光子的作用下，分子从基态激发到一个虚拟的能量状态。当激发态的分子放出一个光子后，会回到一个不同于基态的旋转或振动状态(图 8-5)。分子基态改变前后产生的能量差，会使得激发光在散射后频率和波长发生变化。入射的激光光源 E 可表达为

$$E = E_0 \cos \omega t \tag{8-4}$$

式中，E_0 为基态振幅，ω 为分子振动的频率，t 为时间。

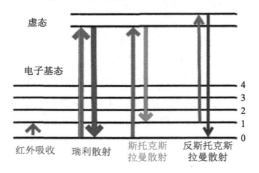

图 8-5　瑞利散射与拉曼散射的能级图[44]

　　分子由负电子云及内部正电原子核两部分构成，受到激发光源 E 极化作用后，电荷的分布会发生变化，并产生电偶极矩 P，可表达为

$$P = \alpha E = \alpha E_0 \cos \omega t \tag{8-5}$$

式中，α 为分子极化率。

　　由于分子的振动，极化后原子核位置会发生偏移，其相对位置 Q 可表达为

$$Q = Q_0 \cos \nu t \tag{8-6}$$

式中，ν 为分子的振动频率，Q_0 为初始偏移量。

　　分子的极化率与分子的原子核的位置有关，可表达为

$$\alpha = \alpha_0 + \left(\frac{\partial \alpha}{\partial Q_0}\right) Q \tag{8-7}$$

诱导偶极矩可以进一步表达为

$$P = \alpha E = \alpha_0 E + \left(\frac{\partial \alpha}{\partial Q_0}\right) Q E \tag{8-8}$$

联立公式，可以得到

$$\begin{aligned}
P &= \alpha_0 E_0 \cos \omega t + \left(\frac{\alpha}{Q_0}\right) Q_0 \cos \nu t E_0 \cos \omega t \\
&= \alpha_0 E_0 \cos \omega t + 1/2 Q_0 E_0 \left(\frac{\alpha}{Q_0}\right)\left[\cos(\omega - \nu)t + \cos(\omega + \nu)t\right]
\end{aligned} \tag{8-9}$$

由上述公式得知，光子的散射效应与诱导偶极矩 P 成正比，进而可以通过 P 得到散射光谱的组成成分。前一项对应着瑞利散射，其散射光子由入射光子而来，频率为 ω。其余则统称为拉曼散射，散射光子的频率与入射光子频率不同，频率的差等于分子的振动频率。拉曼散射的第一部分为斯托克斯散射，当入射光子作用到分子时，分子处于基态，在发生拉曼散射以后，分子被激发到振动激发态，因此斯托克斯散射光子的频率低于入射光子的频率。而拉曼散射的第二部分则为反斯托克斯拉曼散射，当分子与入射光子作用时，分子处于振动激发态，在发生拉曼散射以后，分子回到基态。分子振动的能量转移到散射的光子上，因此，反斯托克斯光子的频率高于入射光子的频率。

当单色光照射在样品上，发生瑞利散射的同时，仅有 1% 左右的散射光频率与入射光不同，即发生了拉曼散射。因此，拉曼光谱要求探测器具有极高的灵敏度。此外，拉曼散射信号的强度与散射光波长的四次方成反比[45]，针对微弱的拉曼信号，实际应用中往往或采用增强型技术对拉曼信号强度进行放大。

相比于非光谱分析技术，拉曼光谱具有以下四个优势：①无损分析，拉曼光谱检测不会对样品造成任何损害；②消除了复杂的样品制备过程和操作流程，节省时间；③拉曼光谱拥有较大的波数区间，可覆盖很大一部分矿物；④激光束的直径小，只需要少量的样品就可以采集光谱数据在光谱类分析技术中。

相比于红外光谱、原子吸收光谱、荧光光谱，拉曼光谱又有以下四个优势：①拉曼光谱的半峰全宽（FWHM）窄达 $4~\mathrm{cm}^{-1}$（0.3 nm），因而相比于光谱宽度很宽的荧光光谱（~ 30 nm）有更好的特异性，从光谱本身就有可能得到分子组分、分子振动的信息；②拉曼光谱的窄光谱特性还使其更适合进行多组分分析；③拉曼光谱信号完全是来自于样本分子振动本身，不需要对样本进行染色等预先处理，因而适合无损的、活体的检测实验；④拉曼光谱技术的激发光一般在可见光与近红外，不像红外光谱技术一样容易受到水的影响。

拉曼光谱的不足：①拉曼信号十分微弱，相比于瑞利散射、荧光蛋白的荧光信号都要弱 100 倍；②拉曼信号常叠加于较强荧光信号之上，为减少荧光信号的影响，785 nm 的激发光源常为首选；③要求探测器灵敏度高，动态范围够大，近红外的响应足够强。

拉曼光谱与红外光谱都能获得关于分子内部各种简正振动频率及有关振动能级的情况，从而可以用来鉴定分子中存在的官能团。但两者产生的原理和机制都不同，在分子结构分析中，拉曼光谱与红外光谱相互补充。

8.4.2   激光拉曼光谱仪组成

根据波长区间不同，拉曼光谱仪可以分为两种类型[46]：基于色散的拉曼光谱仪，拉曼信号通过光栅等分光器件进行分光，然后使用电荷耦合器件(CCD)、二极管阵列同时探测不同波长的拉曼信号；基于傅里叶变换的拉曼光谱仪(Fourier transform-Raman，FT-Raman)[47]，探测器使用的是光电倍增管(photo multiplier tube，PMT)、雪崩光电二极管(avalanche photon diode，APD)等点探测器，得到的原始信号是拉曼信号经过迈克尔逊干涉仪的信号，通过对干涉信号进行傅里叶变换得到其拉曼光谱。FT-Raman 测量光谱时间很长，因而主流的拉曼设备是基于色散的拉曼光谱仪。拉曼光谱仪主要由激发光源、样品激发与信号收集部分、分光系统(色散系统)、探测器部分和信号处理部分五个部分组成(图 8-6)。

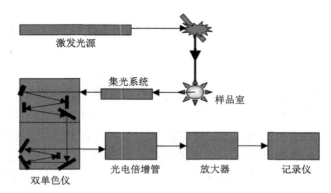

图 8-6   激光拉曼光谱仪装置示意图[48]

8.4.2.1   激发光源

根据激发波长，可将激发光源分为三种：紫外光源(244 nm、257 nm、325 nm、

364 nm)，紫外光的光源通常使用氩离子激光器使分子变成电子激发态，实现共振拉曼激发，拉曼信号的强度得到了显著的提高，紫外激发时（<270 nm），拉曼光谱与荧光光谱分布在不同的波长范围，故紫外光源采集拉曼信号，可以剔除荧光背景；可见光光源(457 nm、488 nm、514 nm、532 nm、633 nm、660 nm)，可见光光源通常使用二极管激光器，比起紫外光源激发的拉曼系统，可见光拉曼系统的激发光源体积小巧，价格便宜，其中 532 nm 的激光器最为频繁，通常为半导体激光器泵的固态激光器(diode pumped solid state laser，DPSSL)；近红外光源(785 nm、830 nm、980 nm、1064 nm)，近红外光源通常为二极管激光器，其中1064 nm 激光器通常为 Nd：YAG 激光器。比起可见光光源的拉曼系统，近红外光源激发的样本荧光背景会小很多。使用近红外光源激发时，其生成的拉曼信号比起可见光光源与紫外光光源激发的会弱得多。此外，拉曼信号波长达到了 1000 nm，对这个区间的波长，需要使用特别的 CCD，以提高信噪比。

8.4.2.2　样品激发与信号收集

通常使用物镜/透镜将激发光源激发的拉曼信号汇聚到样本之上，或者通过光纤传输。物镜/透镜汇聚至样本上则使用透镜收集，光纤传输则用光纤探头，传输到光谱仪中利用单色器分光，最后用探测器检测[49]。

光纤探头，激发光源通过光纤传送到调制器，被测样品在调制器中相互作用产生拉曼信号，然后再由光纤传输到拉曼光谱仪中。为了检测微弱信号并提高信噪比，可以耦合来自样品的拉曼信号，具体则是通过布置多条光纤。

被测样品在调制器中相互作用后，除了有拉曼散射光谱外，还有瑞利散射光谱以及其他的一些杂散光。瑞利散射为弹性散射，其强度远大于拉曼散射，给后续拉曼信号的收集带来极大的混淆，这时需要使用单色器尽可能过滤掉瑞利散射光和其他杂散光。单色器是一种主要由狭缝、色散元件和透镜系统组成的光学设备，利用棱镜的色散，或是利用衍射光栅的衍射在空间上分离光的颜色。单色器的机制是将所选颜色引导至出射口，机械地输入较宽波长范围的，或是其他辐射中选择透射性较窄波长范围的辐射。单色器的过滤性能取决于狭缝数量，单位长度内的狭缝越多，色散元件将连续拉曼色散光谱变为单色光的能力就越强。

8.4.2.3　分光系统

分光系统是拉曼光谱仪的核心部分，其主要作用是把散射光分光并减弱杂散光。分光系统要求有较高的分辨率和低的杂散光，一般用双联单色仪。两个单色仪耦合起来，第一个单色仪的出射狭缝即为第二个单色仪的入射狭缝。两个光栅同向转动时，色散是相加的，可以得到较高的分辨率(约 1 cm^{-1})。为了进一步降低杂散光，有时要再加一个联动的第三单色仪，提高分辨率。但光栅反射率一般小于100%，使用多光栅必然要降低光通量，另外，由于多光栅的分光系统不可避免地采用多个反射镜，也会使光通量降低，特别在紫外区，反射镜的反射率往往难以达到90%以上，这会造成谱线强度的减弱。自高质量的全息光栅出现后，逐渐取代了分光系统中普通刻划光栅，改善了光谱分辨率。

色散系统使拉曼散射光按波长在空间分开，通常使用单色仪。由于拉曼散射强度很弱，因而要求拉曼光谱仪有很好的杂散光水平。各种光学部件的缺陷，尤其是光栅的缺陷，是仪器杂散光的主要来源。当仪器的杂散光本领小于10^{-4}时，只能作气体、透明液体和透明晶体的拉曼光谱。光波信号可通过色散或干涉(傅里叶变换)来处理。

8.4.2.4 探测器

基于色散的拉曼光谱仪，也分为两种类型，一种是使用单色仪与PMT，另外一种是使用多色仪与CCD。单色仪与PMT系统通过扫描光栅来探测不同波长的拉曼信号，所以探测一个完整的拉曼光谱耗费时间会较长，得益于半导体技术的发展，CCD也具有了较高的灵敏度和信噪比，所以多色仪与CCD结合的拉曼系统逐渐成为主流。由于收集的拉曼信号往往十分微弱，因此对于CCD的灵敏度有较高的要求，通常使用背照式的CCD来提高量子效率，深度耗尽类CCD则是能提高近红外的响应。比如，要探测785 nm的激发信号，则要求探测器在1000 nm区间范围有较好的响应，这时应使用深度耗尽类CCD。此外，为了降低暗噪声的影响，通常需要对CCD进行降温。

8.4.2.5 信号处理

一个拉曼光谱往往包含许多拉曼特征峰，描述特征峰的部分主要包括峰值的位置、宽度、强度。而根据研究需求，往往需要对拉曼光谱进行进一步的处理，才能从拉曼光谱中获取更多的有效信息，这就催生了拉曼光谱系统中的信号处理部分。信号处理部分首先是会对拉曼光谱进行去除荧光、光谱强度响应矫正、波长标定等，得到波长、峰值均为准确的拉曼光谱。

激光拉曼光谱仪中的激光易激发出荧光，从而影响测定结果。为了避免这种现象，新型的傅里叶变换近红外激光拉曼光谱仪和共焦激光光谱仪被研发出来。傅里叶变换-拉曼光谱仪(FT-Raman spectroscopy)的光源为Nd-YAG钇铝石榴石激光器(1.064 μm)；检测器为高灵敏度的铟镓砷探头，由激光光源、试样室、迈克尔逊干涉仪、特殊滤光器、检测器组成。优点：避免了荧光干扰，精度高，消除了瑞利谱线，测试速度快。

8.4.3　激光拉曼光谱的分析方法

8.4.3.1　微区拉曼光谱

通常情况下，无论样品为液态、薄膜或粉末，其在测定拉曼光谱时均不需要特殊的样品制备，可以直接测定。对于一些不均匀的样品，如陶瓷的晶粒与晶界的组成、断裂材料的断面组成等，以及一些不便于直接取样的试样分析时利用显微拉曼具有很强的优势。一般利用光学显微镜将激光汇聚到样品的微小部位(直径小于几微米)，采用摄像系统可以把图像放大，并通过计算机把激光点对准待测样品的某一区域。经光束转换装置，即可将微区的拉曼散射信号聚焦到单色仪上，获得微区部位的拉曼光谱图。

8.4.3.2　表面增强拉曼光谱

利用粗糙表面的作用，使表面分子发生共振，大大提高其拉曼散射的强度，可以使表面检测灵敏度大幅度提高。常见的增强型拉曼技术有：表面共振增强型拉曼、针尖增强拉曼、共振拉曼增强和相干拉曼散射。

8.4.3.3　分析过程

拉曼光谱的分析过程：①人工识峰，直接肉眼观察拉曼光谱峰高度、光谱位置的变化，进而得到分子浓度、分子结构的变化，比较适合进行定性分析的场合；②先构建含有足够大样本的光谱库，然后在获取新的样本信号时可以进行分类算法识别，判断未知样本属于光谱库中的哪个类族，进而实现样本识别；③拉曼信号强度与分子的浓度成正比，混合物的拉曼光谱可以视作各个组成部分的拉曼光谱的加权叠加，权重系数为浓度。所以使用线性分解方法，如 MCR-ALS 算法，进而可以分别得到混合物中各个组成部分的浓度。

8.4.4　激光拉曼光谱在矿物材料中的应用

流体包裹体可以解释地壳乃至地幔中流体参与下的各种地质作用过程，通过对其温度、成分、压力和同位素的研究，可了解成矿物质来源、成矿演化过程，划分成矿成藏期次。Khosravi 等[45]对泽弗雷斑岩远景区的流体包裹体研究证明其成矿流体来源于高温岩浆流体，是由聚集在浅部地壳的岩浆侵入体释放出来的高盐液体和蒸汽所形成；Gao 等[46]通过对青藏高原东南部伊顿地体南部的红山—斯卡岩型铜钼矿床进行流体包裹体研究，揭示该区域存在 4 种类型的流体包裹体，对应 3 个成矿阶段；Redina 等[47]通过流体包裹体解析木什盖—胡达格杂岩中萤石的成矿作用，发现该区域是由石英—萤石演化为萤石—磷灰石—天青石，再演化为萤石—方解石，关键组分随着温度的下降，由硫酸盐转变为了碳酸盐；刘成川等[48]结合流体包裹体研究与埋藏史模拟，证明彭州气田雷口坡组雷四上亚段储层经历了油气成藏，其生烃高峰为晚三叠世中期，高成熟演化阶段为晚三叠世末期—晚侏罗世中期，在晚侏罗世中后期进入过成熟演化阶段。

在流体包裹体的相关研究中，激光拉曼光谱是一种可以方便获取各类物质成分信息的技术手段[51, 52]。由于流体包裹体中各类物质基本上都有自己的拉曼特征峰（Δv 峰），因此通常情况下成分信息可直接通过拉曼扫谱获得（图 8-7）[52]，而对于某些在室温下和氯盐溶液中不具拉曼活性的阴、阳离子团 Δv 峰位，则可通过低温原位拉曼光谱法获得。

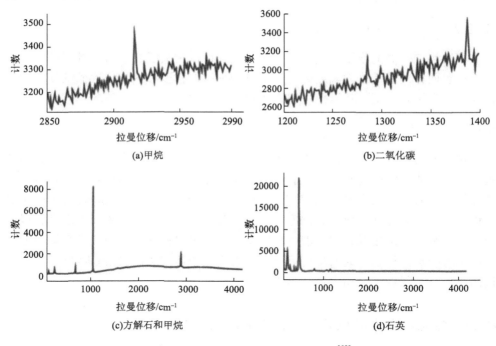

图 8-7　气相及固相物质的拉曼光谱[52]

经过众多学者的研究，现已获得多种体系（$NaCl$-H_2O、$CaCl_2$-H_2O、$MgCl_2$-H_2O、CH_4-H_2O 等）的流体包裹体低温水合物拉曼光谱。在此基础上，通过各物质成分的拉曼特征参数与浓度、压力的良好线性关系，可进一步进行流体包裹体盐度、压力、同位素方面的计算。

8.5　X 射线光电子能谱

8.5.1　X 射线光电子能谱基本原理

X 射线光电子能谱(XPS)是一种非常重要的表面分析技术，广泛应用于有机化合物和无机化合物表面分析。XPS 可以通过测量表面中的原子和分子的电子轨道能级信息，给出样品的元素组成、化学状态、电子结构等多方面信息，从而揭示出材料表面的化学和物理性质。

XPS 的基本原理是光电子效应[53]。具有足够能量的入射光子($h\nu$)同样品相互作用时，光子把它的全部能量转移给原子、分子或固体的束缚电子，使之电离。此时光子的部分能量用来克服轨道电子结合能(E_B)，余下的能量便成为发射光电子(e^-)所具有的动能(E_K)，这就是光电效应。可表示为

$$A+h\nu \longrightarrow A^{+"}+e^- \tag{8-10}$$

式中，A 为光电离前的原子、分子或固体；$A^{+"}$为光致电离后所形成的激发态离子。由于原子、分子或固体的静止质量远大于电子的静止质量，故在发射光电子后，原子、分子或固体的反冲能量(E_r)通常可忽略不计。上述过程满足爱因斯坦能量守恒定律：

$$h\nu = E_B + E_k \tag{8-11}$$

实际上，内层电子被电离后，造成原来体系的平衡势场的破坏，使形成的离子场处于激发态，其余轨道电子结构将重新调整。这种电子结构的重新调整，称为电子弛豫。弛豫结果使离子回到基态，同时释放出弛豫能(E_{rel})。此外电离出一个电子后，轨道电子间的相关作用也有所变化，亦即体系的相关能有所变化，事实上还应考虑到相对论效应。由于在常用的 XPS 中，光电子能量≤1 keV，所以相对论效应可忽略不计。这样，正确的结合能 E_B 应表示如下：

$$A_i + h\nu = A_F + E_K \tag{8-12}$$

$$E_B = A_F - A_i = h\nu - E_k \tag{8-13}$$

式中，A_i 为光电离前，被分析(中性)体系的初态；A_F 为光电离后，被分析(电离)体系的终态。

严格说，体系的光电子结合能应为体系的终态与初态之能量差。

对于固体样品，E_B 和 E_k 通常以费米能级 E_F 为参考能级(对于气体样品，通常

以真空能级 E_V 为参考能级）。对于固体样品，与谱仪间存在接触电势，因而在实际测试中，涉及谱仪材料的功函数 Φ_{sp}。只要谱仪材料的表面状态没有多大变化，则 Φ_{sp} 是一个常数。它可用已知结合能的标样（如 Au 片等）测定并校准。

光电子能谱的特点之一是表面灵敏度很高，从而可以探测固体表面。它的机理如下：特征波长的软 X 射线（常用 Mg K_α-1253.6 eV 或 Al K_α-1486.6 eV）辐照固体样品时，由于光子与固体的相互作用较弱，因而可进入固体内一定深度（$\geqslant 1\ \mu m$）。在软 X 射线路经途中，要经历一系列弹性和非弹性碰撞。然而只有表面下一个很短距离（$\sim 2\ nm$）中的光电子才能逃逸固体，进入真空。这一本质决定了 XPS 是一种对样品表面非常灵敏的技术。入射的软 X 射线能电离出内层以上的电子，并且这些内层电子的能量是高度特征性的，具"指纹"作用，因此 XPS 可以用作元素分析。同时这种能量受"化学位移"的影响，因而 XPS 也可以进行化学态分析。

8.5.2　X 射线光电子能谱仪的结构

射线光电子能谱仪通常由以下几个部分组成[54]。

1）X 射线源

X 射线源是 XPS 仪器的核心部分之一，它产生高强度的单色 X 射线束，用于照射到待测试的样品表面。目前常用的 X 射线源有两种类型：单晶 X 射线管和非晶态 X 射线管。其中，单晶 X 射线管使用单晶的铜或铝等金属晶体作为靶材，通过高压电流产生 X 射线。非晶态 X 射线管则使用具有高原子序数的金属或合金作为靶材，通过电子轰击靶材表面激发 X 射线。这两种 X 射线源都具有较高的稳定性和长寿命，可以提供单色 X 射线束，使得 XPS 仪器具有较高的分辨率和准确性。

2）准直系统

准直系统主要用于将 X 射线束聚焦到极小的针尖大小，并使其与样品表面垂直照射。在准直系统中，常使用多重衍射晶体、曲率单晶、焦点光源和准直镜等组件进行聚焦和调整。这些组件的作用是分散 X 射线束并产生非常强烈的费米辐射，从而使 X 射线束更加单色化和稳定化。此外，准直系统还可以通过调整 X 射线束的角度和位置，以便测量不同位置的结果。

3）样品台

样品台是 XPS 仪器上一个非常重要的部分，它用于支持和定位待测试的样品，并且可调节角度和位置。样品台在不同实验条件下需要满足不同的要求，如能够在高真空下工作、能够在高温或低温环境下工作等。因此，样品台需要具备精确的定位控制装置、温度控制装置、样品旋转控制装置等。同时，样品的形状和尺寸也会对实验结果产生影响，因此选择和准备样品时需要注意这些细节问题。

4）探测器

探测器是 XPS 仪器中最为核心和关键的部分之一，用于检测样品表面脱离的电子，并且可以测量其能量和数量。常见的探测器有微通道板（MCP）、恒定比能量分析器（PHA）和球形谱仪。其中，微通道板是最常用的探测器之一，可以提供高灵敏度的电荷转换和高分辨率的能量分析。恒定比能量分析器则可以对光电子进行非常精确的能量过滤，并将光电子引导到对应能量位置的探测通道中。球形谱仪则结合了 MCP 和 PHA，可以同时提供高灵敏度和高分辨率的测量性能。

5）分析仪

分析仪是 XPS 仪器中最为重要和复杂的部分之一，它主要用于对探测器捕获到的信号进行分析和处理，从而得到元素的化学状态、数量以及表面化学反应的相关信息。常见的分析仪包括 XPS 分析仪、角度分辨光电子能谱仪（AR-XPS）、全能电子能谱仪等。其中，XPS 分析仪是最常用的分析仪之一，可以通过对不同能量的光电子信号进行分析，来获得样品表面的元素组成、化学状态和电子结构等信息。AR-XPS 则是一种高分辨率的光电子能谱仪，可以测量光电子的出射角度，并使用反射高能电子衍射仪（RHEED）检测样品表面的晶面结构。全能电子能谱仪则结合了 XPS 分析仪和角度分辨光电子能谱仪的优点，具有更广泛的应用范围和更高的性能指标。

6）数据处理软件

数据处理软件是 XPS 仪器的必要配套设备之一，它接收并处理仪器读数，提供有效的数据分析工具和图像展示功能。常见的数据处理软件包括 CasaXPS、Avantage、MultiPak 等。这些软件可以对 XPS 数据进行峰拟合、曲线平滑、背景消除等处理，从而得到更准确和可靠的结果。同时，这些软件还可以提供丰富的数据展示形式，如多种图表、表格等，方便用户理解和分析实验结果。

8.5.3　定性分析

定性分析就是根据所测得谱的位置和形状来得到有关样品的组分、化学态、表面吸附、表面态、表面价电子结构、原子和分子的化学结构、化学键合情况等信息。元素定性的主要依据是组成元素的光电子线的特征能量值。

1. 元素组成鉴别

每种元素都有唯一的一套能级，XPS 技术通过测定谱中不同元素的结合能来进行元素组成的鉴别。对于化学组成不确定的样品，应作全谱扫描以初步判定表面的全部或大部分化学元素。首先，鉴别普遍存在元素的谱线，特别是 C 和 O 的谱线；其次，鉴别样品中主要元素的强谱线和有关的次强谱线；最后，鉴别剩余的弱谱线。

　　如果是未知元素的最强谱线，对 p、d、f 谱线的鉴别应注意其一般为自旋双线结构，它们之间应有一定的能量间隔和强度比。图 8-8 为 HfO$_2$ 薄膜样品的全谱扫描图，可知该样品中含有 Hf、O 元素，其中 C 的结合能峰来自 XPS 测试过程中校准用的 C 元素。

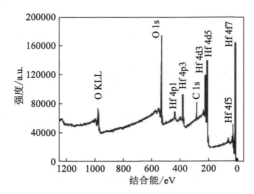

图 8-8　HfO$_2$ 薄膜样品的全谱扫描图

2. 化学态分析

　　通过窄区扫描可判定特定元素的化学态。如果要研究样品中已知元素的峰，可进行窄区域高分辨扫描，以获取更加精确的信息，如结合能的准确位置、精准的线型、精确的计数等，通过扣除背底或峰的分解或退卷积等数据处理，来鉴定元素的化学状态。如果要确定图 8-8 中 HfO$_2$ 薄膜样品全谱中 Hf 元素的详细信息，可在 Hf 的最强峰附近进行窄谱扫描。窄谱扫描结果如图 8-9 所示，两个峰对应的结合能为 17.50 eV 和 19.18 eV，分别对应 Hf 4f7 和 Hf 4f5，这与文献中报道的 HfO$_2$ 中 Hf^{4+} 的结合能接近，从而确定该样品中 Hf 的化学态。

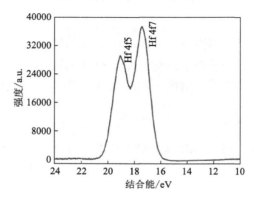

图 8-9　HfO$_2$ 薄膜中 Hf 4f 的窄谱扫描图

8.5.4　定量分析

在 XPS 中，目前定量分析的应用大多以能谱中各峰强度的比率为基础，把所观测到的信号强度转变成元素的含量，即将谱峰面积转变成相应元素的含量。光电子谱峰的强度与光电离概率有关。后者通常用电离截面表示。一种材料的光电离截面是用已知能量的光子使材料中各轨道电子电离概率的总和。从光电子能谱图上可得到各个轨道的光电离截面的比值。

光电离截面的理论计算很复杂，这里不再赘述，但有如下结论。

(1) 光电离截面是入射光子能量的函数。同一样品若用不同能量的光子束照射，则所得的各个光电子谱峰的强度可以很不相同。一般说，越接近电子的电离阈值时，光电离截面越大，当光子能量是它的 2.0±0.5 倍时具有最大电离截面值。然后，随光子能量的不断增加而下降。当光子能量比电离阈值大很多时，电离截面$\propto E_{hv}^{-3}$(E_{hv}为光子能量)。

(2) 光电离截面与原子序数有关。一般对同一壳层，原子序数越大，相应的光电离截面也越大。

(3) 同一原子中，轨道半径较小的壳层，光电离截面较大。一般主量子数 N 小的壳层，光电离截面大。同一主量子数壳层中，角动量越大，光电离截面也相应地越大。

若样品在分析(即"取样")范围内均匀，则特定谱峰中光电子流强度：

$$I_t = nf\sigma\theta Y\lambda AT \tag{8-14}$$

式中，n 为样品单位体积中被测元素的原子数；f 为 X 射线通量(光子数 cm$^{-2}\cdot$s^{-1})，σ 为测定的原子轨道光电离截面；θ 为和入射光子与检测光电子之间夹角有关的效率因子；Y 为光电离过程中产生所测定光电子能量的光电子数效率(光电子数/光子)；λ 为样品中光电子平均自由程；A 为采样面积(cm^2)；T 为检测从样品中发射的光电子的效率。

由式(8-14)可得，$n = I_t / f\sigma\theta Y\lambda AT$。因式中分母只与样品和仪器结构有关，常用原子灵敏度因子 S_a 取代，即有 $n = I_t / S_a$(此时 I_t 常用峰面积表示)。

$$\frac{n_1}{n_2} = \frac{I_{t1}/S_{a1}}{I_{t2}/S_{a2}} = I_{t1}S_{a2}/I_{t2}S_{a1} \tag{8-15}$$

事实上，S_{a1}/S_{a2} 与基体无关，适用于含该原子的所有材料。亦即此式适用于所有均匀样品。因此对任何谱仪，均可测出一套适用于所有元素的相对 S 值。由式(8-15)经演变可得样品中任一组分的原子浓度 c_i 为

$$c_i = \frac{n_i}{\sum_j n_j} = \frac{I_{ti} / S_{ai}}{\sum_j I_{tj} / S_{aj}} \qquad (8\text{-}16)$$

应用原子灵敏度因子法能进行半定量分析(误差在 10%～20%)。

若样品不均匀时,一般可分为样品厚度 D 有限,即 D<收样深度以及均匀样品上覆有限厚度 D(D<采样深度)的覆盖层这两种情况,下面分别说明。光电子流通过非弹性散射的衰减可描述为:设 $I_0(x)$ 是固体表面下某一深度 x 处的光电子流强度(光电子动能为正), I_x 是出现在表面的动能未衰减的光电子流强度,则

$$I_x = I_0 \exp\left(-\frac{x}{\lambda}\right) \qquad (8\text{-}17)$$

当 $x=\lambda$ 时,动能未衰减的概率为 1/e,亦即 1/e 的光电子可以不损失能量而逸出表面。一般常将这个数值作为非弹性散射的量度。

对于样品厚度 D 有限,即 D<收样深度的情况,用具有一定能量的光子束辐照固体样品时,对于软 X 射线,它的非弹性散射平均自由程(λ)在微米量级,在 100 nm 范围内可以看作不衰减,即入射 X 射线强度可视为不变。而在 X 射线辐照的范围内(包括深度)都可电离出光电子,因此在 X 射线垂直于样品表面辐照时,表面上逸出的光电子流强度 I_s 为

$$I_s = \int_0^D I_0 \exp\left(-\frac{x}{\lambda}\right) \mathrm{d}x = I_\infty [1 - \mathrm{e}^{-\frac{D}{\lambda}}] \qquad (8\text{-}18)$$

式中, I_∞ 为样品无限厚时的光电子流的强度。从式(8-18)可知,当 $D = \lambda$ 时,所测的强度 I_s 为 I_∞ 的 63.3%;当 $D = 2\lambda$ 时,所测的强度为 I_∞ 的 86.5%;当 $x = 3\lambda$ 时, I_s 为 I_∞ 的 95.0%,因此定义 3λ 为采样深度。所以光电子能谱对于固体样品,是一项表面技术。

对均匀样品上覆有限厚度 D(D<采样深度)的覆盖层时,接收到的光电子峰强度为

$$I = I_\infty \mathrm{e}^{-D/\lambda} \qquad (8\text{-}19)$$

非弹性平均自由程 λ 与非弹性散射机制有关,因此它与材料本身的性质以及光电子动能有关。非弹性平均自由程值的求算可查阅有关资料,是由 Seah、Dench 收集了各种元素、无机材料、有机材料的 λ 数据达 350 多个,用统计方法处理后提出的经验规律,目前在国际上广泛采用。

8.5.5　X 射线光电子能谱在矿物材料中的应用

通过 XPS 对柠檬酸作用前后两种含钙矿物表面 Ca 2p 轨道进行分析,以进一

步探索柠檬酸的抑制机理[55,56]。由图 8-10 可知，萤石表面 Ca 2p 轨道的电子结合能在 347.98 eV 和 351.58 eV 处出现的双峰是 CaF_2 中 Ca 2p3/2 和 Ca 2p1/2 的电子结合能。加入柠檬酸以后，CaF_2 中 Ca 2p3/2 和 Ca 2p1/2 的峰发生偏移，分别从 347.98 eV 到 348.18 eV 和从 351.58 eV 到 351.68 eV，表明柠檬酸作用于萤石表面的 Ca，改变了其化学环境。且还出现了新的双峰 347.68 eV 和 351.18 eV，是 Ca-COOR 中 Ca 2p3/2 和 Ca 2p1/2 的电子结合能，这表明柠檬酸与萤石表面的 Ca 作用生成了柠檬酸钙。

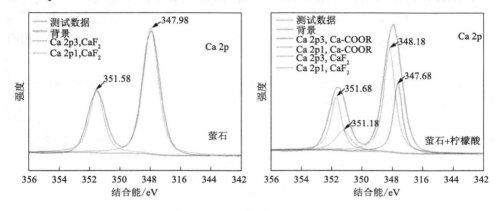

图 8-10　柠檬酸作用前后萤石表面 Ca 2p XPS 能谱

方解石表面 Ca 2p 轨道的电子结合能在 347.18 eV 和 350.68 eV 处出现双峰，是 $CaCO_3$ 中 Ca 2p3/2 和 Ca 2p1/2 的电子结合能（图 8-11）。加入柠檬酸以后，$CaCO_3$ 中 Ca 2p3/2 和 Ca 2p1/2 的峰发生偏移，分别从 347.18 eV 到 347.08 eV 和从 350.68 eV 到 350.58 eV，表明柠檬酸主要作用于方解石表面的 Ca，改变了其化学环境。谱图中还出现了新的双峰 347.68 eV 和 351.18 eV，是 Ca-COOR 中 Ca 2p3/2 和 Ca 2p1/2 的电子结合能，该双峰在 Ca 2p 轨道的相对含量中占比为 23.12%[57]。

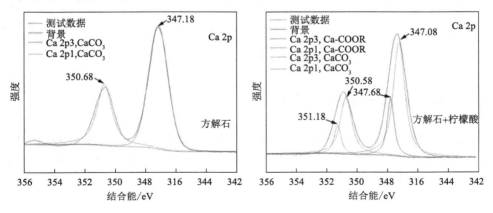

图 8-11　柠檬酸作用前后方解石表面 Ca 2p XPS 能谱

8.6 紫外光电子能谱

8.6.1 紫外光电子能谱基本原理

紫外光电子能谱(ultraviolet photo-electron spectroscopy, UPS)是以紫外线为激发光源的光电子能谱。激发源的光子能量较低,该光子产生于激发原子或离子的退激,最常用的低能光子源为氦Ⅰ和氦Ⅱ。紫外光电子能谱主要用于考察气相原子、分子以及吸附分子的价电子结构。

紫外光电子谱的基本原理是光电效应,它被广泛地用来研究气体样品的价电子和精细结构以及固体样品表面的原子、电子结构[58]。

紫外光电子谱的基本原理是光电效应(图 8-12)。它是利用能量在 16~41 eV 的真空紫外光子照射被测样品,测量由此引起的光电子能量分布的一种谱学方法。

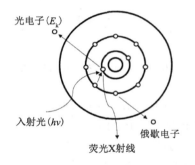

图 8-12 光电效应示意图

忽略分子、离子的平动与转动能,紫外光激发的光电子能量满足如下公式:

$$h\nu = E_b + E_k + E_r \qquad (8\text{-}20)$$

式中,E_b 为电子结合能,E_k 为电子动能,E_r 为原子的反冲能量。

8.6.2 紫外光电子能谱仪的结构

紫外光电子能谱仪包括以下几个主要部分[59]:单色紫外光源($h\nu = 21.21$ eV)、电子能量分析器、真空系统、溅射离子枪源或电子源、样品室、信息放大、记录和数据处理系统(图 8-13)。

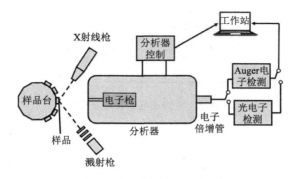

图 8-13　多功能电子能谱示意图

1）紫外光源

紫外光电子能谱的激发源常用稀有气体的共振线如 He Ⅰ 、He Ⅱ 。它的单色性好、分辨率高，可用于分析样品外壳层轨道结构、能带结构、空态分布和表面态，以及离子的振动结构、自旋分裂等方面的信息。

2）电子能量分析器

电子能量分析器的作用是探测样品发射出来的不同能量电子的相对强度。它必须在高真空条件下工作即压力要低于 10^{-3} Pa，以便尽量减少电子与分析器中残余气体分子碰撞的概率。它可以分为磁场式分析器和静电式分析器，而静电式分析器又可以分为半球型电子能量分析器和筒镜式电子能量分析器（CMA）。

（1）半球型电子能量分析器。半球型电子能量分析器（图 8-14）主要是通过改变两球面间的电位差，使不同能量的电子依次通过分析器。它的分辨率很高，可以较精确地测量电子的能量。

（2）筒镜式电子能量分析器。筒镜式电子能量分析器（图 8-15）是同轴圆筒，外筒接负电压、内筒接地，两筒之间形成静电场，以使不同能量的电子依次通过分析器。它的灵敏度很高，但是分辨率低，所以现在常用半球型电子能量分析器。

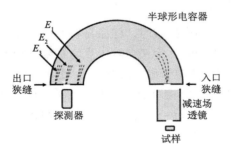

图 8-14　半球型电子能量分析器

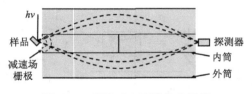

图 8-15   筒镜式电子能量分析器

3）检测器

由于被激发的电子产生的光电流十分小，一般情况下在 $10^{-3} \sim 10^{-9}$ A 范围之内，这样微弱的信号很难检测到，因此采用电子倍增器作为检测器。

4）真空系统

光电子能谱要研究的是微观的内容，任何微小的东西都会对它产生很大影响，因此光源、样品室、电子能量分析器、检测器都必须在高真空条件下工作，且真空度应在 10^{-3} Pa 以下。电子能谱仪的真空系统有两个基本功能：其一，使样品室和分析器保持一定的真空度，以便使样品发射出来的电子的平均自由程相对于谱仪的内部尺寸足够大，减少电子在运动过程中同残留气体分子发生碰撞而损失信号强度；其二，降低活性残余气体的分压。因在记录谱图所必需的时间内，残留气体会吸附到样品表面上，甚至有可能和样品发生化学反应，从而影响电子从样品表面上发射并产生外来干扰谱线。

8.6.3   紫外光电子能谱的分析方法

紫外光电子能谱通过测量价层电子的能量分布而从中获得有关价电子结构的各种信息，包括材料的价带谱、逸出功、VB/HOMO 位置以及态密度分布等[60]。

图 8-16 是典型的 Au 样品的 UPS 谱图，从中可以看到在 8 eV 之后谱线开始剧烈上升，表明有较强的二次非弹性散射电子出射。二次电子截止边对应被检测电子具有最高结合能的位置，即具有最低动能所对应的位置，通常结合费米边的位置用来确定材料的逸出功。

当样品与仪器有良好的电接触时，样品材料的费米能级 E_F 对应于仪器的 E_F。通过观测能谱谱线的费米台阶，定义台阶中点为费米能级的位置。

进一步观察可以看到二次电子截断在 16.1 eV 处，这个光电信号截断表明 21.2 eV 的光子能量最多只能激发结合能为 16.1 eV 的电子，使其不经过任何散射而到达样品表面，因此通过公式 $\Phi = h\nu - (E_{Cutoff} - E_F)$ 可以计算出材料的逸出功，在此例中计算得到 Au 的逸出功为 5.1 eV。

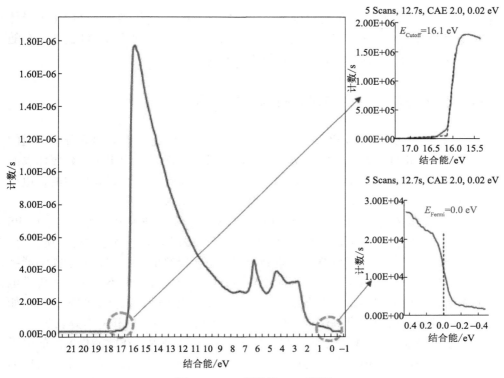

图 8-16　Au 样品的 UPS 谱图

待测样品中所含元素以何种化学态的形式存在，最主要的判据是化学位移，然而对以能带结构为主要研究对象的 UPS 谱图来说，除了需要对谱结构本身进行仔细辨识外，还要对谱的端边进行精确标定，这包含了上面提及的高动能起始边 [E_F，确定电子态密度(DOS)时的能量参考点]、低动能截止边(E_{Cutoff})以及半导体材料研究中所关注的价带顶或最高占据分子轨道(HOMO)能级的位置。通常，半导体材料的 E_F 位于带隙之间，它与价电子所能填充的最高能量位置——价带顶(VBM)之间有一个未知的能量差(图 8-17)。对于 p 型半导体材料，该能量差可以

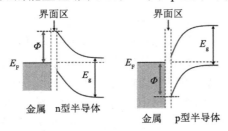

图 8-17　金属/半导体材料的表面能级示意图

非常小，而对于 n 型半导体材料则可以大到与禁带宽度 E_g 相当。而且由于半导体材料受表面态影响会在近表面处发生能带弯曲，因此 E_F 相对于 VBM 的位置会随表面处理条件的改变而变化，这在解析谱图时需要考虑。

8.6.4　紫外光电子能谱在矿物材料中的应用

最初，高分辨的 UPS 仪主要用来测量气态分子的电离电位，研究分子轨道的键合性质以及定性鉴定化合物种类。后来 UPS 被越来越多地应用于广延固体表面研究。固体的物理和化学性质与它们的能带结构密切相关，广延固体中的价电子结构较分子材料中单个原子或分子的价电子结构复杂得多。

目前，紫外光电子能谱是研究固体能带结构最主要的技术手段之一。采用 UPS 研究固体表面时，由于固体的价电子能级被离域的或成键分子轨道的电子所占有，从价层能级发射的光电子谱线相互紧靠，因价电子能级的亚结构、分子振动能级的精细结构等叠加成带状结构，因此得到的光电子能量分布并不直接代表价带电子的态密度，而应包括未占有态结构的贡献，即受电子跃迁的终态效应影响，如自旋轨道耦合、离子的离解作用、Jahn-Teller 效应、交换分裂和多重分裂等。

在 UPS 测量中光激发电子的动能在 0～40 eV 范围内，在此能量区间的电子逃逸深度较小，且随能量变化急剧，而固体材料表面不可避免存在污染，这样因表面污染对测量结果的影响尤为敏感。此外，考虑到光电发射过程中表面荷电效应的影响，UPS 适用于分析表面均匀洁净的导体以及导电性好的半导体薄膜材料。

辉钼矿是钼的主要来源，也是钼矿石的主要矿物，层状结构，晶体结构为六方晶系（2H）、三方晶系（3R）和 2H+3R 混合型。辉钼矿凭借其自身的物理化学性质拥有良好的天然可浮性。辉钼矿晶体结构为片层状，晶格结构中，钼原子全在一个平面，且呈夹心位于两个硫原子中间，这样就构成了"S-Mo-S"的三重层结构。S^{2-} 和 Mo^{2+} 以共价键的形式牢固地连接在一起，层之间则以键能较弱易断裂的分子键结合，分子键断裂后的解离面表现出非极性，因此辉钼矿具有极好的天然可浮性。

近年来对斑岩型铜钼矿石的开采规模越来越大，导致目前的斑岩型铜钼矿大多为难选的"贫、细、杂"矿。原矿中既有原生矿又有次生矿，矿物组成成分复杂，铜、钼品位偏低，造成铜钼分离的困难，钼选矿回收率偏低，钼精矿质量不高，铜、钼精矿互含情况严重，分离精度不高。因此，胡元罩等[61]考察了铜钼混合浮选和铜钼分离浮选这两个回路中采用不同 pH、药剂制度（石灰体系 pH=12，z-200 用量 55 g/t、煤油用量 10 g/t、2 号油用量 10 g/t）等条件对铜、钼可浮性的影响，找出了铜钼浮选分离的最佳条件，又通过实际矿石的验证试验，进一步优化验证了该工艺流程。具体结果如下所述。

混合浮选采用 z-200、煤油和 2 号油作为浮选药剂，相对于 z-200 用量，煤油和 2 号油的用量较少，因此在测量时，忽略煤油和 2 号油的影响，只关注 z-200 的变化。在测出 z-200 的残余量后，按药剂添加比例，估算煤油和 2 号油的残余量。

向 100 mL 烧杯中加入一定量去离子水，加入少量 z-200，经磁力搅拌器搅拌 20 min 后，将溶液倒入石英比色皿中，在扫描波长 200～500 nm 范围下进行光谱扫描。

混合浮选中除添加 z-200 外，还加入了 CaO、煤油和 2 号油等药剂。这些药剂的存在，会对 z-200 的测量造成一定的干扰。参照混合浮选药剂添加量和比例，分别配制 z-200 溶液（11 mg/L）、z-200 煤油溶液（11 mg/L；2 mg/L）、z-200 号油溶液（11 mg/L；2 mg/L）、z-200+CaO 溶液（11 mg/L；pH = 12），在波长 200～300 nm 范围内做光谱扫描，实验结果见图 8-18（a），显示煤油和 2 号油的加入基本不改变 z-200 的曲线，在 241 nm 处，三条曲线的吸光度值差别不大，因此基本可以忽略煤油和 2 号油对 z-200 测量的干扰。石灰的加入基本不改变 z-200 在 220～260 nm 曲线的形状，但整体吸光度值上升，为此配制不同 pH 的石灰水，在波长 200～300 nm 做光谱扫描，结果如图 8-18（b）所示。在波长 200～300 nm 内，石灰水没有最大吸收峰，随着 pH 增加，石灰水在测定范围内吸光度不断升高。

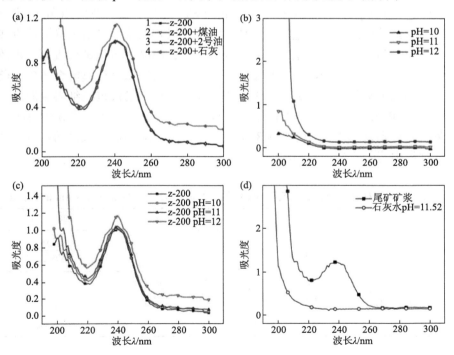

图 8-18　（a）干扰物质对 z-200 影响的紫外扫描光谱图，（b）不同 pH 石灰水的紫外扫描光谱图，（c）z-200 和 z-200+CaO 溶液（不同 pH）的紫外扫描光谱图，（d）混合精矿残余 z-200 含量测量结果[62]

吸光度具有加和性，在一个存在多组分的体系中，若各种对光有吸收的物质在某一波长下不存在相互作用，那么将各组分吸光度相加后的值，与该波长的总吸光度相同。z-200+CaO 的溶液中，在 241 nm 处的吸光度可能是 z-200 和 CaO 的叠加结果。z-200 在碱性介质中能转变成硫醇型，具有弱酸性，且用量很小，因此可认为 z-200 不影响溶液的 pH。pH 的改变主要是 CaO 的作用。配制 z-200+CaO 溶液（11 mg/L+pH = 10）、z-200+CaO 溶液（11 mg/L+pH = 11）、z-200+CaO 溶液（11 mg/L+ pH=12），在波长 200～300 nm 范围内做光谱扫描，实验结果见图 8-18（c），显示在 241 nm 处，不同 pH 的 z-200 溶液吸光度有差异，且随着 pH 增加，吸光度不断升高。

表 8-2 列出了相同 z-200 浓度（11 mg/L）、不同 pH 的 z-200+CaO 实验样品在 241 nm 的吸光度 Abs_{sample}，z-200+CaO 实验样品与先前实验测得的同一浓度 z-200 溶液在 241 nm 吸光度 Abs_{z-200}（0.996）的差值为 ΔAbs，以及相应 pH 的石灰水吸光度 $Abs_{limewater}$。假设不同 pH 石灰水的吸光度 $Abs_{limewater}$ 为真值，通过对比表 8-2 中 ΔAbs 与 $Abs_{limewater}$，分别计算其相对误差。结果显示，相对误差范围在±5%之内，准确度较高，基本可以认定在 z-200 与石灰的混合溶液中，在波长 241 nm 处，z-200 和石灰之间没有相互作用，两者具有吸光度加和性。按照混合浮选实验方案（pH=12、z-200 55 g/t、煤油 10 g/t、2 号油 10 g/t、加药后搅拌时间 26 min）进行浮选，获得混合精矿泡沫，该泡沫由固体和液体组成，而紫外光谱扫描无法直接测量固体表面的药剂吸附量，尾矿中基本都是石英，不吸附硫化矿捕收剂，可忽略尾矿中矿粒表面吸附药剂，通过测量尾矿矿浆中的药剂量来计算混合精矿的药剂残余量。将尾矿矿浆转移到离心管中离心 15 min，取上清液过滤纸得到滤液，并测定体积 V=40 mL 和 pH=11.52。配制 pH=11.52 的石灰水，分别对滤液和 pH=11.52 的石灰水进行光谱扫描，结果如图 8-18（d）所示。因此，精矿中残余的药量约为混合浮选过程中药剂添加量的 10%。

表 8-2　z-200 浓度（11 mg/L）、不同 pH 值的 z-200+CaO 实验样品在 241 nm 的吸光度

试验样品			石灰水样品		相对误差
成分	Abs_{sample}	ΔAbs	pH	$Abs_{limewater}$	$\dfrac{\Delta Abs - Abs_{limewater}}{Abs_{limewater}}$
z-200+CaO pH=10	1.008	0.012	10	0.012	1%
z-200+CaO pH=11	1.035	0.039	11	0.037	2.7%
z-200+CaO pH=12	1.150	0.154	12	0.152	1.3%

参 考 文 献

[1] 杨华明. 硅酸盐矿物功能材料[M]. 北京: 科学出版社, 2019.

[2] 吴大清, 刁桂仪. 矿物表面基因与表面作用[J]. 高校地质学报, 2000, 6(2): 225-232.

[3] 卢龙, 雷良城, 林锦富, 张佩华. 矿物表面特征和表面反应的研究现状及其应用[J]. 桂林理工大学学报, 2002, 22(3): 354-358.

[4] 余志伟, 邓慧宇, 钱勇. 矿物材料与工程[M]. 长沙: 中南大学出版社, 2012: 27-44, 137-169.

[5] 袁继祖. 非金属矿物填料与加工技术[M]. 北京: 化学工业出版社, 2007: 96-184.

[6] 鲁安怀, 王长秋, 李艳. 矿物学环境属性[M]. 北京: 科学出版社, 2015 .

[7] Wang J Y, Zeng H B. Recent advances in electrochemical techniques for characterizing surface properties of minerals[J]. Advances in Colloid and Interface Science, 2022, 288: 102346.

[8] Medout-Marere V, Malandrini H, Zoungrana T, et al. Thermodynamic investigation of surface of minerals[J]. Journal of Petroleum Science and Engineering, 1998, 20(3-4): 223-231.

[9] 卢龙, 雷良城, 林锦富, 张佩华. 矿物表面特征和表面反应的研究现状及其应用[J]. 桂林理工大学学报, 2002, 22(3): 354-358.

[10] Irannajad M, Nuri O S, Mehdilo A. Surface dissolution-assisted mineral flotation: A review[J]. Journal of Environmental Chemical Engineering, 2019, 7(3): 103050.

[11] Stipp S L S. Mineral surfaces: Part II: Structure and reactivity. Mineral Behaviour at Extreme Conditions[M]. European Mineralogical Union, 2005.

[12] 姚亚东, 王树根. 矿物的表面结构和表面性质[J]. 矿产综合利用, 1998(4): 35-39.

[13] Hazen R M, Sverjensky D A. Mineral surfaces, geochemical complexities, and the origins of life[J]. Cold Spring Harbor Perspectives in Biology, 2010, 2(5): a002162.

[14] 丁敦煌, 李天瑞. 硫化矿物的表面结构和表面电荷与无捕收剂浮选[J]. 中国有色金属学报, 1994, 4(3): 36-40.

[15] Chau T T. A review of techniques for measurement of contact angles and their applicability on mineral surfaces[J]. Minerals Engineering, 2009, 22(3): 213-219.

[16] 程传煊. 表面物理化学[M]. 北京: 科学技术文献出版社, 1995: 292-366.

[17] 王宁, 赵振涛, 马坤怡, 邢锦娟. 矿物材料负载TiO_2光催化研究进展[J]. 辽宁石油化工大学学报, 2021, 41(3): 9.

[18] Murgolo S, Yargeau V, Gerbasi R, et al. A new supported TiO_2 film deposited on stainless steel for the photocatalytic degradation of contaminants of emerging concern[J]. Chemical Engineering Journal, 2017, 318: 103-111.

[19] 吴大清. 矿物表面活性与反应性[J]. 矿物学报, 2012(S1): 54-55.

[20] 吴大清, 刁桂仪, 袁鹏, 王林江. 矿物表面活性及其量度[J]. 矿物学报, 2001, 21(3): 307-311.

[21] 石天宇, 张覃. 晶体结构和表面性质对石英浮选行为影响研究[J]. 矿物学报, 2017, (3): 333-341.

[22] 卢寿慈. 氧化物矿物与几个浮选药剂的作用及矿物表面电性质的影响[J]. 金属学报, 1963, 2.

[23] 陆现彩, 尹琳, 赵连泽, 熊飞. 常见层状硅酸盐矿物的表面特征[J]. 硅酸盐学报, 2003, 31(1): 60-65.

[24] 刘开平, 宫华, 周敬恩 海泡石表面电性研究[J]. 矿产综合利用, 2004, 5: 15-21.

[25] 蒋文斌, 刘德义, 屠式瑛. 海泡石的酸改性和性能研究——Ⅱ. 表面酸性和烃反应性能[J]. 石油学报(石油加工), 1994, 10(2): 56-61.

[26] 丁浩, 卢寿慈, 张克仁, 张银年. 矿物表面改性研究的现状与前景展望(Ⅱ)[J]. 矿产保护与利用, 1996, 4.

[27] 林海, 松全元. 矿物表面改性研究的现状与发展[J]. 矿产综合利用, 1997(5): 29-32.

[28] Gao Z Y, Wei S U N, Hu Y H. Mineral cleavage nature and surface energy: Anisotropic surface broken bonds consideration[J]. Transactions of Nonferrous Metals Society of China, 2014, 24(9): 2930-2937.

[29] 桑永恒, 蒋贵. 天然矿物材料吸附重金属的改性研究[J]. 中国金属通报, 2018(5): 2.

[30] 吴大清, 彭金莲, 陈国玺. 硫化物吸附金属离子的实验研究[J]. 地球化学, 1996, 25(2): 181-189.

[31] 李超, 王丽萍. 矿物材料处理废水的研究进展[J]. 矿产保护与利用, 2020, 40(1): 7.

[32] 黄志博, 石艳, 吴晓辉. 蒙脱土有机改性研究进展[J]. 高分子通报, 2021(10): 10.

[33] 吴宏海, 吴大清, 彭金莲. 重金属离子与石英表面反应实验研究[J]. 地球化学, 1998, 27(5): 523-531.

[34] 岳晋充. 云母表面改性方法综述[J]. 科技创新与应用, 2015(31): 7-8.

[35] 王慧捷. 红外光谱检测性能优化及傅里叶变换红外光谱仪微型化[D]. 天津: 天津大学, 2020.

[36] Povarennykh A S. The use of infrared spectra for the determination of minerals[J]. American Mineralogist, 1978, 63(9-10): 956-959.

[37] 杨念, 况守英, 岳蕴辉. 几种常见无水碳酸盐矿物的红外吸收光谱特征分析[J]. 矿物岩石, 2015, 35(4): 37-42.

[38] 翁诗甫. 傅里叶变换红外光谱分析[M]. 2版. 北京: 化学工业出版社, 2010.

[39] 王濮. 系统矿物学(下册)[M]. 北京: 地质出版社, 1984.

[40] 郭雪飞. 硅酸盐类宝石矿物的近红外光谱研究[D]. 昆明: 昆明理工大学, 2019.

[41] 吴承炜. 拉曼光谱仪中矿物拉曼光谱分类算法的研究[D]. 上海: 上海应用技术大学, 2021.

[42] 李景镇. 光学手册(上下卷)[M]. 西安: 陕西科学技术出版社, 2010.

[43] Hanlon E B, Manoharan R, Koo T W, et al. Prospects for *in vivo* Raman spectroscopy[J]. Physics in Medicine and Biology, 2000, 45(2): R1-59.

[44] 王晨. 硅酸盐及含铝硅酸盐矿物的拉曼光谱研究[D]. 北京: 中国地质大学(北京), 2005.

[45] Khosravi M, Rajabzadeh M A, Mernagh T P, et al. Origin of the ore-forming fluids of the Zefreh porphyry Cu-Mo prospect, central Iran: Constraints from fluid inclusions and sulfur isotopes[J]. Ore Geology Reviews, 2020, 127: 103876.

[46] Gao X, Yang L Q, Yan H, et al. Ore-forming processes and mechanisms of the Hongshan skarn Cu-Mo deposit, Southwest China: Insights from mineral chemistry, fluid inclusions, and stable isotopes[C].Ore and Energy Resource Geology, 2020:100007.

[47] Redina A A, Nikolenko A M, Doroshkevich A G, et al. Conditions for the crystallization of

fluorite in the Mushgai-Khudag complex(Southern Mongolia): Evidence from trace element geochemistry and fluid inclusions[J]. Geochemistry, 2020, 80(4): 125666.

[48] 刘成川, 王园园, 赵爽, 等. 彭州气田雷口坡组流体包裹体特征及成藏期次[J]. 西安石油大学学报(自然科学版), 2020, 35(6): 17-21.

[49] 何佳乐, 潘忠习, 杜谷. 激光拉曼光谱技术在地矿领域的应用与研究进展[J]. 中国地质调查, 2022, 9(5): 111-119.

[50] 谢超, 周本刚, 杜建国, 等. 汶川地震断裂带断层泥矿物拉曼光谱特征[J]. 光谱学与光谱分析, 2013, 33(6): 1562-1565.

[51] 刘景波, 叶凯. 大别山榴辉岩带片麻岩的锆石拉曼光谱研究[J]. 岩石学报, 2005(4): 1094-1100.

[52] 何佳乐, 龚婷婷, 潘忠习, 等. 细微矿物拉曼成像分析技术与方法研究[J]. 岩矿测试, 2021, 40(4): 491-503.

[53] Laajalehto K, Kartio I, Suoninen E. XPS and SR-XPS techniques applied to sulphide mineral surfaces[J]. International Journal of Mineral Processing, 1997, 51(1-4): 163-170.

[54] 杨文超, 刘殿方, 高欣, 等. X 射线光电子能谱应用综述[J]. 中国口岸科学技术, 2022, 4(2): 8.

[55] 张琛旭. 贵金属颗粒修饰及尺寸可调镍黄铁矿催化剂的制备及其电解水制氢性能研究[D]. 长春: 吉林大学, 2022.

[56] 张少杰, 何嘉宁, 李沛, 等. 柠檬酸对萤石和方解石的抑制效果研究[J]. 有色金属(选矿部分), 2023(1): 138-145.

[57] 董振海, 程福超, 施建军, 等. 腐植酸钠对铁矿物和石英可浮性的影响[J]. 金属矿山, 2022, 558(12): 85-91.

[58] 付丹, 罗仙平. 铜铅锌多金属硫化矿浮选行为与表面吸附机理研究[D]. 贵州: 江西理工大学, 2009.

[59] 任悦. 浅论石墨在水中分散研究进展及发展方向[J]. 河南科技, 2014(22): 57-59.

[60] 胡东红, 吴季怀, 沈振, 等. 矿物粉体的表面能及对硅橡胶增强作用的影响[J]. 岩石矿物学杂志, 1998, 17(2): 173-178.

[61] 胡元覃, 武林, 杨林, 等. 新型硫化矿捕收剂在云南某铜钼矿浮选中的应用[J]. 有色金属: 选矿部分, 2016(1): 5.

[62] 杨凤, 张磊, 刘强, 等. 铜钼混合精矿分离浮选试验研究[J]. 黄金, 2011, 32(7): 4.

第9章　矿物材料界面特征

9.1　概　　述

扫描电子显微镜(SEM)、场电子显微镜(FEM)、场离子显微镜(FIM)、低能电子衍射(LEED)、俄歇谱仪(AES)、光电子能谱(ESCA)、电子探针(EPMA)等，这些仪器都是通过电子、光子、离子以及原子束等方式来观测样品表面，但是即使在最佳的情况下，这些微观粒子束也只能聚焦成几十纳米，因此，各个领域的科学研究也相应地局限于这个微观层次。

1982年，扫描隧道显微镜(STM)的出现标志着人类进行直接观察原子、操控原子的新时代。在原子级水平分辨率的基础上，科研工作者根据自身的意愿设计、加工、创造新的物质结构的设想成为可能。1986年，世界上第一台原子力显微镜(AFM)诞生，这个被称为纳米技术的"眼"和"手"的显微镜，是扫描探针显微镜(SPM)家族中重要的一员[1]，除了极高的分辨率之外，它还打破了以往扫描隧道显微镜对样品关于导电性及其成像环境的苛刻要求，并可以实时得到样品表面的三维图像，成为人类打开微观世界大门的理想工具。1984年和1987年，实用共聚焦激光扫描显微镜(CLSM)和商用共聚焦激光扫描显微镜相继问世。这是80年代发展起来的、主要用于对活体细胞表面和内部进行实时观测的仪器，凭借着其独具优势的横向分辨率和纵向分辨率，人们可对样品构建实体三维结构。因此，共聚焦激光扫描显微镜成为科学研究的热点，在各领域得到了广泛的应用。

为使相关领域的工作者更充分、更灵活地运用这些仪器的功能、拓展仪器的应用范围、提高仪器的运用效率，本章分别介绍原子力显微镜、扫描隧道显微镜和共聚焦激光扫描显微镜的基本原理、仪器构成、成像模式、样品制备要求，及其在矿物材料等领域的应用情况等信息，旨在为广大科研工作者，尤其涉及矿物学和材料学领域的工作者，获取高质量的图像等目标提供支持，帮助其提高工作效率，更好地服务于教学和科学研究。

9.2　原子力显微镜

原子力显微镜(AFM)是1986年Binning等继1982年发明扫描隧道显微镜之

后，在美国发明的第二种扫描探针显微镜[2]，该显微镜在扫描隧道显微镜的基础上得到了进一步改善和提高(图 9-1)。

图 9-1 原子力显微镜
照片由中国地质大学(武汉)材料与化学学院李珍老师提供

扫描探针显微镜的第一个成员——扫描隧道显微镜可以使人们直观地观测样品表面的原子排布情况，但因其原理主要基于监测探针尖部与样品表面间的隧穿电流变化情况，所以观测对象往往只能是导体和半导体[3]，而人们往往感兴趣的非导体材料则需要在其表面镀上一层导电膜，这样就会导致观测对象表面的部分细节被掩盖，造成扫描隧道显微镜在应用上出现明显的局限性。

原子力显微镜的出现恰好弥补了扫描隧道显微镜的不足，同样是研究物质表面结构，不再要求探针与样品间形成回路，满足了人们观察非导体材料而不再覆盖导电膜的需求[1]，成为科研工作者获取物质表面结构信息的强有力的实验技术手段。

9.2.1 原子力显微镜工作原理和仪器构造

1. 原子力显微镜仪器构造

典型的原子力显微镜其实大致是由激光系统、微悬臂-探针系统、光电检测与反馈控制系统以及压电陶瓷扫描器四个部分组成的(图 9-2)。

1)激光系统

激光是原子力显微镜在工作中的反馈信号源，微悬臂产生的形变是十分微小的。为了避免信号的丢失，这就要求激光具有较强的稳定性、较低的发散性、较好的单色性，光束宽度还得细小。除此之外，激光还需具有耐用性、可持续工作性，尽可能地延长其使用寿命[3]。

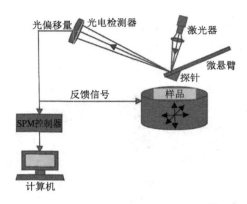

图 9-2　原子力显微镜的系统结构[4]

2）微悬臂-探针系统

原子力显微镜中微悬臂-探针系统关系着原子力显微镜的成像质量优劣。由于探针与样品原子间作用力变化取决于微悬臂的形变量，所以想要得到高分辨率图像，微悬臂-探针系统就需要对力具有高灵敏度的反应能力（nN 甚至更小的力的变化），而足够高的共振频率便可以实现使其快速对探针与样品之间作用力变化做出响应的目的[3]。除此之外，微悬臂均匀的弹性和合适的弹性系数也事关成像质量，要以易弯曲的材料制成。

3）光电检测与反馈控制系统

原子力显微镜一般使用光束偏转法探测微悬臂产生的形变[3]。针尖原子与样品表面原子有了相互作用后，微悬臂会出现摆动现象，所以当激光束照射并经微悬臂反射后，反射光束位置会随着微悬臂的摆动产生移动，这就是微悬臂的偏移量。偏移量经位置检测器记录后就转换成了电信号。经过激光检测器接收后的信号汇集于反馈系统中，并将接收的信号转为反馈信号，以此来调整和驱动扫描器做适当的移动，使样品与针尖的相互作用力保持恒定。灵敏和准确的探光电检测与反馈控制系统同样决定着测试结果的准确性，对于原子力显微镜来说不可或缺。

4）压电陶瓷扫描器

压电扫描头一般由具有压电效应的压电陶瓷制成，要想研究样品的表面形貌特征，压电扫描系统对其的作用与微悬臂相比同等重要。在压电陶瓷两端被施加电压后，其会按特定的方向伸长或收缩，所以压电陶瓷的伸长或收缩与电压呈线性关系。而压电陶瓷扫描管对样品的精确扫描和灵敏反应在横向上控制着其做规则的扫描运动，纵向上调整着探针与样品间的距离，这样便可以实现对样品的三维成像。

2. 原子力显微镜工作原理

在原子力显微镜中，两端分别固定着尖锐探针和压电陶瓷的微悬臂起着传感器的作用。原子力显微镜对样品进行扫描时，借助压电陶瓷扫描器及反馈系统，控制探针尖端和样品表面原子间的相互作用力恒定，微悬臂就会沿着探针与样品表面原子间的作用力产生的等势面，在垂直方向上产生位移运动。最后利用光学或电学方法检测微悬臂对于各扫描点位置变化，以此来表征样品表面形貌的图像信息以及与之相关力学、化学等性质(图 9-3)。

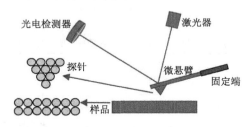

图 9-3　原子力显微镜的工作原理[5]

9.2.2　原子力显微镜的成像模式

使用原子力显微镜对样品进行扫描时，微悬臂探针与样品表面之间的原子会发生相互作用，并同时受到几种不同的作用力，但占主导作用的还是范德瓦耳斯力。范德瓦耳斯力会随着针尖和样品表面的原子间距离的变化而发生相应的变化：当相距一定距离的两个原子相互靠近时，它们会逐渐相互吸引；而当二者之间的距离减小到一定程度时，原子间的电子排斥力开始抵消吸引力，直到二者间距减小为几埃，排斥力与吸引力则相互平衡；若间距更小，范德瓦耳斯力相应地就会从平衡状态变成排斥力状态(图 9-4)。因此，针尖与样品间的间距决定了微悬臂与针尖的工作模式，根据针尖与样品间的间距，原子力显微镜的成像模式便主要以下列三种模式为主：接触扫描模式、非接触扫描模式、轻敲模式(表 9-1)。

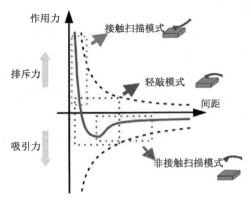

图 9-4　针尖与样品表面原子间的范德瓦耳斯力[6]

表 9-1　原子力显微镜成像模式对比[8]

成像模式	反馈物理量	优点	缺点
接触扫描模式	悬臂弯曲量	针尖与样品之间一直接触，图像稳定、分辨率较高，适用于原子间近程的排斥力和针尖与样品间的摩擦力等	会使表面产生变形和磨损，不适用于低弹性模量的样品
非接触扫描模式	悬臂振幅	针尖离样品表面 5～20 nm，不对样品表面造成污染或者破坏	分辨率低，信号弱，操作困难
轻敲模式	针尖-样品之间相互作用力	针尖与样品之间间歇接触，分辨率高，不破坏样品，易操作，对液相成像环境尤其友好	对参数设置要求高

1. 接触扫描模式

当针尖与样品间的原子间距小于 0.03 nm 时，二者间的范德瓦耳斯力位于排斥区，这时针尖与样品表面几乎紧密接触，二者原子的电子云发生重叠，排斥力将克服使原子相互靠近的吸引力，微悬臂则会弯曲，使针尖原子不得与样品表面原子靠得更近(图 9-5)。在这种成像模式中，微悬臂的弯曲更方便了样品的检测，仪器的分辨率极高，可达原子级水平，原子间近程的排斥力和针尖与样品间的摩擦力均可以在该模式下测得。

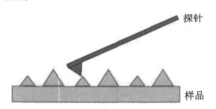

探针

样品

图 9-5　接触扫描模式[7]

2. 非接触扫描模式

当针尖与样品的间距相对较远(约几百纳米)，二者间的范德瓦耳斯力就位于吸引力区域。在原子力显微镜工作过程中,因压电陶瓷作用,微悬臂以固有频率(约 200～300 kHz)振荡，振幅约为几纳米。在此基础上，微悬臂的振动频率(或振幅)还会受到针尖与样品表面的原子间相互作用的影响而变化，通过测量这种变化，就可以从侧面反映相互作用力的大小(图 9-6)。在这种成像模式中，相互作用力的敏感度随着针尖与样品表面间的距离变远而变得更弱，所以该模式下的成像分辨率相较接触成像模式而有所降低，达不到原子级水平。

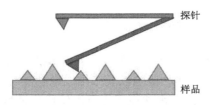

图 9-6　非接触扫描模式[7]

3. 轻敲模式

类似于非接触模式,轻敲模式以微悬臂共振频率振荡的振幅较大(约 100 nm)而与之有所区别。在这种成像模式中,位于振荡底部的针尖与样品轻轻接触,二者间的距离非常靠近却又不会损坏样品表面,且针尖可以凭借其明显大于水毛细张力的垂直力,自如地进出表面水层(图 9-7)。相较于其他两种模式,这种模式在液相环境成像过程中显得更加友好,并且由于针尖与样品表面的轻轻接触,还保障了该模式下的图像分辨率与接触扫描模式不相上下。

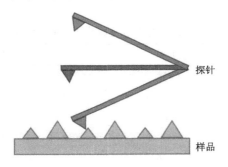

图 9-7　轻敲模式[7]

9.2.3　原子力显微镜的工作环境

相较于其他诸如电子显微镜(EM)等仪器需要在高真空条件下才能进行测试的环境要求,原子力显微镜对样品进行观测的环境要求显得更为宽松。真空、常压、大气以及液相环境,均可以成为使用原子力显微镜对样品进行纳米成像的选择[4,8-11],且原子力显微镜的使用对周围环境温度的要求并不严苛,可以对样品进行加热,也可以对样品进行冷却,且不需要特别的制样技术,对样品的测试也几乎毫无损伤。所以,相关领域的工作者可以根据自身的实验需求来选择合适的成像环境。当然,正是因为这样宽松的工作环境,使得原子力显微镜在材料、生物、物理、化学等与纳米相关的研究领域的应用中,具有其他仪器不可比拟的优势。

9.2.4　原子力显微镜的特点

相较于多数的传统显微镜而言，原子力显微镜的突出优势主要表现在成像分辨率、工作环境、可成像的样品范围以及三维成像功能等方面（表 9-2）。从表中可知，与普通光学显微镜相比，虽然原子力显微镜成像速度较慢，但在成像精度方面，原子力显微镜明显拥有比其他更高的分辨率精度，且可获得普通光学显微镜技术无法获得的三维图像。与扫描电子显微镜和透射电子显微镜（TEM）相比，在成像精度一致的情况下，原子力显微镜样品制备更加方便、价格更加低廉；同时，基于微悬臂与探针的结构特征以及"接触式"工作模式，还可以利用其对样品进行微观的纳米加工，实现如推拉、切割以及刻画等纳米操作。除此之外，原子力显微镜体积较小，工作环境宽松，对研究对象无特殊要求，制样和操作相对简单，日常维护、运行费用相对便宜，其功能还可根据研究需求进行对应的扩展。正是因为这种种优势，使得原子力显微镜成为众多显微镜中应用最为广泛的佼佼者之一。

表 9-2　AFM 与各种显微镜技术指标情况[12]

技术指标	AFM	TEM	SEM	OM
最高分辨率	原子级	原子级	1 nm	100 nm
成像环境	大气、真空、液相	真空	真空	大气、液相
样品制备	简单	困难	中等	简单
成像速度	中等	较慢	中等	很快
报价(k$)	100～200	>500	200～400	10～50
对样品破坏程度	低	高	高	低
景深	深	中等	深	浅
技术要求	中等	高	中等	低

9.2.5　原子力显微镜的假象

从问世以来，原子力显微镜就在各学科的纳米研究领域成为强有力的科研工具，但是因为各种因素的影响，测试结果往往出现在一定程度偏离于样品表面真实特征的原子力显微镜图像，所以相关领域工作者应学会明晰形成假象的缘由，精准辨识假象类型并尽量规避该类假象出现的方法。下面根据假象形成的不同根源分别进行了探讨。

1. 压电陶瓷扫描头的非线性造成的假象

压电陶瓷扫描管在纵向上和横向上都受到了一定的电压，纵向上，在原子力显微镜收到反馈信号后会使其产生一定的形变量；横向上，根据参数设置施加一定的电压会使其产生固定位移(图 9-8)。理想情况下，压电陶瓷的应变与外电场是线性关系；但在实际工作中，应变往往与其存在一定的偏离，所以使得真实图像与理想图像也产生一定的偏差。这种非线性包括扫描头的迟滞效应、蠕变、交叉耦合等，很多时候不是仅一种非线性行为造成的，往往都是多种非线性行为的共同作用的结果。针对此种非线性问题，可以对扫描头进行定期校正。

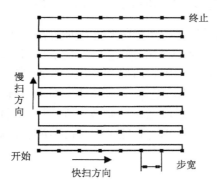

图 9-8　扫描头的运动方式和数据点采集[13]

2. 针尖的形貌特征/针尖污染造成的假象

原子力显微镜扫描过程中需要控制针尖与样品表面原子间的作用力。作用力的距离仅几到几十纳米，所以样品的成像情况会受到探针形貌尺寸特征的影响。如果是针尖受到污染或者磨损，成像有时就会是针尖磨损或污染物的形状，一般这种情况比较好识别，在整幅表面图像中都有同样的特征。而如果是由于样品尺寸大小小于或者等于针尖曲率半径造成的针尖展宽效应(图 9-9)[14,15]，这就是仪器本身存在的一个局限，如果将针尖做得更细，针尖会更脆弱、易弯曲断裂，所以并没有什么有效的解决办法。如果是针尖磨钝[16]或受到污染，因为其本身其实是比较小的，清洗工作有一定难度，磨损的针尖也不可能恢复原样，所以这时便只能替换新的探针。

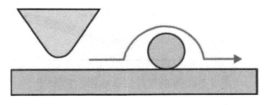

图 9-9　针尖的展宽效应[2]

3. 噪声污染假象

作为精密仪器的原子力显微镜对成像环境自然也有一定的要求，如果该显微镜系统外部存在各种振动噪声或者电子噪声，如室内大声喧哗、在仪器周围不停地徘徊走动、仪器运行发生的声响以及仪器之间发生的电磁干扰等，都会对成像质量造成影响。对该类影响的规避就是改善实验环境，比如单独放置在一个空间里，并控制相邻空间内活动声音小一些，如果条件优越，防震吊箱更是与外部环境隔离的好办法。

4. 扫描参数设置和图像处理方式造成的假象

原子力显微镜适用于导体、半导体和非导体样品的观察，但样品不同，其物理化学性质也不一样（如样品表面的平整度、湿度以及弹性等的差异），对应其所适合的成像条件也因此有所差别。所以想要规避这种情况下造成的假象，只有丰富的使用经验的积累，才能知道怎样可以使研究对象最佳成像。所以，对于初学者，扫描参数的设置不当会造成图像的明显失真，比如反馈系数设置、扫描速度设置以及图像的平滑处理等，均会对原子力显微镜的成像质量有较大影响。

5. 光的干涉假象

原子力显微镜在还原样品表面形貌特征的过程中，反馈系统发挥了重要作用。其主要基于杠杆原理，激光光束经过微悬臂背面的反射后，在光电探测器上的位移转化为针尖与物体表面原子间的作用力变化，但在激光光束入射过程中，纵使大部分的光都打在微悬臂尖端，仍存在小部分光束直射到样品表面上。虽然对于普通样品而言，图像成像质量影响不大，但也有小部分样品，如高反射率表面的样品或高反射率基底的透明样品，其表面使光束产生散射，部分发射到了光电探测器上，与微悬臂尖端反射的光束构成了干涉现象，从而在接受面上产生干涉条纹，由此产生了干涉假象图像（图 9-10）[17]。

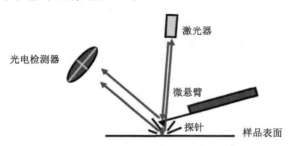

图 9-10　光的干涉假象成因示意图[18]

6. 样品因素造成的假象

原子力显微镜在探测过程中使用的探针针尖呈圆锥形，测的图像比实际样品大，但是样品表面局部存在探测不到的现象，所以有一定的形变(图 9-11)[13]。此时成像主要是真假象，这是由样品的自身因素造成的，获得的图像与样品的实际表面情况存在较大差距，在仪器本身对失真影响不大的情况下，样品自身原因使原子力显微镜测得图像失真在一定程度上是无法避免的。

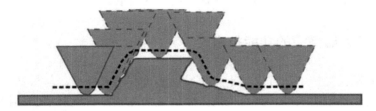

图 9-11　圆锥形探针扫描样品不规整平面的运动轨迹[13]

7. 样品-针尖作用力较小造成的假象

样品与针尖之间存在作用力，但是如果作用力太小，探针便不能顺利扫描物体，成像便会出现拉伸现象[13]。在这种情况下，图像假象是可以通过一定方法尽量避免的，不需要替换探针，通过调整工作参数，比如调整振幅衰减量来调节作用力，便可以得到更真实的图像。

9.2.6　原子力显微镜样品的要求

原子间的作用力在万事万物中是普遍存在的，原子力显微镜便是根据这普遍存在的现象应运而生。因此，不同于扫描隧道显微镜，原子力显微镜不要求观测对象必须导电，无论是导体、半导体还是非导体，都可以对它们进行纳米级观测及成像。虽然二者同为扫描探针显微镜，但原子力显微镜突破了样品需具有导电性的限制。

原子力显微镜的扫描过程是逐行扫描的，且每行的扫描时间非常短暂，所以原子力显微镜通常要求样品表面具有较好的平整度[19]。如果所测部位是微局部，那么至少样品这部分的微观区域也应该要求平整，否则如果平面高低起伏较为明显，这就会使样品表面局部探测不到，从而不能真实地反映其形貌特征；如果遇到脆断面，在不能得到较好图像的同时，还会损坏微悬臂的探针。

9.2.7　原子力显微镜的分辨率

原子力显微镜的放大倍数可高达 10 亿倍[4-5,10]，适用于观察原子级水平的样品，具有对单原子进行检测成像的能力。为获得样品表面形貌特征信息，在对样品表面进行实时检测成像时，横向分辨率和纵向分辨率均可达纳米级别，且纵向分辨率可优于 0.1 nm，与扫描隧道显微镜的成像精度基本相当。所以，原子力显微镜的诞生，极大地促进了纳米科学研究的快速发展。

9.2.8　原子力显微镜的功能技术

原子力显微镜技术在过去几十年里发展的进程从未停滞，从最初样品表面纳米尺度的微观形貌的表征，到对应的力学性能的测量，再到基于扫描探针刻蚀技术对样品进行纳米加工等，无一不显示着原子力显微镜技术逐渐完善、更加成熟，所以在材料、生物、化工、食品等各类纳米相关学科研究领域应用愈加广泛[11]，已成为高分子科学研究不可或缺的一种手段。

1. 微观形貌、结构缺陷等表征技术

样品的宏观物理化学性质本质是由本身的微观结构特征决定的[20]。几十年前，原子力显微镜最初用于观测样品表面形貌，表征该表面起伏状况，当时的研究工作也主要基于形貌特征与性能的关系。尽管表征物质形貌的仪器有很多，但如今原子力显微镜仍保持着突出的优势，证明该项技术的发展在不断进步、日趋成熟。

2. 纳米加工技术

近几十年来，原子力显微镜已经从最初的一个单纯原子至微米尺度样品表面成像工具，逐渐发展演变为可以表征形貌、性能以及纳米加工等多种技术于一体的实验测试仪器。不同于传统的纳米加工技术，通用性、图案重现性等在原子力显微镜技术中都有更好的体现[6]。原子力显微镜的纳米加工技术主要可通过利用针尖诱导的方式使探针尖端发生物理化学作用，这样样品表面形貌就会发生改变，比如局部就会氧化、改性、纳米刻蚀(机械\热致\电致刻蚀)等，还可以操纵单分子和原子，从而构建了功能化微纳结构和图案。

3. 力测量技术

原子力显微镜在各研究领域应用广泛，离不开大多数物理化学过程都与微观作用力有关的这一因素。原子力显微镜的测试就恰好利用了针尖与样品表面间作

用力的原理来工作，力灵敏度可达到 pN 数量级。利用这一优势，可以很好地对样品的力学性能做出评价。

　　力测量其实就是在原子力显微镜微悬臂固定端伸展接近样品后又收缩离开的过程中实现的，在这样一个伸展接近的过程中，又实现了对微悬臂自由端形变量的记录。探针与样品之间的作用力有多种，所以根据 AFM 的工作原理和各种作用力的研究需要，人们开发了应用于不同领域的显微镜，总的来说它们是对原子力显微镜不同扫描模式的拓展，使得力测量的对象范围更加宽泛，探针和样品间的范德瓦耳斯力、形变产生的黏滞力、在液体环境中探针和样品表面带有电荷而产生的静电力、特殊材料制成的探针和样品间还可能会有磁力、样品表面液体产生的表面张力以及探针-样品表面分子间的化学结合产生的作用力等都包含其内（图 9-12）。

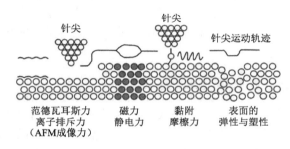

图 9-12　与原子力显微镜相关的一些相互作用[21]

　　1）力学原子力显微镜技术

　　力学原子力显微镜主要是通过测量峰值力这个物理量，以此反馈调节扫描管的升降，从而获得样品表面形貌。在每一次探针和样品的接触过程中都会记录一次力曲线，即探针靠近和远离样品表面二者间作用力的变化过程，通过这样的方式便可以提取样品表面的机械性能的信息。

　　2）磁力原子力显微镜技术

　　磁力原子力显微镜（MFM）主要是在原子力显微镜基础上将非磁性材料探针换成磁性材料探针，采用非接触扫描模式，探测样品表面的磁力场分布。材料磁畴的磁力梯度与范德瓦耳斯力差不多，一般在 $10^{-7}\sim10^{-11}$ N 的范围内，而对磁性材料而言，不论是从技术层面还是从基础研究讲，形貌特征和磁性信息的相互联系是非常重要的。所以，总体来说，由原子力显微镜改进而来的磁力原子力显微镜对磁性材料测量十分有效。

　　3）静电力原子力显微镜技术

　　静电力原子力显微镜（EFM）就是让微悬臂的针尖带有电荷，当针尖在样品表面以非接触模式扫描时，其振幅受样品表面电荷静电力的影响，以这种方式来表征电场力分布的显微镜。使用该项技术需要两次扫描过程，第一次主要目的在于获得样品表面的形貌特征，第二次就需要在此基础上将探针抬到一定高度并保持高度恒定，给探针施加一定偏压后，通过探测电场力引起的探针振幅等变化，之后再扫描样品表面的电场分布并绘制电场力的分布情况。

4）横向力原子力显微镜技术

原子力显微镜在接触扫描模式下成像时，针尖与样品作用会使样品表面的摩擦力和表面形貌发生变化，微悬臂也相应会在纵向和横向上发生变化，纵向产生弯曲，平面横向则会产生位移。所以根据这个特性，通过增加探测装置的方式可以测得使微悬臂在成像过程中纵向和横向变化的表面力和摩擦力，这就是横向力原子力显微镜（LFM）。在横向力原子力显微镜工作中，形貌成像和摩擦力数据采集可以同时独立进行，以颜色深浅表示摩擦力大小获得摩擦力图像。近年来，横向力原子力显微镜在摩擦力的研究工作中扮演着越来越重要的角色，是一种非常有效而又不可多得的工具。

4. 其他原子力显微镜技术

除了原子力显微镜的基本工作模式外，为了满足不同的科研需求，探针和样品之间可以用不同的物理检测信号检测[22]，由此衍生出了不同功能的原子力显微镜（表9-3）。磁力原子力显微镜、静电力原子力显微镜、横向力原子力显微镜以及力学原子力显微镜在前面已经进行了详细的介绍，在此不再多做陈述。

表9-3　原子力显微镜功能化后的种类[22]

物理检测信号	功能化原子力显微镜	探测目的
探针悬臂与样品间非线性力	压电响应原子力显微镜	适用于压电效应材料
针尖-样品间磁力	磁力原子力显微镜	表征样品表面磁力分布
峰值力	力学原子力显微镜	力曲线/弹性模量测量
针尖-样品间电流	扫描电容原子力显微镜	表征非均匀掺杂样品载流子浓度分布
针尖-样品间电流	扫描电阻原子力显微镜	表征导电探针与大电流收集器间电阻
针尖-样品间电流	导电原子力显微镜	表征样品导电率
超微电极-样品间电化学微电波	扫描电化学原子力显微镜	表征材料局部电化学行为
针尖-样品间静电力	静电力原子力显微镜	表征样品表面电场分布
针尖-样品间电场力	开尔文探针显微镜	表征样品表面电势分布

1）压电响应原子力显微镜技术

为了测试材料的压电性能，人们根据压电材料的逆压电效应研发出了原子力显微镜的新模式——压电响应原子力显微镜（PFM）技术。压电材料在导电探针的作用下，表面受到了很小的交流电压使得样品在电压的作用下膨胀或者收缩，探针的振幅因此而发生变化，经过反馈系统的锁相放大器处理后，便可得到样品对应的压电特性和畴壁两端的相位变化[22]。压电响应原子力显微镜可以对压电材料进行原位研究，具有非常高的横向分辨率。

2）扫描电容原子力显微镜技术

在原子力显微镜的基本组件上，扫描电容原子力显微镜（SCM）将探针材质换成了导电金属材质，还增加了一个灵敏度较高的电容传感器。金属-氧化物-半导体（MOS）构成了电容器的基本结构，一旦探针（金属）和样品（半导体）之间通一定电压，二者接触就形成了 MOS 电容器。该电容器包含绝缘氧化物层和活性耗尽层（位于绝缘氧化物层/硅界面附近），这两个层面的厚度决定了总电容，而硅衬底载流子浓度和探针尖端与样品之间直流电压决定了耗尽层的厚度。非均匀的掺杂样品的载流子浓度分布、离子化半导体掺杂剂分布等都可以选择扫描电容原子力显微镜来表征。

3）扫描电阻原子力显微镜技术

在高接触成像模式下，扫描电阻原子力显微镜（SSRM）技术就是通过对探针和样品（半导体）之间施加了一个较大的直流电压，对数放大器对产生的电流进行收集，从而获得样品的扩散电阻和载流子浓度。当探针与样品接触时施加的力在一定程度内时，测量的电阻主要是由探针尖端和样品接触电阻决定，一旦超过某一阈值，测量电阻则由扩散电阻决定。近年来，扫描电阻原子力显微镜技术已成为半导体前沿科学研究的有力工具。

4）导电原子力显微镜技术

导电原子力显微镜（C-AFM）主要是在原子力显微镜基础上采用了导电材料的探针（如外部覆有金属薄层的氮化硅探针）。除了表征样品的形貌外，还可通过检测针尖-样品间的电流信号来表征样品的导电率。该显微镜的工作原理是探针的一端连接电流放大模块，另外一端接触样品，探针与样品间施加一定的偏压，在探针探测形貌特征成像的同时，也记录了偏压下样品的局部电流并形成对应的电流分布图。如果研究需要，还可以选择样品表面局部位置获得相应的电流-电压曲线，所以该项技术应用也较为广泛。

5）扫描电化学原子力显微镜技术

扫描电化学原子力显微镜技术（SECM）主要用于表征材料局部的电化学行为，被绝缘 SiO_2 包裹的且尖端固定了纳米导电 Pt 针尖的探针，一般在液体环境中对样品进行观测，而被安置在电化学池中的样品与电化学工作站则构成了三电极系统，且在探针向样品靠近的过程中，二者又构成另外一个三电极系统，正是这两个三电极系统的特别设计，探针可以记录样品表面不同部位的电化学信息获得其电化学活性的差异。在液相环境中，有比较稳定的极限扩散电流，而纳米针尖相当于一个电极，对电流产生的扰动会相应地产生响应，若样品是绝缘体，探针与化学物质间电化学反应会被阻隔，电流减小；如果样品是导体，在施加偏压的情况下则会发生化学反应，样品局部的扩散电流就会增加，绘制好这些电流，就可以表征样品表面的电化学特征。

6）开尔文探针显微镜技术

开尔文探针显微镜（KPFM）技术主要是基于开尔文表面电势法，表征探针与样品表面之间的电势差的显微镜技术。与静电力原子力显微镜相似，开尔文探针显微镜技术第一次扫描目的主要在于获得样品的形貌特征，第二次扫描则是分别在探针和样品之间施加直流电压（补偿电压）和交流电压，探针因此振动，这样便与样品形成了一个平板电容器。补偿电压大小进行调整后，若使该电容器通过的电流为零，此时的补偿电压即为探针与样品间的电势差，再根据不同位置的补偿电压，这样便获得二者之间的电势差分布图。

5. 原子力显微镜与其他表征技术联用

原子力显微镜自身的功能强大不予置否，但同时还可以与另外的多种表征技术（如电化学技术、红外光谱技术、拉曼光谱技术等）结合起来联用[5]，延伸并拓展自身的应用范畴。

原子力显微镜技术与电化学技术联用时，可以同时进行原子力显微镜检测和电化学分析（EC-AFM）。EC-AFM 中电化学电池是一个三电极系统，其中工作电极（薄膜电极）位于该电池的底部，而对电极和参考电极位于工作电极上部。在激光诱导击穿光谱仪（LIBS）领域，EC-AFM 可在充放电周期中对固体电解质的形成进行原位研究，可视化了电极结构的反应过程。

原子力显微镜技术还可以与红外光谱技术联用（AFM-IR），该技术在获得样品表面形貌特征信息的同时，还可以原位获得表面的成分特征信息。其原理是探针对样品表面局部进行扫描，使用脉冲可调节红外激光器对该位置发射红外线，使得该位置的分子振动，样品表面就会产生热膨胀，从而引起探针振幅变化并表征样品表面对红外线的吸收强度，最终绘制样品的成分分布图像。

9.2.9　原子力显微镜在矿物材料中的应用

原子力显微镜是基于扫描隧道显微镜原理，为观察非导体物质而改进发展起来的高分辨率显微工具，在科学和工业应用中具有重要意义。原子力显微镜可与其他的分析技术相结合，使其在物理化学、生物工程等不同的科研领域得到持续而广泛的应用，如今也已经渗透到了矿物和材料领域，积极促进了矿物材料学科的加速发展。

1. 原子力显微镜在矿物学研究中的应用

矿物表面在许多地球化学现象中起着重要的作用，比如矿物的溶解、沉淀以及生长、阳离子吸附和解吸过程等，都依赖于矿物表面的物理化学行为[23]。但在原子力显微镜应用之前，矿物表面原子现象只能间接获得，获取想要的研究信息比较困难。原子力显微镜于 1990 年开始应用于矿物学研究[24]，可以直接获得矿物表面的高质量成像，经过多年发展，成为获取各种矿物表面拓扑和结构原子级分辨率图像的宝贵工具。

1) 矿物表面形貌研究

原子力显微镜因其独特的优势——极高的分辨率在矿物表面形貌表征中展现出了独特的优越性，利用此优势，可以对矿物表面进行三维图像的构建，如表面吸附的分子结构；除此之外，还可以实时观察表面的扩散、吸附等动态过程[25]。

产于金伯利岩和其他的深部地幔岩浆中的金刚石常在表面形貌上表现出生长再吸收的特征，这种再吸收特征就是金刚石在幔源和宿主岩浆中溶解的产物，如三角形、四边形和六边形的蚀刻凹坑、阶地以及圆形凹坑等。图 9-13 是通过原子力显微镜对 16 颗 Snap Lake 钻石表面形貌的表征[26]。实验过程中，先用王水清洗金刚石，除去金涂层以及其他的金属杂质，用 HNO_3-H_2SO_4 混合物（3∶5 体积比例）去除其他的污垢，在上述两种处理中，金刚石晶体需要在约 200℃的温度下煮沸至少 30 min，然后在超声浴中用蒸馏水清洗晶体。在原子力显微镜测量之前，每颗钻石都安装在一个有胶合垫的钢圆盘上，以便{111}面处于水平方向。

测试时，工作模式采用接触模式，使用空气探针对样品进行扫描。成像后，便对图像进行倾斜校正和图像分析。一般来说在天然钻石表面上负方向三角形蚀坑较为常见，而关于正三角形蚀坑却鲜有报道。通过原子力显微镜的系统研究，发现加拿大西北区的 Snap Lake 金伯利岩脉是金伯利岩的一个独特示例，与大多数西北地区金伯利岩管道中的金刚石不同，其产出的所有金刚石表面均存在正三角形蚀坑的再吸附特征。这些正三角蚀坑覆盖了金刚石表面，并与负向三角形蚀坑叠印。这为金刚石和其他幔源矿物表面溶蚀特征的形态细节对地质上不同金伯利岩体就位路径的重建作用的进一步研究奠定了基础。

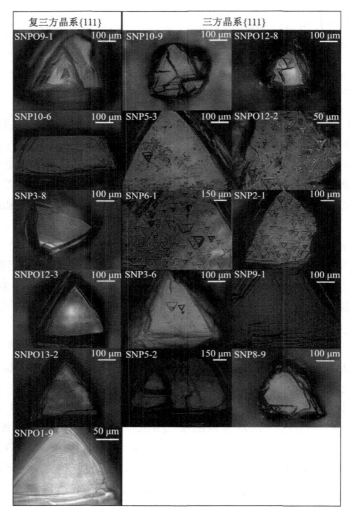

图 9-13　16 颗正三角和负三角蚀坑的 Snap Lake 钻石的原子力显微镜照片[26]

2) 矿物表面电性研究

矿物表面电性对选矿工作有着多方面的影响, 它影响着矿物悬浮体的分散或凝聚、矿物表面的亲水性、选矿中药剂对矿物表面的吸附作用等。所以, 如何恰当调节和控制矿物表面电性和了解矿物表面带电的机理是一个十分重要的问题。

近年来, 原子力显微镜被广泛应用于研究矿物表面的物理化学性质, 诸如表面势等。图 9-14 即为利用原子力显微镜研究美国蒙大拿州伊利石边缘和基面的表面电位获得的图像[27]。使用 10 mmol/L 的氯化钾(KCl)溶液作为背景电解质, 利用光滑的二氧化硅晶片校准 AFM 尖端。用盐酸和氢氧化钾调节 pH 值, 在

10 mmol/L KCl 溶液中，通过拟合经典的 DLVO 理论，使用原子力显微镜，分别测量了不同 pH 值下 Si/Si$_3$N$_4$ 探针与伊利石边缘、基面之间的相互作用力，从而推导出两个表面的表面电位。通过上述测试方法，研究发现伊利石基面和边缘表面均带负电，但在 pH 3.0～10.0 之间，基面比边缘表面带更多负电。将溶液 pH 值从 3.0 增加到 10.0，伊利石基底表面没有检测到零电荷点（PZC），然而，伊利石边缘表面的 PZC 应处于略低于 3.0 的 pH 值条件。这是首次通过直接力测量，分别获得伊利石边缘和基底表面的表面电位，这些发现将为伊利石在矿物加工和油砂提取中的胶体行为提供更多的信息。

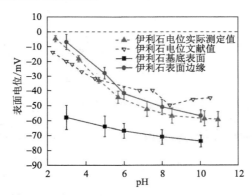

图 9-14　通过 AFM 力拟合的伊利石边缘（实心球体）和基底表面电位（实心正方形）以及伊利石
在 10 mmol/L KCl（实心三角形）和 10 mmol/L NaCl（空心反三角形）溶液中的表面电位[27]

3）矿物表面力研究

在浮选溶液化学领域中，由于原子力显微镜可以对范德瓦耳斯力、表面张力、疏水力等表面作用力的直接测定而显示出明显的应用优势[28]。因此，在矿物浮选领域，运用原子力显微镜在空气或者溶液环境中测定样品表面性质及表面间作用力，也相应地也取得了很多有意义的成果。

细粒矿物颗粒在水体中的行为是由颗粒之间的胶体相互作用力所决定的，而基本的胶体间的作用力就是范德瓦耳斯力和静电双层力，而静电双层力受电解液特性的强烈影响，如溶液的离子类型和浓度，尤其是多价阳离子。多价阳离子可以促进矿物颗粒的均匀程度，从而提高矿物的回收率。所以，研究细粒矿物间的胶体相互作用力对浮选回收有价值的矿物有着重要意义。图 9-15 就是在 pH=8.5 的条件下，通过对 AFM 尖端和云母的基面及其边缘、滑石的基面和边缘之间的典型 AFM 相互作用力的表征[29]。通过制备白云母和滑石两种层状硅酸盐矿物的光滑基面和边缘表面，以此通过原子力显微镜技术独立探测二价氧离子与层状硅酸盐基面和边缘表面的相互作用。实验在 1 mmol/L KCl 背景溶液中进行力的测量，然后加入不同浓度的 Ca^{2+} 和 Mg^{2+}。注入溶液后，让尖端-表面-溶液系统平衡至少 30 min，然后进行每次力测量。所有 AFM 力测量均使用氮化硅尖端，每种类型的表面至少使用三对尖端表面，对每种溶液在表面的不同位置测量相互作用力。在每个位置取连续的逼近力和收缩力曲线，只有在力曲线稳定时才记录数据，所有实验均在室温 (20℃±2℃) 下进行。之后使用 SPIP 软件（图像计量学）分析原始力分布，该软件将偏转距离数据转换为力分离曲线，包括基线和滞后校正。通过上述方法研究了二价阳离子 (Mg^{2+} 和 Ca^{2+}) 对层状硅酸盐矿物不同表面电位的影响，为探索矿物表面与工艺助剂在各种物理化学条件下的相互作用打开了大门。

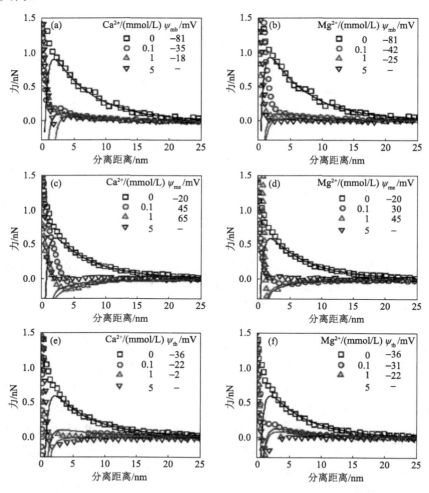

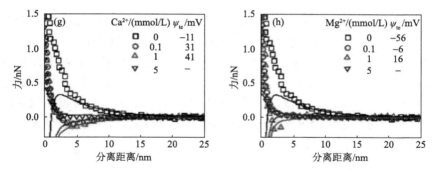

图 9-15　在 pH 为 8.5 的各种 (a、c、e、g) Ca^{2+} 和 (b、d、f、h) Mg^{2+} 浓度的 1 mmol/L KCl 溶液中，测量 AFM 尖端和云母基面、边缘表面、滑石基面、边缘表面之间的典型 AFM 相互作用力分布[29]

4）矿物的湿润性

在矿物浮选过程中，浮选结果在很大程度上取决于粒子系统的湿润性，所以对颗粒与试剂之间的相互作用至关重要。然而，对这种相互作用表征的实验技术的适用性却成为一个问题，以往的技术大多都有过多的测量条件限制且成本高、耗时长和必要校准的缺点。因此，开发一种相对简单的技术，能够以高空间分辨率表征水环境中矿物的润湿性是有必要的，原子力显微镜便是这样一种测量方便的工具。

Bent 等[30]为对浮选过程中试剂-矿物之间的互相作用进行表征，使用了原子力显微镜与疏水胶体探针，在微观尺度上观察了单个矿物颗粒的湿润性。图 9-16 为黄铜矿、黄铁矿和石英矿物在辛黄酸钾条件下接触角随时间变化的情况[30]。在接触角和原子力显微镜（AFM）测量之前，由于硫化物易氧化，需要将样品在抛光布上用金刚石悬浮液抛光，之后在超声波浴中用 KCl 溶液对样品进行清洗，再用乙

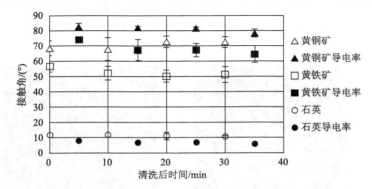

图 9-16　加入和不加入辛黄酸钾时随时间变化的接触角及其标准差[30]

醇冲洗，最后用无绒布擦拭。将待测样品在去离子水中超声 5 min，以确保去除残余的乙醇，样品浸入 50 mL KCl 溶液中，pH 值设为 7，浸泡 5 min。2.5 min 后加入辛黄酸钾并调节其浓度为 10^{-6} mol/L。在调节过程中，用磁力搅拌器搅拌溶液，并根据需要调整 pH 值。最后，在疏水玻片上通过原子力显微镜（AFM）测定天然矿样的接触角。黄铜矿、黄铁矿以及石英矿物结构域的大小，可以通过水溶液中气泡与颗粒间的接触角测量，并对宏观的湿润性进行表征。接触角越大，矿物表面湿润性越差，天然可浮性就越好。

5）矿物表面粗糙度

在矿物浮选工作中，矿物表面的粗糙度不仅影响药剂的吸附能力，而且影响矿物的浮选分离。矿物表面粗糙度影响着水膜表面的稳定性和可变形性，会阻碍或延迟颗粒与气泡的黏附，是影响矿物浮选速率和分离过程的最重要因素之一。通过原子力显微镜手段，研究矿物表面化学性质与表面粗糙度的关系，可为矿物表面化学和矿物浮选工作提供重要的依据。

Zhu 等[31]为研究表面粗糙度对石英浮选过程的影响，通过不同磨矿机对石英颗粒进行研磨，得到了不同粗糙度的石英样品，并用原子力显微镜对其进行定量分析（图 9-17）。石英样品分别在实验室不锈钢盘磨机和陶瓷球磨机中干磨。实验过程中，分别选用 $CaCl_2$ 和 NaOL（油酸钠）作为活化剂和捕收剂，用 NaOH 或 HCl 作为 pH 调节剂。采取原子力显微镜（AFM）的方法表征石英颗粒表面的微观形貌，表面粗糙度值可以基于算术平均值（R_a）和均方根（R_q）进行量化（表 9-4）。根据图中显示，不锈钢盘和陶瓷球磨过的石英颗粒表面的峰和谷在形状和大小上都不同。陶瓷球磨颗粒表面呈现宽峰深谷，而不锈钢盘磨颗粒表面以窄峰小谷为主。结合表面性质分析、NaOL 吸附容量试验、接触角测定和浮选试验，证明表面粗糙度通过影响 Ca^{2+} 和 NaOL 的吸附能力，从而影响着石英颗粒的湿润性与可浮性，较大的比表面积提供了更多的吸附点位，使得 Ca^{2+} 对粗糙石英具有较大的吸附能力，表面粗糙度越大，NaOL 吸附量越大，与石英接触后疏水性就更强。

(a) 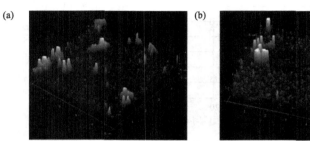　　(b)

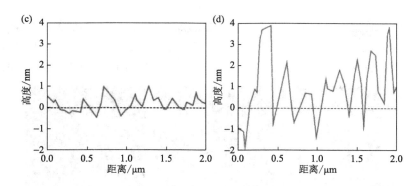

图 9-17　石英表面三维图像[31]

(a)不锈钢盘式磨机和(b)陶瓷球磨机。石英表面典型高度曲线：(c)不锈钢盘式磨机；(d)陶瓷球磨机

表 9-4　用 AFM 法测定石英颗粒的平均表面粗糙度[31]

磨矿机	R_a/nm	R_q/nm
不锈钢盘	0.52	0.83
陶瓷球	1.16	1.77

2. 原子力显微镜在材料研究中的应用

原子力显微镜第一次应用到非导体材料始于 1988 年[32]。在材料科学领域中，材料的性质、分(原)子存在状态、相变化等，对研究材料的结构以及性能之间的关系具有重要的意义，而原子力显微镜可以帮助科研人员以高分辨率的优势观察材料的形貌缺陷、空位/聚集能及受力状态[11]，探索材料形貌结构与其性能之间的规律，更好地推动材料科学的发展。

1) 表征导体、半导体和绝缘体表面的高分辨成像

当然，作为主要观测研究对象表面的仪器，原子力显微镜的主要应用领域还是表征材料表面的高低起伏状况，所以样品表面无论是结构缺陷、元素沉积，还是有大量孔径，都可以用原子力显微镜观测。

图 9-18 为利用原子力显微镜表征沥青泡沫中细粒固体不同组分的形貌图[(a)～(c)]和附着力图[(d)～(f)][33]。在温度为 22℃、相对湿度为 15%左右的环境下，使用原子力显微镜在峰值力模式下对处理好的片状黏土矿物、沥青质、沥青泡沫中提取的细小固体三类样品进行测量，通过尖端半径为 20 nm、悬臂弹簧常数为 2.8 N/m 的 Pt-Ir 涂层的硅探针以获得样品的形貌和黏附力图像。图中显示，片状黏土上的许多斑片状分布域表现出相对较高的黏附力[图 9-18(d)]，表明黏土矿物上存在有机涂层，但无法从(a)图的形貌图像中进行区分，这表明有机涂层非常薄，因此不会对颗粒形貌或厚度产生显著变化。在图(b)和(e)中，纳米颗粒(30～

100 nm)具有低黏附力特征，而图(c)和(f)的图像则显示其具有特别高的黏附力，表明它们是有机物质。通过对沥青泡沫细粒固体进行纳米尺度分辨率的成像，可以根据细粒固体物质的形状和力学性质变化，清楚地区分出其中的矿物和有机组分。

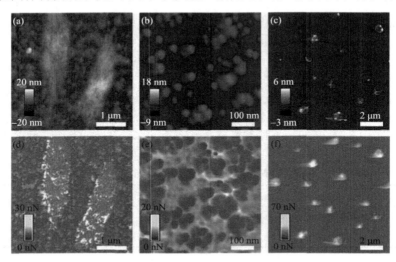

图 9-18　沥青泡沫中细粒固体中不同组分的形貌图(a～c)和附着力图(d～f)[33]
(a)、(d)黏土；(b)、(e)亚微米颗粒；(c)、(f)有机物

2)表征纳米加工

高精度纳米尺度上的加工是精密加工的极限，这种在纳米尺度上施加功能化的加工是一项十分具有挑战性的研究。原子力显微镜是可以满足这个实验目的原子级的有效工具。除了具有表面成像功能外，还可以对材料的分子或原子进行纳米加工，如通过对原子进行迁移、刻蚀制成纳米器件等。

图 9-19 就是利用导电原子力显微镜系统，表征 Ag/Sb$_2$Te$_3$ 逐层组装薄膜的纳米图案制备及其电学性能的图像[34]。选用 N<111>型高阻(1000 Ω·cm)硅片为衬底，并将其进行彻底清洗，用高真空磁控溅射系统在室温下的硅片衬底上，交替溅射 Ag 和 Sb$_2$Te$_3$ 薄层，制备了由 Ag 和 Sb$_2$Te$_3$ 组成的多层薄膜。采用导电原子力显微镜和 Pt/Ir 探针研究了 Ag/ Sb$_2$Te$_3$ MLs 在硅衬底上的室温电学性能(CV 特性)。为了进一步研究 CV 特性与形貌变化之间的关系，观测了扫描电压在 3～3.5 V 时25 nm Ag 层与 20 nm Sb$_2$Te$_3$ 层复合薄膜（样品 A2）的表面形貌，显示具有直径约为 10 μm 的雪花状银枝晶[图 9-19(a)]。图 9-19(b)中显示的 CAFM 信号表明，MLs膜的交叉平面中没有形成导电通道。当扫描电压增加时，区域大小增加。图 9-19(c)则显示了扫描电压在 6～6.5 V 的 A2 的另一个位置上的雪花状银枝晶。雪花区域的高度被确定为 14.2 nm，直径达到 50 μm。随着更多电子的流入，先前的雪花银枝

晶区域进一步延伸，如图 9-19(d)、(e)、(f)所示。上述方法制备了具有可重构图案的跨平面纳米丝阵列，显示了其在纳米制造中的潜在应用。除此之外，对银枝晶的进一步研究可能会在多功能数据存储和神经形态等广泛领域带来潜在的应用。

图 9-19　(a) 样品 A2 的表面形貌；(b)扫描电压为 3～3.5 V 时，相应的 CAFM 信号；(c)扫描电压为 6～6.5 V 时，A2 表面出现的雪花银枝晶；(d)标记 1(3～3.5 V)和标记 2(6～6.5 V)是图(c)上的局部放大图；(e)标记 3(6～6.5 V)和 4(6～6.5 V)指向面板(d)；(f)标记 5 是标记 4 在面板(e)上相同位置的重复过程[34]

　3）力学表征

　　由于原子力显微镜在表征样品表面形貌特征和原子密度等方面的明显优势，成为打开微观世界大门的理想工具。除了介绍过的功能外，原子力显微镜还可以表征探针与样品原子间的作用力，样品表面的弹性、塑性、硬度以及摩擦力等，应用范围十分广阔。

　　摩擦与人类生活息息相关，无论是宏观还是微观，摩擦都是普遍存在的问题，而其核心要点就是探索摩擦规律[35]。原子力显微镜作为广泛应用在材料学领域的表征手段，不断推动着摩擦学的发展。

　　图 9-20 显示了在硼酸盐缓冲液(a)和磷酸盐缓冲液(b)中 $Zr_{63}Ni_{22}Ti_{15}$ 金属玻璃腐蚀表面记录的横向力图和摩擦回路[36]。$Zr_{63}Ni_{22}Ti_{15}$(ZrNiTi)金属玻璃经过 X 射线衍射实验验证其具有非晶态的结构，是一种金属玻璃。在硼酸盐缓冲液和磷酸盐缓冲液中对 $Zr_{63}Ni_{22}Ti_{15}$(ZrNiTi)金属玻璃进行原子力显微镜摩擦实验。该金属

玻璃是原子平面，表面粗糙度小于 1 nm。按照一定的尖端扫描速度进行测量，且在不同溶液中的每个实验，都用一个新的 AFM 尖端和一个新的样品进行。需要经过多次重复实验，以证实结果的重复性。并且为揭示两种溶液对 $Zr_{63}Ni_{22}Ti_{15}$（ZrNiTi）金属玻璃腐蚀的差异，需要在自制的三电极 AFM 液体电池中进行电位动态极化实验，而摩擦测量则是在没有施加电化学电位的 $Zr_{63}Ni_{22}Ti_{15}$（ZrNiTi）金属玻璃上进行。上述实验测试的图像显示，滑移发生在相邻扫描线的相似位置，其变化通常小于 0.5 nm，并且在不同的摩擦回路的记录中，在较高的载荷下，折返线与轨迹线之间的滞后增大，呈现了一种不规则的黏滑运动，这归因于腐蚀表面的非晶态结构。此外，腐蚀表面摩擦力在硼酸盐缓冲液中比在磷酸盐缓冲液中大。与磷酸盐缓冲液相比，在硼酸盐缓冲液中，更大的尖端-表面相互作用能波纹、更低的有效接触刚度和更高的结构非均质性等，导致多次滑移的概率显著增加并伴随更大的滑移力。所以更强的腐蚀性导致发生多次滑移的概率增加，导致更高的平均摩擦。这些观察，明显提高了对非晶表面原子尺度摩擦和腐蚀条件下的基本摩擦机制的认识水平。

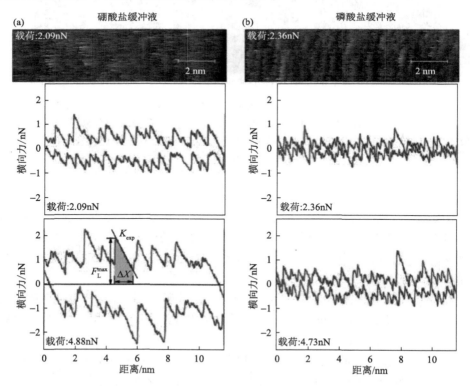

图 9-20　在(a)硼酸盐缓冲液和在(b)磷酸盐缓冲液中 $Zr_{63}Ni_{22}Ti_{15}$ 金属玻璃腐蚀表面记录的横向力图和摩擦回路记录[36]

4）粗糙度

表面粗糙度是各行业产品质量的重要指标，通常称为均方根粗糙度。其产生主要是为了避免粒子与表面的紧密接触，从而降低附着力。为了检测材料产品的性能，需要利用原子力显微镜表征手段。

利用原子力显微镜，在图像分析的基础上计算了不同样品（方解石、云母、石墨和熔融石英）的粗糙度（图 9-21）[37]。其中方解石和云母为天然样品，而石墨和熔融石英为加工过的样品。所有样品均用 100%纯乙醇和去离子水清洗，通过计算不同湿度下的力距离曲线，测量每个样品的黏附力。样品均在 180℃的烤箱中脱水两个小时。为了保持相对较低的湿度，向 AFM 腔内注入氮气，通过增加沸水中水蒸气的浓度，将 AFM 室的湿度控制在 30%～95% RH 范围内。为了测量 RMS 粗糙度，采用接触模式氮化硅针尖 AFM 获取样品的形貌图像。计算得出方解石、熔融石英、云母和石墨的平均 RMS 粗糙度分别为 2.36 nm、0.449 nm、10.9 nm 和159 nm。上述方法较好地表征了粗糙度、黏附力与材料的亲疏水性间的关系，测量结果表示随着均方根粗糙度的增加，黏附力减小。

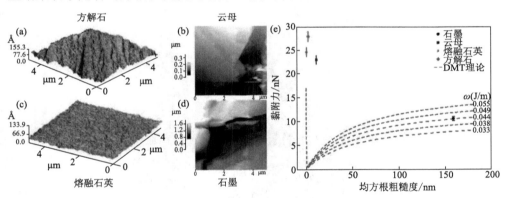

图 9-21　(a) 方解石；(b) 云母；(c) 熔融石英；(d) 石墨表面高度剖面图；(e) 黏附力和 RMS 粗糙度的函数图解[37]

9.3　扫描隧道显微镜

在探索微观世界的进程中，人类努力的脚步从来没有停止。17 世纪，世界上第一台光学显微镜成功问世，细胞结构的首次发现，标志着人类用仪器观察微观世界的新时代已经来临。20 世纪初，基于电子束聚焦原理的扫描电子显微镜成功应用，突破了光学显微镜的 10^{-6}～10^{-7} m 的分辨率水平，成功达到了 10^{-8} m 的分辨率[38]，从而使病毒原形在镜下暴露无遗。20 世纪 30 年代，透射电子显微镜的成功研制，使显微镜的分辨率再次提升了一个新台阶，成功达到了原子级水平。

但是透射电子显微镜因其电子束穿透能力较低，对样品制备要求较为严苛，样品观测仅限于超薄切片等[39]，使该显微镜的应用受到了较为明显的限制。

  1982 年，G. Binnig 和 H. Rohrer 基于量子力学理论中隧道效应，发明了扫描隧道显微镜（图 9-22）。这是扫描探针显微镜大家族中的第一个成员，它的出现使人类首次能以原子级水平（10^{-10} m）的分辨率来观察微观世界，是世界上公认的 20 世纪 80 年代十大科技成就之一。凭借此杰出的贡献，二人最终获得了 1986 年的诺贝尔物理学奖[40]。此后扫描隧道显微镜不断被人们改进，如在溶液环境中进行测试的系统设计，以及与超真空的结合，成功拓展了扫描隧道显微镜的应用范围，研究工作成功被推到了一个新高度。

图 9-22 Unisoku USM-1300 扫描隧道显微镜[41]

9.3.1 扫描隧道显微镜基本原理和仪器构造

1. 扫描隧道显微镜的仪器构成

  扫描隧道显微镜虽然原理并不复杂，但对仪器的各方面技术要求却比较高，因为隧穿电流属于纳安量级，容易受到外部干扰。如图 9-23 所示，扫描隧道显微镜的仪器基本构成大致包括机械控制系统和电子学控制系统两个部分。

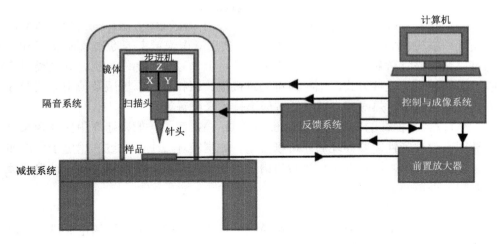

图 9-23　扫描隧道显微镜的基本结构[42]

1) 机械控制系统

机械控制系统又可以划分为以下几个组成：压电扫描管、惯性步进电机、XY 样品移动台、振动隔离系统等。

(1) 压电扫描管。压电扫描管一般选择压电陶瓷材料，顶端固定着探针，施加的电压使压电陶瓷材料产生些许形变，并要求二者呈精确的线性关系，而这个线性关系的系数一般又由温度决定，所以为保障隧道结构稳定，一般要测定不同温度下的常数系数，从而准确使探针在样品表面产生位移。

(2) 惯性步进电机。惯性步进机在扫描隧道显微镜中主要起着粗调定位器的作用，探针才可以在扫描管纵向上伸缩于隧穿区内。惯性步进电机带动压电扫描管前进过程有粗进针过程和细进针过程，粗进针过程是在电压作用下，压电陶瓷产生形变带动扫描管向前，达到正向最大值后，电压反向，使负电压最大，扫描管不动，负电压再缓慢减小为零，在压电陶瓷形变量从负减小为零的过程中，扫描管继续前进。细进针过程就是探针与样品间的间距已经较近时，在反馈电路协作下进行，这个反馈电路主要是对是否检测到隧道电流做出响应，没有检测到隧道电流就撤除 Z 向反馈电压，为避免撞针，在 Z 补偿上施加一个伸长量小于 Z 反馈最大伸长量的电压，再探测隧道电流，如果有探针就进行下一步工作，没有就重复上述步骤，如果一定重复后还未检测到隧道电流，则粗进针使扫描管前进。这种交替前进过程，循环往复，直到检测到隧道电流为止。

(3) XY 样品移动台。XY 样品移动台的原理与粗进针原理差别不大。不再多作赘述。

(4) 振动隔离系统。同原子力显微镜一样，扫描隧道显微镜成像效果也会受到噪声的影响。无论内部环境还是外部环境，其都会产生噪声。那么，怎么来规避这些噪声呢？一般来说，对于振动噪声，可采用多级减振方法尽量去除。内部，可通过扫描头、样品架等各部位的加固以及使用减振弹簧夹等方式来减振；外部，则可以将扫描隧道显微镜腔体安放于减振平台上来减少外部的干扰。其他类型的噪声也有相应的处理方式，电噪声可通过接地、锁相放大、屏蔽及使用滤波器等方式处理来减少。热噪声则可以通过低温技术来改善等。

(5)探针。探针的材质可以是 Pt、Ir、Nb、W 等，一般普通商用探针为保障样品图谱的准确性需要处理后才可以使用。如真空环境下，通过利用电子轰击加热、金属表面形貌矫正以及扫描隧道谱等方法除去其表面的杂质，使探针尖端锋锐并附上少量的金属原子。

2)电子学控制系统

电子学控制系统又分为反馈电路控制、电流放大等部分。隧道电流进入隧道区后，前置放大器将电流信号转换为电压信号，再进入对数放大器与比较器内的设定值比较，二者的误差信号会经过增益，一旦反馈系统工作，信号经过高压运放反馈给扫描管。

2. 扫描隧道显微镜的基本原理

扫描隧道显微镜主要是根据量子力学中的隧道原理成像的。探针针尖向样品不断靠近直至二者间的距离在几埃以内，针尖与样品的电子的波函数就会发生交叠。由于探针与样品间的偏压，产生随着探针与样品间的间距变化而变化的隧穿电流。因为隧穿电流量级在纳安级别，难以探测，所以利用一个较大的反馈电阻将其转化为电压信号，经过控制器采集后，一部分用于样品表面成像，另一部分用于后续控制(图 9-24)。

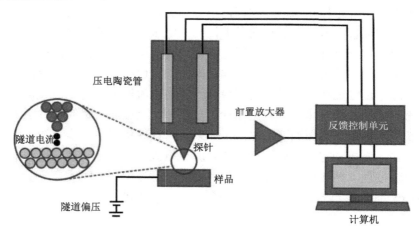

图 9-24　扫描隧道显微镜的基本原理[43,44]

9.3.2　扫描隧道显微镜的工作模式

由于扫描隧道显微镜工作时探针的扫描方式差异，其工作模式主要分为等高模式和恒流模式。不同的工作模式在不同方面各有优势，所以在实际操作中，需要根据自身的研究需求，选择最适宜的模式。

1）等高模式

扫描隧道显微镜在扫描样品表面过程中，扫描头垂直方向的电压不变，探针与样品间的绝对间距不变，而隧穿电流随着二者间的局域高度变化而发生变化，被记录的电流经过计算机处理就会转换成图像，这就是等高模式（图 9-25）。在这种模式中，扫描隧道显微镜对探针-样品表面间的间距要求较高，所以观测表面起伏较大或明显倾斜的样品，会严重干扰该模式下的工作效果，造成探针损坏或成像质量较差。等高模式不需要使用反馈系统，扫描成像速度快[45]，相对来说比较适合化学反应、原子迁移等动态过程的观测。

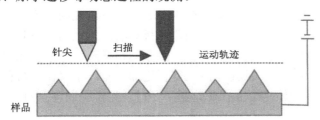

图 9-25　等高模式[46]

2）恒流模式

探针对样品进行扫描时，扫描头根据反馈系统对测试信号的响应来调节垂直方向的电压，控制探针-样品间的间距，将隧道电流保持恒定，这就是恒流模式（图 9-26）。因为隧道电流恒定在预设值，所以探针-样品的相对间距保持不变，探针尖端就会根据样品表面的高低起伏而调整高度，高度的信息随之就会被记录下来。探针在这种模式中进行扫描工作，得到一定程度的保护，所以恒流模式就比较适合测量表面相对粗糙的样品。

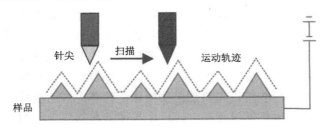

图 9-26　恒流模式[46]

9.3.3　扫描隧道显微镜的特点

作为扫描探针显微镜家族中的"长子"，扫描隧道显微镜具有极高的分辨率，其横向分辨率可达 0.1 nm，纵向分辨率可达 0.01 nm。对于很小颗粒度的，如仅由几个原子组成的团簇，这种情况下便适合应用扫描隧道显微镜和原子力显微镜进行分析。通过扫描隧道显微镜的测试方法，人们可获得研究对象表面的三维图像及电子密度等基本信息。根据研究需求，结合并联用其他的实验测试技术，还可在大气、真空、溶液等多种环境中适用，且就其工作环境温度而言，扫描隧道显微镜对其要求并不严苛，工作温度范围较宽。不仅如此，同原子力显微镜一样，扫描隧道显微镜还可以对样品进行原位的形貌分析，对样品不具损坏性[47]。

9.3.4　扫描隧道显微镜在矿物材料中的应用

扫描隧道显微镜是世界上第一台用于表面分析研究的仪器，该项技术成功打开了人类能够首次实时观察样品表面原子排列状况的大门。自其问世以来，人们从未停止对其进行改进和优化的步伐，如今的扫描隧道显微镜在变得更加稳定的同时，也变得更加精密，应用也随之变得更加丰富，不仅在生命科学、表面科学等研究领域有着重要的意义，在矿物科学和材料科学中同样有着广阔的应用前景。

1.　表征矿物表面形貌

扫描隧道显微镜应用于矿物学研究始于 1987 年，开辟了矿物学表面结构研究的新途径[48]。多年来，扫描隧道显微镜实验仪器和理论在人类的不懈努力中变得更加完善，在矿物学领域的研究也朝着更加纵深的方向发展，对人类深入了解矿物表面信息、积极推动矿物学发展的进程有着重要的影响，成为矿物学研究中的有力工具。扫描隧道显微镜可以在纳米尺度上表征晶体生长结构、单位晶胞和晶体形状的变化、晶体位错缺陷、原子占位以及矿物表面动态反应过程等现象。

叶荣等[49]为研究了黄铁矿微观形貌结构与成因之间的关系，对自然产出和实验合成的黄铁矿、方铅矿等矿物的晶体表面进行了扫描隧道显微镜测量[49]。根据所获得的图像资料表明，矿物晶体表面的显微结构变化形式多样，如黄铁矿豆粒状生长丘、波状生长丘、藕节状生长丘、丘状螺旋生长台阶以及平滑生长台阶等现象，它们主要形成于成矿构造脆-韧性扩张阶段，说明自然热液成因的黄铁矿晶面的生长晶核同时长大并逐渐相连，主要形成于高过饱和度和流动性的生长环境。而实验合成的矿物的形貌特征与自然矿物相比，具有尖锐的棱角以及光滑平整的表面，反映了静态环境中低过饱和度，近于平衡的晶体生长环境。所以通过扫描隧道显微镜表征矿物的微观形貌可以获得丰富的成矿环境的信息。

2. 表征矿物晶体缺陷

除了形貌微观特征的观察之外，扫描隧道显微镜对矿物晶体结构的表征也可以发挥重要的作用。因为在大多数的情况下，矿物实际晶体结构与理想状态下相比会发生偏离[50]。这样就会影响矿物的热学、力学等各类物理化学性质，使用扫描隧道显微镜对矿物表面的缺陷等进行表征，对理解矿物及其性能和应用至关重要。

秦晋等[51]通过扫描隧道显微镜研究了石墨表面晶界的形貌、结构，以及晶界两侧晶粒的取向夹角关系。高定向的热解石墨（HOPG）经过机械剥离得到干净平整的表面后送入超高真空系统，在室内温度下使用钨探针针尖进行扫描隧道显微镜测量。研究发现晶体表面存在晶阶、台阶、折叠等片层结构缺陷，大小角晶界对应的结构和形貌有着明显的差异，同一夹角不同类型的晶界性质不同，而其晶体结构主要由五元环-七元环缺陷对的数目及其排布情况主导。通过扫描隧道显微镜对石墨表面晶界的表征，为理解大尺寸多晶的石墨烯制备过程和性能方面提供了理论基础。

3. 表征矿物动态反应过程

扫描隧道显微镜除了运用于成像，还可以通过探针针尖对样品表面的原子进行操纵。除了机械操纵，非弹性的隧穿电流引起的振动或者电子激发等方式都可以实现操纵，从而达到分子的转动、分解等目的。相对于非原位的研究方式，人们一般通过原位研究方式，来观察分子吸附和化学反应得到前者难以表征出的结果。在矿物学领域中，这种表征样品表面动态反应的过程，不仅使矿物与溶液间以及矿物之间的作用过程更易被人们理解，而且大大加快了矿物、岩石以及矿床等形成和元素迁移等内容的研究进程[40]。

光催化分解制氢是金红石表面最重要也是研究最多的反应，但具体的基元反应过程依然不清楚，如水分子在无缺陷的金红石表面的吸附状态是分子态，还是解离态，也一直存在着争议。冯浩[52]就利用超高真空扫描隧道显微镜研究了 H_2O 分子在金红石 $TiO_2(110)$ 表面的吸附及反应等动态过程。通过用针尖诱导水分解来制备 OHt 后，利用扫描隧道显微镜的图像直接观察到了金红石 $TiO_2(110)$ 表面 OHt 和 H_2O 中氢原子/质子转移过程，OHt 作为水解的重要中间产物，在针尖诱导下它的氢原子/质子很容易在 OHt 和邻近桥氧之间转移，而 Ti_{5c} 上的水分子中的一个氢在 80 K 下可以自发在水和邻近桥氧之间转移，即水会在分子态和部分解离态之间来回转换。通过上述方法表征金红石表面氢转移过程，可以进一步为了解其表面水光催化分解过程中氢气的产生提供一定的积极信息。

4. 表征材料表面形貌以及分子结构

表征材料表面形貌特征，就宏观表征来说，光学显微镜（OM）、扫描电镜等方式是主要的选择；就微观表征来说，从原子尺度上认识材料，透射电镜和扫描隧道显微镜则是很多科研人员的选择[53]。但是由于透射电镜样品制备比较复杂，相比之下，扫描隧道显微镜制样相对简单。所以作为一种强大而又精细的研究工具，扫描隧道显微镜能更直观地对材料表面进行原子级水平的表征。

利用 Cu 箔为生长基底，对石墨烯的原子尺度形貌、畴区大小、表面缺陷以及堆垛形式等方面进行了研究[54]。图 9-27 就是利用扫描隧道显微镜在室温条件下，对在金属衬底上用化学气相沉积（CVD）法制成的石墨烯进行了微观形貌表征的实例。通过扫描隧道显微镜观察，发现 Cu 箔表面整体粗糙度较高，这主要为一些晶化的、具有明显单原子台阶的表面和一些处于无定形态的表面区域。这种高分辨率的石墨烯微观结构的表征，可以为建立石墨烯宏观运输特性和微观结构关联提供原子尺度的证据。

图 9-27　Cu 箔上石墨烯（G）的扫描隧道显微镜图像[54]

5. 表征材料表面纳米加工

近年来，扫描隧道显微镜发展快速，在 1986 年被用于样品表面加工领域后，其在纳米表面修饰越来越成为人们关注的焦点。比如通过针尖与样品间的十分微小的机械膨胀、电流的加大以及脉冲电压的施加等方式[55]，都可以对多种样品进行表面加工，从而获得规律性的认识。扫描隧道显微镜为人类认识和改造微观世界提供了新的方法[56]。

近二十年来，扫描探针显微镜尖端诱导氧化技术得到了广泛研究和实践，利用该技术可制作各种用途的功能性纳米结构，如各类电子纳米器件和各类纳米传感器等。图 9-28 是利用扫描隧道显微镜观察到的，在超高真空条件下在 NiAl(100) 表面制备纳米氧化铝的图像[57]。在基础压力为 10^{-10}Torr 的超高压环境中，将 NiAl(100) 样品抛光至粗糙度小于 30 nm，定向精度优于 0.1°，经过交替的氩离子轰击循环后，在 1000 K 下退火以获得干净的表面，Al 和预吸附的 O 原子在尖端直接邻近的表面被活化形成超薄的氧化铝薄膜，在 90 K 下以恒定电流模式使用电化学蚀刻钨针进行图像记录。在 NiAl(100)衬底可以正常成像开始[图 9-28(a)上半部分]，逐步增加电流，当增加到 1.6 nA 时，就形成氧化物，表面形貌就发生了明显的变化[图 9-28(a)下半部分]。在相同的氧化条件下，扫描了大面积区域，如图 9-28(b)所示，图像显示其表面粗糙，由生长的氧化物和局部加热形成的空洞(暗区)组成。当电流降低到 0.3 nA(小功率模式)时，表面似乎进行了退火，沿着NiAl(100)的[010]和[001]方向逐渐形成氧化物条带[图 9-28(c)]，生长的氧化铝在结构上变得更加有序。

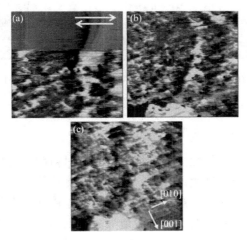

图 9-28　　NiAl(100)表面氧化铝(在 1000 K 下暴露于 1.0 L O$_2$)形成的 STM 图像[57]

6. 表征材料表面吸附作用

在众多研究手段中，科研工作者可借助扫描隧道显微镜极高的空间分辨率，在原子水平上研究反应物分子与材料表面的相互作用，了解反应与材料表面位点的关系及其纳米尺度上的信息。图 9-29 分别显示了从金/云母表面(a)和基底上(b)获得的辛硫醇(OT)和十二硫醇(DDT)的二元混合烷烃硫醇分子(SAM)的典型STM 图像[58]。准备好硫醇分子、辛硫醇和十二硫醇分子，使用沉积在硅上的金薄膜作为基底。扫描隧道显微镜使用的探针尖端是通过电化学蚀刻制备的商用铂-铱尖端，所有图像都是在样品偏置电压为 0.5 V、隧道电流为 6～10 pA 的情况下获得的。在这样的高阻抗条件下，相当长的烷硫醇分子的结构可以在没有任何损伤的情况下被可视化。在图 9-29(a)中所有的分子看起来都有相似的高度，尽管一些烷烃硫代结构域边界表现出比相邻结构域更高的分子特征(箭头)，暗洼地是金衬底上的一层单原子层深坑，具有室温自组装的特征。图(b)有明亮的特征和灰色特征，分别对应于更长的 DDT 和更短的 OT。这与(a)中的图像明显不同，仅出现高度相似的分子。在 STM 图像中，OT 和 DDT 自组装膜以几纳米的小区域存在，DDT 对 OT 没有优先吸附。这种表征辛硫醇和十二硫醇二元混合烷分子在金底衬上室温吸附行为的方法，可以提供混合二元自组装膜吸附行为的宝贵信息。

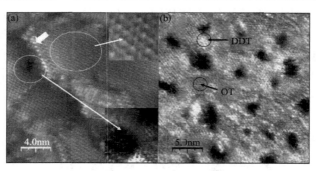

图 9-29　(a) DDT SAM 在金/云母表面的 STM 图像；(b) 金/云母基底上 OT 和 DDT 二元 SAM 的 STM 图像[58]

7. 表征材料表面粗糙度

材料表面的粗糙度对其性能影响很大，因此对粗糙度的检测十分重要。以前粗糙度的检测手段有干涉显微镜(IM)、接触式轮廓仪等[59]，虽然这些仪器具有较高的纵向分辨率，但是横向分辨率较低，而扫描电镜却具有相反的特征，横向分辨率较高但是纵向分辨率较低。扫描隧道显微镜则具有很高的纵向分辨率和横向分辨率，在 20 世纪 80 年代被发明以来就开启了表征材料粗糙度的新大门。

图 9-30 为不同温度下 $Al_{0.17}Ga_{0.83}As/GaAs$ (001) 薄膜表面台阶高度图像(a~c)和粗糙度随退火温度的变化图像(d)[60]。实验测试在分子束外延真空实验室完成，使用束流检测器对不同温度下各源的束流在等效压强进行校准。在温度为 580℃时，GaAs 底衬完成脱氧；在温度 560℃时，As_4 束流在等效压强为 $1.2×10^{-3}$ Pa 条件下生长出厚度为 1 μm 的 GaAs 缓冲层。之后经过 1 h 的退火，底衬温度调整为 540℃并维持 As 压强不变，在相同沉积速度下生长 15 原子单层的 $Al_{0.17}Ga_{0.83}As/GaAs$ 薄膜，然后在不同温度下(520℃、530℃、540℃)对 $Al_{0.17}Ga_{0.83}As/GaAs$ (001) 薄膜进行 1 h 退火处理，淬火至室温后送入真空连接的扫描隧道显微镜，以此获得原位扫描分析后不同退火温度下该薄膜的表面形貌图像，并定量分析该薄膜表面粗糙度随着退火温度变化的规律。通过上述方法，研究发现退火温度从 520℃到 540℃，随着退火温度的升高，平台的粗糙度明显发生变化，从 251 pm 降至 158 pm，并且在 540℃条件下退火 60 min，薄膜面粗糙度降低，基本达到平坦，很好地表征了该薄膜在退火过程中粗糙度的变化，这为生长平坦

的 $Al_{0.17}Ga_{0.83}As/GaAs$ (001) 薄膜研究进一步奠定了基础。

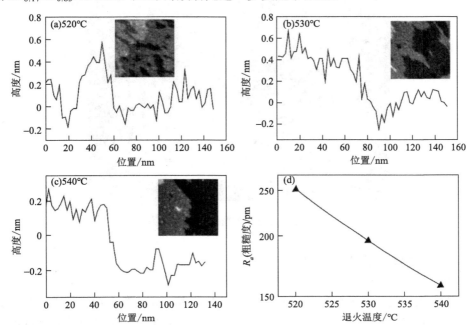

图 9-30　(a)～(c) 不同温度下 $Al_{0.17}Ga_{0.83}As/GaAs$ (001) 薄膜表面台阶高度图；(d) 粗糙度随
退火温度的变化[60]

9.4　共聚焦激光扫描显微镜

众多领域都需要对微观世界进行观察研究，光学显微镜的出现确实大大推动
了微观科学的发展，但在使用传统光学显微镜时，由于光波波长的制约造成分辨
率受限的问题一直未得到解决。20 世纪 80 年代，一项在光学显微镜基础上做出
重大改进并具有划时代意义的技术终于问世，这便是共聚焦激光扫描显微镜
(CLSM) 技术 (图 9-31)[61]。从 1984 年第一台实验产品问世，到 1987 年第一台商
用产品问世，再到共聚焦激光显微镜近几十年来的快速发展，其高分辨率和深度
层析成像技术的独特优势，一直受到众多科研工作者的广泛关注。与传统的光学
显微镜相比，其放大倍数可达 10000 倍，分辨率也比一般的显微镜高 1.4 倍，分
层扫描并进行三维立体成像的过程中[62]，光切片最薄可为 0.1 μm，穿透深度最深
可为 100 μm[63]。不仅如此，它还可以对活细胞以及各种生物组织等样品进行无
损和实时观测[64]，因此共聚焦激光扫描显微镜无疑成为各领域微观表征技术中
的宠儿。

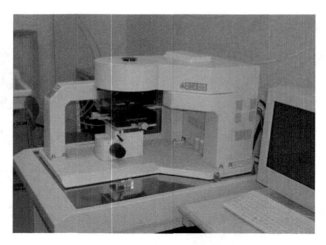

图 9-31　共聚焦激光扫描显微镜[65]

9.4.1　共聚焦成像基本原理

共聚焦激光扫描显微镜的研发主要集显微技术、高速激光扫描技术以及计算机的图像处理技术于一体。与传统光学显微镜不同的是，除了具有荧光探针的方式标记研究对象的功能外，还在其基础上增加了激光扫描装置。在共聚焦激光扫描显微镜成像过程中，激光扫描束射过照明针孔后，点光源便聚集在荧光标记的样品焦平面上，焦平面上各点的光信号被逐点采集，因为一旦某点发射的荧光束穿过探测针孔，其余任何发射光均会被阻挡，有效避免了其他衍射光和散射光的干扰[66]。通过探测针孔收集于光电倍增管，经过处理后，最后计算机以点像的方式成像于显示屏上。样品焦平面经过扫描系统扫描后就会完整成像，通过载物台（Z 轴）的上下移动，每一面都可以移动到共焦平面上，得到不同层面连续的光切图像后便可三维成像（图 9-32）[67,68]。

共聚焦激光扫描显微镜之所以能拥有极高的分辨率，最终还是得益于上述双共轭的成像方式，探测针孔之于被探测点（共焦点）同照明针孔之于被照射点一样，二者均是共轭的[69]。而探测针孔则起到一个空间滤波器的作用，使得共聚焦激光扫描显微镜的清晰度和信噪比明显提高[70]。

共聚焦激光扫描显微镜扫描系统的扫描方式主要有光束扫描和样品扫描两种。样品扫描方式具有光学系统相对简单但扫描速度慢的特点，而光束扫描方式则与之相反。所以，在实际应用中通常横向（X-Y 向）采取光束扫描方式，纵向（Z 向）采取样品扫描方式。

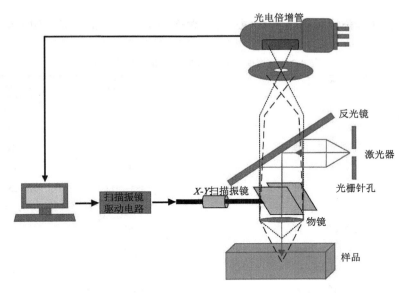

图 9-32 共聚焦激光扫描显微镜成像原理[67]

9.4.2 共聚焦仪器构成

共聚焦激光扫描显微镜是一台结构组成非常复杂的精密光学仪器，大致包括光学显微镜系统、激光光源系统、扫描装置系统、计算机系统四个部分(图 9-33)。

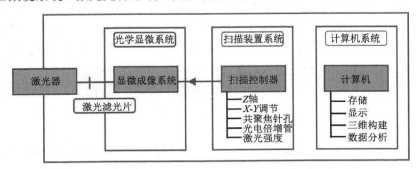

图 9-33 共聚焦激光扫描显微镜基本结构[71]

1) 激光光源系统

共聚焦激光扫描显微镜使用的激光光源系统主要分为单激光光源系统和多激光光源系统。荧光探针激发波长决定了激光器的选择，在多类荧光通道汇集光谱时，为了避免串色问题出现，需要设置对应的顺序，一种激光在扫描时，只有对应的通道接收[69]。激光强度决定着样品荧光的强度，为了保证成像质量，一般情况下要根据实际情况选择响应不同强度的激光扫描[62]，常用的激光器如表9-5所示。

表 9-5　共聚焦激光扫描显微镜常用的激光器

激光器类型	波长/nm	功率/mW
氦镉激光	325	10～30
带紫外的水冷式氩离子激光	351	300
风冷氩离子激光	364	>20
氦镉激光	442	11
小型氩离子激光	457～514	25
绿氦-氖激光	543	1.25
外谐振器半导体激光	630	33
碰撞脉冲染料激光	630	33
氦-氖激光	632	3.5
蓝宝石激光	700～1100	2000
氦-氖激光	1152	1

2）光学显微镜系统

显微镜是共聚焦激光扫描显微镜的重要组成部分，与样品的成像质量关系密切。该显微镜所用的荧光显微镜与传统的荧光显微镜大体相同，不同之处主要是在其基础上增加了利于荧光采集和清晰成像的高数值孔径平场复消色差物镜、激光器、检测器、扫描器、共聚焦针孔以及微步进马达等装置。其光路设计消除了非焦平面信号带来的影响，根据物镜焦距的位置，分别设置了照明针孔和探测针孔，与被照射点和被探测点形成共轭现象，始终在焦点上激发和焦点上接收，点信号汇聚成线信号和面信号后就输出然后成像存储[72]。除此之外，物镜转换、滤色片选取、载物台调节以及焦平面的记忆锁定都由计算机自动控制的。

3）扫描装置系统

扫描装置系统主要包括针孔光栏、分光镜、发射荧光分色器、检测器等部分。针孔光栏主要用于控制光学切片厚度，分光镜可根据波长改变光线的传播方向，发射荧光分色器主要用于对一定波长范围的光进行检测，而检测器就是光电倍增管。样品被荧光标记后，多重荧光穿过扫描器，进入检测针孔，经过分光镜和分色器的选择后就会形成各类单色荧光，不同的单色荧光需要不同的荧光通道对其检测，之后就会在计算机显示器上看见各类单色光的图像和它们的合成图像。

4）计算机系统

计算机系统主要包括控制硬件的软件功能和应用软件功能两个方面。如在控制硬件的软件功能中，可以控制显微镜，选择激光波长并调节激光强度，选择拍摄 2～5 纬图像，选择光谱拍摄范围、分辨率以及激发光挡片的位置等。而应用软件功能主要是指图像处理、数据分析等，如荧光强度动态分析、线性光谱拆分、图像调节处理以及分析等。

9.4.3　共聚焦样品制备及分析

共聚焦激光扫描显微镜突出的两个优势就是荧光标记和高分辨率的三维成像，因其常用于生物医学等领域，主要用途还是用于荧光样品的观测。在观测前，还需要对研究对象进行制样，常规样品的制备一般要注意以下三方面：染料的选择、样品承载物的选择、封片剂的选择。

1）染料要求

对于不可自发荧光的样品，在观测前，需要对样品进行荧光标记。如果样品需要多重荧光标记，基于共聚焦激光扫描显微镜的光源是单一波长的激光，激光器的波长便是影响荧光染料选择的一个重要因素（表 9-6）。与此同时，还需要尽量避免其发射的激光波长发生重叠现象，否则就会产生串色[73]。除此之外，多重荧光标记还应该选择不同种属来源的抗体进行染色，而用于染色的染料也应该具有易染色、定位准确、染色强度合适、荧光稳定性较好等特征[74-76]。

表 9-6　共聚焦激光扫描显微镜常用的荧光标记物激发波长[70]

激光波长/nm	常用荧光标记物
405	DAPI，Hoechst，Cascade blue，BFP，VCFP
440、457	CFP，Fura red，Lucifer yellow，Cerulean
488	CFP，Alexa 488，FITC，Dio
514	YFP，TOTO-1，Calcium green
543、561	DS red，Cy3，Tritc，Dil
594	Alexa 594，Texas red，mRFP
640	Cy5，Alexa647，TOPRO-3，DRAQ-5

2）承载物要求

不同的研究对象应选择不同的样品承载物。共聚焦激光扫描显微镜的高倍物镜是油镜，其数值孔径较小，所以镜头与样品间的距离应小于 0.17 nm。如果研究对象是贴壁细胞、组织切片等，普通的载玻片和盖玻片便可满足研究要求；如果研究对象是悬浮细胞、悬浮粒子等，则需选共聚焦激光扫描显微镜专用的培养皿进行承载观测[77]。

3）封片剂要求

使用共聚焦激光扫描显微镜对样品进行观测的次数决定了封片剂的选择。如果一次即可，且荧光不极易猝灭，一定浓度甘油混合液便可封片。如果需要放置样品一段时间并进行多次观测，为了避免荧光强度减弱，则需选择抗荧光猝灭的封片剂进行封片[78]。

当然，除了上述的染料、样品承载物、封片剂等因素的影响，还要根据实验目的、样品种类和形态等条件确定样品的制备方式，如在材料和矿物学的领域，便不需要对样品进行荧光标记，直接进行光学成像的观察即可。

9.4.4 共聚焦激光扫描显微镜在矿物材料中的应用

共聚焦激光扫描显微镜是研究亚微米细微结构必不可少的工具，普遍应用于生物医学领域。但因其高分辨率和高成像对比度的优势[67]，也逐渐吸引了材料学和矿物学领域科研工作者的目光，他们主要借助于样品表面形貌的三维成像及其内部的无损检测的功能来达成其研究目的。相比于生物医学领域，一般情况下，共聚焦激光扫描显微镜在材料学和矿物学领域中的应用，不需要对样品进行荧光标记，直接对样品表面进行反射或透射光成像，便其操作难度和应用成本大大降低[79]。

1. 矿物形貌表征

高质量成像虽然较难量化标准，但是好的图像，噪声比较低，没有标记的区域也一定会接近黑色，像素强度也是位于最高和最低像素之间[76]。而共聚焦激光扫描显微镜就正好满足了这些要求，除此之外，它还具有多色彩共区域化分析、三维重建和连续拍摄等功能[76]。在矿物学领域，虽然其应用不多，在多数情况下也只是扮演着光学显微镜一样的角色，但因为上述优势，其在矿物学领域也有着更大的发展前景。

图 9-34 是通过激光共聚焦扫描显微镜对石英表面的微观结构进行观察的图像[80]。在对干燥的海滩砂样品进行了化学处理除去碳酸盐和氧化铁及有机物之后，使用 0.1 mm 孔径，通过湿筛去除黏附在颗粒上的黏土、淤泥及其他的细小颗粒。通过体视显微镜随机挑选出尺寸为 0.2～2 mm 之间的石英颗粒。为找到具有冲击裂纹的宽表面积进行测量，可通过 20×物镜的共聚焦激光扫描显微镜光学模式对每个石英颗粒的表面进行观察，而冲击裂纹通常在晶粒凸面上形成，通过其方向和形状可与腐蚀坑和溶解坑等纹理相区别，并通过 100×物镜的共聚焦激光扫描显微镜光学模式获得冲击裂纹的图像，用激光测量颗粒表面获得原始 3D 表面数据并构建 3D 模型。通过上述测试方法获得的石英表面的微观结构图像表明，

石英颗粒的 V 型冲击裂纹的密度与海岸地质有关，且与深度、波高、近海梯度有关，大小不受海岸砂粒和矿物组成的影响，为水下环境石英颗粒的物源研究提供了新的佐证。

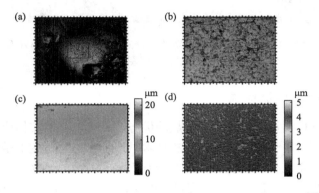

图 9-34　激光共聚焦扫描显微镜对石英表面的观察与测量[80]
(a) 20× 物镜 (红框为局部扫描区域)；(b) 100× 物镜放大扫描；(c) 100× 物镜下原始三维表面数据；(d) 加工后的三维表面图

2. 表征晶体生长过程

晶体生长的过程就是物质在一定的物理化学条件下固/液/气相形成晶体的过程，对于矿物来说，晶体生长的基本过程、晶体生长的机理、控制晶体生长的手段等，以及晶体生长与界面相的关系等内容的研究，是认识晶体生长的重要基础。然而，要获得这些研究结果的前提，就需要实现晶体生长过程的可视化，而共聚焦激光扫描显微镜技术就是一种恰好在一定程度上可以实现晶体生长可视化技术。

图 9-35 是使用高温共聚焦激光扫描显微镜原位观察硅灰石在不同温度下的 $42CaO-10Al_2O_3-48SiO_2$ 熔体中晶体的生长过程的图像[81]。实验采用红外加热室与共聚焦激光扫描显微镜技术结合的方法。红外加热系统可用 1.5 kW 卤素灯对样品进行加热，温度可高达 1700℃，而铂样品架底部 B 型热电偶可以测量样品温度，同时需要用氧化铝坩埚中纯金属的熔化温度对样品温度进行校正，之后在大气压下用氩气充填 CLSM 室之前，用纯氩气冲洗 CLSM 三次。均匀的硅酸盐熔体的制备，则可以通过将适量分析级的 $CaCO_3$、Al_2O_3 和 SiO_2 粉末混合，并在铂坩埚中进行 2 h 的 1600℃熔融获得，而硅灰石则由 $CaCO_3$ 和 SiO_2 在 1640℃的铂坩埚中按照化学计量比预熔而成，熔体冷却结晶后通过粉碎形成粉末。最后，将硅灰石加入熔体中进行诱导结晶，通过观察显示，在 1320℃和 1370℃下晶体生长形式存在显著差异，在 1370℃下，硅灰石颗粒多面生长，而在 1320℃时则出现树枝状生长，成功表征了硅酸盐熔体中矿物的生长结晶过程。

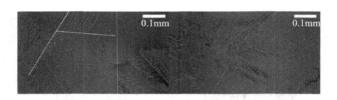

图9-35　硅灰石在42CaO-10Al$_2$O$_3$-48SiO$_2$熔体中分别在1320(左)和1370℃(右)下的共聚焦
激光扫描显微镜图像[81]

3. 表征材料形貌特征

共聚焦激光扫描显微镜有一个明显的优势就是可以三维实体成像。虽然原子力显微镜是一种常用于三维表面测量的技术,但是在一定程度上是非接触式或破坏性的[82, 83],且垂直位移范围和扫描面积对于某些表面的研究是不够的。通过特殊的操作,扫描电子显微镜也可以提供三维图像,但是样品大小、样品制备时间、成本和样品在制备过程中可能会被修改,也是不得不考虑的问题[84]。所以,无损又通用的共聚焦激光扫描显微镜技术拥有更大视场和深度范围,可以二维观测,又可三维重建,是不可多得的表征材料形貌的科研工具。

图9-36是通过高温激光共聚焦扫描显微镜技术观察到的不同类型钢样品在焊接热循环过程中的微结构变化的图像[85]。观察对象为直径5 mm、厚度为1 mm的试样,将其置于氧化铝的坩埚并插入炉内的铂座中,温度由安装在坩埚支架中的热电偶测量,在监视器上显示并与图像同时记录。图像记录速度为30帧/秒。炉内的红外光焦点覆盖了直径10 mm、高度10 mm的体积。试样在炉中的位置设置

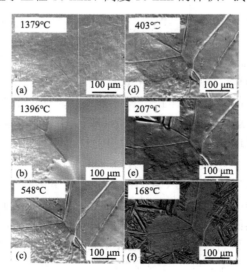

图9-36　焊接热循环和冷却过程中Fe-0.8C钢中LSCM观察的快照[85]

在这个体积内。在对珠光体、马氏体等进行观察时可对凝固槽的显微组织变化进行快照,原位观察焊接热循环过程中由于快速的温度响应而导致的相变形态变化。共聚焦激光扫描显微镜与红外成像炉相结合的方法,为表征金属在焊接热循环过程中的微观结构变化特征提供了新的思路。

4. 表征材料表面磨损程度及粗糙度

磨损是材料表面常见的失效现象,而粗糙程度则是对其进行数字化的描述,磨损表面形貌是磨损过程最直接的记录[86]。共聚焦激光扫描显微镜可以获得磨损材料的真实形貌信息,并且对其进行精确的数字化的描述。常见的磨损形貌有磨损、疲劳和腐蚀等行为。

就材料的腐蚀行为而言,评价腐蚀程度、研究腐蚀规律与特征的基础是进行腐蚀形貌的观察[87]。传统方法一般采取扫描电子显微镜等宏观方式进行观察,带有一定的主观色彩。而共聚焦激光扫描显微镜是一项高灵敏度和高分辨率的显微镜技术,可以对样品表面的粗糙度和轮廓进行三维成像,因此在材料的腐蚀研究中有着较好的应用前景。

图 9-37 清楚地显示了 Fe-19Cr-15Mn-0.66N 高氮奥氏体不锈钢(HNSS)在不同载荷下磨痕的 LSCM 图像[88]。经过预处理后的样品,使用摩擦试验机对其进行摩擦实验,在干燥条件下,通过不同的垂直载荷(5 N、10 N、15 N 和 20 N)以一定

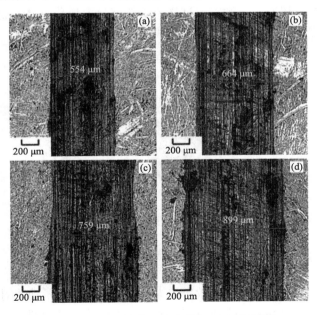

图 9-37　不同载荷下磨痕的 LSCM 图像[88]

(a) 5 N; (b) 10 N; (c) 15 N; (d) 20 N

的滑动速度(0.025 m/s)和滑动距离(45 m)作用于样品并持续一定的时间(30 min)，而横向载荷则使摩擦力偶通过电极作直线往复运动，在摩擦过程中，传感器便可将数据传输到计算机并计算出相应的摩擦系数。通过上述测试方法获得的图像显示，在较高的载荷下，磨痕的宽度从 554 μm 逐渐增加到 899 μm，磨痕的边缘也越来越不均匀，摩擦力偶与 HNSS 之间的摩擦在磨损轨迹两侧造成最大的径向应力，导致磨损表面产生裂纹。在 15 N 和 20 N 较高的载荷下，较高的摩擦力使裂纹在磨损轨迹的每一侧生长，导致内聚层裂。随着载荷的增加，摩擦系数降低，耐磨性提高。在较高的载荷下，摩擦增强了高温合金的加工硬化能力，从而提高了高温合金的表面硬度，提高了高温合金的耐磨性。

5. 表征微小硬度压痕

在航空领域，对材料性能要求比较严格，硬度测量自然是重要的一环。传统的硬度测量方法一般采取光学显微镜或 CCD 图像采集和处理，并与公式计算相结合。对于薄层样品，传统的测量方法在测量精度、效率等方面都不能满足要求，误差也更大。而共聚焦激光扫描显微镜跟前两者相比，不仅可以得到压痕的三维形貌特征，还可以有效识别压痕边缘突起状态，具有测量精度更好的优点[89]。

图 9-38 以硬刚度块为例，采用了共聚焦激光扫描显微镜分别对其在不同力下产生的压痕硬度进行测量[90]。通过正四面棱锥体金刚石压头用规定的试验力压入试样表面并保持一段时间后卸除，试样所受的试验力与其压痕表面积的商即为显微维氏硬度，根据所获得的压痕的对角线长度，便可得到硬度值。

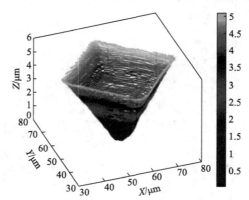

图 9-38　激光共聚焦扫描显微镜提取压痕后的三维图像[90]

在测试过程中，使用共聚焦激光扫描显微镜的三维测量功能对硬度压痕进行三维扫描测量，获得的数据阵列便可构成硬度压痕的三维图像，由于压痕会因为试样表面的不平整或倾斜而呈现倾斜状态，所以测试的数据就需要进行倾斜校平，通过校平基准平面自动获取有效区域的三维点数据，经过图像处理就可以得到边缘图像，在此基础上，压痕深度可根据压痕面积和对角线长度自动计算得出。

　　通过上述方法测试得出的压痕的面积、体积以及对角线长度和深度数据，都具有标准差小、数据重复性好的特点。显然共聚焦激光扫描显微镜在测量压痕硬度等方面具有很好的可行性。所以，基于共聚焦原理的微小硬度压痕测量技术，利用共聚焦技术来测量压痕的三维形貌，可以测量压痕的体积、面积、对角线长度和深度的数据，可以解决小于 20 μm 的微小硬度压痕无法测量的难题。

参 考 文 献

[1] Binnig G, Quate C F, Gerber C. Atomic force microscope[J]. Physical Review Letters, 1986, 56(9): 930-933.
[2] 王俊. 原子力显微镜在材料成像和光存储中的应用[D]. 大连: 大连理工大学, 2010.
[3] 赵春花. 原子力显微镜的基本原理及应用[J]. 化学教育, 2019, 40(4): 10-15.
[4] 王明友, 王卓群, 焦丽君. 原子力显微镜在表面分析中的应用[J]. 邢台职业技术学院学报, 2015(1): 75-78.
[5] 王旭明, 陆英. 表面分析技术新进展及在矿物工程研究中的应用——原子力显微镜[J]. 贵州大学学报(自然科学版), 2018, 35(6): 1-12.
[6] 王冰花, 陈金龙, 张彬. 原子力显微镜在高分子表征中的应用[J]. 高分子学报, 2021, 52(10): 1406-1420.
[7] 葛增辉. 三探针原子力显微镜成像系统研究[D]. 长春: 长春理工大学, 2019.
[8] 赵爽. 湿度对原子力显微镜的影响[D]. 北京: 北京化工大学, 2015.
[9] 周保康. 原子力显微镜形貌像成像质量的研究[J]. 山东科技大学学报(自然科学版), 2006(3): 42-45.
[10] 徐井华, 李强. 原子力显微镜的工作原理及其应用[J]. 通化师范学院学报, 2013, 34(2): 22-24.
[11] 马荣骏. 原子力显微镜及其应用[J]. 矿冶工程, 2015, 25(4): 62-65.
[12] 董晓坤. 高速原子力显微镜的成像方法研究[D]. 天津: 南开大学, 2012.
[13] 刘岁林, 田云飞, 陈红, 等. 原子力显微镜原理与应用技术[J]. 现代仪器, 2006(6): 9-12.
[14] Reiss G, Vancea J, Wittman H, et al. Scanning tunneling microscopy on rough surface: Tip-shape-limited resolution[J]. Journal of Applied Physics, 1990, 67(3): 1156-1159.
[15] 冯璐. 提高原子力显微镜(AFM)成像质量的方法[J]. 大学物理实验, 2009, 22(2): 1-4.
[16] 郑美青, 薛冰. 原子力显微镜成像技巧的探讨[J]. 分析仪器, 2021(3): 91-93.
[17] 黄燕舞, 李志杰. 原子力显微镜测试中假象问题研究[J]. 实验科学与技术, 2014, 4(12): 279-280.
[18] 王曼. 原子力图像的假象研究[D]. 大连: 大连理工大学, 2009.
[19] 万昱亿. 原子力显微镜的核心技术与应用[J]. 科技资讯, 2016, 14(35): 240-241.
[20] 罗溪梅, 孙传尧, 印万忠. 原子力显微镜在矿物加工领域的应用现状[J]. 矿山机械, 2011,

39(12): 80-85.

[21] 陈昌水. AFM.IPC-208B 型原子力显微镜的改进及其在纳米材料学方面的应用[D]. 重庆: 重庆大学, 2007.

[22] 黄云博, 张海涛, 陈立杭, 等. 功能化原子力显微镜技术及其在能源材料领域的应用[J]. 电子显微学报, 2020, 39(4): 434-450.

[23] 何宏平, 鲜海洋, 朱建喜, 等. 从矿物粉晶表面反应性到矿物晶面反应性——以黄铁矿氧化行为的晶面差异性为例[J]. 岩石学报, 2019, 35(1): 129-136.

[24] Hartman H, Sposito G, Yang A, et al. Molecular-scale imaging of clay mineral surfaces with the atomic force microscope[J]. Clays and Clay Mineral, 1990, 38(4): 337-342.

[25] Hillner P, Manne S, Gratz A, et al. AFM images of dissolution and growth on a calcite crystal[J]. Ultramicroscopy, 1992, 42(13): 87-93.

[26] Li H Y, Fedortchouk Y, Fulop A, et al. Positively oriented trigons on diamonds from the Snap Lake kimberlite dike, Canada: Implications for fluids and kimberlite cooling rates[J]. American Mineralogist, 2018, 103(10): 1634-1648.

[27] Shao H Z, Chang J, Lu Z Z, et al. Probing anisotropic surface properties of illite by atomic force microscopy [J]. Langmuir, 2019, 35 (20): 6532-6539.

[28] 刘新星, 胡岳华. 原子力显微镜及其在矿物加工中的应用[J]. 矿冶工程, 2000(1): 32-35.

[29] Yan L J, Masliyah J H, Xu Z H. Interaction of divalent cations with basal planes and edge surfaces of phyllosilicate minerals: Muscovite and talc[J]. Journal of Colloid and Interface Science, 2013, 404: 183-191.

[30] Bent B, Martin R. Characterizing mineral wettabilities on a microscale by colloidal probe atomic force microscopy [J]. Minerals Engineering, 2018, 121: 212-219.

[31] Zhu Z L, Yin W Z, Wang D H, et al. The role of surface roughness in the wettability and floatability of quartz particles[J]. Applied Surface Science, 2020, 527: 1-8.

[32] Albrecht T R, Quate C F. Atomic resolution with the atomic microscope on conductors and nonconductors [J]. Journal of Vacuum Science and Technology A, 1988, 6(2): 271-274.

[33] Chen Q, Liu J, Thundat T, et al. Spatially resolved organic coating on clay minerals in bitumen froth revealed by atomic force microscopy adhesion mapping [J]. Fuel, 2017, 191: 283-289.

[34] Wu Z, Chen X, Zhang Y, et al. *In situ* electrical properties 'investigation and nanofabrication of Ag/Sb$_2$Te$_3$ assembled multilayers' film [J]. Advanced Materials Interfaces, 2018,5,doi:10.1002/admi.201701210.

[35] 吴兆杰, 方建华, 彭宏业, 等. 原子力显微镜在摩擦学研究中的应用[J]. 合成润滑材料, 2020, 47(2): 41-45.

[36] Ma H R, Bennewitz R. Atomic-scale stick-slip friction on a metallic glass in corrosive solutions[J]. Tribology International, 2022, 171: 1-8.

[37] Maghsoudy-Louyeh S, Ju H S, Tittmann B R. Surface roughness study in relation with hydrophilicity/hydrophobicity of materials using atomic force microscopy [J]. American Institute of Physics, 2010, 1211: 1487-1493.

[38] 齐磊, 曹剑英. 扫描隧道显微镜简介[J]. 赤峰学院学报(自然科学版), 2013, 29(2): 67-68.

[39] 孙翌凯. 扫描隧道显微镜的原理及应用[J]. 中国科技投资, 2018 (31): 216-217.

[40] 廖立兵, 马喆生, 施倪承. 扫描隧道显微镜和原子力显微镜在矿物学研究中的应用现状及前景[J]. 现代地质, 1993, 7(4): 495-499.

[41] 邓京昊. 一维范德华 W_6Te_6 纳米线的扫描隧道显微镜研究[D]. 武汉: 武汉大学, 2021.

[42] 王琦. 高稳定扫描隧道显微镜研制与应用[D]. 合肥: 中国科学技术大学, 2014.

[43] 张超. 不同衬底上分子的扫描隧道显微镜诱导发光研究[D]. 合肥: 中国科学技术大学, 2011.

[44] 刘佩. 扫描隧道显微镜研究衍生物在石墨表面的自组装[D]. 广州: 华南理工大学, 2015.

[45] 李晓刚. 原子力显微镜(AFM)的几种成像模式研究[D]. 大连: 大连理工大学, 2004.

[46] 李翔. 关于扫描隧道显微镜系统的研究[D]. 南京: 南京邮电大学, 2016.

[47] 杜贤算. 扫描隧道显微镜的频谱分析技术研究[D]. 广州: 中山大学, 2007.

[48] Zheng N J, Wilson I H, Knipping U, et al. Atomically resoved scanning tunneling microscopy images of dislocation[J]. Physical Review, 1988, 38(17): 12780-12782.

[49] 叶荣, 赵伦山, 马喆生, 等. 扫描隧道显微镜对黄铁矿表面微形貌的研究及成矿动力学意义[J]. 科学通报, 1999(11): 1220-1221, 1234.

[50] 陈丰, 李雄耀, 王世杰. 矿物晶体的缺陷[J]. 矿物岩石地球化学通报, 2012, 31(2): 160-164.

[51] 秦晋, 安康, 盛雷梅, 等. 石墨晶界缺陷的扫描隧道显微镜研究[J]. 真空科学与技术学报, 2015, 35(3): 372-375.

[52] 冯浩. 金红石 TiO_2(110) 表面吸附分子及其光催化反应动态过程的扫描隧道显微术研究[D]. 合肥: 中国科学技术大学, 2016.

[53] 张艳锋, 高腾, 张玉, 等. 金属衬底上石墨烯的控制生长和微观形貌的 STM 表征[J]. 物理化学学报, 2012, 28(10): 2456-2464.

[54] Zhang Y F, Gao T, Gao Y B, et al. Defect-like structures of graphene on copper foils for strain relief investigated by high-resolution scanning tunneling microscopy [J]. ACS Nano, 2011, 5(5): 4014-4022.

[55] 蔡从中, 王万录, 陈新镛, 等. 石墨表面扫描隧道显微镜纳米级加工研究[J]. 微细加工技术, 2001(4): 65-69.

[56] 韩旭. 显微监控型扫描隧道显微镜研制[D]. 杭州: 浙江大学, 2016.

[57] Lin C W, Wang C T, Luo M F. Fabrication of nanoscale alumina on NiAl (100) with a scanning tunneling microscope [J]. Applied Surface Science, 2013, 264: 280-285.

[58] Kim Y K, Koo J P, Huh C J, et al. Adsorption behavior of binary mixed alkanethiol molecules on Au: Scanning tunneling microscope and linear-scan voltammetry investigation [J]. Applied Surface Science, 2006, 252(12): 4951-4956.

[59] 姚骏恩. SSX 型扫描隧道显微镜及材料表面粗糙度的检测[J]. 电子显微学报, 1988(3): 301.

[60] Wang Y, Chen Y, Guo X, et al. Thermodynamic analysis of $Al_{0.17}Ga_{0.83}As/GaAs$(001) in annealing process[J]. Acta Physica Sinica, 2018, 67(8): 1-5.

[61] White J G. Confocal microscopy comes of age [J]. Nature (London), 1987, 328: 183-184.

[62] 李叶, 黄华平, 林培群, 等. 激光扫描共聚焦显微镜[J]. 实验室研究与探索, 2015, 34(7): 262-269.

[63] 应凤祥, 杨式升, 张敏, 等. 激光扫描共聚焦显微镜研究储层孔隙结构[J]. 沉积学报, 2002(1): 75-79.

[64] 张运海. 激光扫描共聚焦光谱成像系统[J]. 光学精密工程, 2014, 22(6): 1446-1453.

[65] Chae B G, Ichikawa Y, Jeong G C, et al. Roughness measurement of rock discontinuities using a confocal laser scanning microscope and the Fourier spectral analysis [J]. Engineering Geology, 2004, 72(3-4): 181-199.

[66] 黄晓敏, 王飞. 激光扫描共聚焦显微镜在电子材料研制中的应用[J]. 电子元件与材料, 2014, 33(4): 87-88.

[67] 李茜, 李路海. 激光扫描共聚焦显微镜在形状测量上的应用研究[J]. 分析仪器, 2018(6): 137-140.

[68] 涂真珍, 王韦刚. 激光扫描共聚焦显微镜在光电材料中的应用[J]. 广州化学, 2019, 44(5): 66-71.

[69] 李成辉, 田云飞, 闫曙光. 激光扫描共聚焦显微镜成像技术与应用[J]. 实验科学与技术, 2020, 18(4): 33-38.

[70] Foldes P Z, Demel U, Tilz G P. Laser scanning confocal fluorescence microscopy: An overview[J]. International Immunopharmacology, 2003, 3(13-14): 1715-1729.

[71] 石春梅. 徕卡激光描共聚焦微镜 TCS SP8 的功能、操作及用[J]. 现代科学仪器, 2017(4): 150-156.

[72] 李叶, 黄华平, 林培群, 等. 激光扫描共聚焦显微镜的基本原理及其使用技巧[J]. 电子显微学报, 2015, 34(2): 169-176.

[73] 王志颖, 饶玉春, 刘敏. 激光共聚焦显微镜的样品前处理技术研究[J]. 安徽农业科学, 2013, 41(26): 10602-10603,10621.

[74] 余礼厚. 激光共聚焦显微镜样品制备方法(一)——细胞培养样品[J]. 电子显微学报, 2010, 29(2): 185-188.

[75] 边玮. 激光共聚焦显微镜样品制备方法(二)——组织切片样品[J]. 电子显微学报, 2010, 29(4): 399-402.

[76] 孙学俊, 闫喜中, 郝赤. 激光共聚焦扫描显微镜技术简介及其应用[J]. 山西农业大学学报(自然科学版), 2016, 36(1): 1-9.

[77] 骆宁, 范瑾瑾. 两种盖玻片对激光共聚焦显微镜成像效果的影响[J]. 新医学, 2011, 42(7): 433-436.

[78] 李钻芳, 陈文列. 激光共聚焦显微术在中药与天然药诱导肿瘤细胞凋亡研究中的应用[J]. 环球中医药, 2011(4): 70-73.

[79] 苗舒越. 共聚焦显微镜控制系统研究[J]. 长春: 中国科学院研究生院(长春光学精密机械与物理研究所), 2014: 90.

[80] Itamiya H, Kubo M O, Sugita R, et al. New method of structural analysis and measurement of V-shaped percussion cracks in quartz sands surface by confocal laser scanning microscope (CLSM) [J]. Micron, 2022, 153: 1-11.

[81] Heulens J, Blanpain B, Moelans N. Analysis of the isothermal crystallization of $CaSiO_3$ in a CaO-Al_2O_3-SiO_2 melt through in situ observations[J]. Journal of the European Ceramic Society, 2011, 31: 1873-1879.

[82] Gauldie R W, Raina G, Sharma S K, et al. Atomic force microscopy images of starch polymer crystalline and amorphous structures// Cohen S H, Bray M T, Lightbody M L. Atomic Force

Microscopy / Scanning Tunnelling Microscopy[M]. New York: Plenum Press, 1994: 85-90.

[83] Martin D C, Ojeda J R, Anderson J P, et al. Atomic force microscopy of polymer droplets// Cohen S H, Bray M T, Lightbody M L. Atomic Force Microscopy / Scanning Tunnelling Microscopy[M]. New York: Plenum Press, 1994: 217-227.

[84] Bernabeu E, Sanchez-Brea L M, Siegmann P, et al. Applied Surface Science, 2001(180): 191-199.

[85] Komizo Y, Terasaki H. Optical observation of real materials using laser scanning confocal microscopy. Part 1—Techniques and observed examples of microstructural changes[J]. Science and Technology of Welding and Joining, 2011, 16(1): 56-60.

[86] 孙大乐, 吴琼, 刘常升, 等. 激光共聚焦显微镜在磨损表面粗糙度表征中的应用[J]. 中国激光, 2008(9): 1409-1414.

[87] 张玮. 金属腐蚀形貌特征提取用于腐蚀诊断的研究[D]. 大连: 大连理工大学, 2014.

[88] Qiao Y X, Sheng S L, Zhang L M, et al. Friction and wear behaviors of a high nitrogen austenitic stainless steel Fe-19Cr-15Mn-0.66N[J]. Journal of Mining and Metallurgy, Section B: Metallurgy, 2021, 57(2): 285-293.

[89] 霍霞. 激光共聚焦显微镜与光学显微镜之比较[J]. 激光生物学报, 2001, 10(1): 76-78.

[90] 李杨, 张凯林, 石伟. 激光扫描共聚焦显微镜在微小硬度压痕测量中的应用研究[J]. 计测技术, 2019, 39(6): 46-49.